甘肃安西极旱荒漠国家级自然保护区

The Fourth Comprehensive Scientific Investigation of Gansu Anxi Extremely-Arid Desert National Nature Reserve

四期综合科学考察

◎主　编　王俊智　包新康　刘兴文　田瑞祥

蘭州大學出版社
LANZHOU UNIVERSITY PRESS

图书在版编目（CIP）数据

甘肃安西极旱荒漠国家级自然保护区四期综合科学考察 / 王俊智等主编. -- 兰州 : 兰州大学出版社，2024. 12. -- ISBN 978-7-311-06785-4

Ⅰ. S759.992.424

中国国家版本馆 CIP 数据核字第 20244U8E48 号

责任编辑　张　萍　赵　方
封面设计　程潇慧

书　　名　甘肃安西极旱荒漠国家级自然保护区四期综合科学考察
GANSU ANXI JIHAN HUANGMO GUOJIAJI ZIRAN BAOHUQU SIQI ZONGHE KEXUE KAOCHA
作　　者　王俊智　包新康　刘兴文　田瑞祥　主　编
出版发行　兰州大学出版社　（地址:兰州市天水南路222号　730000）
电　　话　0931-8912613(总编办公室)　0931-8617156(营销中心)
网　　址　http://press.lzu.edu.cn
电子信箱　press@lzu.edu.cn
印　　刷　陕西龙山海天艺术印务有限公司
开　　本　889 mm×1194 mm　1/16
成品尺寸　210 mm×285 mm
印　　张　23.75(插页36)
字　　数　646千
版　　次　2024年12月第1版
印　　次　2024年12月第1次印刷
书　　号　ISBN 978-7-311-06785-4
定　　价　168.00元

保护区南片世界遗产——锁阳城塔尔寺（唐）包新康/摄

保护区内的天然胡杨林　俞岚枫/摄

葫芦河湿地风貌　徐丽萍/摄

荒漠生境　包新康/摄

保护区南片山地　包新康/摄

保护区北片戈壁山地　包新康/摄

肉苁蓉（*Cistanche deserticola*）王亮/摄

矮大黄（*Rheum nanum*）王亮/摄

黑果枸杞（*Lycium ruthenicum*）王亮/摄

裸果木
（*Gymnocarpos przewalskii*）
王亮/摄

锁阳（*Cynomorium songaricum*）俞岚枫/摄

蒙古韭（*Allium mongolicum*）包新康/摄

木贼麻黄（*Ephedra equisetina*）王亮/摄

黄花补血草（*Limonium aureum*）包新康/摄

唐古红景天（*Rhodiola algida* var. *tangutica*）王亮/摄

白皮锦鸡儿（*Caragana leucophloea*）王亮/摄

甘草（*Glycyrrhiza uralensis*）
徐世健/摄

沙冬青（*Ammopiptanthus mongulicus*）王亮/摄

雪豹（*Panthera uncia*）红外相机拍摄

豺（*Cuon alpinus*）
红外相机拍摄

猞猁（*Lynx lynx*）
红外相机拍摄

狼（*Canis lupus*）
红外相机拍摄

普氏野马（*Equus ferus*）包新康/摄

蒙古野驴（*Equus hemionus*）红外相机拍摄

戈壁盘羊（*Ovis darwini*）红外相机拍摄

北山羊（*Capra sibirica*）红外相机拍摄

西藏盘羊
（*Ovis hodgsoni*）
包新康/摄

岩羊
（*Pseudois nayaur*）
红外相机拍摄

大耳猬
（*Hemiechinus auritus*）
包新康/摄

红耳鼠兔
（*Ochotona erythrotis*）
包新康/摄

长耳跳鼠（*Euchoreutes naso*）包新康/摄

灰鹤（*Grus grus*）包新康/摄

蓑羽鹤
（*Grus virgo*）
石佳玉/摄

黑颈鹤
（*Grus nigricollis*）
石佳玉/摄

黑鹳（*Ciconia nigra*）石佳玉/摄

白琵鹭（*Platalea leucorodia*）石佳玉/摄

牛背鹭
(*Bubulcus ibis*)
石佳玉/摄

苍鹭（*Ardea cinerea*）石佳玉/摄

夜鹭（*Nycticorax nycticorax*）石佳玉/摄

大白鹭（*Ardea alba*）俞岚枫/摄

翘鼻麻鸭（*Tadorna tadorna*）石佳玉/摄

灰雁（*Anser anser*）包新康/摄

普通秋沙鸭（*Mergus merganser*）包新康/摄

大天鹅（*Cygnus cygnus*）石佳玉/摄

大滨鹬
（*Calidris tenuirostris*）
石佳玉/摄

白腰杓鹬（*Numenius arquata*）石佳玉/摄

翻石鹬（*Arenaria interpres*）包新康/摄

毛腿沙鸡
(*Syrrhaptes paradoxus*)
包新康/摄

红嘴鸥
(*Chroicocephalus ridibundus*)
包新康/摄

青脚鹬（*Tringa nebularia*）石佳玉/摄

长耳鸮（*Asio otus*）石佳玉/摄

鹗（*Pandion haliaetus*）包新康/摄

纵纹腹小鸮
（*Athene noctua*）
包新康/摄

白尾鹞（*Circus cyaneus*）石佳玉/摄

凤头蜂鹰（*Pernis ptilorhynchus*）石佳玉/摄

秃鹫（*Aegypius monachus*）石佳玉/摄

白尾海雕（*Haliaeetus albicilla*）石佳玉/摄

胡兀鹫（*Gypaetus barbatus*）石佳玉/摄

金雕（*Aquila chrysaetos*）石佳玉/摄

高山兀鹫（*Gyps himalayensis*）石佳玉/摄

草原雕（*Aquila nipalensis*）石佳玉/摄

黑尾地鸦（*Podoces hendersoni*）包新康/摄

地山雀（*Pseudopodoces humilis*）石佳玉/摄

文须雀
（*Panurus biarmicus*）
包新康/摄

暗腹雪鸡
（*Tetraogallus himalayensis*）
红外相机拍摄

密点麻蜥
(*Eremias multiocellata*)
包新康/摄

叶城沙蜥
(*Phrynocephalus axillaris*)
包新康/摄

变色沙蜥
(*Phrynocephalus versicolor*)
包新康/摄

新疆漠虎
（*Alsophylax przewalskii*）
石佳玉/摄

隐耳漠虎
（*Alsophylax pipiens*）
包新康/摄

新疆沙虎
（*Teratoscincus przewalskii*）
包新康/摄

大绿叶甲（*Chrysochares asiaticus*）
包新康/摄

蒙古痂蝗（*Bryodema mongolicum*）包新康/摄

戈壁琵甲（*Blaps gobiensis*）
王洪建/摄

金凤蝶（*Papilio machaon*）包新康/摄

戈壁灰硕螽
（*Damalacantha vacca*）
包新康/摄

前 言

甘肃安西极旱荒漠国家级自然保护区（以下简称“保护区”）位于甘肃河西走廊西端的瓜州县境内，是目前我国唯一以保护极旱荒漠生态系统及其生物多样性为主的多功能综合性自然保护区。保护区有效阻止了库姆塔格沙漠的东移，是河西走廊天然防风固沙屏障，构成了甘肃西部生态安全的第一道防线。保护区的建设，对改善当地的自然环境、保护区域自然遗迹安全、维护生态平衡、促进生态系统良性循环、减少自然灾害发生、遏制荒漠化进程等将起到不可估量的作用，同时对维护甘、新、蒙三省区交界处生物多样性有着迫切的现实意义和深远的历史意义。

近年来，在甘肃省林业和草原局的大力支持下，保护区管护中心通过规范化管理，进一步加强巡查管护工作力度，不断强化生态保护与修复工作，保护区内的人类活动干扰已明显减少，野生动物栖息地环境得到有效改善，退化的植被逐步得到自然恢复，荒漠生态系统正呈现功能增强、稳中向好的良好态势。

为科学全面掌握保护区的生物多样性动态变化、自然地理环境和社会经济现状，为保护区的有效保护和管理提供完整、准确的基础资料和决策依据，推进保护区更加科学化、规范化管理，按照《中华人民共和国自然保护区条例》《自然保护区综合科学考察规程》等要求，保护区管护中心委托兰州大学生命科学学院，邀请省内自然生态、植物和动物方面的知名学者，利用近两年的时间，组建相应的专业调查队伍，进行野外调查、数据分析汇总和科学考察报告撰写，全面完成了保护区第四期综合科学考察。

本次科学考察，在掌握保护区的植物、动物、环境因子组成特点的同时，对近10年生物资源的动态变化进行了全面深入的调查，对保护区土壤生态（理化性质与微生物等）做了详细的调查分析，总结了保护区不同生境鸟类群落结构及30年的变化，汇总了红外相机监测的鸟兽多样性与有蹄类动物的活动节律。在本次调查结果的基础上，汇总分析了多年野外调查资料和历史数据，共统计保护区内维管植物65科219属484种，其中蕨类植物2科

2属2种，种子植物63科217属482种，大型真菌5科9属14种；本次科学考察共发现35个植物变种；与第三期科学考察结果对比，增加了3个植被型6个植被群系以及10种野生植物。依据《国家重点保护野生植物名录》(2021年)，保护区内分布有国家重点保护植物9种，其中国家一级保护植物1种，国家二级保护植物8种。本次科学考察共记录脊椎动物5纲31目71科198种，其中保护区新记录（与前三期科考比较）39种，包括爬行类1种，鸟类31种，兽类7种；共记录国家重点保护野生动物45种，包括新记录的5种国家一级保护动物和7种国家二级保护动物。本次科学考察共采集鉴定昆虫12目65科184属262种。

本书分为11章。第1、2章由邓建明教授负责撰写，第3、4章由徐世健教授负责撰写，第5章由王洪建、徐红霞研究员负责撰写，第6章由包新康教授负责撰写，第7、8、9、10、11章由保护区相关技术人员负责撰写；书中GIS图主要由孙远和董龙伟博士绘制；全书最后由王亮高级工程师、包新康教授完成统稿。

《甘肃安西极旱荒漠国家级自然保护区四期综合科学考察》对保护区自然地理环境、森林、草原、湿地、沙地、野生动植物等进行了全面分析，本书将成为保护区管理与建设、生态保护、生态修复治理、科学研究、宣传教育的简便实用工具书，也将助推保护区生物多样性的有效保护和荒漠生态的科学修复治理。同时，也期望通过本书，使保护区得到相关部门、科研院所、高校，以及专家、学者和社会各界的持续关注。

本次科学考察工作得到兰州大学、甘肃省林业和草原局、保护区管护中心及有关部门的大力支持和帮助，在此表示衷心的感谢！同时也感谢对本书提出修改意见的领导和专家。在本书编写完成之际，对参加本次科考的全体人员，以及调查中给予帮助的其他人员，一并表示最诚挚的谢意！

由于编者水平所限，书中不足之处在所难免，敬请读者批评指正。

编者

2024年10月

序

党的十八大以来，以习近平同志为核心的党中央高度重视生态文明建设。自然保护地是生态建设的核心载体、中华民族的宝贵财富、美丽中国的重要象征，在维护国家生态安全中居于首要地位。加快建立以国家公园为主体的自然保护地体系，对于维护生态安全、建设生态文明具有十分重要的意义。

甘肃安西极旱荒漠国家级自然保护区是全国唯一以保护极旱荒漠生态系统及其生物多样性为主的多功能综合性自然保护区，是阻止库姆塔格沙漠东移和构筑河西走廊生态屏障的重要防线，地位重要，作用特殊。自1987年甘肃安西极旱荒漠国家级自然保护区建立以来，特别是2019年划归甘肃省林业和草原局管理以来，保护区管护中心牢固树立“绿水青山就是金山银山”的生态理念，统筹做好保护区的普法执法、资源监管、科研宣教等工作，会同科研单位，坚持每10年开展一次科学考察，用第三方的科学考察监测数据反映自然保护区的建设成效，这些做法值得肯定。

在此次开展的第四期综合科学考察中，保护区管护中心依托兰州大学的科研监测优势，抽调专业技术人员，集中一年多时间，对保护区的地形地貌、气候水文、土壤湿地、动植物资源、自然遗迹、旅游资源、自然保护区管理等多个方面开展立体式、全方位的科学考察分析，获得了准确、翔实的数据资料，与前三期综合科学考察共同构建起难得的保护区监测资源数据库。在此，向为此次综合科学考察作出辛勤努力的科研技术人员和提供服务保障的全体工作人员表示衷心的感谢和诚挚的慰问。

习近平总书记强调，要加强以国家公园为主体的自然保护地体系建设，打造具有国家代表性和世界影响力的自然保护地典范。加强甘肃省自然保护地体系建设，使命光荣，任重道远。甘肃安西极旱荒漠国家级自然保护区管护中心要深入学习贯彻习近平总书记关于加强自然保护地体系建设的系列重要讲话和指示精神，自觉筑牢夯实加强保护区建设和管理的政治责任；认真落实中央和省委、省政府关于建立以国家公园为主体的自然保护地体系的部署要求，注重在建立监测体系、严格执法监管、保护资源安全、开展共建共享等方面下功夫、做文章。开展综合科学考察的目的在于成果应用，要以此次综合科学考察为契机，认真研究梳理保护区建设中取得的工作成效、存在的短板弱项，固强补弱，查漏补缺，进一步提升保护监管实效。希望保护区全体工作人员再接再厉，砥砺奋进，为建设山川秀美、生态优良的美丽甘肃作出新的更多贡献。

甘肃省林业和草原局党组书记、局长

2024年10月

目　录

第1章 总 论

1.1 保护区自然地理环境概况

1.1.1 地理位置

甘肃安西极旱荒漠国家级自然保护区（以下简称“保护区”）地处亚洲中部温带荒漠、极旱荒漠和典型荒漠交会处，位于甘肃河西走廊西端的瓜州县境内，处于“一带一路”的重要节点。保护区南以甘肃省玉门市为界，北与新疆维吾尔自治区哈密市相接，东与甘肃省肃北蒙古族自治县相交，西与甘肃省敦煌市相邻。保护区属荒漠生态系统类型自然保护区，整合优化预案总面积79.57万 hm^2。保护区分为南北两片。南片区位于东经95°25′13.21"～96°50′38.37"、北纬39°53′15.49″～40°26′43.75″，面积为39.29万 hm^2，南以肃北县为界，东以玉门市县界为界，西以双石公路为界，北以G30连霍高速公路为界；北片区位于东经94°46′07.55″～95°45′22.22″、北纬41°10′39.66″～41°48′02.66″，面积为40.28万 hm^2，南以花牛山、小泉、南金滩为界，北以新疆维吾尔自治区区界为界，西以敦煌市为界，东与肃北县马鬃山镇相交。

1.1.2 地形地貌

保护区的地貌单元包括中高山地、低山、丘陵、盆地、绿洲、戈壁等。海拔特征总体上呈现南部较高、北部较低的趋势。保护区南片高北片低，海拔一般为1 300 m，最高峰朱家大山海拔3 547 m，主体是河西走廊平原和疏勒河流域构成的区域，地势平坦，为地下水溢出带，有沼泽湿地分布。由于受区域构造尤其是新构造的影响，地貌自南而北呈现一定变化特征，包括中高山、低山、丘陵、新老洪积扇、绿洲平原、雅丹地貌、戈壁等。保护区北片南北高中间低，中间为向西开口的大盆地，海拔一般为1 800 m，最高海拔2 334.9 m，星星峡东山和红石山西部为低山丘陵和剥蚀准平原，中间为狭长山脉，多为向东的戈壁平原，基本上是中低山、低山丘陵、山前平原。按成因和形态特征，其地貌类型可分为11类。

1.1.3 气候

保护区属典型的干旱荒漠气候，降水极少，蒸发量大，空气相对湿度低，日照时间长，热量充沛，昼夜温差大，风大沙多。

保护区年均气温为7.8～10 ℃，夏季6、7、8月3个月平均气温为22 ℃，冬季最冷月平均气温在-10 ℃以下，年较差达34.9 ℃。受大气环流及河西走廊大地形动力和阻力的影响，海洋暖湿气流不易到达，下垫面为戈壁、沙漠，使得保护区气候异常干燥，降水稀少。保护区年降水量为40～200 mm，降水多集中在夏季，冬季降水极少，一般<10 mm；年均蒸发量为2 754.9 mm。保护区内日照时间长，全年日照时数在3 200 h以上，日照率>70%。年无霜期为115～170 d，平均为140 d，绝对无霜期为105 d。年均风速为3.7 m/s，3—5月最大，为4.2～4.5 m/s，其他月份平均为3.1～3.8 m/s，年瞬时风速>17 m/s的8级以上大风平均为71 d。全年沙暴日为137次，浮尘为29.3次。

1.1.4 水文及水资源

保护区内主要河流有疏勒河和榆林河，均流经保护区南片实验区，发源于祁连山。疏勒河流程为50.75 km，年径流量为2.5亿 m^3，中游双塔水库有效库容量为1.15亿 m^3，保灌面积为1.2万 hm^2。榆林河从区内西南部流入踏实盆地，流程为36.25 km，年径流量为0.55万 m^3，中游建有榆林河水库，保灌土地面积为2 400 hm^2。另有汇集泉水和地表水的塘坝6座，蓄水量为0.85万 m^3，可用于灌溉和人畜饮水。区内地下水资源比较丰富，在南部地势低洼的平坦地带地下水溢出，沼泽广布，主要集中于保护区实验区的双塔、布隆吉、锁阳城。北片泉眼相对较少，主要集中在西大泉、马莲井和黄草滩一带。

1.1.5 土壤

根据发生学的观点，以土壤的成土条件、成土过程，比较稳定的剖面形态和物理、化学、生物属性为依据，保护区的土壤可分为9个土类35个亚类，其中灰棕漠土是保护区最主要的地带性土壤，分布面积最大。保护区土壤土层比较复杂，局部区域土层非常厚，土壤中大砾石含量较高，不同土层有一定差异。灰棕漠土主要分布在鹰嘴山北麓至长山子以南老洪积倾斜平原，柴坝庙周边戈壁，桥湾以东北山山前的广阔地带和马鬃山，北山海拔1 900～2 000 m以上的戈壁、山地和山前地带。棕漠土主要分布在北山山前洪积倾斜平原。盐土主要分布在原桥子乡及双塔镇福泉村一带。草甸土主要分布在布隆吉、双塔、青山子、北桥子草原。沼泽土主要分布在锁阳城、布隆吉乡泉水溢出带的河流沟谷滞水洼地和北截山子南侧的青山子一带的封闭洼地。固定风沙土主要分布在原桥子乡及锁阳城等地，流动风沙土主要分布在锁阳城以南和吴家沙窝、长沙岭一带。灌淤土主要分布在保护区锁阳城、双塔镇和布隆吉乡7个村绿洲农业老耕作区。潮土主要分布在布隆吉、原桥子乡农田。山地土壤主要分布在保护区南片中高山。从东部的柴坝庙到疏勒河中游双塔水库，呈现出灰棕漠土→棕漠土的分布规律。从高海拔到低海拔区，从鹰嘴山北麓洪积坡积裙到盆土中央低洼处，呈现出山地土壤→灰棕漠土→棕漠土→风沙土→盐土→草甸土→草甸沼泽土的分布规律。在自然因素和人类活动的影响下，保护区土壤状况发生了改变，表现为气候极端干燥，物理风化强烈，土壤发育不良，侵蚀严重，以及自然因素和人类活动对局部土壤功能的破坏。

保护区属于极端干旱区，年平均降水极端匮乏，土壤水分含量极低，0～20、20～40和40～60 cm土层土壤含水量分别为5%、6%和7%。土壤普遍呈现出弱碱性，0～20、20～40和40～60 cm土层平均土壤pH值分别为8.08、8.17和8.25。区内土壤盐渍化十分严重，且存在较大的差异。土壤有机碳含量较低，0～20、20～40和40～60 cm土层平均有机碳含量分别为3.05、2.28和2.05 g/kg。保护区土壤全氮含量呈现出与土壤有机碳含量类似的分布，全氮含量较低，0～20、20～40和40～60 cm土层平均全氮含量分别为1.99、1.16和1.04 g/kg。保护区大部分区域的土壤全磷含量为0.3～0.6 g/kg，少数地区可达1 g/kg以上，且其含量随土壤深度增加而降低。

土壤微生物在生态系统中具有重要功能，包括分解有机物质，参与养分循环，影响土壤结构的形成，促进植物生长等。保护区土壤细菌群落中，放线菌门、变形菌门、绿弯菌门、厚壁菌门、拟杆菌门、芽单胞菌门为优势类群，土壤真菌群落中，子囊菌门、担子菌门为优势类群。保护区内土壤细菌Shannon多样性指数和Chao1多样性指数分布格局相似，均为北片的土壤微生物多样性高于南片，且南片西北部地区的土壤微生物多样性相对较低。

保护区北片的土壤真菌Shannon多样性指数和Chao1多样性指数均高于南片，而南片西南部地区土壤真菌Shannon多样性指数相对较高，东南部地区土壤真菌Chao1多样性指数相对较高。随着经度的升高，土壤细菌多样性指数呈下降趋势，尤其是Chao1多样性指数，而真菌Shannon多样性指数和Chao1多样性指数均未发生显著变化。保护区内土壤微生物多样性与气候因子（年平均降水量和年平均温度）存在显著的相关关系。除土壤真菌Shannon多样性指数外，土壤微生物多样性指数均随土壤含水量的增加呈现显著下降的趋势。

1.2　自然资源概况

1.2.1　植物及植被资源

保护区共有维管植物65科219属484种，其中蕨类植物2科2属2种，种子植物共计63科217属482种。种子植物中裸子植物2科2属5种；被子植物61科215属477种，其中双子叶植物50科171属387种，单子叶植物11科44属90种（含种下等级5种）。保护区有中国特有种植物共82种，隶属于30科61属。保护区有国家重点保护植物9种，隶属于8科8属，包括国家一级重点保护植物发状念珠藻，国家二级重点保护植物肉苁蓉、甘草、胀果甘草、乌苏里狐尾藻、唐古红景天、锁阳、蒙古冰草、黑果枸杞等。保护区分布的甘肃省珍稀濒危植物有蒙古莸和河西菊。保护区大型真菌资源比较稀疏，共发现担子菌门的5科9属14种大型真菌。

保护区的植被主体是温带荒漠，主要成分是旱生和超旱生的灌木、半灌木和小半灌木，类型以温带半灌木、温带灌木荒漠为主。保护区有阔叶林、灌丛、荒漠、草原、草甸和沼泽等6个植被型组，温带阔叶林、温带荒漠草原、温带荒漠等12个植被型和胡杨疏林、小叶金露梅灌丛、膜果麻黄荒漠、芦苇沼泽等58个群系。

1.2.2 动物资源

保护区共记录到脊椎动物5纲31目76科249种。其中：鱼类2目3科15种，土著鱼种有高原鳅（5种）、大鳍鼓鳔鳅和花斑裸鲤，均为中亚高原山区区系；两栖类有1种，即花背蟾蜍；鸟类20目49科183种，是保护区陆生脊椎动物种类中最多、最主要的一个类群；哺乳类7目15科39种，资源相对丰富。保护区内分布有国家重点保护野生动物54种，其中国家一级重点保护野生动物14种，包括黑鹳、金雕、胡兀鹫、小鸨、秃鹫、草原雕、黑颈鹤、白尾海雕、白唇鹿、西藏盘羊、普氏野马、蒙古野驴、雪豹、豺等；国家二级重点保护野生动物40种，包括北山羊、盘羊、岩羊、鹅喉羚、猞猁、蓑羽鹤、白腰杓鹬、大滨鹬、高山兀鹫、凤头蜂鹰、棕尾鵟等。保护区列入《濒危野生动植物种国际贸易公约》附录的物种有40种，其中列入附录Ⅰ的物种有6种，列入附录Ⅱ的物种有34种。国家保护的“三有”野生动物有163种，其中哺乳类有7种，鸟类有145种，两栖类有1种，爬行动物有10种。保护区内分布有甘肃省重点保护野生动物7种，包括花斑裸鲤、大白鹭、灰雁、斑头雁、红嘴潜鸭、渔鸥、渡鸦等。保护区分布有中国特有物种共11种，其中鱼类5种，爬行类1种，鸟类2种，哺乳类3种。

保护区内有昆虫12目65科184属262种，其中鞘翅目种类最多，占总种数的1/3。昆虫区系中，古北区种类占有绝对优势，东洋区种类主要是农业害虫。保护区主要有山地草原、砾石戈壁、湿地、农田防护林等4个昆虫生态类群。区内分布的中国特有种昆虫有准噶尔贝蝗、黑圆角蝉、点伊缘蝽、榆绿毛萤叶甲等37种，天敌昆虫有薄翅螳、邻小花蝽、直胫啮粉蛉等。

1.2.3 土地资源

依据保护区整合优化预案，保护区总面积为795 652.81 hm^2，全部位于瓜州县境内。其中：湿地11 041.59 hm^2，占保护区总面积的1.39%；耕地35.83 hm^2，占保护区总面积的0.004 5%；种植园用地1.37 hm^2，占保护区总面积的0.000 2%；林地26 550.48 hm^2，占保护区总面积的3.34%；草地433 137.59 hm^2，占保护区总面积的54.44%；商业服务业用地0.08 hm^2，占保护区总面积的0.000 01%；工矿用地26.16 hm^2，占保护区总面积的0.003 3%；住宅用地0.34 hm^2，占保护区总面积的0.000 05%；公共管理与公共服务用地1.45 hm^2，占保护区总面积的0.000 2%；特殊用地1 264.41 hm^2，占保护区总面积的0.16%；交通运输用地1 275.37 hm^2，占保护区总面积的0.16%；水域及水利设施用地1 491.91 hm^2，占保护区总面积的0.19%；其他土地318 903.86 hm^2，占保护区总面积的40.08%。

保护区的林地中，乔木林地79.60 hm^2，灌木林地26 398.00 hm^2，其他林地72.88 hm^2，森林覆盖率3.34%，森林蓄积量0.801 4万 m^3，其中国家级重点公益林11 010.40 hm^2。草地中，天然牧草地289 623.00 hm^2，人工牧草地170.60 hm^2，其他草地143 343.99 hm^2。湿地中，灌丛沼泽455.99 hm^2，沼泽草地9 300.12 hm^2，其他沼泽地511.89 hm^2，内陆滩涂773.59 hm^2。区内分布有大小不同的天然湿地十多处，全部集中分布于保护区南片实验区，包括双塔水库周边湿地、葫芦河周边湿地、南坝湿地、布隆吉尔湿地、平头树湿地、北桥子湿地和青山子湿地等。

1.2.4 自然遗迹

保护区内自然遗迹资源丰富，有古遗址、古城遗址、烽燧、古建筑、古墓葬、摩崖石刻和石窟寺等

7种类型，大多分布在保护区一般控制区内。区内分布的自然遗迹有锁阳古渠道遗址、潘家庄城遗址、兔葫芦遗址、鹰窝树遗址、马圈古城遗址、双塔堡遗址、冥安城遗址、唐月牙墩、清道德楼、旱湖脑墓群、长沙岭墓群、冥水墓群、锁阳城墓群、踏实墓群、转台庄子遗址、东千佛洞石窟、碱泉子石窟、边墙沟摩崖石刻和旱峡石窟等19处，全部分布在保护区南片。其中：核心保护区内分布有碱泉子石窟，剩余17处均分布于保护区一般控制区；全国重点文物保护单位2处（锁阳古渠道遗址、东千佛洞石窟），省级文物保护单位5处（潘家庄城遗址、兔葫芦遗址、冥安城遗址、碱泉子石窟、鹰窝树遗址），剩余12处为县级文物保护单位。

1.2.5 旅游资源

保护区境内有着丰富的自然旅游资源和人文旅游资源。由于地质历史作用和人为作用，在瓜州大地上遗留了大片风蚀黄土台地、荒漠、戈壁、沙丘和绿洲，形成了独特的自然地理景观。区内有地貌景观、水域风光和生物景观等3类自然旅游资源，包括锁阳城雅丹地貌、双塔湖、葫芦河湿地、桥子东坝、北桥子神仙林等。区内有历史遗迹和古建筑2类人文旅游资源，包括锁阳城遗址、榆林窟、东千佛洞、蘑菇台红西路军陈列馆、唐玉门关、清道德楼等。

1.3 社会经济概况

整合优化后，安西保护区内无常住居民，但一般控制区周边居住着大量群众，且分布有大面积的耕地和草原，周边群众的生产、生活与保护区的管理及进一步发展息息相关。保护区一般控制区周边涉及“两镇一乡”，即锁阳城镇、双塔镇和布隆吉乡；有成建制行政村6个、自然村1个、农场分场1个，分别为锁阳城镇堡子村、南坝村、北桥子村、农丰村（自然村）和小宛农场踏实分场，双塔镇古城村、福泉村，布隆吉乡双塔村。周边共有群众1 548户6 501人，其中劳动力占比60%以上。总耕地面积22.313 3 km^2，主要种植有小麦、玉米、孜然、茴香、食用葵、西甜瓜、甘草、枸杞等农作物。牲畜有牛、羊、马、驴和骆驼等。保护区周边群众人均可支配收入较县域内其他乡镇低，但差距逐步缩小。2020年，保护区周边“两镇一乡”群众平均可支配收入为14 576元。

1.4 保护区范围及功能区划

根据中共中央办公厅、国务院办公厅印发的《关于建立以国家公园为主体的自然保护地体系的指导意见》，瓜州县人民政府会同保护区管护中心开展了保护区整合优化预案编制工作，保护区整合优化预案已上报国家且通过部门联合审查，并于近期予以公示。

根据公示的保护区整合优化预案界线，保护区总面积79.57×10^4 hm^2，分为南片和北片两部分。南片面积为39.29×10^4 hm^2，位于东经95°25′13.21″～96°50′38.37″，北纬39°53′15.49″～40°26′43.75″；北片面积为40.28×10^4 hm^2，位于东经94°46′07.55″～95°45′22.22″，北纬41°10′39.66″～41°48′02.66″。保护区划分为核心保护区和一般控制区2个功能区。其中，核心保护区22.98×10^4 hm^2，占保护区总面积的

28.88%；一般控制区 56.59×10^4 hm^2，占保护区总面积的71.12%。

1.5 综合评价

安西极旱荒漠国家级自然保护区是我国目前唯一以保护极旱荒漠生态系统及其多样性为目的的多功能综合性保护区，它的建立，填补了我国该类型自然保护区的空白，不但有利于生物多样性的保护，丰富物种资源，而且提高了荒漠植被的覆盖率，减少了沙尘暴对周边地区的危害，保护了周边地区的工农业生产，改善了地区投资的环境。保护区的持续建设与管理，将最大限度地减少人为因素对生态系统的破坏，更有力地促进保护区内珍稀动植物资源的保护，增加野生动植物种群数量，促进植被恢复，为野生动植物创造良好的栖息环境和生存条件，最大限度地保护物种基因库和生物多样性。另外，保护区的建设，也将有利于加强生态系统的保护，保持其生态系统的完整性、稳定性和连续性，使保护区内各类资源按自然规律稳定地进行演替、发展，发挥其最大的生态功能，这对改善当地的自然环境、维护生态平衡、促进生态系统良性循环、减少自然灾害发生、遏制荒漠化进程等将起到不可估量的作用。通过科学估算，保护区生态系统服务功能价值量为239.46亿元/年，其中防风固沙功能价值量将近占了一半。同时，保护区的建设对维护周边地区乃至甘肃省的生态安全、改善本地区的生态环境具有迫切的现实意义和深远的历史意义。

近年来，保护区管理机构通过严格管护，持续加强制度建设和巡查管护工作力度，强化禁牧成果，保护区内的人类活动干扰已逐渐减少，野生动物栖息地环境得到有效改善，破坏的植被逐步得到自然恢复。自2016年开展保护区生态环境问题整改工作以来，区内所有的探采矿项目均已退出保护区，涉及的所有生态环境问题已得到整改。2018年以来，多年未在保护区出现的雪豹、豺等动物已频繁出现在保护区。以往蒙古野驴在该保护区属于难得一见的珍稀物种，目前不管是红外相机观测还是样线调查，均能较容易地观测到。这些结果均说明了保护区加强保护和管理，使得人为干扰敏感的物种的分布与数量有了明显增加，生态系统向着良好的方向发展。

虽然近年来社区周边群众的生态环保意识不断增强，保护区在保护与管理工作上的成效明显，但保护区资源保护与地方经济发展的矛盾依然存在，也面临着一些困难和问题，包括：保护区边界不清，人员编制少，管护力量依旧薄弱；保护区无土地权属；资源保护与地方经济发展间的矛盾依然突出；科研力量薄弱，经费投入不足；自然因素导致局地生物多样性退化等。下一步，建议保护区管理机构从充实队伍力量、强化管护工作，持续推进保护区整合优化、明晰自然资源权属，加强保护区生态及生物多样性监测研究，健全社区共管机制、推进保护区科学管理，加强科研队伍建设、加大科研经费的争取和投入力度，依法强化保护区管理、科学推进保护区生物多样性保护等方面来解决困难和问题。

第2章　自然地理环境

自然地理环境是指人类生存的自然地域空间，是地球气相、固相和液相3种物质的交界面，是有机界和无机界相互转化的场所，是人类赖以生存的自然界，是人类社会存在和发展的自然基础。安西极旱荒漠国家级自然保护区的自然地理环境是保护区最基本的组成部分，包括地质、地貌、气候、水文及水资源、土壤等。

2.1　地质概况

安西极旱荒漠国家级自然保护区地处亚洲中部温带荒漠、极旱荒漠和典型荒漠的交会处，是青藏高原和蒙新荒漠的结合部，其荒漠生态系统在整个古地中海区域具有一定的典型性和代表性，是目前我国唯一以保护极旱荒漠生态系统及其生物多样性为主的多功能综合性自然保护区。保护区处于几个构造体系的交接、复合部位，地表缺失泥盆纪、三叠纪和白垩纪地层。保护区南片高北片低，海拔一般为1 300 m，最高为3 547 m，主体是河西走廊平原、疏勒河构成的区域，地势平坦，为地下水溢出带，有沼泽湿地分布。由于受区域构造尤其是新构造的影响，地貌自南而北呈现一定变化特征，包括中高山、低山、丘陵、新老洪积扇、绿洲平原、雅丹地貌、戈壁等。保护区北片是南北高中间低，中间为向西开口的大盆地，海拔一般为1 800 m，最高为2 334.9 m，星星峡东山和红石山西部为低山丘陵和剥蚀准平原，中间为狭长山脉，多为向东的戈壁平原，基本上是中低山、低山丘陵、山前平原。按成因和形态特征，地貌类型分为11类。

2.2　地貌的形成及特征

地貌是一个区域地形特征的反映，包括海拔、坡度、坡向等地理单元要素的综合特征。保护区的地貌包括中高山地、低山、丘陵、盆地、绿洲、戈壁等。海拔特征总体上呈现南片较高、北片较低的趋势。从图2-2、图2-3和图2-4可以看出，在保护区北片和南片的北部区域，海拔普遍小于2 100 m，地势较为平坦，坡度较小，且普遍小于3°；在保护区南片的南端区域，海拔较高（2 000～3 500 m），坡度较大（15°～48°），具有小起伏和中起伏山地分布。

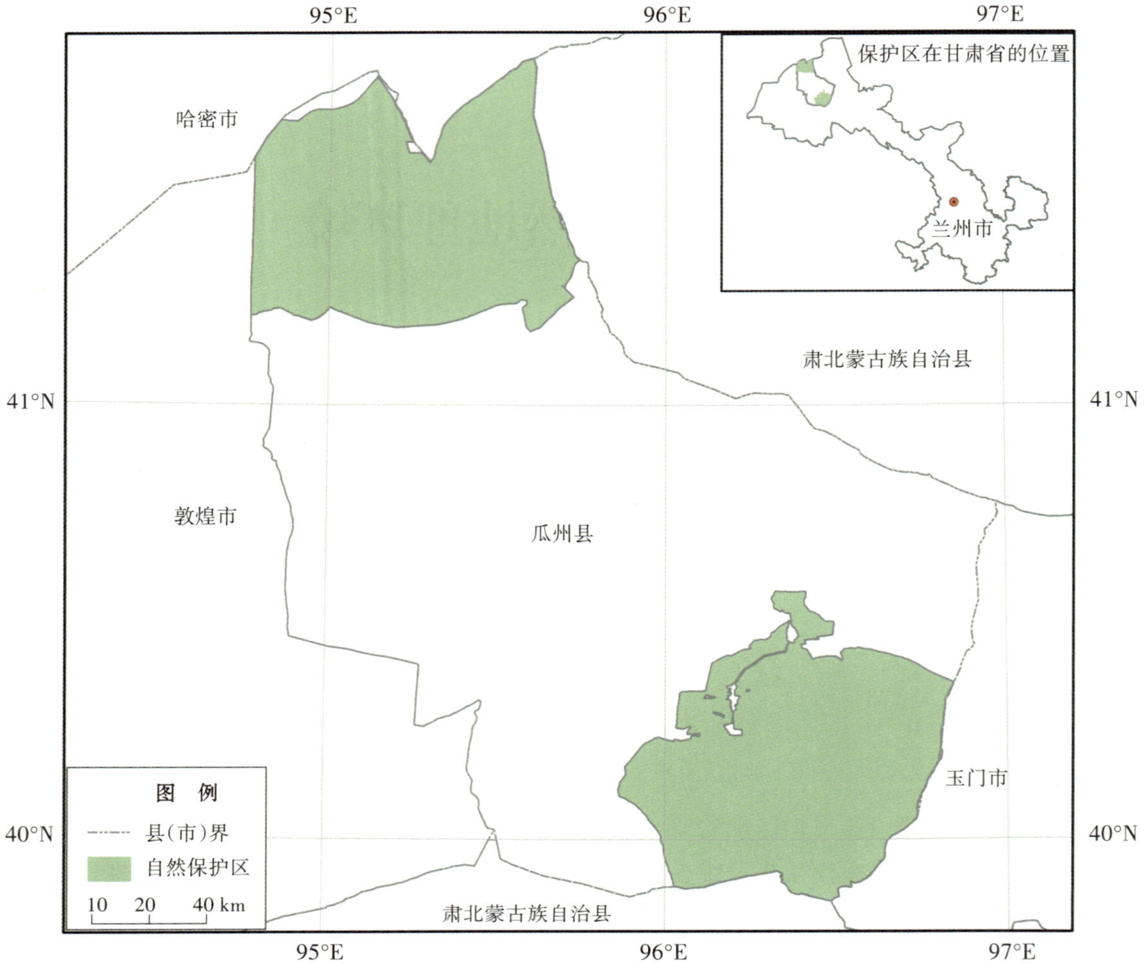

图2-1　保护区地理位置示意图

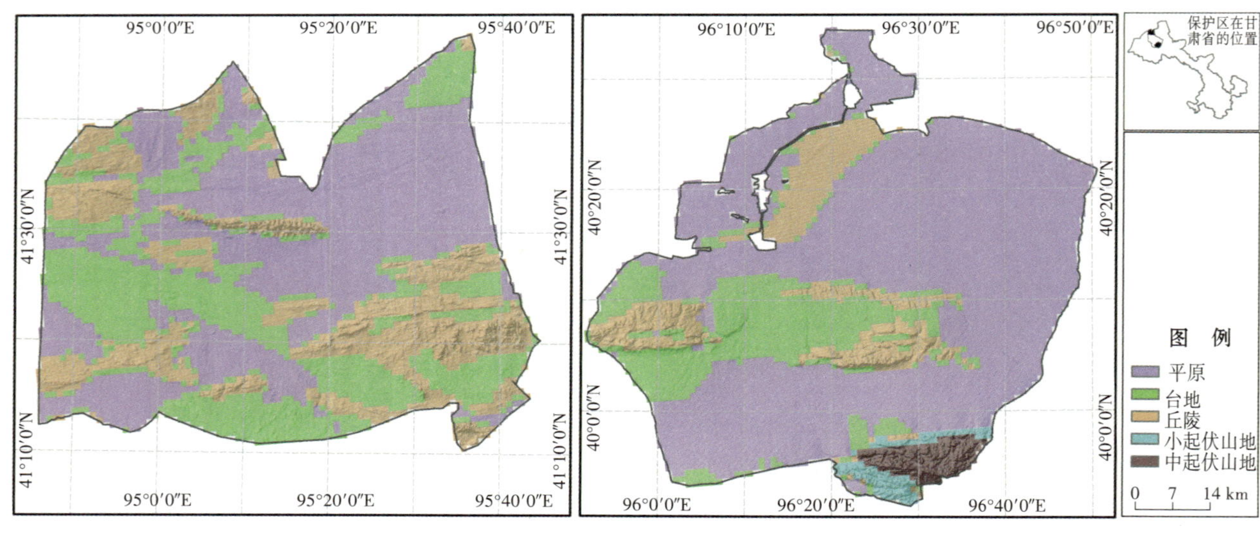

图2-2　保护区地貌类型空间分布图

注：地貌类型空间分布数据来源于《中华人民共和国地貌图集（1∶100万）》，空间分辨率为1 km×1 km。

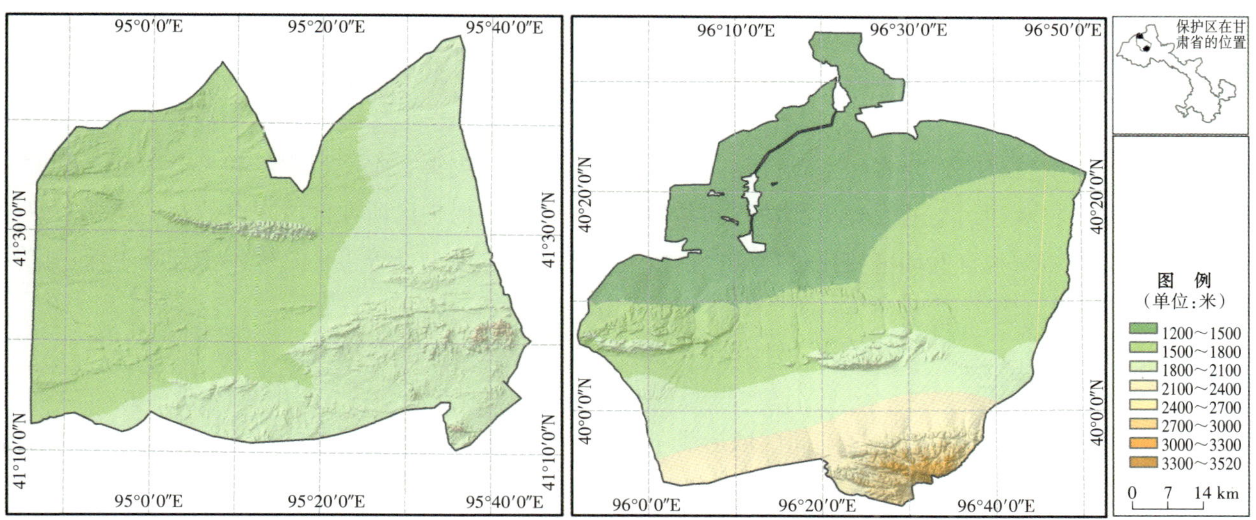

图2-3　保护区地势分布图

注：海拔高度（数字高程模型）空间分布数据来源于美国奋进号航天飞机的雷达地形测绘数据，分辨率为90 m×90 m。

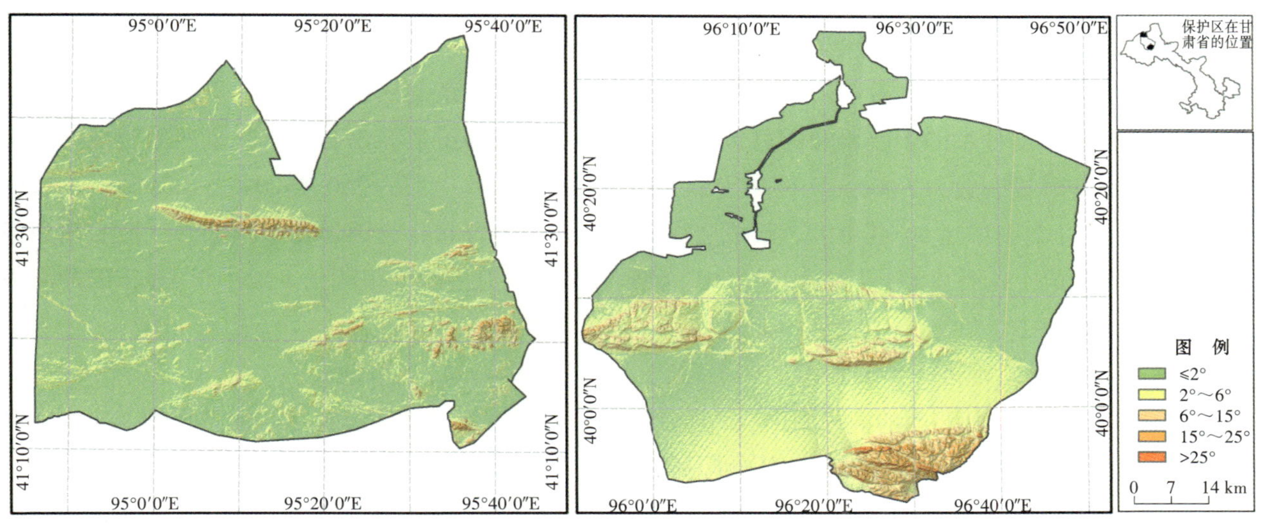

图2-4　保护区坡度分布图

注：坡度数据根据90 m×90 m的海拔高度（数字高程模型）空间分布数据计算得到，空间分辨率为30 m×30 m。

2.2.1　地貌的形成

在漫长的地质时期，构造运动是造就现代地貌的最主要内在因素，强烈风化剥蚀为主的外营力作用是形成现代地貌形态的外部条件。

保护区所在区域自古生代之后，在燕山及喜马拉雅山构造运动的作用下，地壳急剧上升，上升幅度南北差异很大，构成了现今北部高南部低的地貌轮廓。中更新世以来，保护区内以振荡性上升为主的内动力和以强烈风化剥蚀堆积为主的外营力长期相互作用，形成现今低山丘陵、石漠戈壁、洪积平原等地貌景观。

自人类社会发展以来，在自然变化过程（天气、气候、地质灾害、水文过程）和人类活动（保护区建立前的农牧业、水利、交通、开矿活动）的共同影响下形成了保护区所在区域现有的地貌特征。保护区建立后，保护活动和自然环境变化过程（包括极端降水事件、沙尘暴等事件）进一步影响了保护区局部区域的地貌。

2.2.2 地貌特征

由于不同因素的影响，保护区不同区域形成了不同的地貌类型，包括山地、山谷、山前平原、河流湿地、平原、农田区、风沙区和戈壁等。根据地貌成因和形态特征，保护区的地貌可划分为11类。

2.2.2.1 强烈切割的侵蚀构造中高山

主要分布在保护区南部朱家大山和鹰嘴山等，最高海拔为3 800 m，低处为2 500～3 000 m，相对高差500 m，坡度约30°或更大，主要由石炭系的酸中性火山碎屑岩、海西中期的花岗岩和闪长岩，震旦系的碳酸岩和前震旦系碎屑岩及碳酸岩组成。沟谷发育，沟谷多呈“V”字形，第四系地层厚度很薄，一般小于4 m，以冲洪积和坡洪积砂碎石为主。

2.2.2.2 强烈切割的侵蚀构造中低山

分布于保护区南部的岌岌台子山和玉石山等地，主要由石炭系的酸中性火山碎屑岩、海西中期的花岗岩和闪长岩、震旦系的碳酸岩和前震旦系的碎屑岩及碳酸岩组成。山脉基本呈东西向延展，和构造线方向一致。海拔一般为2 000 m，最高达2 452.5 m，相对高差一般为200～500 m，山势陡峭，坡度一般为30°左右，个别可达60°或更大，形成陡崖。山顶多呈尖峰状，是因地壳急剧上升，遭受强烈侵蚀切割作用所形成。沟谷发育，沟谷多呈“V”字形，第四系地层厚度很薄，一般小于4 m，以冲洪积和坡洪积砂碎石为主。

2.2.2.3 中度切割的构造剥蚀中低山

分布于保护区南部和北部的大泉南山、花牛山和沙山等地，主要由前震旦系、震旦系的变质岩和海西中期的花岗闪长岩、石英闪长岩和一部分碎屑岩组成。山脉走向大致与构造线一致，海拔为1 600～2 300 m，相对高差为100～200 m，山脊多为馒头状和猪背状，局部呈锯齿状，坡度为25°～35°，由缓慢上升和较强烈的侵蚀切割作用所形成。沟谷断面多呈“V”字形，第四系地层厚度不大，一般小于4 m。

2.2.2.4 轻度切割的构造剥蚀中低山

分布于保护区南部和北部的玉石山、布特南山—长流水及南北截山等地，主要由前震旦系、震旦系变质岩和部分碎屑岩、火成岩组成。海拔为1 250～2 000 m，相对高差为50～100 m，地势平缓，山顶多为浑圆状，坡度为15°～25°。沟谷断面多呈“U”字形，第四系地层厚度一般为5 m左右。

2.2.2.5 微起伏的剥蚀准平原

分布于保护区的稿油桩、石板墩—白墩子等地，由奥陶系和志留系的片岩、片麻岩，二叠系的碎屑岩，海西期的粗粒花岗岩组成。地势微起伏，大致呈平原地形，相对高差为10～20 m，由于遭受强烈的剥蚀作用，形成平原地形。第四系地层分布范围很小，厚度较薄，一般不大于2 m，沟谷多呈“箱”型，其中有残丘存在。

2.2.2.6　山前洪积倾斜平原

分布于保护区北部山前及南北截山两侧，主要由上更新统砂砾石及全新统砂砾石组成。各大沟谷出口处均有较大的洪积扇，如榆林河、芦草河、旱峡沟及东水沟等，均见有典型洪积扇。从南向北各平原的坡度逐渐减小，榆林窟至东巴兔一带纵坡为0.3%～0.4%，踏实一带为1.5%，东水沟洪积扇为0.1%～1.2%，北戈壁为0.8%。大部分地段平坦开阔，植被稀少，切割不深的洪流沟谷比较发育。在榆林河洪积扇上，由于晚近期上升活动，部分河谷形成多级侵蚀阶地。

2.2.2.7　山间洪积平原

主要分布在保护区北部的黄草滩，在南部山区丘陵的低洼处也有分布。地形平坦，碎石遍布，被称为戈壁滩，相对高差为5 m左右。黄草滩以0.1%～1.4%的坡度向西倾斜，其基底为第三系碎屑岩。在洪积平原的边缘，小型洪积扇发育。

2.2.2.8　剥蚀堆积垄岗状平原

主要分布于保护区南部和北部的芨芨台子山南，稿油桩西南，玉石山周围，大泉、榆林窟狭长沉降带东段。北部由第三系上新统粉砂质泥岩、粉砂岩和砂砾岩组成，南部由下更新统砂砾岩组成。由于受到不同程度的侵蚀作用，形成不连续的垄岗状平台，相对高差为10～15 m，台面平坦。

2.2.2.9　冲积湖积微倾斜平原

主要分布在保护区南部的瓜州—西湖一带，其次为踏实北、芦草河两岸等。主要由中更新统及全新统细土组成，局部有中更新统砾石。切割微弱，平坦开阔，在瓜州狭长沉降带内，地面向西倾斜，其他地区由南向北倾斜；纵坡小，为0.2%～0.25%。一般地下水位埋藏较浅，有不同程度的盐渍化和局部沼泽化。在瓜州西南及老师兔南残存一些风蚀地，部分已生长有植物。本区是瓜州县的主要耕作区。

2.2.2.10　风积灌丛沙堆

主要分布在保护区南部瓜州平原西部，其次为疏勒河两岸等。由全新统风积沙组成，呈固定、半固定灌丛沙堆，高矮不一，多为3～5 m。高者主要由柽柳固定，矮者为白刺固定，一般看不出主风向。

2.2.2.11　雅丹地貌

零星分布在保护区南部平原中部的流动性很强的新月形沙丘及平沙地。布隆吉乡北疏勒河北岸至国道312线北山丘东西长为4.8 km、南北宽为800～1 000 m地带内，为第四纪全新世河湖相堆积物，厚为6.5～14.5 m。2万年以前，疏勒河在流经发育过程中，夹带上游大量泥沙向西北流，至此地地域开阔，水流缓慢，泥沙不断沉淀淤积成浅湖底。以后气候变干、水流下切，沉积层抬升，高出河床10 m余，由于东西向强风蚀作用，水平沉积层被切割成连绵起伏的雅丹地貌区。平地矗立起似城如堡、似山如峰、高低参差的土丘峰林，其间夹杂着较多低矮的岗丘。土丘峰林形状奇特，有泥狮子、风蘑菇、小金字塔、平顶土墩等形状，一般顶部庞大，底部尖细。土丘峰林和其间的低洼地，都是按照东西方向互相平行地排列着，个别丘体还具有流线形外貌。高大的土丘峰林可以分为上、下两部分。上部土丘体颜色发红，颗粒较粗，比较疏松，手感砂性明显，有滑感，而基座组成物较细腻，丘体有圆形孔洞及植物根系等特点。

锁阳城雅丹地貌地区，第四纪冰河时期，古冥水夹带大量泥沙向西北顺坡而下流经此地。因此地地势低平，水流缓慢，泥沙沉积成湖沼地层。全新世以来，气候变干，生态变迁。进入汉唐时期，先民在这里大量垦荒，这里呈现田园风光，生态环境远比现代好得多。唐开元以后，冥水断流；瓜州屡遭吐蕃人攻陷，农民向北迁移，田地大片荒芜，该地宋元时期曾一度恢复农业，生态景观有所改观。明清以后，冥水彻底断流，地表无植被覆盖，强烈的大风切割地表，带走大量沙土，近300年在风蚀作用下，以往的田园风光变成了连绵起伏的风蚀台地——雅丹地貌。此地雅丹和其他各地雅丹略有不同，水流冲刷和风力吹蚀作用增强和加速了地表的沙漠化过程，暴雨、暴雪之后形成的地面径流，刻蚀地表，形成明显的雅丹地貌。

六工城西雅丹地貌东起六工城（西汉宜禾都尉昆仑障）西，西至西湖南沙窝，南起安敦公路（国道313线），北至疏勒河南岸。方圆5 400 km²范围黄土沉积带，源于全新世以来疏勒河下游流经发育过程中所夹带的泥沙沉积。该地南有十工山、南截山、火焰山等一系列东北—西南延展的低山山脉，北有北山山脉，中间形成低地槽，疏勒河流经地槽，夹带泥沙不断沉淀，距今10 000～8 000年形成湖沼地，植物繁茂，生态环境远比现代好得多。汉武帝在河西修筑长城烽燧260 km，就地取胡杨、红柳、芦苇、芨芨、罗布麻修筑长城，用材巨量，可见当时植物生长繁茂，生态景观秀美。长城告竣后，便在沿线开垦荒地，实行屯田制，提供大批军粮，并建立宜禾都尉昆仑障。东汉曹魏时，建宜禾县于昆仑障，垦荒延至南截山芦草沟流域。北周以后，因吐蕃侵扰、疏勒河流量减少、气候变干等原因，农民弃耕地迁移。地面无植被覆盖，强风切割地表，夹带大量泥沙向西飘移，至西湖南沙窝一带，风力减弱，流沙下落，久之，形成连绵起伏的沙丘。

2.2.3 土地利用类型

土地利用类型，指的是土地利用方式相同的土地资源单元，是根据土地利用的地域差异划分的，是反映土地用途、性质及其分布规律的基本地域单位，是人类在改造利用土地进行生产和建设的过程中所形成的各种具有不同利用方向和特点的土地利用类别。

保护区内的土地利用类型包括耕地、林地、草地、沼泽、水体、荒漠、建设用地等，其中主要的土地利用类型为草地和荒漠，其次为林地和水体（图2-5、图2-6）。

图2-7为1995、2000、2005、2010、2015和2020年安西极旱荒漠国家级自然保护区不同时期的土地利用格局。从图2-7可以看出，保护区北区的土地利用类型主要为荒漠（裸地），南区主要为荒漠和草地。不同土地利用类型在不同时期发生了不同的变化。从表2-1可以看出，保护区1995年的耕地面积最大（2 426 hm²），1995—2005年，保护区耕地面积呈现明显的减少趋势，但2005—2015年，耕地面积则呈现缓慢的增加趋势，2020年保护区的耕地面积相较于2015年出现略微减少；森林面积在不同时期未发生变化；2005—2020年，保护区草地面积未发生较大的变化，但明显高于1995—2000年的面积，这主要是由于2000—2005年部分荒漠转变为了草地；2000—2005年，荒漠面积呈现减少趋势，其他时期变化不明显；1995—2005年，城乡、工矿、居民用地等建设用地呈现明显增加趋势，之后面积未发生明显变化。

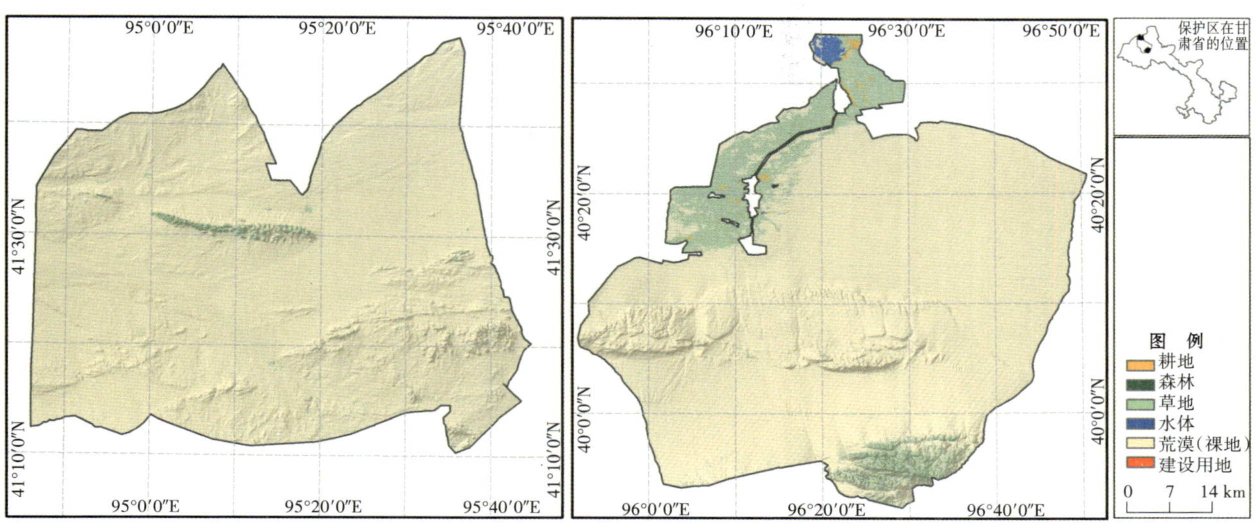

图2-5 保护区2021年土地利用类型分布图

注：数据来源于Landsat-derived annual China land cover dataset（CLCD），https://doi.org/10.5281/zenodo.4417810，空间分辨率为30 m×30 m。

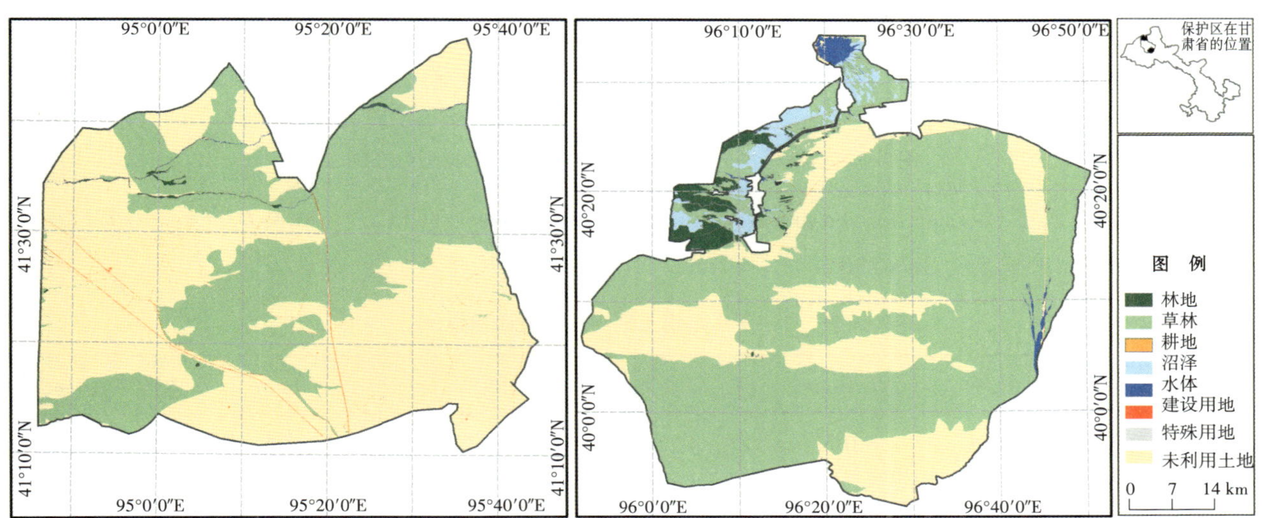

图2-6 保护区2020年土地利用类型分布图

注：数据来源于保护区林草湿数据与国土“三调”数据对接融合成果。

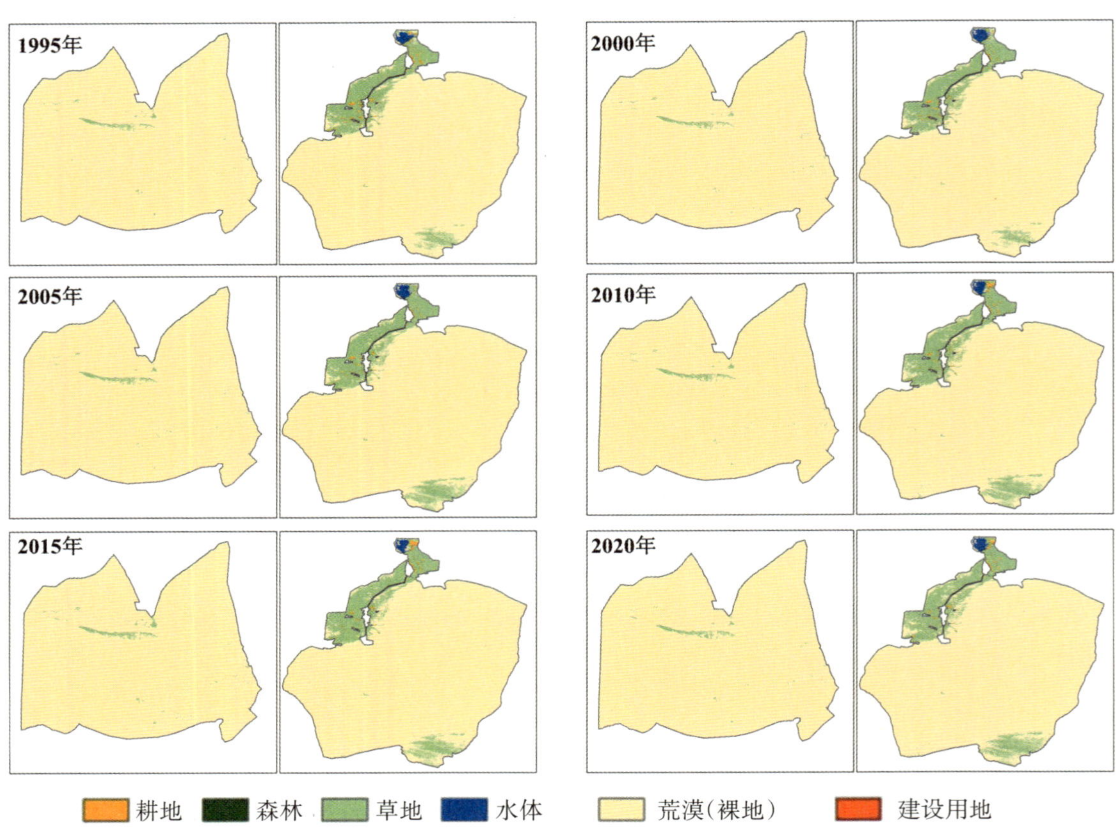

图2-7 自然保护区1995—2020年土地利用类型分布图

注：数据来源于Landsat-derived annual China land cover dataset（CLCD），https://doi.org/10.5281/zenodo.4417810，空间分辨率为30 m×30 m。

表2-1 不同年份土地利用类型面积统计

年份	耕地/hm²	森林/hm²	草地/hm²	荒漠/hm²	水体/hm²	人造地表/hm²
1995	2 426	0.72	42 754	748 760	1 563	1.35
2000	1 510	0.72	41 370	750 761	1 854	8.1
2005	1 243	0.72	47 669	744 819	1 761	11.07
2010	1 603	0.72	47 536	744 776	1 575	11.34
2015	1 845	0.72	47 115	745 083	1 448	11.34
2020	1 619	0.72	46 250	745 839	1 783	11.88

2.3　气候及其变化

保护区深居内陆，具典型的大陆性气候特征，体现在降水少，蒸发量大，日照长，昼夜温差大，夏季炎热，冬季严寒，风沙多。

保护区年均气温为7.8～10 ℃，夏季6—8月平均气温为22 ℃，冬季最冷月平均气温在-10 ℃以下，年较差达34.9 ℃。由于受大气环流及河西走廊大地形动力和阻力的影响，海洋暖湿气流不易到达，下垫面为戈壁、沙漠，使得保护区气候异常干燥，降水稀少。保护区年降水量为40～200 mm，集中在夏季，冬季降水极少，一般<10 mm；年蒸发量为2 754.9 mm，高的年份达3 420 mm，是降水量的48倍，最高达87倍。保护区内日照时间长，全年日照时数在3 200 h以上，日照率>70%。年无霜期为115～170 d，平均为140 d，绝对无霜期为105 d。年均风速为3.7 m/s，3—5月最大，为4.2～4.5 m/s，其他月份平均为3.1～3.8 m/s，瞬时风速>17 m/s的8级以上大风平均71 d。全年沙暴日为137次，浮尘为29.3次，构成了保护区的灾害。鉴于瓜州县没有气象站，利用酒泉市气象站数据分析瓜州县气候变化趋势，同时利用全球格点数据（数据源自CRU TS v4数据集，https://crudata.uea.ac.uk/）。数据集空间精度为0.5°×0.5°，瓜州县共有11个格点，利用该11个格点的平均气候指数（降水、温度、干旱指数）分析瓜州县气候变化趋势。

2.3.1　气温

1961—2020年，保护区南北片的平均温度如图2-8所示，南片的年平均温度变异程度更大。

1990—2018年，酒泉市年平均温度呈线性显著增加，平均每年增量为0.03 ℃，其中增加速率最快的时间为1992—1998年，1998—2018年年平均温度上下浮动，其间年平均温度为8.29 ℃（图2-9）。

1990—2021年，瓜州县年平均温度呈显著线性增加，平均每年增量为0.03 ℃，2021年年平均温度相对于1990年增加0.85 ℃（图2-10）。

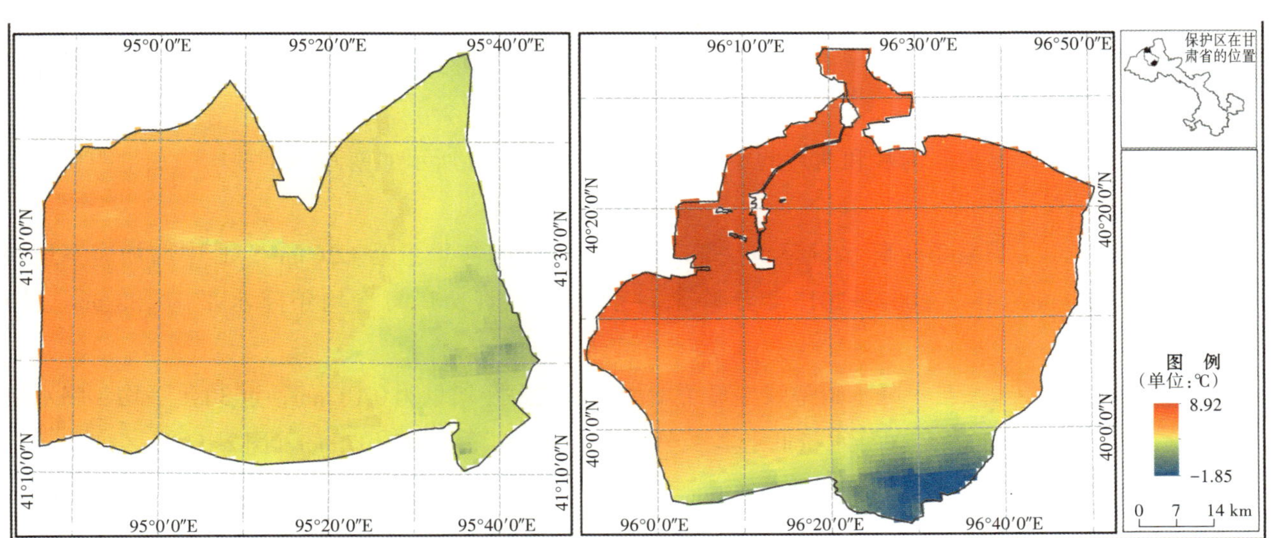

图2-8　1961—2020年保护区年平均温度分布图

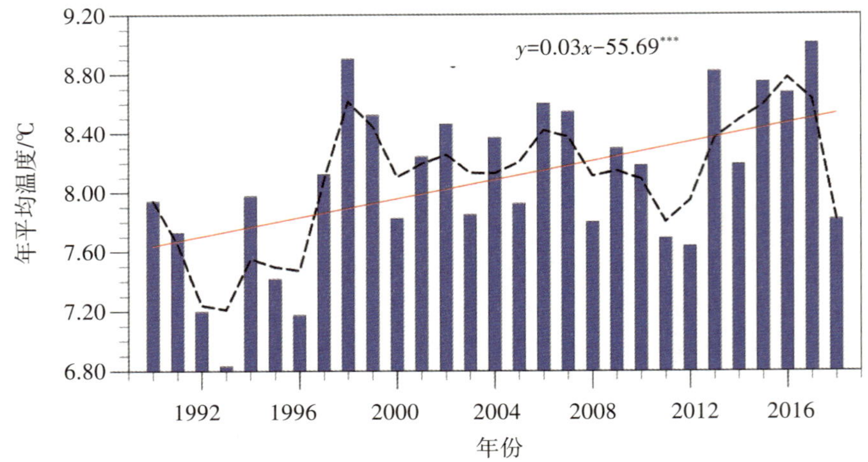

图2-9　1990—2018年酒泉市年平均温度变化趋势

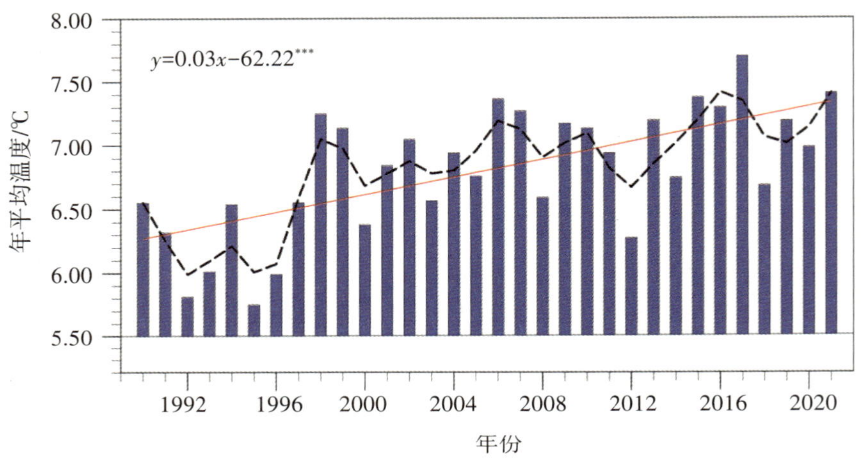

图2-10　1990—2021年瓜州县年平均温度变化趋势

2.3.2　降水

1961—2020年，保护区南片和北片的年平均降水量如图2-11所示，南片的年平均降水量明显高于北片。

1990—2018年，酒泉市年降水量呈线性显著增加，平均每年增量为1.26 mm，其中增加速率最快的时间为1997—2007年，2007—2018年年降水量呈上下浮动，其间平均年降水量为108 mm（图2-12）。

1990—2021年，瓜州县年降水量呈线性显著增加，平均每年增量为0.18 mm，近30年平均年降水量为63 mm，其中2020—2021年年降水量低于多年平均值，平均年降水量为37 mm（图2-13）。

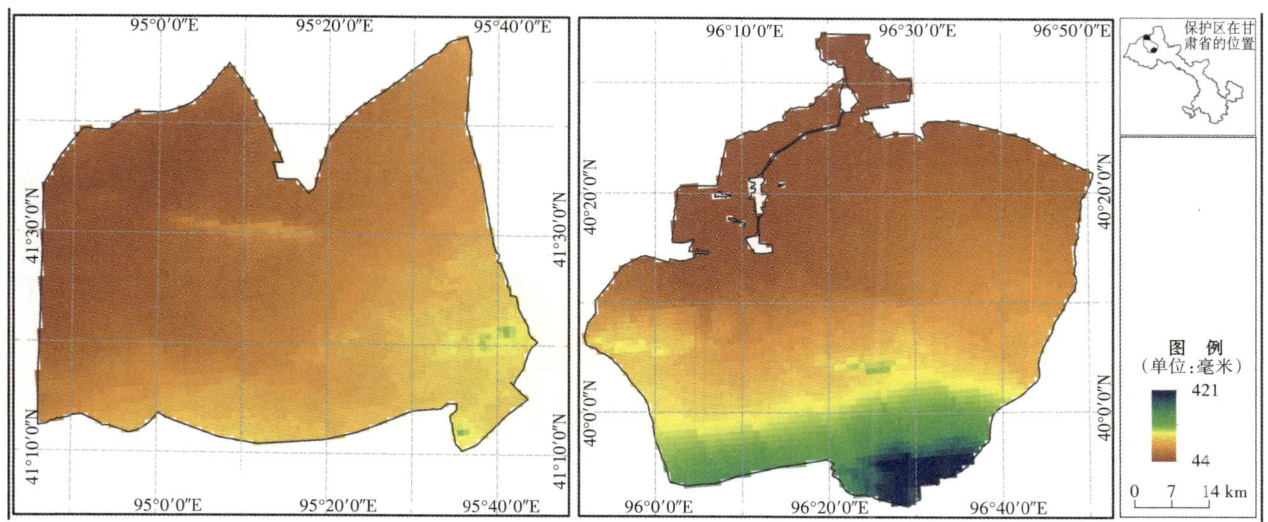

图2-11　1961—2020年保护区年平均降水量分布图

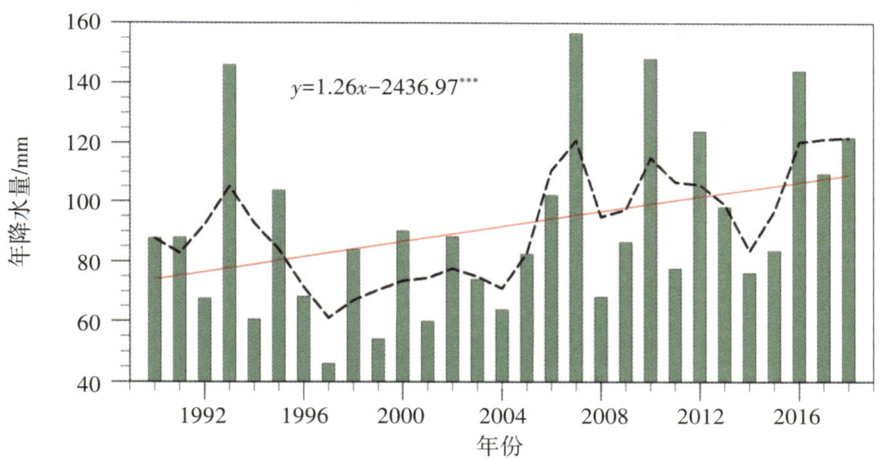

图2-12　1990—2018年酒泉市年降水量变化趋势

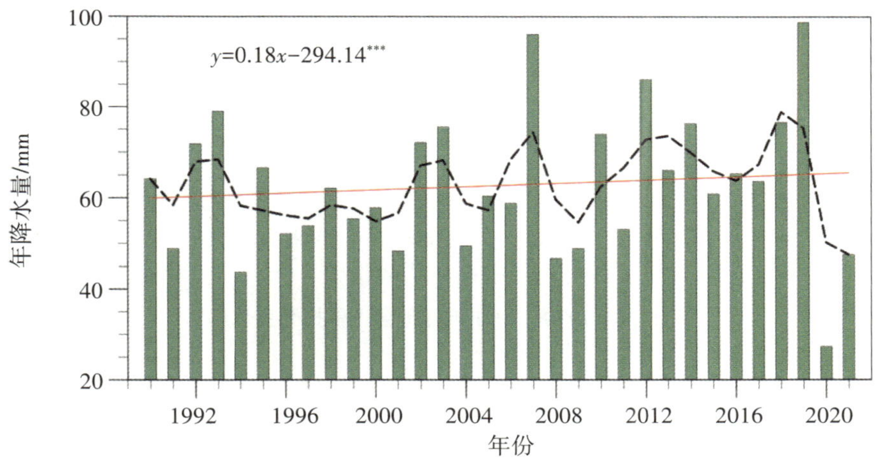

图2-13　1990—2021年瓜州县年降水量变化趋势

2.3.3 干旱指数

1970—2000年保护区南片和北片的干旱指数分布如图2-14所示。

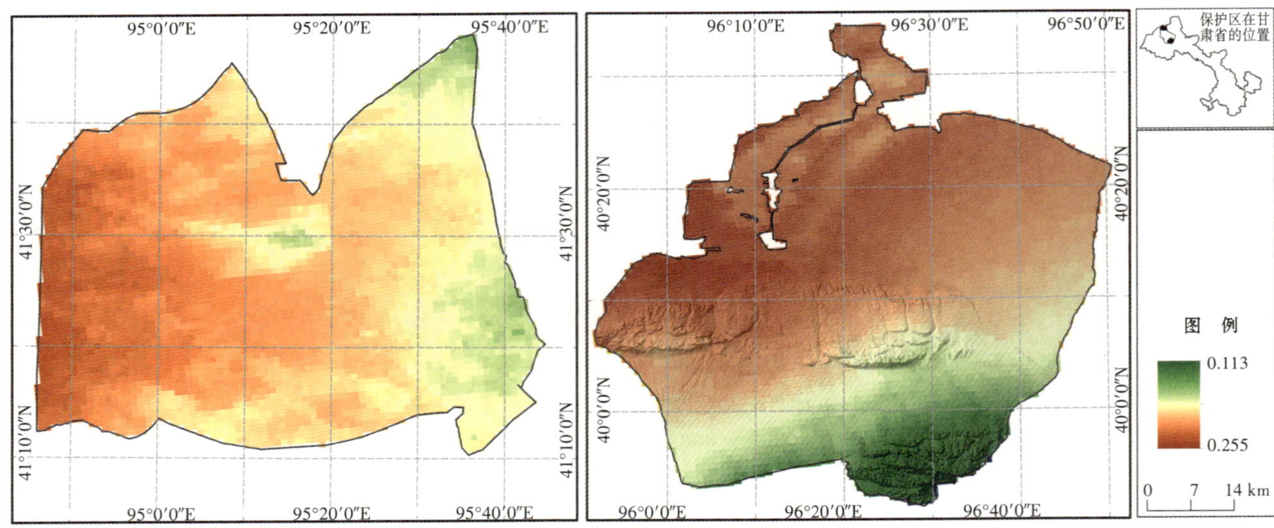

图2-14　1970—2000年保护区干旱指数分布图

1990—2021年，瓜州县干旱指数呈上下浮动，近30年平均大小为0.058，2020—2021年干旱指数显著低于多年平均值，平均干旱指数为0.033，表明干旱程度增加（图2-15）。

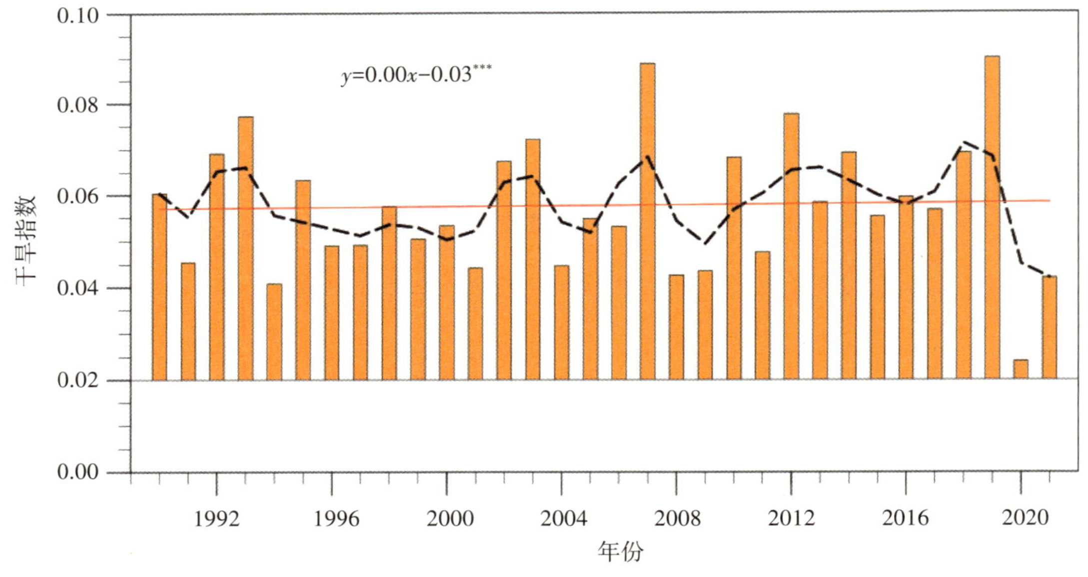

图2-15　1990—2021年瓜州县干旱指数变化趋势

2.4　水文及水资源变化

2.4.1　地表水

由于保护区的地质地貌条件较特殊，其地表水分为北部和南部2个差异较大的地区来描述。

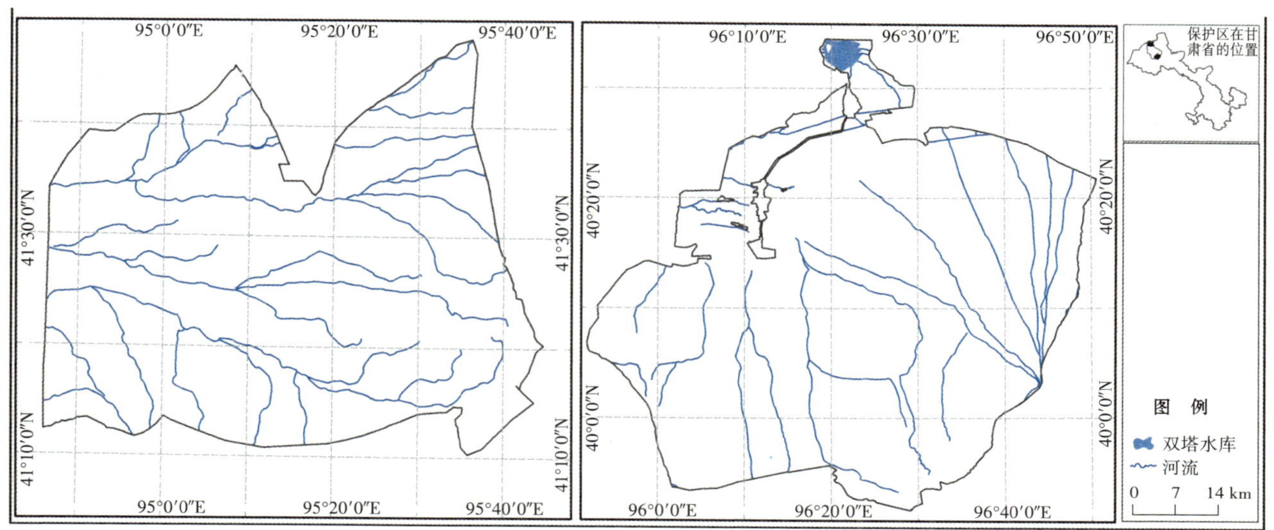

图2-16　保护区水系示意图

注：该图来源于全国1：100万公众版基础地理信息数据（2021）。

2.4.1.1　北部地表水

北部地区无常年性地表水流，仅有一些暂时性洪流所形成的干沟。红柳河沟、马莲井沟等，由东向西流动；石板墩沟、黑山口沟、辉铜山南沟等，则由北向南流动。一般沟谷雨季可形成洪流，流量大，历时短，部分水量流出区外，部分水量渗入地下补给地下水。

区内有多处泉水，其中以白墩子泉流量最大，为0.5 L/s，其余都很小，一般为0.01～0.14 L/s。水质一般较好，可供饮用。

2.4.1.2　南部地表水

南部水文网比北部发育，较大的河流有疏勒河、榆林河（踏实河），另有许多泉水和洪流沟谷。

1.疏勒河

疏勒河发源于祁连山，受雨洪及融冰、融雪水的补给，水量充沛。自昌马峡出山后，由南向北，过黄闸湾后折向北西，西经双塔水库流向西湖。疏勒河昌马峡多年（1956—1990年）平均年径流量为10.53亿 m³，2003年为9.940亿 m³，2004年为9.5991亿 m³，其他小沟河及前山区年径流量为0.85亿 m³。疏勒河系年总径流量为11.38亿 m³。河水径流量中降水占37%，冰川及雪融水占34.3%，地下水占28.7%。疏勒河水出山后大量渗入昌马洪积平原，以及被引入渠道，河道内水流甚少，到三道沟后，地下水又以泉的形式补给河水，使河水流量增大，汇入双塔水库。疏勒河河水量年内月分配变化较大，

5—9月集中了全年径流量的71.3%。疏勒河河水流量大致存在着14年和8～9年的变化周期。从多年平均流量和水质变化来看，流量有减少趋势，水质也有恶化趋势。上述情况，将对瓜州平原地下水的水质、水量产生深远的影响。

2.榆林河

榆林河源于祁连山中的大雪山，出山后全部渗入地下，到石包城附近溢出成泉，泉水汇集成石包城河，出山后称榆林河。榆林河流量比较稳定，是典型的地下水所形成的河流，多年平均流量为0.558亿 m^3，2003年为0.558亿 m^3，2004年入库径流为0.5183亿 m^3，是踏实地区的主要灌溉水源。榆林水库站年径流量1956—1980年在波动中下降，1981—2004年在波动中上升。

3.芦草沟

芦草沟实际是由踏实细土平原前缘溢出带的泉水汇集而成的，其上游叫黄水沟。芦草沟发源于桥子和踏实北滩一带，全长45 km。由于受到灌溉、融冻和蒸发的影响，流量变化很大。每年3—4月融冰季节，遍地皆水，流量很大；7—8月蒸发强烈，河流断流，5月份实测流量为27 L/s。该河通过北截山流入瓜州平原，水质为矿化度大于3 g/L的半咸水及咸水。

4.东水沟、上口子、营湖峡、浪柴沟等

本区经常有水流的沟谷，均以泉为补给，流程不远就渗入地下，补给地下水。此外，尚有一些洪流沟谷，如旱峡沟、大水峡沟等，平时无水，或仅有微小的泉水，流程几百米即渗入地下，主要是暴雨时有洪流通过，在戈壁滩上有很多这样的洪流沟谷。

2.4.2 地下水

2.4.2.1 地下水的贮存条件和分布规律

地下水的贮存条件和分布规律受地质构造和地貌的影响。贮存基岩裂隙水的低山丘陵，由于地层时代古老，其所经历的构造运动很复杂，褶皱、断裂、裂隙较发育，特别是在断裂主动盘一侧，发育一些低次序的张性裂隙，为地下水的运移和汇集创造了有利条件。如白墩子—石板墩、黑山口—孤山压性断裂面受强大的南北向压应力的作用，形成一些透镜状的构造岩，这是一些透水性很弱的岩层。其对垂直断裂带流动的地下水相对起着阻隔作用，而断裂带靠地下水补给方向一侧的下盘，劈理和羽状裂隙比较发育，沿断裂带泉水呈线状溢出，并形成串珠状的盐渍洼地。总之，比较贫乏的基岩裂隙水严格地受构造、岩性、地貌以及补给条件的控制，贮存和分布很不均匀。凡富水地段都必须具备富水的空间条件和地下水补给条件。如旱峡沟中，第四系砂砾碎石层中含孔隙水，但其下伏基岩为片岩的地层却贫水，在这里岩性起了主导作用。

在柴包、大泉、马莲井的第三系上新统粉砂岩、泥质砂砾岩中，分布有层间承压水。含水层岩性为泥质粉砂岩和泥质砂砾岩，承压水顶板埋深50～60 m。

第四系砂砾石孔隙潜水广泛分布于南部三大盆地及北部山间洼地和沟谷中，潜水位埋深一般为2～9 m。在瓜州盆地，地下水又分别贮存和分布于3种不同成因的地质、地貌单元中：北部地下水贮存和分布于走廊北山山前洪积倾斜平原前缘地带，由中上更新统砂砾碎石、砂砾石、泥质砂砾石组成含水层，含水层由北向南逐渐增厚，为0～60 m。西段富存和分布潜水，东段贮存和分布潜水及潜水—承压水。南部地下水贮存和分布于北截山山前的洪积平原砂砾碎石层中，含水层岩性单一，厚度可达百米以上，富水带宽度变化大，东段一般只有1～2 m，西段最宽达10 m。地下水位埋深受地形控制，变化较大，近山前埋深大，前缘带埋深小。中部的疏勒河冲积平原地下水主要贮存和分布于更新统砂砾石、砂及亚砂土含水层中，局部贮存和分布于全新统砂砾石、粉细砂、亚砂土含水层中。冲积平原上堆积了厚达150 m以上的第四系岩层，其岩性变化很大，从砾卵石到黏土，粗细粒岩层交互沉积，构成含水层与隔水层叠置的多层结构。浅部贮存潜水，深部贮存承压水，潜水埋深一般小于5 m，承压含水层顶板埋深一般为20～40 m，水头埋深1～3 m，局部为正水头，形成自流区。

踏实盆地，地下水主要贮存和分布于中下更新统洪积砂砾石层中，属潜水；其次贮存和分布于老师兔至踏实一带的更新统及全新统冲洪积砂砾石层、砂及亚砂土层中，属多层结构，上部为潜水，下部为多层次构成的承压水，局部为自流水。含水层厚度受基底起伏的影响变化很大，一般为4～5 m。单一潜水结构的戈壁平原水位埋深较大，一般都大于20 m，最深处超过100 m。凡是具潜水及承压水结构的，潜水位埋深都比较浅，一般小于5 m，最小的只有1 m。承压水位埋深与潜水大致相同，局部地段水位高出地面2 m以上。

榆林窟狭长沉降带，地下水主要贮存和分布于中下更新统洪积砂砾石层中。为单一的潜水结构，含水层厚度比较大，水位埋深均大于10 m。东巴兔至上口子地段，地下水贮存和分布于中上更新统及全新统冲洪积砂砾石、亚砂土层中，上部为潜水，下部为承压水。潜水含水层厚仅1～2 m，水位埋深小于1 m；承压含水层厚10～20 m，水位埋深1～3 m，局部高出地面3 m左右。

2.4.2.2　地下水补给、径流及排泄条件

地下水补给、径流和排泄受气候、水文、地质、构造、地貌、人为因素等影响，在保护区起主导作用的是地貌因素。低山丘陵区基岩裂隙水、山前平原及山间盆地第三系层间承压水、沟谷洼地第四系孔隙潜水和南部3个平原区地下水，补给、径流和排泄条件不同，分述如下：

1.低山丘陵区基岩裂隙水

裂隙水包括变质岩火成岩裂隙水、碳酸盐类岩溶裂隙水及断裂带脉状裂隙水等。其补给来源主要是大气降水及洪水的垂直渗入补给，其补给量主要取决于岩层裂隙的发育程度，还取决于降水量及降水形式等。一般岩层裂隙比较发育，降水量较大，且以暴雨形式出现，则可以形成较大洪流，对地下水的渗入补给作用较大。保护区内60%～70%的降水量集中在6—8月，降水形式多呈暴雨出现，一日最大降水量可达30 mm。在数分钟内降水量为8～10 mm的降雨即可形成地表洪流，对地下水的补给有重要意义，这样的降雨在保护区每年出现2～3次。

保护区内无长年性地表水系，全为暂时性洪水所形成的干沟，洪水沿沟渗漏补给地下水的量是很可观的。1976年6月21日，柳园降暴雨数分钟，降水量约10 mm，形成洪流持续2 h。在花牛山以南，黑山口沟谷洪流平均每千米渗漏量为34.9 t，千米渗漏率与基岩裂隙发育有关，为8%～13%。

基岩裂隙水的径流条件受地貌条件及岩性的控制，一般低山区地形坡度大，岩性多为花岗岩、混合岩、碳酸盐类等脆性块状岩石，裂隙、溶洞均较发育，裂隙水水力坡度较大（0.8%～1%），渗透性能较强（渗透系数为2.9～126 m/d），因此径流条件好。丘陵及准平原区，岩性多为片岩、片麻岩、千枚岩等柔性片状岩石，裂隙率低，水力坡度又小，径流条件差。

低山丘陵区基岩裂隙水的排泄方式有3种：①以下降泉或断层泉等泉水的形式流出；②以地下径流的形式补给其他含水岩层；③水位埋深小于5 m的地区，部分裂隙水消耗于蒸发。6—9月蒸发强度最大，

这个时期地下水的消耗量也大。

2. 山前平原及山间盆地第三系层间承压水

由于第三系上部多为泥岩及泥质粉砂岩，同时含水层顶板埋藏又深，降水及洪水的直接渗入补给承压含水层的可能性不大。第三系层间承压水的补给来源主要是山区基岩裂隙水的侧向补给。

第三系层间含水层颗粒较细，泥质较多，砂砾岩胶结程度较好，孔隙率很低，裂隙也很微弱，加之地形平坦，因此径流条件很差，主要靠缓慢径流向外排泄。

3. 沟谷洼地第四系孔隙潜水

沟谷洼地第四系孔隙潜水补给来源主要有两个方面：一是大气降水及雨洪直接渗入补给；二是接受山区裂隙水的侧向补给。这类孔隙潜水多分布在现代冲洪积形成的沟谷砂砾碎石层及山间洼地粉细砂、亚砂土层中，埋藏深度一般小于5 m，渗透性强，有利于降水及洪水的渗入补给。因此，雨洪过后，潜水有突发性的上升现象。如石板墩沟有一泉眼，降水前是干的，洪水过后3 d泉水外流，流量为0.1 L/s，13 d之后泉水干涸，潜水位埋深0.2 m；28 d之后，潜水位埋深0.5 m。这是雨洪直接补给潜水的有力佐证，但平时这类潜水主要是接受山区裂隙水的侧向补给，方能保持经常流动而不干涸。

沟谷洼地第四系孔隙潜水的径流条件一般上游较好，下游差些。上游地形坡度大，水力坡度相应也大，地下水顺沟向下流动。到下游山前地带地形平坦，水力坡度变小，含水层岩性变细，因此径流条件亦差，地下水开始向外排泄。其排泄途径主要是：①呈下降泉形式排泄；②沿断裂破碎带转化为脉状裂隙水；③靠强烈蒸发、植物蒸腾消耗。

4. 南部平原区地下水

南部平原区地下水，分为3个比较明显的补给、径流和排泄系统，即安西盆地、踏实盆地和榆林窟槽地，但它们又不是完全独立的，彼此间还有一定的水力联系。如山区地下水最终补给平原区地下水，榆林窟槽地地下水部分补给踏实盆地地下水；踏实盆地地下水又有一部分补给安西盆地地下水。

榆林窟狭长沉降带属于鹰嘴山山前洪积平原，地下水补给来源主要是山区基岩裂隙水的侧向补给，其次是大气降水所形成的洪流渗入补给、榆林河河水渗漏补给。地下水受地貌条件控制，由南向北流，受南截山的阻挡，大部分在山前溢出，小部分补给基岩裂隙水。溢出部分除蒸发、蒸腾及利用外，剩余部分以地表径流和地下潜流的方式，通过上口子沟、营湖峡沟、浪柴沟排泄补给踏实盆地地下水。

踏实盆地地下水补给源主要是昌马洪积平原地下径流及踏实河河水渗漏、灌渠渗漏、降雨所形成的洪流渗入，榆林窟洪积平原地下水通过上述3条沟谷的补给也是不可忽视的，而昌马洪积平原的地下水则来自昌马河水的渗漏。地下水流向大致由南向北，最后向芦草河口汇集。到了细土平原区，水位埋深变浅，产生强烈的蒸发和蒸腾作用，剩余部分汇集成芦草河，通过芦草河排泄于安西盆地，补给盆地地下水。

瓜州盆地地下水的补给、径流和排泄条件较复杂，主要补给来源为双塔水库灌渠及田间渗漏，其次为大气降水渗入和南北两侧地表洪流渗入，地下径流侧向补给。双塔水库溢洪也有一定的补给作用，其量甚少。地下水径流方向由东向西，水力坡度仅0.17%。地下水排泄途径为蒸发和蒸腾作用、人畜饮用，剩余部分均以地下径流方式泄入邻县。

2.4.2.3 地下水类型及富水性

根据地下水的贮存、埋藏条件、水理性质和水力特征等，保护区地下水可划分为松散岩类孔隙水、碎屑岩类裂隙孔隙水、基岩裂隙水（包括断裂带脉状水）3个类型。

1.松散岩类孔隙水

松散岩类孔隙水广泛分布于北部沟谷洼地及南部平原的第四系松散堆积物中，富水性差异很大。

1）北部沟谷洼地孔隙水

沟谷潜水的分布规律，主要受基底的控制。基底低洼有利于地下水储存。第四系地层具有一定的厚度时，即可形成沟谷潜水。沟谷潜水与基岩裂隙水互有转化关系。

（1）红柳河沟潜水：红柳河位于瓜州县最北端，汇水面积为2 675 km^2，境内主沟长50 km，一般无潜水分布，仅上游局部地段及一些支沟中断续分布一些潜水，单井出水量小于100 m^2/d。矿化度一般小于2 g/L。

（2）马莲井沟潜水：主沟仅在马莲井至小草湖之间有潜水分布，其中段无潜水分布，但在主沟和支沟上游断续分布有潜水。主沟马莲井至小草湖间，水位埋深为0.4 m，水位降低1.5 m时，单井出水量为542.5 m^2/d，为该沟谷潜水最为丰富的地段。矿化度小于2 g/L。

（3）石人字井沟潜水：在石人字井及大泉附近两段有沟谷潜水，单井出水量小于100 m^2/d。矿化度由上至下逐渐增高，为1.1～3.6 g/L。

（4）石板墩沟潜水：潜水丰富，主要富水地段在主沟的上下游及峡东西支沟中。该沟上游除接受断裂带裂隙水补给外，还有来自邻县的地下径流补给，因此富水性好，单孔抽水降深2.3 m，涌水量为887.1 m^3/d。下游由于峡东西沟的汇合，单孔抽水降深0.59 m，涌水量>6.9 m^3/d。峡东西沟单孔抽水，降深0.5 m时，涌水量为256.6 m^3/d。矿化度上游小于1 g/L，中游为1～2 g/L，下游为2～6 g/L。

（5）驼脖子沟潜水：含水层厚度一般小于1 m，试坑抽水降深0.3 m，涌水量为16.6 m^3/d。仅在沟谷上游东小泉附近富水，范围很小。矿化度为1～2 g/L，属Cl^-–SO_4^{2-}–Na^+–Ca^{2+}型水。

（6）透水不含水的山前及山间戈壁平原砂砾碎石层：山前洪积平原及山区零星分布的山间洼地，为第四系大面积砂碎石分布地区，其厚度为1～20 m。据山前平原和山间洼地一些钻孔试坑揭露，该层均不含水。其不含水的原因主要是补给条件差，少量的降雨还没来得及渗入地下，就被蒸发了。山区来的洪水到了山前已大部分渗漏，所剩部分洪流也沿深切沟谷下泄，造成广大戈壁平原第四系砂碎石不含水。即使有少量洪水出山后渗入地下，其分布也是零星的，水量也是微不足道的。

2）南部平原孔隙水

南部平原孔隙水广泛分布于安西盆地、踏实盆地、榆林窟狭长沉降带等第四系松散堆积物中。在洪积平原区，均为粗粒含水层的单一潜水结构；在冲积及冲洪积细土平原区，为细粒含水层和隔水的黏性土层互层结构，上部为潜水，下部为承压水。就富水性而论，各盆地各部位也是有差别的。

（1）瓜州盆地：潜水主要分布在中上更新统及全新统地层中，含水层岩性为砾卵石、砂砾石及亚砂土。疏勒河冲积平原南半部富水性强，单井出水量大于1 000 m^3/d，矿化度为2 g/L左右，多属SO_4^{2-}–Cl^-–Na^+–Mg^{2+}型水。疏勒河两岸及西部广大地区，富水性中等，单井出水量为100～1 000 m^3/d，矿化度为3～9 g/L，多属SO_4^{2-}–Cl^-–Na^+型水。安西盆地北部边缘及西湖乡一带富水性较差，单井出水量小于100 m^3/d，矿化度大于2 g/L，属SO_4^{2-}–Cl^-–Na^+–Mg^{2+}型水。承压水富水性中等，单井出水量为100～1 000 m^3/d，矿化度小于2 g/L。在瓜州乡西面长为30 km、宽为6 km的范围内，有自流水分布，水头可高出地表0.92 m。

（2）踏实盆地：在踏实、老师兔冲洪积细土平原以南的广大戈壁地区及昌马洪积扇南半部为单一的厚层砂砾卵石含水结构，含水层厚达百米以上，富水性中等，单井出水量为100～1 000 m^3/d，矿化度为2 g/L，属HCO^-–SO_4^{2-}–Mg^{2+}型或SO_4^{2-}–HCO^{3-}–Cl^-–Mg^{2+}–Na^+型水。细土平原带含水层颗粒变细，为全新统亚砂土及粉细砂，富水性较弱，单井出水量小于100 m^3/d，矿化度为3～5 g/L，属SO_4^{2-}–Cl^-–Na^+型水，系强烈蒸发及蒸腾的结果。踏实盆地东北部的承压水单井出水量大于1 000 m^3/d，而西北部的承压水单井出水量为100～10 000 m^3/d。本区分布有自流水，其水头高出地面达2.98 m，矿化度为1.3～2.4 g/L。

（3）榆林窟狭长沉降带：狭长沉降带南部山前为单一的潜水结构，含水层岩性为中下更新统砂砾卵石，水位埋深大于5 m，含水层厚达20 m，单井出水量大于1 000 m^3/d，矿化度小于1 g/L，为HCO^-–SO_4^{2-}–Na^+型水。槽地东北段为单一的潜水，富水性中等，单井出水量为100～1 000 m^3/d，矿化度小于1 g/L，属HCO^-–SO_4^{2-}–Mg^{2+}– Na^+型水。东巴兔至南泉一带，潜水含水层为全新统粉细砂及亚砂土，水位埋深一般小于1 m，单井出水量小于100 m^3/d，矿化度大于4 g/L，属SO_4^{2-}–Cl^-–Na^+–Mg^{2+}型水。本段在孔深80 m的范围内有2层承压水，单井出水量大于1 000 m^3/d，下层承压水水头高出地面3.24 m。承压水矿化度小于1 g/L，属HCO^-–SO_4^{2-}–Mg^{2+}–Na^+型水。

2.碎屑岩类裂隙孔隙水

碎屑岩类裂隙孔隙水在瓜州县范围内实际主要是指新第三系上新统砂岩、泥质砂砾岩层间承压水，因其他碎屑岩出露零星，多为第四系松散岩层所覆盖。分布于小红泉、玉石山南的上新世地层，由北而南，含水层岩性由砾岩逐渐变为砾岩类砂岩，其厚度变化较大，水位埋深为4.27～44.18 m，含水层顶板埋深为11.06～149.70 m，单井出水量为10～100 m^3/d，矿化度为1.9～2.9 g/L，属SO_4^{2-}–Cl^-–Na^+–Ca^{2+}型水或Cl^-– SO_4^{2-}–Na^+–Ca^{2+}型水。分布于马莲井、鲤鱼梁、大泉盆地的新第三系上新统砂岩、泥质粉砂岩地层，含水层变化不大，含水层顶板埋深为20～50 m，单井出水量为10 m^3/d左右，矿化度为2～3 g/L，属Cl^-– SO_4^{2-}–Na^+–Ca^{2+}型水。

3.基岩裂隙水

保护区所在区域的基岩裂隙水有3种基本类型，即古生界变质岩、火成岩裂隙水，以震旦系、寒武系碳酸岩为主的裂隙岩溶水，断裂破碎带脉状裂隙水等。

1）古生界变质岩、火成岩裂隙水

裂隙水主要贮存在古生界各类火成岩及变质岩裂隙中，含水层部位多为30～50 m，厚度随埋藏条件不同而变化。埋藏条件比较复杂，一般受地貌控制，低山丘陵区埋藏较深，准平原区埋藏较浅。裂隙水的分布是极不均匀的，补给条件好的低山丘陵区脆性块状岩石富水性较好，补给条件较差的准平原区柔性片状岩石富水性差。

分布于红石山、花牛山、东大泉等地带，地貌上属低山丘陵地形，地层由于受多次构造运动影响，加之长期风化剥蚀，构造裂隙和风化裂隙都比较发育。裂隙主要有2组，走向分别为0°～30°和270°～290°。裂隙水主要贮存在50 m以上的裂隙中，裂隙面都有黄褐色水锈，50 m以下基本不含水或含水性很差。单井出水量一般为10～100 m^3/d，矿化度为1～2 g/L，属SO_4^{2-}–Cl^-–Na^+–Ca^{2+}型水或Cl^-– SO_4^{2-}–Na^+–Ca^{2+}型水。

分布于石板墩、大泉等准平原区的奥陶—志留系片岩，片麻岩夹大理岩，石炭系千枚岩、凝灰岩及花岗岩等。由于所处地势比较低，降水量小，地下水补给差，加之地层多为柔性岩层，虽然多次构造运动，岩层裂隙发育一般，且多被泥钙质充填，因此富水性很不均匀，而且一般较弱。单井出水量小于10 m^3/d，矿化度为2～3 g/L，属Cl^-– SO_4^{2-}–Na^+型水。

2）以震旦系、寒武系碳酸岩为主的裂隙岩溶水

瓜州县城北部，碳酸岩岩溶发育程度虽然远不如南方，但是也有一定的裂隙岩溶水。含水层岩性分别为前寒武系大理岩、石炭系灰岩、二叠系灰岩，并以夹层或透镜体形式出现，单井出水量一般为50～100 m^3/d。它们虽然分布面积较小，但可以说明北部山区碳酸岩裂隙岩溶水确实存在，而且水量较大，水质较好，为在北部地区找水提供了方向。

花牛山向斜的岩溶裂隙水，单井出水量达1 000 m^3/d，矿化度小于2 g/L，属Cl^-– SO_4^{2-}–Na^+–Ca^{2+}型水。

3）断裂破碎带脉状裂隙水

这种水呈脉状蕴藏于3组断裂破碎带及其旁侧次一级纵张裂隙中。

（1）东西方向断裂破碎带裂隙水：主要分布于白墩子—石板墩、古堡泉—低山头、黑山口—孤山等压性断裂带的下盘张性裂隙密集带中，宽为100～200 m。压性断裂面由于受强大的南北向压应力作用，形成一些透镜状的构造岩，如断层泥、断层角砾岩、糜棱岩等，它们都是一些透水很弱的岩层，对垂直断裂带流动的地下水起相对阻隔作用，而断裂带靠地下水补给方向一侧的下盘，片麻岩及大理岩中劈理和羽状裂隙比较发育，沿断裂带泉水呈线状溢出，并形成串珠状的盐渍洼地。

白墩子、黑山口及孤山一带，单井出水量大于1 000 m^3/d，矿化度为1.3～1.7 g/L，属SO_4^{2-}–Cl^-–Na^+型水。红柳园—低山头、古堡泉—辉铜山一带，单井出水量为100～1 000 m^3/d，矿化度为1.5～2.0 g/L，属SO_4^{2-}–Cl^-–Na^+或Cl^-–SO_4^{2-}–Na^+型水。石墩一带，单井出水量小于100～1 000 m^3/d，矿化度为1～3 g/L，属Cl^-– SO_4^{2-}–Na^+型水。

（2）北东东向断裂破碎带脉状裂隙水：分布于大泉、狼山、长黑山、北截山等地，断层面上盘旁侧张性裂隙比较发育，沿断裂带有泉水溢出，泉流量为0.14～2.55 L/s。单井出水量一般小于100 m^3/d，局部达100～1 000 m^3/d，矿化度为1～3 g/L，属Cl^-– SO_4^{2-}–Na^+或SO_4^{2-}–Cl^-–Na^+型水。

（3）近南北向断裂破碎带脉状裂隙水：分布于火成岩、混合岩中，断裂性质多表现为张扭性及压扭性断裂，一般北西及南北向断裂多为张扭性质。地下水富集条件稍好，沿断裂带有民井和盐渍草地分布。单井出水量小于100 m^3/d，矿化度小于2 g/L，属Cl^-– SO_4^{2-}–HCO_3^-– Na^+–Ca^{2+}型水和Cl^-– SO_4^{2-}–Na^+–Ca^{2+}型水。

2.4.2.4　地下水化学特征

1.水化学形成过程

雨洪渗入形成地下水，地下水在形成和运移过程中与岩石作用，溶解了岩石中可溶性盐类，使地下水具有一定的矿化度，这个过程就是地下水水化学形成的简单过程。地下水溶解了岩石中的可溶性盐成分之后，继续向下游流动，在不同的地质地貌因素影响下，地下水也在不断改变着运动埋藏条件。总的趋势是，盐分逐渐增加，矿化度增高，水质变差。因此，地下水在区内由补给区到排泄区，表现出明显的分带规律。一般上游水质较好，矿化度低于2 g/L，到下游逐渐变差，矿化度升高3 g/L。在地下水径流过程中，遇到地表洪流、灌溉水的垂直渗入补给，对地下水又可起渍化作用。

2.地下水化学特征

保护区南北片地质、地貌及水文条件差异很大，地下水化学特征也截然不同。

1）北部地下水水化学特征

一般自北部低山丘陵区到洪积戈壁平原区，地下水水化学特征表现出明显的分带规律。

低山丘陵区：地势较高，降水量大，地下水主要靠大气降水及雨洪以垂直方式渗入补给，岩层裂隙发育，地下水径流条件较好，岩性多为火成岩及变质岩。因此，在水化学上表现为盐分溶滤搬运过程，水质类型为低矿化度的硫酸盐氯化物重碳酸盐水。矿化度一般为2 g/L左右，局部地区小于1 g/L。

丘陵准平原区：地势较为平坦，地下水靠雨洪垂直渗入及缓慢的地下径流补给，同时岩性变为柔性的凝灰岩、片岩、千枚岩等，地下水径流条件稍差，水位也浅。因此，地下水在继续溶滤和搬运的过程中，在强烈蒸发作用下，盐分富集，在水化学上表现为盐分溶滤搬运局部堆积，矿化度逐渐增高，一般仍为2 g/L左右，局部达3 g/L。水化学类型过渡为硫酸盐氯化物水。

戈壁平原区：地势更加平坦，岩性变细，地下水补给径流条件差，主要靠蒸发、蒸腾垂直排泄。因此，在水化学上表现为盐分大量堆积，矿化度显著增高，一般大于3 g/L。水化学类型为氯化物硫酸盐水。

第三系层间水：由于补给条件很差，岩层裂隙孔隙不发育，径流条件极差，同时地层中易溶盐含量又比较高，因此水质一般不好，矿化度为3～5 g/L。

在离子组合方面，阴离子SO_4^{2-}/Cl^-含量很高，HCO_3^-含量很低。阳离子Na^+普遍含量很高，Ca^{2+}仅在一些低矿化度水中含量稍高，Mg^{2+}含量普遍很低，这主要是地下水在强烈蒸发浓缩作用下，水中的Mg^{2+}置换了土中的Na^+，因此Na^+含量相应增高，而Mg^{2+}含量则普遍降低。

区内地下水pH值均大于7，pH值一般为7～8，属弱碱性水，总硬度一般为30～35°dH，水质差的地段，总硬度大于35°dH。

2）南部地下水水化学特征

南部以平原为主，山区次之。山区基岩裂隙水主要接受大气降水补给，属淋溶型潜水。地下水矿化度一般为1～3 g/L，局部为3～5 g/L。地下水以Cl^-–SO_4^{2-}型为主，少部分为SO_4^{2-}–Cl^-型；阳离子以Na^+/Ca^{2+}为主。即使在低矿化水中，Cl^-/Na^+含量一般也较高。

瓜州盆地、踏实盆地、榆林窟狭长沉降带均属独立的水文地质单元，地下水水化学的形成与变化，主要受地下水补给、径流和排泄条件所控制。潜水或承压水随着地下径流方向，矿化度及化学成分均有显著变化，具有明显的水平分带性。各单元因地貌、地质构造及地下水补给、径流和排泄条件的差异，地下水矿化阶段有所不同。安西盆地主要补给源为以硫酸盐为主的SO_4^{2-}–HCO_3^-型和SO_4^{2-}–Cl^-型水，所以缺少以HCO_3^-为主的低矿化阶段；而踏实盆地、榆林窟2个地区，地下水均通过沟谷外泄，所以缺少氯化物型矿化阶段的地下水。由于潜水和承压水地质条件、埋藏条件、水动力条件等不同，两者的水化学、水平和垂直分带均不相同，各具独特的规律。潜水因埋藏浅，径流条件差，矿化作用较承压水快，故在盆地、平原最低洼处出现矿化度上高下低的逆向垂直分带，即潜水矿化度高于承压水矿化度。

瓜州盆地潜水矿化度主要受径流、蒸发条件控制，表现为两方面的规律，即水化学成分及矿化度均具有由东向西逐渐增高的水平分带。由于受补给源水化学控制，分带中缺乏重碳酸盐矿化阶段。盆地地下水矿化度一般小于3 g/L，主要为SO_4^{2-}–Cl^-–Mg^{2+}–Na^+型水，但由东往西Na^+含量递增，至边缘超过Mg^{2+}含量。本区南部紧靠北截山，含水层岩性为砂砾碎石，径流条件好，溶滤作用强，水位埋深较大，蒸发作用极其微弱，理应为低矿化度水，但在该地却出现宽约1 km、长7～8 km的矿化度高达3 g/L以上的中等矿化水带，其水质与芦草河表流相似，可以认为是芦草河表流渗漏补给的结果。瓜州县城以南所出现的低矿化的渍水带，是渠水渗漏补给所造成的结果。强烈的蒸发使地下水迅速积盐，致使西湖农场一带及四工农场附近地下水矿化度高达3～6 g/L，局部高达10 g/L以上，地表土壤层中积盐量达8.09%。承压水有良好的径流条件，为单一的以硫酸盐为主的低矿化水。沿径流方向由东往西矿化度逐渐增高，但变化不大，为0.8～1.8 g/L。水化学成分相应也有些变化，由东往西HCO_3^-/Ca^{2+}及Mg^{2+}含量相对稳定，而SO_4^{2-}/Cl^-/Na^+含量增加都比较快，与上层潜水在水化学垂直分带上具有逆向分带性规律。

踏实盆地潜水随地下径流方向，由南往北可划分为2个水化学带。以重碳酸为主的低矿化水带分布于踏实河、昌马河洪积扇砾石平原，为大厚度的单一潜水，有良好的补给、径流和排泄条件，故潜水中易溶盐含量比较低，特别是SO_4^{2-}/Cl^-及Na^+含量低。地下水矿化度小于1 g/L，为HCO_3^-–SO_4^{2-}–Na^+型水。以硫酸盐为主的中等矿化潜水带分布于踏实盆地北缘，呈狭长条带状，紧依北截山，宽1～4 km，地势比较平坦，含水层岩性为亚砂土及粉细砂，径流条件较差，潜水位埋深小于5 m，蒸发及蒸腾作用强烈。因此，地下水矿化度急剧增高，在径流途径不到4 km的长度内，矿化度由1 g/L左右增至5～10 g/L，甚至达10 g/L，基本上为SO_4^{2-}–Cl^-–Mg^{2-}–Na^+型水。承压水分布在老师兔以南和以东细土带内，含水层岩性为含砾中粗砂、砂砾石，不受蒸发作用影响，径流条件较好，故地下水矿化度低，一般小于1.5 g/L，仅西部局部为2～3 g/L，属SO_4^{2-}–Cl^-–Mg^{2-}–Na^+型水。

榆林窟狭长沉降带由南而北可分为2个潜水化学带：以重碳酸为主的低矿化潜水带，分布面积比较大，为山前洪积平原，含水层岩性为砂砾石、粗砂。水位埋深5～100 m，地下径流条件好，因而地下水潜水矿化度低，一般小于1 g/L，属HCO_3^-–SO_4^{2-}–Mg^{2-}–Na^+型水。以硫酸盐为主的中等矿化潜水带，分布于东巴兔细土平原带内，宽2 km左右，含水层岩性为亚砂土及粉细砂，水位埋深1～3 m，局部溢出地表，蒸发、蒸腾作用特别强烈。地下水矿化度一般为3～5 g/L或大于5 g/L，Cl^-及Mg^{2+}、Na^+含量相对稳定，SO_4^{2-}含量显著增加，属硫酸盐氯化物型水。

2.5　土　壤

2.5.1　土壤类型、面积、分布及其变化

土壤是独立的自然体，是各种成土因子综合作用的产物。不同的成土条件、成土过程，形成了不同的土壤。这些土壤都有着各自的发展形成规律，区别于其他土壤的形态特征和理化性质。土壤分类是以其发生学为基础，以形成过程和属性为主要依据，科学地进行系统归纳，正确地反映土壤之间以及土壤与环境之间在发生学上的联系，使人们了解土壤之间的共性、个性和差异性。

根据发生学的观点，以土壤的成土条件、成土过程，比较稳定的剖面形态和物理、化学、生物属性为依据，保护区的土壤可分为9个土类，35个亚类（见表2–2）。

表2-2 保护区土壤类型

土类代号	土类名称	亚类名称
1	灰棕漠土	石膏灰棕漠土
		灰棕漠土
		龟裂灰棕漠土
2	棕漠土	原始棕漠土
		普通棕漠土
		石膏棕漠土
		石膏盐盘棕漠土
		山地石膏棕漠土
		龟裂棕漠土
3	盐土	典型盐土
		草甸盐土
		沼泽盐土
		荒漠化盐土
		残余盐土
		矿质化盐土
		荒漠林灌土
4	草甸土	沼泽草甸土
		浅色草甸土
		冲积草甸土
		青白草甸土
5	沼泽土	草甸沼泽土
		腐泥沼泽土
6	风沙土	流动风沙土
		固定风沙土
7	灌淤土	灌淤土
		潮化灌淤土
		青白灌淤土
		盐化灌淤土
		沙盖灌淤土

续表2-2

土类代号	土类名称	亚类名称
8	潮土	典型潮土
		青白潮土
		盐化潮土
9	山地土壤	高山灌丛草甸土
		亚高山草甸土
		山地草原、荒漠草原土

土类是土壤分类的高级单元，是在一定的综合自然条件和人为因素作用下，经过一个主导和几个综合成土过程，形成具有独特的发生层次，相对稳定的形态特征、利用方式，以及改良培育措施基本一致的一类土壤。不同的土类之间有着质的差别。

亚类是同一土类范围中的不同过渡类型或土类发育的不同阶段，土壤主导形成过程之外还有一个或几个次一级的附加成土过程，使土壤的属性发生了很大变化，但同土类中亚类的成土过程总的趋势是一致的。

不同的成土条件决定了土壤的形成和类型，而且决定着各类型土壤的理化性质。总体上，保护区土壤土层比较复杂，局部区域非常厚。保护区土壤中的大砾石含量较高，不同土层有一定差异。

1.灰棕漠土

灰棕漠土，又称灰棕色荒漠土，是一种分布在温带干旱气候条件下的地带性土壤。成土的气候条件是夏季热而少雨，冬季寒冷少雪，温度的年变化和日变化大。年均温度为6～8 ℃，年积温为3 000 ℃以上。年降水量在100 mm以下，年蒸发量在3 000 mm以上。

灰棕漠土是一种粗骨性土壤，其成土母质在山前平原为砂砾质洪积物、洪积—冲积物，发育在中低山、剥蚀残丘的母质为花岗岩、花岗质片麻岩、变质岩系的风化残积物和残积—坡积物。干旱严酷的气候条件使得植被稀少，由耐旱、深根、肉质的灌木和小灌木组成，种类简单，多呈单丛状分布，盖度一般小于5%。

灰棕漠土分布区地表多为砾石、沙砾石所覆盖，呈现黑色、黑褐色砾幂景观。由于植被稀少，生物积累作用十分微弱，在干热的气候条件下，数量有限的有机质迅速矿化，土壤有机质含量很低，无明显的腐殖质层。由于降水少而蒸发量大，淋溶作用微弱，易溶盐、石膏淋溶不深，石膏在剖面中上部积累，碳酸钙、盐分在土壤表层聚积，石灰表聚现象明显。

在严重的风蚀作用下，灰棕漠土土层浅薄，剖面多属砾质、薄层，总厚度多小于70 cm。发育在山前洪积扇下部细土平原上的灰棕漠土，土层比较深厚，具有一定的肥力，经开垦改良后可以成为较好的耕作土壤，可向灌淤土演化。

灰棕漠土是温带荒漠气候下形成的土壤，分布于祁连山北麓洪积—冲积扇中上部和马鬃山西南部的剥蚀残山和坡积、洪积砂砾戈壁。海拔一般为1 400～2 200 m。年平均气温6～8 ℃。年降水量为100 mm，蒸发量高于降水量十几倍至二十几倍。植被多为深根、耐干旱的灌木和小半灌木，主要有红砂、合头草、珍珠、泡泡刺、木本猪毛菜和尖叶盐爪爪（黄毛头）。植被稀少，盖度为5%～10%。成土母质主要为砂砾质洪积冲积物。地表常有砾幂。土层发育层次不太明显，过渡不显著。土壤表层0～2.5 cm为孔状结皮，2.5～8.5 cm为鳞片状层，8.5～15 cm为红棕色紧实层。其下部为过渡层。砾石背面有石膏聚集。灰棕漠土是保护区所在区域最主要的地带性土壤。根据发育程度、石膏和盐分含量、地表形态特征，其可划分为石膏灰棕漠土、灰棕漠土、龟裂灰棕漠土3个亚类。

1）石膏灰棕漠土

石膏灰棕漠土主要分布在双塔以东、疏勒河以北的古老洪积扇和马鬃山区。该亚类分布区地表呈灰褐色砾幂，0～1 cm层为多孔结皮层，沙土夹有少量砾石。1～3 cm层是粗砂质多孔面包状层次，呈黄棕色。3～14 cm层是由较松散的砂砾石组成的，呈黄棕色。该层以下至53 cm处为较松散的洪积砂砾石层，呈灰棕色。53～120 cm层呈棕灰色，为磨圆度中等的松散砾石层。石膏灰棕漠土分布区植被类型简单，主要为半球状和覆舟状泡泡刺丛和红沙、珠丝盐生草、松叶猪毛菜等，盖度为5%左右，冲沟内为5%～10%。

在桥马公路以东10 km，兰新公路以北的古老洪积扇还分布有发育不太完好的碳酸盐盘灰棕漠土。该处地表仍呈灰褐色，结皮层以下至40 cm处含有大量蜂窝状、针状石膏结晶，砾质沙土呈鲜艳的玫瑰红色。黄白色坚实的碳酸盐盘层出现在40 cm以下，在剖面上呈鹅卵状、鸡蛋状、不平整的厚板状、棒状独立存在或相连成层。该层之下为较紧实的砂砾石层，呈灰棕色，其间夹杂有许多磨圆度极佳、小米粒大小的白色珠状石英砂粒。碳酸盐盘灰棕漠土分布区植被稀少，大面积裸露，但类型与前所述相同。

发育在马鬃山区剥蚀低山残丘上的石膏灰棕漠土剖面形态与前所述有所不同。地面呈黑色、黑褐色砾幂。地表结皮层下含大量石膏，呈蜂窝状、针状结晶，红棕色。植被组成在局部地区有所变化：柳园、红柳园西北一带以泡泡刺为主，还有麻黄、紫菀木、红砂、锦鸡儿、针枝木蓼、沙生针茅、假木贼，盖度为1%～4%；而在柳园东南一带则以短叶假木贼为主，伴生有泡泡刺、合头草、麻黄、红砂、沙生针茅、木霸王等。石膏灰棕漠土无农业利用价值，但荒漠草场可供骆驼季节性游牧。

2）灰棕漠土

该亚类只划分出戈壁灰棕漠土属，为灰棕漠土中的代表性类型之一。主要分布在昌马洪积大戈壁与长山子—沙山以南的山前洪积戈壁。距疏勒河火车站7 km、海拔1 500 m处观察，地表为黑色砾幂，0～1 cm层是多孔结皮层，由细砂夹少量碎砾石组成。1～10 cm层呈浅黄棕色，砂砾石中含少量—中量粉沫状石膏。10～12 cm层呈黄棕色，粗砂砾石中含少量点状、粉末状石膏。21 cm以下为较紧实的砾石层，砾石磨圆度较好，分选不明显，不含石膏。戈壁灰棕漠土分布植被稀少，主要有黑柴、珍珠、红砂、梭梭、麻黄、瘦果石竹等，盖度约3%。长山子、沙山、蘑菇槽子以南戈壁剖面形态与前所述基本相同，唯植被密度增大，盖度为3%～5%，冲沟内为5%～10%。荒漠植被优势种有所变化，主要为黑柴、红砂，有少量珍珠、麻黄。相对而言，上述荒漠草场植被还是比较好的，有一定的畜牧业利用价值。

3）龟裂灰棕漠土

该亚类成土母质为洪积、冲积细土物质。主要分布在疏勒河以北桥湾至蘑菇滩风蚀地带和三道沟至布隆吉农区南侧靠近戈壁边沿的风蚀地。地下水埋深4～8 m。地表植被稀少，一般盖度为3%～5%，局部为10%，主要有白刺、灰蓬、苏枸杞及少量的红柳、苦豆子、泡泡刺、芦苇等。在强烈的物理风化、地表洪流冲刷和大风的剥蚀作用下，绝大部分地区呈现风蚀地貌景观。风蚀丘高2～5 m，有的地方为光板地，地表龟裂，局部为砂砾石或沙层所覆盖。剖面质地、结构差异较大，以轻壤、中壤为主，夹有重壤或黏土层，土性板结僵硬。相当部分土壤盐化，有盐霜或盐结皮。通层土质较好，靠近农区便于灌溉的地方，经过洗盐改良，可开垦成为农田。

2.棕漠土

棕漠土，又称棕色荒漠土，是一种分布在暖温带极端干旱气候条件下的地带性土壤。棕漠土分布区的气候特点是夏季极端干旱炎热，冬季寒冷而少雪，无雪被。在极端干旱严酷的气候条件下，植被十分稀疏简单，多为深根、旱生、耐盐、耐风沙的植物，主要有泡泡刺、白刺、麻黄、琵琶柴等半灌木—灌木荒漠植被，盖度一般小于1%，有的地段甚至为不毛之地。

棕漠土的成土母质因分布地形部位不同而异：在低山剥蚀残丘上，为残积、残积—坡积母质；在山前洪积—冲积扇上，为洪积冲积砾质、砂砾质母质；在扇缘细土平原上，为冲积沙质壤土、壤土或黏土。

棕漠土的成土过程与灰棕漠土极其相似，不同之处在于棕漠土分布区温度更高，降水更少，蒸发量更大，气候条件更为严酷，高等植物的作用更加微弱，成土过程完全受水热条件所控制。化学风化所释放出来的水溶性盐类很少受到淋溶作用而淀积在土层中。在成土因子的综合作用下，棕漠土的地表多为砾石、碎砾石所覆盖，呈现出黑色砾幂。结皮层之下有棕红色或玫瑰红色的铁质染色层。易溶盐类的聚积作用普遍强烈，从表层起就有积聚，除硫酸盐外还有氯化物。硫酸钙多淀积在剖面中上部，在石膏聚积层之下，往往还有盐盘层出现。

分布在扇缘细土平原上的棕漠土经过开垦洗盐改良，可以成为较好的农业土壤，在良好的耕作措施下，逐渐向灌淤土演变。

棕漠土是暖温带气候条件下的产物。由于气候极端干旱，植被极其稀疏，地表几乎裸露，砾幂有漆面。剖面表层有发育微弱的孔状结皮，其下有红棕色紧实层，再下有石膏层。有的剖面下部为盐盘层。据分析，土壤表层有机质含量均< 0.5%，C/N一般为6～12，$CaCO_3$表聚较明显。土体全量分析表明，矽铁铝率为7～10，氧化铁在剖面由上而下减少，部分土壤盐化。土体干燥，常受大风侵蚀，有风蚀土丘、沙丘、光板滩和荒漠砾面等特征。依棕漠土发育的地形不同、成土母质不同等，在安西可见到如下的亚类：

1）原始棕漠土

见于马鬃山山前洪积扇的中上部低洼地段，地表砾石层厚而坚实。土壤剖面没有石膏层，但可在砾石上见到小小的石膏质斑点。

2）普遍棕漠土

分布于马鬃山山前砾石戈壁滩。在有洪水漫流的低洼地段、浅缓大冲沟或古代冲沟两侧的低阶地，多为松沙砾质棕漠。该类型的水分条件好，或降水时有流水，或集雨面积大。植被盖度大，种类较多。在黑戈壁滩上其与石膏棕漠土相间分布，形成条带状或网格状，石膏只以小斑点的形式分布，不见石膏层。表层10 cm左右为淡灰棕沙壤，质地松脆，其下10～30 cm为坚实的灰棕色沙砾层，再下面才可见到石膏白色斑点。

3）石膏棕漠土

分布在马鬃山洪积扇黑戈壁和小宛、百旗堡戈壁地段。有薄土层石膏棕漠土和砾质石膏棕漠土2个变种。

（1）薄土层石膏棕漠土：分布在小宛和百旗堡一带的戈壁地段。土层厚30～50 cm，以沙壤为主，夹有小石砾，表层有2 cm厚的鳞片状结构，灰棕色，下面为不明显的块状结构；土层下为砂砾石层，较松，多石膏，呈粉状、针状、蜂窝状等结晶。

（2）砾质石膏棕漠土（戈壁石膏棕漠土）：是漠境粗骨性土壤的代表性类型。分布在马鬃山南部的准平原以及古老洪积扇排水良好的黑戈壁滩上、南截山北麓及北截山南北两侧的戈壁滩上。植被极其稀疏，甚至裸露，有非常显著的黑色漆皮砾幂。通层以砾石为主，夹有粗砂，层内还夹有细砂土。土体上部多石膏，在砾石层中结成蜂窝状、针状或块状结晶。据剖面观察，地表2 cm为多孔结皮，灰棕色，砂土中夹有砾石。2～5 cm是由粗砂砾石组成的紧实层，浅红棕色，向下过渡明显。5～12 cm是由粗砂、细砾石组成的较松散层，红棕色，含中量石膏。12～34 cm为角砾石、粗砂组成的较紧实层，红棕色，聚积有大量粉末状、针状石膏或石膏块。由于组成物质的差异，该型还可以再划分为粗砾质石膏棕漠土和砂砾质石膏棕漠土，前者分布于粗砾质剥蚀残丘下部与山前洪积扇的中下部，后者分布于砂砾质剥蚀残丘下部和洪积扇的扇缘，以及一些古代、近代冲沟的斜坡上。

4）石膏盐盘棕漠土

分布在望杆子到西湖的鲤鱼梁北戈壁一带，为棕漠土中最典型的土壤，成土母质为北山洪积物。该类土壤分布地面呈灰黑色，大面积裸露，只有现代冲沟内生长着少量旱生、超旱生植被，如泡泡刺、白刺、蒙古沙拐枣等。地表0～0.5 cm为紧实的结皮层，棕灰色，沙壤夹有砾石。2 cm为发育良好的疏松多孔层，沙土或沙壤土。2～26 cm是由小砾石、粗沙土组成的疏松层，铁红色，含大量点状、窝状、粉沫状石膏。26～52 cm出现坚硬的盐盘层，盐盘厚16～40 cm，氯化物结晶、石膏与粗砂、小砾石紧紧地黏结在一起，呈棕灰色。盐盘层之下52～81 cm为疏松沙土、粉沙土层，铁红色，层内石膏含量较前层更高，多呈窝状分布。81 cm以下为紧实的砂砾石层，红棕色。有盐盘的土壤分布在戈壁隆起处。

5）山地石膏棕漠土

主要分布在南北截山山地及山前坡积裙，是发育在剥蚀低山残丘上的粗骨质土壤，处于成土的初级阶段，土层浅薄，土壤母质为山地残积坡积物。地表呈黑灰色，0～2 cm为多孔结皮层，沙土夹有碎砾石。2～8 cm为角砾砂石层或碎片麻岩、砂砾石层，系母质风化剥蚀物，这一层次内淀积有大量蜂窝状、针状石膏，浅黄棕色，8～12 cm是由砾石、粗沙组成的较紧实层，灰棕色，12 cm以下为母岩。

6）龟裂棕漠土

主要分布在洪积、冲积扇的扇缘细土平原的扇缘风蚀区和细土平原边缘。植被非常稀疏，盖度小于1%，偶见单株红柳、白茨、膜果麻黄、沙蒿和沙拐枣等。地面被风力强度侵蚀和洪水割切，地形破碎，几乎全是光秃秃的风蚀土丘和赤裸裸的风蚀沟槽以及光板地。地表都有龟裂纹，局部有砾石或砂砾覆盖。

表层常遭到不同程度的破坏，剖面层次发育不完整，发育较完整的剖面其主要特征为：①平地表明呈浅棕色，有不明显的龟裂纹，裂纹宽1～3 mm；②剖面表层有厚0.5～1 cm的光面多孔状土结皮，皮下有5～17 cm的片状（鳞片）结构层，再下为层理明显的层状或棱块状结构层，紧实多锈斑；③土质不一，大部分以中壤、重壤为主，部分为壤沙间夹层，见于桥湾和百旗堡的部分地区；④具有夹沙层的土质较松，其余土质板结僵硬。

根据侵蚀程度可以划分为：

（1）土丘龟裂棕漠土：即一般所谓的白龙堆、雅丹地形。分布在疏勒河两岸、十工农场等地。地面有零乱的风蚀残丘，是强力片蚀、沟蚀的结果。土丘高0.5～1.5 m，局部高2.5～3 m。土壤质地上轻下黏，部分壤沙间夹。残丘多东西向，多是壤沙间层组成。

（2）光板龟裂棕漠土：分布在百旗堡东、四工滩西。冲积性成土母质黏重，以重壤、黏土为主，间夹有中壤、轻壤，个别有薄沙质层，多片状和棱块状结构。土层厚薄不一，厚0.5～3 m。受风力侵蚀，形成略有起伏的片状光板地。土性板结僵硬，渗水性差，地面间或有盐霜和小土丘。普遍盐化，表层30 cm内含盐量为0.5%～2.0%，1 m土层平均含盐量为1.16%～1.38%。

（3）沟蚀龟裂棕漠土：主要分布在踏实东荒区、从旱湖脑至踏实农场沿南戈壁一带，百旗堡地区、十工农场内也有小面积分布。受风力和洪水侵蚀，地形非常破碎，有东西向风蚀沟槽，有南北向洪水冲沟。土丘呈破覆舟、破墙、残丘等状。土丘与沟槽纵横交错。槽深1～3 m，沟深2～5 m，沟槽宽3～8 m，间有砾石覆面，或填充有砂砾。从土丘观察，土壤质地较轻，多是轻壤、中壤与沙土、细砂间夹层。侵蚀层下土质细，多重壤和黏土。

（4）沙丘龟裂棕漠土：分布在锁阳城附近。原为侵蚀区，近期以风沙堆积作用为主。地势稍有起伏，地面比较破碎，多为固定、半固定的沙丘，多为白刺包或红柳包。沙丘占地0.25～0.5。丘间为风蚀地。地表有龟裂纹。沙丘由细沙组成，平处土壤质地不一，有沙土、壤土、黏土混夹层，有的通层由黏质土或沙性土组成。土层厚薄差异大，变化为0.5～2 m。

（5）红柳灌丛棕漠土：集中分布在踏实盆地的南岔、四个墩附近，位于风蚀区和风沙区的过渡带。红柳灌丛片状分布，盖度为60%～80%，地势平坦，间或有沙丘分布其间，沙丘高0.3～2 m。土层深厚，通层以黄棕色轻壤为主，上层植物根系多，较松，下层植物根系减少，白色菌丝体增多，较紧实。土壤肥力较高，含有机质1.2%～1.6%，为棕漠土中肥力较高者。已盐化，表层30 cm含盐量为2%左右，1 m土层平均含盐量为1.4%。

（6）沙质棕漠土：间断分布于戈壁边缘的风沙地上。土体干燥，土层厚薄不一。土质粗，以沙土为主，间夹有小石砾和粗砂层，层次发育不明显，无结构，底层有石膏斑点。

3.盐土

盐土是指上部土层内含有较多可溶性盐类的土壤，境内盐土指1 m土层内平均含盐量达到或超过2%的土壤。

盐土的形成过程主要是各种易溶盐类随水搬运、重新分配，在土壤中不断积累的过程。其积累分配方式与累积量受气候、地形、水文地质、母质、植被以及盐分的性质影响。在漠境地区，盐土中盐分的来源主要有两个方面：一为原生盐碱，即土壤母质含盐，盐分是漫长的地质历史时期积盐过程所积累下来的，残积盐土即属于此类；一为降水溶解淋洗了母质中与土壤中的盐分，并将其搬运到中下游，在这一过程中，水分不断蒸发，形成矿化度很高的地下水与地表水，盐分又随水分蒸发聚积于土壤表层，使土壤盐渍化。县境内盐土的成因多属于此类型。

在漠境地区，干旱的气候决定着盐分向土壤表层聚积的数量大于向下淋洗的数量，强烈的蒸发是盐分表聚的动力。水是易溶盐类的载体，而地形与水文地质条件又支配着地表水、地下潜水的流向与排泄条件，决定着盐分的水平迁移方向，从而影响着盐土的分布区域与土体中盐分含量。不同的盐有着不同的溶解度，盐的这种特性又影响着不同性质盐土的水平分布规律与盐分在土体中的垂直分布。地下水位与矿化度也是影响盐碱土形成的重要因素。一般来说，只有潜水埋深在2～2.5 m的临界深度之内，才有可能使盐分上升表聚，土壤发生盐渍化。此外，母质的机械组成与层次排列、土壤的质地结构和生物（特别是盐生植物）以及人类的耕作措施等都会对盐分的聚积有着显著的影响。

盐土主要分布在河流中下游的洪积冲积扇扇缘低平地带和封闭低洼地。盐土分布区的共同特点是地表有盐霜、盐结皮或盐壳。盐土上生长着盐生植被，如芨芨、鸡爪芦苇、罗布麻、白刺、苏枸杞、骆驼刺、柽柳、甘草等。在不同的盐土分布区，植被组成也有所不同，盖度变化很大。

凡上部土层含有大量可溶性盐类的土壤都属盐土。在疏勒河流域盐土概指1 m土层平均总含盐量超过1.5%，表层30 cm平均总含盐量超过2%的土壤。盐土在疏勒河流域广泛发育。从含盐量看，以小宛—百旗堡最高，其次是踏实、布隆吉等地区。表层30 cm平均总含盐量依次为7.0%、5.2%、3.2%。1 m土层平均总含盐量依次为17.4%、11.2%、9.1%。盐分类型分布规律性强，扇缘以氯化物硫酸盐或硫酸盐氯化物-镁盐为主，有少部分钠盐和镁质碱化盐类，冲积平原以硫酸盐氯化物-钠盐为主。

盐土发育在扇缘溢出带的中下段、冲积平原的中下游，以地势低洼、排水不畅的地方最多。植被以盐生和耐盐植物为主。地下水位一般高于5 m，多为1～3 m，矿化度为2～10 g/L。

剖面的共同特征有：①表层有盐结皮（盐壳）或盐霜，盐皮下有一层厚度不等的盐渍疏松层，有明显的盐晶或盐末；②表层盐量高，向下骤减，呈明显的“T”或“V”字形；③因盐的作用，胶体呈不同程度的凝聚现象，使土黏聚成粒状；④含盐量愈高，吸湿性愈强，土壤的湿度愈大。

根据盐土所处的草甸、沼泽、荒漠等地质类型及侵蚀过程，可以把盐土划分为以下类：

1）典型盐土

典型盐土是本区分布面积最大的盐土亚类。广泛分布于扇缘溢出带的中下部，于三角洲中下部及湖滨平原、超河漫滩阶地。植被组成变化较大。地下水位为1.5～4 m，矿化度一般为5～30 g/L，高者30～50 g/L，土壤含盐量较高，聚盐层厚度一般在10 cm以上，厚者可达40～50 cm。具有上述各种积盐形态。可进一步分为结皮盐土、结皮疏松盐土、疏松盐土和结壳盐土等。

（1）结皮盐土：集中分布在布隆吉、踏实和瓜州等地。系草甸盐土向典型盐土演变的初期阶段，常分布于草甸盐土和结皮疏松盐土的交接地段。生长有鸡爪芦、苏枸杞、骆驼刺、罗布麻、芨芨草、耳叶补血草、甘草和牛皮消等。盖度为20%～40%。群落组成随积盐程度的不同而略有不同。地下水位为2～3 m，矿化度为5～20 g/L。积盐形态有结皮和盐盘结皮2种。

结皮：发育在扇缘中下部，植被有鸡爪芦、骆驼刺、苏枸杞、牛皮消、甘草等，盖度为25%～30%。剖面0～11 cm为浅棕灰色灰白结皮聚盐层，夹有少量枯枝叶，沙壤土，稍紧实，结皮反面有白色盐晶，干，向下层过渡很明显。剖面11～55 cm，浅灰棕色，沙壤土，弱块状结构，少量粗根，有锈色根孔，上部白色盐晶稍多，稍松，润，逐渐向下过渡。

盐盘结皮：发育在扇缘下部。植被以骆驼刺为主，其他有甘草、鸡爪芦、柽柳、牛皮消等，盖度为30%～35%。剖面0～11 cm为浅棕色带黄色结皮层。上部硬脆，下部多白色盐晶，稍紧，向下过渡明显。剖面11～20 cm为灰棕带褐色坚硬的盐盘层，表面蜂窝状凹凸。

有坚硬的盐盘层就是这一土壤类型的特点。盐盘层厚为5～10 cm，含盐量为35%～40%，较表层盐结皮含盐量高，盐分组成均为硫酸盐-钙-镁类型。不具盐盘的结皮盐土盐分组成除个别属氯化物-硫酸盐类型外，多数为氯化钠或镁-钠类型，且盐分剖面变化明显。自上而下组成依次为氯化物→硫酸盐-氯化物→氯化物-硫酸盐→硫酸盐有规律地更替。蔡风岐的研究指出，以二者的盐分差异，结合盐盘结皮盐土地表较平整、看不出明显的盐土特点来分析，盐盘的形成有可能是结皮盐土受一定地表水的洗盐作用，易溶性氯化物被洗走，表土因而变得平整紧实，水分蒸发后，地面固结，这样，中性盐就不能随毛管水上升到地表，而是在亚表层积聚。

（2）结皮疏松盐土：在区内分布的范围较广，常位于地形稍高而微起伏的地段。地下水位较结皮盐土稍深，多为2～4 m，矿化度为10～30 g/L。植物种类较多，常见的有黑果枸杞、耳叶补血草、罗布麻、甘草、骆驼刺、花花柴、鸡爪芦、芨芨草等，部分地区有刚毛柽柳、短穗柽柳、盐穗木和散生的胡杨等，盖度为15%～30%，群落组成各地区有一定差异。土壤积盐一般较重，为典型盐土中含盐量较高的土层之一。积盐形态有几种状况。蔡风岐在疏勒河中下游做过如下的剖面研究：

薄结皮疏松盐土：薄层结皮下有疏松粉末状土盐混合物层。剖面位于安西县马圈西南5 km。地形为扇缘中下部。植物为黑果枸杞、鸡爪芦等，地下水位2～3 m，矿化度34.2 g/L。表层0～6 cm，浅灰棕色，轻盐土，夹有干枯鸡爪芦的盐结皮，多白色盐晶；稍紧，干，向下过渡明显。剖面0～16 cm，浅灰棕色，轻壤质粉末状土盐混合物，多白色盐晶，多芦草根，疏松，干，向下过渡明显。

厚结皮疏松盐土：盐结皮层厚，达14 cm。剖面位于安西四工农场东北1.5 km。地形为洪积冲积平原。植物有黑果枸杞、鸡爪芦、甘草、花花柴等，盖度为15%～20%。剖面0～14 cm为盐结皮层，浅棕灰色夹灰白色，轻壤质松脆的盐结皮，多白色盐晶，干，过渡明显。剖面14～38 cm为浅灰棕夹灰白色，粉末状土盐混合物，多白色盐晶，少量芦草根，疏松，稍润，过渡明显。

盐核结皮疏松盐土：在疏松聚盐层之下有厚度不同的块状盐结核层。剖面0～19 cm为盐结皮层；剖面19～29 cm为轻壤质土盐混合层，粉末状，多白色盐晶。剖面29～50 cm具有不明显的粒状结构，多白色较硬的盐结核，风干后易散碎为碎块或粉末。剖面采自安西台台泉东南约3 km。地形为洪积冲积扇扇缘中部。植物为芦草、黑枸杞和骆驼刺等，盖度约30%。

盐盘结皮疏松盐土：在结皮层之下和疏松聚盐层之上，具坚硬盐盘。剖面0～9 cm为轻壤质盐结皮，浅灰棕色夹灰白色，上部0.5 cm松脆，下部多胶结较紧的白色盐晶，夹有少量芦草茎叶，干，向下过渡明显。剖面9～18 cm，浅棕灰色夹白色，具坚硬盐盘，不易打碎，风干后则较松脆，甚至散为碎块，干，向下过渡明显。剖面18～28 cm，为疏松层，具轻壤质土盐混合物，深灰色夹白色，粉末状，含多量盐晶，疏松，润。剖面记载于老师兔东南、五个泉西南交会处。植物有黑果枸杞、骆驼刺、鸡爪芦等，盖度30%～40%。

从上述各个剖面记载可以看出，结皮疏松盐土的形态特征与结皮盐土的差别在于结皮之下还有一层粉末状土盐混合的疏松聚盐层。有的在此层之上又形成坚硬盐盘，有的在此层之下还有不同厚度的块状盐结核层。结皮层厚一般为8～20 cm，较薄的为3～6 cm。聚盐层以下，各土层的含盐量显著降低，一般仅为1%～2%，或更低。4个土种的积盐程度依次为：盐盘结皮盐土>厚结皮疏松盐土>盐核结皮疏松盐土>薄结皮疏松盐土。

（3）疏松盐土：集中见于安西四工农场西和西湖南面的冲积平原。常呈窄条状与结皮疏松盐土共存，多位于排泄条件较好的地段。地下水位为3～4 m，或更深，矿化度为3～5 g/L。植物有耳叶补血草、鸡爪芦、罗布麻、红柳、碱柴等，盖度为20%。

采自安西西湖等地的剖面表明，疏松盐土的形态特点是聚盐层呈疏松粉末状，从表土开始，厚达45～60 cm或更厚。地表或多或少仍有极薄而不完整的雏形结皮。盐分多呈粉末状或细小晶粒，部分与土结成不稳固的小核。含盐量以疏松层上部较高，为10%～15%，盐分组成属氯化钠类型。疏松层下部含盐量显著降低，仅2%～3%。盐分组成既有氯化物-硫酸钙类型，又有硫酸盐-氯化钙类型。其下土层盐分更少，含盐量均在1%以下，类型基本上与疏松层下部近似，但少数剖面钠离子含量稍高，属钙-钠类型。地形是冲积平原，植物有红柳、碱柴等。

（4）结壳盐土：结壳盐土是典型盐土中含盐量最高的土层。结壳盐土集中分布在疏勒河流域下游的四工滩、西湖、北湖地区以及踏实等地。常发育在排水不畅的山（丘）麓浅平微低洼地段。地下水位为1～2 m，矿化度高达30～50 g/L。地面光秃无植被，或仅在为盐分所固定的沙丘上残存个别红柳、碱柴。

安西南梁东北1 km的榆树园附近，破城子—西大泉附近和西湖高窝铺西北1 km剖面显示，结壳盐土的形态特点是聚盐层形成坚硬的盐结壳，结壳外表棕灰带紫色，呈坎状隆起，坎坷不平，因状似门槛，当地人称其为“碱门槛”。其形成可能与地形低洼，盐分经多次水流溶解、蒸发、凝聚、固结有关。结壳反面乳白、灰、棕各色相嵌，盐分呈蜂窝、针状结晶，硬度减弱，较疏脆。结壳一般厚为8～15 cm，厚者达20～30 cm。含盐量为20%～50%，高者达60%～70%。盐分组成为氯化钠或氯化钙-镁类型，部分为氯化物-硫酸钙-镁类型。以下各土层的盐分大为减少，但比之其他土属仍较高，含盐量为1.5%～6%。盐分类型以氯化钠为主，个别向下层次依次变为氯化钠→硫化钠-氯化钠或镁-钠→氯化物-硫酸钠或钙-钠或镁-钠。积盐程度为典型盐土中最高的土层。

根据盐结壳厚度可将结壳盐土分为薄结壳盐土和厚结壳盐土2个土种。前者盐结壳层厚8～15 cm，后者盐结壳层厚25～30 cm。

2）草甸盐土

主要分布在布隆吉、北桥子、踏实一带，其次在小宛—北旗堡一带的绿洲附近。发育在扇缘溢出带的上中部、陆上三角洲的上部以及现代河流的低阶地上。地形部位较草甸土（浅色草甸土）稍高，多于盐化草甸土组成复区。面积不大，为盐土发育的初期阶段。地下水位较浅，多为1～2 m，也有深达3 m的。矿化度较低，一般为1～3 g/L，很少超过5 g/L。天然植被以盐生草甸植物为主，主要有鸡爪芦和赖草，其次为芨芨草、甘草、红柳、盐爪爪、白刺、黑果枸杞和罗布麻等。植物生长较为茂盛，盖度达30%～50%。草甸盐土的形成过程是草甸化和盐化两者同时进行的，地表盐结皮较薄，厚5～7 cm，含盐量10%～30%。下为腐殖质层，厚10～20 cm，浅棕灰或灰棕色，植物根系较多。下部土体多锈斑。这说明该亚类有草甸过程。从以上情况不难看出，该亚类完全有可能系草甸土积盐而成。积盐过程的特点是表层常为草、盐胶结紧密的盐结皮，结皮表面具白色盐霜，反面有松散盐晶。盐分组成多样，有Cl^--Mg^{2+}-Na^+型，有SO_4^{2-}-Cl^--Ca^{2+}-Mg^{2+}型，有Cl^--SO_4^{2-}-Ca^{2+}-Mg^{2+}类型。其下各土层含盐量随之深度由2%或3%逐渐降至0.1%，盐分组成与聚盐层大同小异。个别剖面从SO_4^{2-}-Cl^--Ca^{2+}-Mg^{2+}类型演替为Cl^--Ca^{2+}-SO_4^{2-}类型。

3）沼泽盐土

零星出现于布隆吉、踏实地区的局部地段。所处地形基本上与沼泽土一致，系扇缘溢出带泉水出露地段，常呈小块状分散在草盐土区的低洼槽地和泉群附近。地下水位较高，常在1.5 m上下，矿化度为1～3 g/L。植被组成以芦草为主，部分有少量冰草、甘草和准噶尔大戟等，一般生长良好，盖度达80%以上。

沼泽盐土的积盐特点与草甸盐土很相似，都是表层为紧密夹草的白色盐结皮。不同点在于结皮的硬度较大，多呈小丘状隆起，下部土壤潜育化特征明显。这种特征也表明兼有沼泽过程和积盐过程。结皮层厚5～10 cm，含盐量25%以上，盐分组成属SO_4^{2-}-Cl^--Ca^{2+}-Mg^{2+}类型。向下盐分明显减少，除亚表土含盐量为1%以上外，其余均不足0.2%。

沼泽盐土是由于水位稍有下降，泉眼干枯，沼泽过程减弱，在强烈蒸发作用下，盐分随毛管水上升，大量向地表聚积，遂由沼泽土形成了兼有沼泽过程和积盐过程的沼泽盐土。

4）荒漠化盐土

荒漠化盐土是盐土向荒漠隐域性自成土过渡的半水成土类型。其成土过程前期与典型盐土基本一致，所不同的是积盐后期，地下水位下降，毛管水上升高度降低，盐分上聚作用减缓。同时受荒漠气候的影响，导致在地貌上逐渐打上了荒漠的烙印，如植被衰退，地面遭受轻度风蚀，轻度覆沙等。但又并非像残余盐土那样完全脱离了现代积盐过程，而是处于向残余盐土过渡的初期阶段。如果地下水位继续下降，该土就完全可能发展成为残余盐土类型。地下水位较典型盐土深，一般为5～6 m，矿化度为1～3 g/L，甚至为10 g/L。剖面形态与典型盐土相似，唯土壤水分较干燥，甚至深达156 cm仍稍润。

荒漠盐土常分布于洪积扇下部向荒漠草原过渡的地段，或靠近河道排水条件较好的地区。地形较一般盐土稍高。仅见结皮疏松荒漠化盐土和疏松荒漠化盐土2个土属。

（1）结皮疏松荒漠化盐土：分布区域较广，布隆吉、北湖、四工等地都可见到。地形为洪积—冲积扇下部倾斜平原，植物有黑果枸杞、芦苇，盖度为10%～15%。结皮疏松荒漠化盐土的积盐特点与典型盐土中的相应土层相似，其差别在于结皮层和疏松层2个含盐层在结皮疏松荒漠化盐土中普遍较厚，很少有薄层类型，土体非常干燥。结皮层一般厚10 cm以上，含盐量为10%～40%，盐分组成多属氯化钠类型，但含有相当数量的硫酸盐。疏松层厚30～40 cm，含盐量为2%～15%。盐分组成为氯化物-硫酸钠或钙-钠类型，也有个别土层为硫酸盐-氯化铝-钠类型。再向下盐分组成与上类相同，但含盐量多不足1%。部分剖面在结皮层之下还出现一层厚10 cm左右的坚硬盐盘，含盐量高达50%。盐分组成与其上的结皮层一致，属氯化钠类型，也与典型土中有盐盘的相应土种完全相似。根据上述积盐情况，可以进一步将其继续分为厚结皮疏松荒漠化盐土和盐盘结皮疏松荒漠化盐土2个土种，二者常呈复区并存。

（2）疏松荒漠化盐土：分布不广，仅少量见于布隆吉昌马洪积扇扇缘上部和疏勒河自然排水良好地段，植物或以芦苇、黑果枸杞为主，散生耳叶补血草、赖草，盖度为10%；或以芦草、赖草、耳叶补血草、骆驼刺为主，散生少量芨芨草，盖度为30%。其积盐特点与疏松典型盐土相似，唯土体干燥，表层受风蚀。其差别还在于亚表层含盐量略高于表土层，硫酸盐含盐量显著增高，超过表土层1倍以上，较同层氯化物的含量也稍高。

5）残余盐土

残余盐土是古代积盐过程发育成的典型盐土，由于地下水位下降和侵蚀作用向荒漠化发展，经由荒漠化盐土阶段进一步荒漠化而成。目前成土过程已脱离地下水的影响，现代化积盐过程业已停止。地表植被稀少，常有覆沙。剖面通体干燥，盐分剖面以上下少、中间多为特点。

残余盐土在本区分布有限，见于布隆吉南戈壁边缘和羊肚子滩北部边缘，靠近戈壁。本区仅见龟裂残余盐土。目前地下水埋深大于5 m，土体干燥，植被非常稀疏，生长有单株白刺、黑果枸杞、沙拐枣等，盖度为2%～5%。主要受风力吹蚀，其次也受洪水冲刷，地面多小冲沟或小土丘，地形比较破碎，地表有小龟裂纹。土壤剖面形态与龟裂棕漠土相同，不同点是地表有油褐色盐霜或盐斑。土壤含盐量达轻盐土程度。0～30 cm剖面含盐量为3%～5%。

6）矿质化盐土

矿质化盐土是盐土中含盐量很高的亚类。其形成与特殊微地貌有密切关系，即它的形成均在局部湖洼封闭地形中和山前低地，因这里盐水汇集而形成矿质—积盐过程。矿质化盐土常与结壳盐土形成复区，因而其地面也布满坎坷破碎的碱门槛。如果周围隆起的碱门槛为结壳盐土，则其间的洼地便是矿质盐土。由于处在地表径流汇集的低地，故地下水位很高，大多小于1 m，矿化度极大，常在50 g/L以上。

矿质盐土的分布，除沿北截山南麓呈东西条带状与结壳盐土成复区共存外，部分也可见于低平盐化沼泽草甸土的低洼碟形地（干涸小盐湖）和盐湖周围地区。地面不见植株生长，仅可见植株枯枝。

矿质化盐土的积盐特点是表层为坚硬的盐结壳和白色、乳白色蜂窝状、珊瑚状、片状等矿质化半透明盐晶，厚5～30 cm，其下为薄层（2～5 cm）较松软的灰白色细粒土盐混合物。盐层之下即为较潮湿并含有一定盐分的各种土层。结壳矿质化半透明盐晶含盐量高达60%～70%。下部土体只有芒硝矿质盐土。湿土层下有0.5～1 m的方形芒硝（硫酸钠）盐晶聚集层，盐结晶含硫酸钠80%～90%。

7）荒漠林灌土

发育在胡杨林和红柳灌丛下的土壤。

（1）胡杨林土：主要分布在小宛至十工和踏实东北部。胡杨林成片，一般高2～5 m，树干胸径为15～50 cm，生长较好。踏实东北一片，多是丛状幼林，正处在恢复阶段。只是小宛有大面积胡杨林因缺水受旱死亡。林下生长有芦草、黑果枸杞、芨芨草、骆驼刺及赖草等，盖度大于40%。地面有枯枝落叶，但未成层。

地下水位一般为2～3 m或更深，枯枝落叶下为2～6 cm厚的棕色腐殖质层，为盐与草、土聚积成的结皮。其下为疏松层，再下即为氧化还原层。从发育看，既有森林土壤的发育过程，又有草甸土壤的发育过程，故又称林灌草甸土。盐分表聚作用明显。

（2）红柳灌丛土：是在红柳灌丛下发育起来的。红柳常集沙成丘，即所谓红柳包—固定沙丘。红柳灌丛分布在踏实东半部的西北角油井子槽、青山分场东和布隆吉旱湖脑北。面积都很小，地下水位为1～3 m或更深，矿化度为5～25 g/L。地势平坦，地面生长成片红柳灌丛，灌丛高1～2 m。丛下生长有黑果枸杞、骆驼刺和芦草等，盖度大于40%。土壤剖面性状与胡杨林土相似。

4.草甸土

草甸土是在草甸植被下发育成的半水成型土壤，主要分布在扇缘泉水溢出带、地下水位较高的低洼处、河流一级阶地或下游区。成土母质多为现代河湖沉积物或冲积物。其成土特点是地下水埋深浅，直接参与了成土过程。地下水浸润着表层土壤，使地面草甸植被生长繁茂。因土壤含水量高，通气不良，有机残体分解缓慢，腐殖质积累增加，所以剖面上中部有明显的草甸腐殖质积累层。在土壤中下部氧化还原交替进行，留有锈纹锈斑和青灰色潜育层，在剖面下部常可见到铁锰结核。草甸土具有较高的肥力，草甸植被茂密，为优良的牧场。当地下水位下降后，开垦出来就是利用价值比较高的农田，由耕灌草甸土向潮土方向演化。反之，地下水位进一步抬升，草甸土就向沼泽、草甸—沼泽方向演化。在降雨稀少、蒸发强烈的干旱荒漠地区，盐分随地下水上升聚积于地表，产生盐化过程，长久如此，地表含盐量增加，草甸土则向盐化草甸、草甸盐土方向演化。因局部地形的影响，草甸土多与草甸沼泽土、盐化草甸土、草甸盐土呈复区存在。

草甸土属半水成型土壤，分布在地下水较高、矿化度较低、地下径流条件较好的泉水溢出带的较高地形部位，地势低平。此外，在疏勒河河漫滩和一级阶地有小面积分布。地下水位为0.5～2 m，矿化度小于1.0 g/L。

草甸植物生长茂盛，以禾本科草为主，伴生有杂类草草丛。土壤比较湿润，上部土层植物根系密集，有机质积累较多，腐殖质层发育明显，肥力较高。下部土层受低矿化水的季节性浸润，在干湿交替的条件下发生氧化还原过程，产生锈斑和发育程度不一的潜育层。

1）沼泽草甸土

主要分布在布隆吉一带的潜水溢出带，是草甸土与沼泽土之间的过渡类型。地面有季节性积水，地下水位高于1 m，矿化度1 g/L左右。植被属沼泽化草甸类型，以赖草、芨芨草、芦草、苔草为主，间生有早熟禾等，盖度为30%～70%，大部分地面有小草丘，草丘高10～20 cm。土层发育层次明显，腐殖质层不厚，但根系密集，有机质多。湿度大，地温低，腐殖质多呈半腐熟状态，呈棕褐色。过渡层薄，潜育层层位高。土壤多数已盐化，表层以30%硫酸盐氯化物和氯化物硫酸盐-镁盐为主。有的还有黑色腐殖质埋藏层。

2）浅色草甸土

主要发育在扇缘潜水溢出带的地势平坦处，见于布隆吉、七道沟农场、桥子、踏实、马圈和疏勒河两岸。地下水深2～3 m，矿化度0.5～1 g/L，草本草甸植被茂盛，一般土壤比较肥沃，发育层次比较明显。腐殖质层的植物根系多，土色深，为暗棕灰色，中下层多锈斑，潜育层较深或不太明显。多数剖面的腐殖质层和过渡层厚30～60 cm。普遍具有盐化特征，有些地方表层0～30 cm土壤含盐量达1%～2%，称为盐化草甸土。地下水位若因抽水灌溉等下降至4～5 m时，则草层出现荒漠化，植物以芦苇、芨芨草、赖草和拂子茅等为主，若有胀果甘草、花花柴等出现，则逐渐向荒漠化草甸土转变。地表常有轻度风蚀和风积现象，有的覆盖有薄层细沙，有的间或有红柳、白刺等小沙包，起伏较大。个别地段有盐霜，常称为荒漠化盐生草甸土。

3）冲积草甸土

在疏勒河两岸的河漫滩和一级阶地则发育为冲积草甸土。地势低，水位高约1 m，为河水渗漏补给，矿化度小于1 g/L。土壤发育时间比较短，剖面发育层次不明显。植被较好，有芦苇、赖草、苦豆子、马蔺，盖度为40%～60%。地面有白色盐霜，局部有盐皮。

4）扇缘青白草甸土（或称镁质碱化草甸土）

在安西县境内仅在踏实盆地的马圈有小面积出现，地势稍低，地下水位较高（1 m左右）。天然植被有鸡爪芦、赖草群落，间生有芨芨草、红柳、耳叶补血草，低湿处有苔草，间或有小草丘。发育层次明显。腐殖质层薄，约10 cm，灰棕色，多呈屑粒状，较疏松；过渡层厚20～40 cm，色稍浅，有锈斑和石灰结核，较紧；心土层潜育化特别明显，呈灰白色或青灰色。

5.沼泽土

沼泽土是一种受地表水和地下水浸润的土壤。在安西县境内主要分布在洪积冲积扇扇缘低平滞水洼地、泉眼周围、沼泽地与河谷地。其形成不受气候条件限制，而受地形影响，只要有潮湿、积水的地形条件，无论何种气候条件都可以形成沼泽土。但气候条件和母质对沼泽土的形成发育进程有一定影响。

在潮湿、积水条件下，沼泽植被生长繁茂，积累有大量的有机质。但是潮湿和积水又强烈地抑制了土壤微生物的活动，有机质不能充分分解，以粗有机质与半腐有机质的形式累积于地表，因而在土层上部形成泥炭层或腐殖质层。土层下部由于水分过多，通气不良，有机质在分解过程中产生较多的还原物质，使下层土壤长期处于还原状态，进行着潜育化过程，所以在沼泽土泥炭层或腐殖质层下部可见青灰色或灰蓝色的潜育层。沼泽土剖面由泥炭层和潜育层组成。

根据土壤腐殖质和泥炭积累状况以及潜育化程度，安西县境内沼泽土可划分为草甸沼泽土、腐殖质沼泽土和泥炭沼泽土3个亚类。

沼泽土见于泉水溢出带的泉群附近洼地和槽地。地面常年或季节性积水，地下水位高于0.5 m，矿化度低于0.5 g/L。植物主要为喜温性沼泽植物芦苇、香蒲、水葱和海韭菜等，生长茂盛，每年有大量有机质积累在土壤上部，由于土壤过湿，通气性差，加以冬春低温，土壤微生物活动微弱，有机质不能充分分解，多呈半分解状态，因而在土层上部形成较厚的半分解泥炭腐殖质层。按沼泽过程中有机质积累的不同阶段，可划分为2个亚类：

1）草甸沼泽土

分布在布隆吉白泥泉至兔葫芦沟、北桥子至马圈一带、蘑菇滩北湖，零星插花分布在草甸土和沼泽盐土中，位于沼泽土的外缘较高部位。地势低洼，季节性积水，一般地下水位多在0.5～1 m。处于沼泽发育早期阶段，植被生长比较矮小，以赖草、芦苇、苔草和沼针蔺等为主，间生有鹅绒委陵菜、早熟禾和芨芨草等。地面有踏头小草丘，丘高10～20 cm，有少许盐霜，局部有薄盐结皮。表层10 cm厚的土层内植物根系密集，有机残体多呈半分解状态，其下有10～20 cm棕灰色或灰色过渡层，棱块状结构，锈斑少，底层长期受地下潜水潜育作用，形成蓝灰色或青灰色潜育层，土质比较黏重，多中壤和重壤。

2）腐泥沼泽土

分布在泉群附近的积水洼、槽地和低平地，块小且分散。集中在蘑菇滩北湖泉群地段。地面常年积水或季节性积水。生长稠密矮小的沼针蔺、小芦苇、海韭菜等，个别泉眼旁有香蒲、水葱和芦苇等。地面多踏头小草丘，丘高10～30 cm，有盐霜或盐结皮。表层有20～40 cm厚的暗褐色半分解粗泥炭和草根，盘结成层，俗称“草垡子”，干后质轻而富有弹性，多数具盐化，总含盐量0.2%～0.6%。

6.风沙土

风沙土是在第四纪风积母质上发育成的土壤。多分布在绿洲与戈壁接壤的低平地带，绿洲风沙口农田外沿和绿洲内部可提供沙源的干河床附近形成新月形沙丘、沙丘链与风蚀雅丹地貌并存的景观，或固定和半固定沙丘、林带、农田、渠道、居民点犬牙交错分布的特色。风沙土的形成过程比较复杂，主要是风力搬运山前砂砾质平原的细沙物质及沙质干河床的沙子堆积而成。后者是河流变迁、灌溉水源断绝，植被枯死，地表失去屏障，绿洲沙漠化而引起的风蚀活动过程，沙质土壤或河流的沉积沙层则为风沙运动提供了丰富的沙源。这种原因所形成的风沙土区往往遗留有古代人类活动的痕迹和古河床的分布。县境内兔葫芦至锁阳城一带、西沙窝的风沙土就是上述因子综合作用的产物。经过风的筛选，沙子颗粒大小均匀，成分单一，无明显层理。处在地势低平、地下水位较高地方的风沙土，剖面中往往可看到锈纹锈斑，并夹杂洪积冲积的黏重土层。不论风沙土处于流动、半固定还是固定阶段，总的来说，生物作用都比较微弱，数量甚微的有机质迅速矿化，含量很低。许多风沙土区周围是盐土，在风力积盐作用下土壤盐化。

对风沙土的改良利用比较困难，最主要的措施是植树造林、封滩育草、保护植被，维持脆弱的生态平衡，防止固定、半固定沙丘活化和流动沙丘的发展。在此前提下，处于农田边缘低平地带的风沙土可适当开垦，使其向耕作土壤演化。

主要分布在锁阳城沿南戈壁至布隆吉南一带和百旗堡荒区的西沙窝，风沙土的成土母质是风力搬运的沙质再沉积物——风积物。沙的来源主要有水成沙与风积沙。水成沙是河流从中上游带来的洪积冲积沙源。风成沙是大风吹蚀裸露地面，沙粒堆积的产物。在风的选择性搬运作用下，粉沙在空中浮运，而细沙在地面跃移，粗沙在近距离滚动，当风力变小或遇到阻碍时降落堆积，以致蔓延所致。沙粒是岩石风化的产物，所以安西的沙质来源面广且丰富。根据风沙土成土的不同阶段，可分为流动风沙土、半固定风沙土和固定风沙土3个阶段，划分为流动风沙土、固定风沙土2个亚类。

1）流动风沙土

主要分布在兔葫芦、吴家沙窝、锁阳城一带和西沙窝。在强劲东风的吹蚀下，流沙随风运动，堆积成新月形沙丘和波浪形沙丘链。沙岗隆起，有的高达5～7 m，沙面光裸无结皮，层剖面发育不明显，是成土的最初级阶段。在流动风沙土区往往并存有固定、半固定风沙土。沙丘间低洼地有小片盐土、草甸盐土、草甸土或龟裂土存在。

2）固定风沙土

主要分布在桥子、锁阳城和疏勒河干三角洲农田西部边沿地带，随植被密度增大，流沙被逐渐固定，沙丘外貌平缓，其上生长着红柳、胡杨等。

固定风沙土亚类面积为8 052 hm^2，占风沙土类面积的55.9%。根据利用程度和盐分含量，又分为耕灌风沙土、盐化风沙土和荒地风沙土3个土属。其中，耕灌风沙土面积为885 hm^2，主要分布在环城四工村、瓜州三工村、南岔乡九北村等处。这类土壤因为经过人类的耕灌改良，既具有风沙土的属性，又具有耕灌土壤的一些特征。剖面沙层厚度不等，耕作层经过人类改良，黏粒增多，多为沙土或沙壤土，弱块状结构。剖面中层、中下层多为沙土。开垦年限短的风沙土AB层过渡不明显，开垦时间长的则有明显区别。由于成土母质与开垦年限短的原因，耕作层之下较难划分出紧实的犁底层。地下水位较高的地方剖面中下部可见锈纹锈斑，常可见灌淤沉积的薄土层。剖面下部多为较厚的中壤—重壤或黏土层，由此推断是流动风沙土移动掩盖地面而成。耕灌风沙土耕作年限相对较短，虽然有了一定肥力，但普遍肥力低下，漏水漏肥，不抗旱，且易受大风的影响，地面剥蚀，起沙伤苗，水土流失十分严重，且改良困难。这一结果说明，在耕作灌溉作用下，物理性黏粒大量下移，因此心土沙层中物理性黏粒远高于流动风沙土。

盐化风沙土只划出盐化耕灌风沙土种，面积342.1 hm^2，仅占该亚类面积的4.2%。主要分布在南岔乡九北、十工公路两侧和北桥子、东巴兔等地。此类土壤地处固定、半固定沙丘与农田接壤的低平地带，地下水位较高，且周围多为盐土。因靠近农田，地势平坦便于灌溉，所以开垦为农田。其剖面特征与耕灌风沙土相同，只是在风力积盐与地下水蒸腾积盐的共同作用下土壤盐渍化。荒地风沙土属面积为6 825.7 hm²，占风沙土类面积的47.4%，占固定风沙土亚类面积的84.8%。主要分布在向阳、三工北部、九北荒滩、桥子、锁阳城等地。随植被生长，生物积累作用加强。该类土地不宜大面积开垦放牧，应加强植被保护，封滩育草，植树种草，在不破坏生态平衡的前提下，适度开发利用。

7.灌淤土

灌淤土是干旱荒漠气候条件下绿洲灌溉农业区所特有的一种土壤，是在漫长的历史年代里，人类从事农业生产活动的产物。多分布于洪积冲积扇细土平原中上部与内陆河流洪积—冲积扇中下游干三角洲老耕作区。发育在洪积—冲积母质、冲积母质或湖沼沉积物上，经灌淤耕作而成。灌淤土分布区地下水位都比较低，成土过程基本脱离了地下水的影响。由于人类灌溉、施肥、耕作的影响，灌淤土具有显著区别于其他土壤的特点。首先，灌淤土区具有比较完善的灌溉渠网，在长期的、经常性的灌溉淋溶下，盐分下移或被带走，土体脱盐。细土物质也相应向下运动，经外力作用，在耕作层下形成比较坚硬的犁底层。其次，人们的社会活动强化了生物因子的循环，既促进了农作物的生长，又加速了其残留物的分解，土壤有机质含量比较高，上下分布均匀，颜色较深。再次，由于灌溉淤积和耕作施肥作用，土壤有着深厚的灌淤层，薄的几十厘米，厚的超过1 m，层次不明显，剖面中人类活动的痕迹清晰可见。灌淤土土体深厚，结构质地均匀，通透性良好，水气热分配均衡，有较高的肥力水平和农业经济利用价值，为绿洲农业土壤的精华。

不合理的农业生产活动又会使灌淤土向不良方向发展。如大水漫灌、串灌或用高矿化度井水灌溉，会导致土壤次生盐渍化，使其理化性质变坏，农作物产量下降。地下水位的大幅度抬升，又会使灌淤土变得阴、冷、潮、湿，向潮土方向演变。植被破坏、风沙侵蚀，则会使灌淤土沙化、荒漠化。

灌淤土又称为灌耕土，是绿洲农业区最主要、最古老的土壤，是农业土壤中的精华。灌淤土是在洪积—冲积物、冲积物或湖相沉积物的基础上，经长期灌溉耕作、施肥，逐步演化而来。土体深厚，层次不太明显，剖面从上到下可划分为A、B、C三个层次。A层为耕作熟化层，多呈棕灰色或灰棕色，有较多碳渣、碎砖、骨头等侵入体和大植物根系。该层上部疏松而下部较为紧实，据此划分出耕作层和犁底层。B层为心土层，是老耕作土壤，常可见许多残留的碳屑、砖屑以及中量植物根系，有的可见到粉末状或假菌丝状新生体。C层为母质层，多呈灰棕色，有的呈黄棕色，质地较A、B层黏重。灌淤土剖面结构较为均一，质地多为轻壤或沙壤，结构呈粒状或小核状。

在灌淤土类中，由于所处地形、地下水、人为影响程度等成土条件的差异，其剖面形态和理化性质有着显著差别。如有的在成土过程中完全脱离了地下水的影响，而有的地下水仍然参与了成土过程，使之出现潮化现象，在土壤剖面中有锈纹锈斑，有的则出现盐化、沙化现象，还有的灌淤土心土层受潜育影响出现青白层次。这些特征客观地反映出除主导因子之外次主导因子对成土过程的影响。以此作为划分亚类的依据，将灌淤土类划分为灌淤土、青白灌淤土、潮化灌淤土、盐化灌淤土、沙盖灌淤土等5个亚类。

1）灌淤土亚类

该亚类是灌淤土中的代表类型。一般分布在地形较高、地下水埋藏较深的地方，成土过程已脱离了地下水的影响。土层深厚，群众称之为“土头地”或“上岗地”，农业利用价值最高。因耕作熟化年限不一，土壤熟化层厚度相差很大，据此又将灌淤土亚类划分为2个土属：熟化层大于60 cm为厚层灌淤土属；熟化层大于30 cm，小于60 cm为薄层灌淤土属。

厚层灌淤土属的灌淤熟化层厚度在60 cm以上，厚者达150 cm，是人类开垦利用最早的绿洲耕作土壤，在长期的灌溉耕作下形成了深厚的灌淤层。在这个层面上，碳屑、砖块等人类活动痕迹随处可见，质地大多为轻壤或沙壤，结构呈粒状。有的灌淤土通层土体结构均一，层次不明显，群众称之为“立土”，这类土壤更是灌淤土中的佼佼者。有的在剖面中下部有明显的冲积—洪积平茬层理，呈片状、板状或透镜状，厚度超过20 cm，质地比较黏重，群众称之为“平土”。由于该层的存在，平土存在渗水不畅、透气不良、土质比较板结僵硬的缺点，生产性能较立土低。总的来看，灌淤土熟化程度高，结构良好，宜种性宽，适耕期长，保水保肥性能较强，具有良好的理化性能与肥力，适于种植各类作物。

厚层灌淤土面积为9 387.4 hm^2，除西湖外，广泛分布于全县其他各乡镇老耕作区。薄层灌淤土属的灌淤熟化层比较浅薄，说明开垦耕作时间相对比较短，土壤的熟化程度、肥力水平、生产性能都远不如厚层灌淤土好，属于二类耕作土壤。由于灌淤熟化层浅薄，所以剖面层次明显，灌淤熟化层呈棕灰色，结构粒状，质地多为轻壤，而熟化层之下的心土层则多呈黄棕色，结构粒状、块状或板状，质地中壤或重壤。母质层多呈黄棕色或红棕色，部分为灰棕色，质地中壤、重壤或黏土。整个剖面层次清晰，过渡明显。全县薄层灌淤土面积为871.6 hm^2，多分布在老耕作区农田厚层灌淤土的外围地带。随耕作年限延长，该类土壤向厚层灌淤土演化。但如果地下水位抬升，则可能演变为潮化灌淤土或潮土。

2）青白灌淤土亚类

青白灌淤土亚类指1 m土体中出现厚度大于20 cm青白层的灌淤土。在成土过程中，由于受局部地形影响，地下水位较高，土壤长期受滞水浸渍，通气不良，发生强烈的还原反应，高价铁锰氧化物被还原成低价化合物，土壤中出现青白色或蓝灰色还原层。这类土壤多发育在沼泽、草甸沼泽土上，随地下水位下降，土壤被开垦而逐步演变成灌淤土，但青白层仍留存于土壤的中下部。青白灌淤土剖面层次明显，A层具有灌淤土的特征，而在B层下部或C层出现青白潜育层。青白层结构多为鳞片状或片状，土质黏重，土性阴凉，直接影响土壤的生产性能，出现在高部位的青白层对作物根系还会产生毒害作用。青白灌淤土亚类土壤的生产性能因青白层出现部位的高低、人们耕作改良强度、施肥水平的不同而有很大差别。

青白灌淤土面积为128.4 hm^2，主要分布在布隆吉乡和桥子乡。据剖面观察，灌淤熟化层厚30～57 cm，耕作层厚20～24 cm。青白潜育层出现部位相差甚大，高的距地面41 cm，低的出现在剖面80～100 cm处，厚16～51 cm。该亚类土壤虽然养分含量高，速效养分丰富，由于青白层的存在及其他原因，肥力受到抑制，因而农作物产量不高，小麦产量为2 250～4 500 kg/hm^2。

3）潮化灌淤土亚类

潮化灌淤土亚类指1 m土体内中下部土层含有大量锈纹锈斑痕迹的灌淤土。此类土壤发育在草甸土或湖沼土上，多分布在地形相对较低而地下水位又相对较高的地方，成土过程受间歇性地下水升降的影响，土壤中氧化还原作用交替进行，在心土层或母质层土壤中留下明显的锈纹锈斑痕迹。潮化灌淤土土质变化较大，结构复杂，特别是分布在疏勒河一、二级阶地上的该类土壤，心土层中多有冲洪积的沙层和泥土层错落夹杂，泥土层质地多为中壤或重壤，有的为黏土，结构鳞片状、片状、板状或透镜状，有的潮化灌淤土下部还夹有黑褐色草甸腐殖质层。

潮化灌淤土面积为286.3 hm^2，主要分布在布隆吉乡的布隆吉村、九上村，三道沟乡的河西村，桥子乡马圈等地。土体内无障碍层次，灌淤层比较深厚的潮化灌淤土仍然是较好的耕作土壤，具有较高的肥力和良好的生产性能，不足之处是在一定程度上仍受到地下水的影响，土性较凉，会对作物前期生长发育产生不利影响。

4）盐化灌淤土亚类

盐化灌淤土亚类指1 m^3土体内含盐量为0.4%～2%的灌淤土。盐化灌淤土是一种盐渍化土壤，其剖面除具有灌淤土的特征特性外，还具有盐渍化的属性。土体内含有大量易溶盐类，会对作物生长产生不利影响，轻者作物生长受到抑制，重者造成死苗，群众称之为“开窟窿”。

盐化灌淤土盐的成因比较复杂，主要分为原生盐渍化与次生盐渍化2种类型。原生盐渍化是指土壤母质含盐，在开垦耕作过程中由于洗盐脱盐不彻底，使部分盐分残留在土壤中，地下水位很低，积盐不受其影响的盐渍化土壤多属此种类型。次生盐渍化则是不合理的灌溉耕作抬升了地下水位，在强烈的蒸发作用下，矿化度很高的地下水随毛管上升，盐分聚积于地表而使土壤盐渍化。此种类型的盐渍化灌淤土多分布在地形比较平缓，地下水位在2 m以下，积盐强度受地下水间歇性升降影响的地方。此外，用高矿化度地下水灌溉，用含盐量较高的土壤垫层也可以导致土壤次生盐渍化。地处盐碱滩边缘的农田，因风力搬运积盐，也是使土壤次生盐渍化的另一个重要因素。

盐化灌淤土面积为3 425.2 hm^2，约占灌淤土面积的23.5%。以1 m土体含盐量大小为依据，可划分为弱盐化、中盐化、强盐化3个类型。其中，1 m土体含盐量0.4%～0.7%的弱盐化灌淤土面积为2 684.5 hm^2，广泛分布在全县各乡镇。由于盐的影响，作物生长受到抑制，死苗率为10%～15%。弱盐化灌淤土由于土体含盐量较低，比较容易改良，因而也具有较大的增产潜力。1 m土体含盐量0.7%～1.0%的中盐化灌淤土面积为586.1 hm^2，主要分布在东湖村，九上、九下村和瓜州的西部等地区。此类土壤地表有大量盐霜或薄盐结皮，有的剖面中下部黏重层中可见到盐晶。中盐化灌淤土一般质地黏重，耕作层多为中壤土，其下各层多为中壤、重壤或黏土，结构呈棱块状、透镜状或板状。由于土体含盐量较高，作物生长明显受到抑制，碱窟窿大而明显，属低产土壤。因含盐量高，作物死苗率高，存活苗生长亦受到严重抑制。从剖面形成以及当地地下水位在5～7 m以下推断，该处强盐化灌淤土属于原生盐碱类型。因土壤含盐量很大，土体中下部质地黏重，又是平茬结构，盐分难以淋洗，故改良比较困难。

5）沙盖灌淤土亚类

沙盖灌淤土亚类指土层表面覆盖大于20 cm沙层的灌淤土，群众称之为“沙土地”。这类土壤多分布在灌淤土区边缘靠近风沙线或固定、半固定沙丘的地方，由风沙粒搬运到农田覆盖地面而成。沙层覆盖厚度因局部地形不同差异很大，并且直接影响到土壤的理化性状和肥力水平。薄的覆盖沙层对土壤有增温、透气、保墒的作用，能发苗促长，有较好的肥力水平。沙层厚的地方虽然出苗快，发苗早，但不耐旱，肥力不够持久，作物中后期容易早衰。春天多风季节，在大风的吹蚀下，沙盖灌淤土容易受到风蚀，就地起沙伤害禾苗。总的来看，沙盖灌淤土因为通气好，地温高，有机质矿化速度较快，肥力水平较为一般。

沙盖灌淤土面积为419.3 hm^2，主要分布在环城乡中沟、四工，南岔乡九北、向阳和六道沟等地，仅占灌淤土类面积的2.88%。平均熟化层厚80～90.8 cm，耕作层厚22 cm，沙土或沙壤土，剖面中部为轻壤土或沙壤土，在58～74 cm以下出现中壤或重壤层，片状或板状结构。该层对漏水漏肥的沙土起着滞水托肥作用，从而在很大程度上改善了土壤肥力。

8.潮土

潮土的演化改变主要取决于地下水位的变化。如果地下水位下降，上层土壤不再直接受其影响，在合理的耕作措施下潮土逐渐向灌淤土类演化。反之，地下水位继续抬升，潮土则向草甸土类和盐渍化土壤演化，是一种半水成型土壤。成土母质为冲积物、冲积—沉积物或湖沼沉积物，经耕作熟化而成。潮土多分布在泉水溢出带地势低平、排水不畅的地方，地下水埋深在2 m以内，直接参与了成土过程，因此潮土的剖面具有水成型土壤的某些典型特征。随地下水有规律的季节性升降，土体内氧化还原反应交替进行，在剖面中下部留有大量锈纹锈斑和蓝灰色潜育层。沉积规律决定了潮土的质地比较细腻，剖面中部、中下部多为板状、片状或棱块状层次，质地重壤或黏土，呈黄棕色，有的还夹有冲积沙层。由于潮土土体含水量高，土壤通气不良，地温低，有机质分解缓慢。在地下水矿化度较高的地方，潮土逐渐盐渍化。潮土主要分布在布隆吉、桥子、西湖3乡以及南岔瓜州乡西部。地下水埋深0.94～1.98 m，pH值7.8～8.5，矿化度东部为1.16～9.88 g/L，西部南岔、西湖乡为8.24～17.22 g/L。

根据地下水位、盐分、障碍层次等成土因素，可将潮土划分为潮土、青白潮土、盐化潮土3个亚类。

1）潮土亚类

该亚类为潮土中的代表性土壤。其主要特点是“潮”，这是地下水季节性升降引起土壤水分状况改变的直接表现。全县潮土亚类面积为758.7 hm^2，占潮土类面积的33.6%。根据地下水位高低与返潮的关系，将潮土划分为高位潮土（地下水位在1 m以内）、中位潮土（地下水位为1～1.5 m）和低位潮土（地下水位为1.5～2 m）3个土属。

高位潮土面积为61.1 hm^2，分布在瓜州乡三工低洼地带。地下水埋深97 cm，pH值7.5，矿化度2.93 g/L，属SO_4^{2-}–HCO_3^-–Na^+型水。耕作层厚24 cm，质地沙壤，结构粒状。其下为厚43 cm的重壤层，大板状结构，并夹有10 cm厚粉片土层。由于水质不好，排水不畅，向盐潮土演化。

中位潮土面积为446.2 hm^2，分布在河东乡上泉，桥子乡，布隆吉乡双塔村、九上村、九下村、布隆吉村，环城乡向阳村。地下水位为1.24～1.29 m，矿化度东部各乡为1.16～3.22 g/L，属SO_4^{2-}–Cl^-–Na^+–Mg^{2+}型或HCO_3^-–SO_4^{2-}–Na^+–Mg^{2+}型水。西部各乡矿化度为3.28～9.88 g/L，多属SO_4^{2-}–Cl^-–Na^+–Mg^{2+}型水，部分为SO_4^{2-}–Cl^-–Na^+型水。耕作层厚23.2 cm，质地轻壤或沙壤，剖面45～110 cm处多出现重壤层，结构板状、透镜状或屑粒状。有的在103～124 cm处出现青灰色重壤潜育层。

低位潮土面积为251.4 hm^2，主要分布在桥子乡堡子村与布隆吉村、西湖乡村。全县低位潮土剖面结构变化差异较大，大部分在剖面中下部出现50～55 cm厚板状、透镜状结构的重壤或粉土层，局部在耕作层之下即有鳞片状或板状的平茬层次出现，直接影响到土壤的生产性能。分布在西湖乡疏勒河沿岸的低位潮土，虽然耕作时间长，施肥量大，有机质含量较高，但因为多障碍层次的缘故，局部已出现盐渍化，农作物产量普遍不够理想。

2）青白潮土亚类

该土壤发育在草甸沼泽土上，当地下水下降之后经开垦耕作而成，因此剖面中下部有大量锈纹锈斑和青白色潜育层，有的在耕作熟化层之下还有灰褐色草甸腐殖质积累层。中下部第三、四层质地黏重，多为重壤或黏土，结构块状、鳞片状或板状，青白层出现在剖面下部。由于地下水位较高，土体通层障碍层多，结构差，土壤中水气热运动平衡受到阻碍，植物生长受到抑制，生产性能差，因此青白潮土属低产土壤。当地下水进一步下降之后，该土壤向青白灌淤土方向演化。

3）盐化潮土亚类

盐化潮土是一种典型的盐渍化低产土壤，具有“盐”和“潮”的双重特性，群众称之为“碱潮地”。

盐化潮土多分布在地势低洼平坦、排水不畅的地方。其盐分来源主要有两个方面：一是土壤母质含盐，由于地下水位高，地表径流不畅，开垦改良过程中盐分不易淋洗。这是因为大量灌溉洗盐会抬高地下水位而导致返盐，控制灌溉又淋洗不净，盐分残留于土体中。二是随高矿化度地下水位的抬升，盐分表聚，使土壤次生盐渍化。

9.山地土壤

山地土壤包括高山草甸土、亚高山灌丛草甸土、山地草原或荒漠草原土等。高山草甸土是草甸植被下形成的土壤，分布在海拔3 000 m以上的高山或平缓坡谷等地区。亚高山灌丛草甸土是在高山草甸土带以下分布的土壤，山地草原或荒漠草原土是在草甸土带以下或山谷中分布的土壤。高山草原土是高山在亚寒带半干旱稀疏草原植被条件下发育的无草毡，草皮层有浅薄的灰棕色腐殖质层，向下有不明显的钙积层剖面构型的土壤。亚高山草原土是高山在温带干旱草原植被下形成的具有明显腐殖质表层和钙积层的土壤。在保护区南部高山、中高山形成了局部的山地土壤，包括草甸土、灌丛草甸土、草原和荒漠草原土，与荒漠土壤差异巨大。这些土壤砾石含量低，土壤有机质含量高，养分含量高，主要生长灌木、草本植物。山地土壤植被包括山地草甸、山地灌丛、干草原及荒漠草原植被，局部有草甸草原分布。

2.5.2 土壤性质（理化性质）

土壤资源是最重要的自然资源之一，是人类赖以生存的物质基础，也是生态环境的重要组成部分，其质量的优劣直接关系到农产品的质量安全、人类的健康以及社会经济的可持续发展。土壤的理化性质是土壤的基本性质，包括土壤的水分、pH值、电导率、土壤粒径、养分状况等。

为了充分了解保护区的土壤理化性质，我们在此次调查中共调查了107个样点（图2-17），每一个样点按照0～20、20～40和40～60 cm进行分层采样，总计收集土壤样品642份。每一份土壤样品分别测定土壤含水量、pH值、电导率、土壤粒径（黏粒、粉粒和沙粒质量比例）以及土壤养分状况（土壤有机碳、无机碳、土壤全氮、速效氮和全磷等）。

2.5.2.1 土壤含水量

如图2-18所示，保护区内0～20、20～40和40～60 cm土层土壤含水量较低，分别为5%、6%和7%。这主要是因为该区域属于极端干旱区，降水极端匮乏，造成土壤水分含量极低。但是在不同的区域，土壤含水量存在较大差异。以表层0～20 cm为例，保护区南片的北端部分地区拥有较高的土壤含水量，保护区北片的土壤含水量较低（图2-19），总体土壤含水量为0.1%～36%。20～40 cm和40～60 cm土层土壤含水量也呈现相似的变化趋势，分别为0.1%～48%和0.1%～43%。这表明保护区内的土壤水分存在较大的空间异质性。

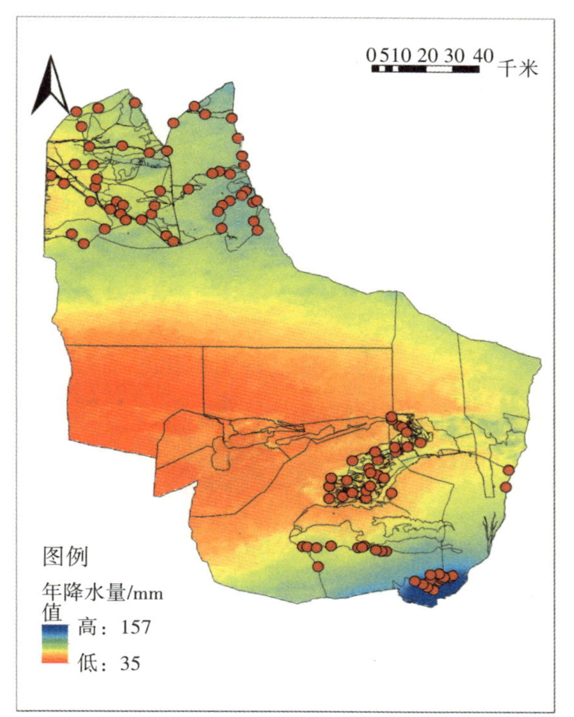

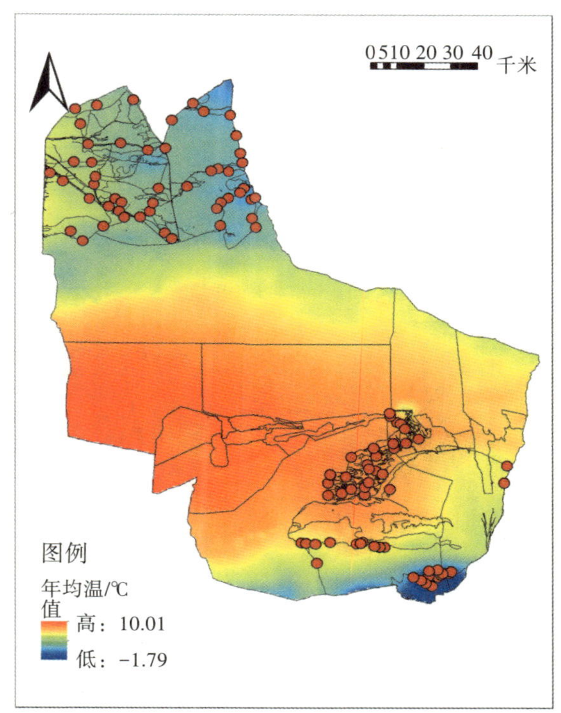

图2-17　样点分布（年均温和年平均降水量数据来源于https://www.worldclim.org/）

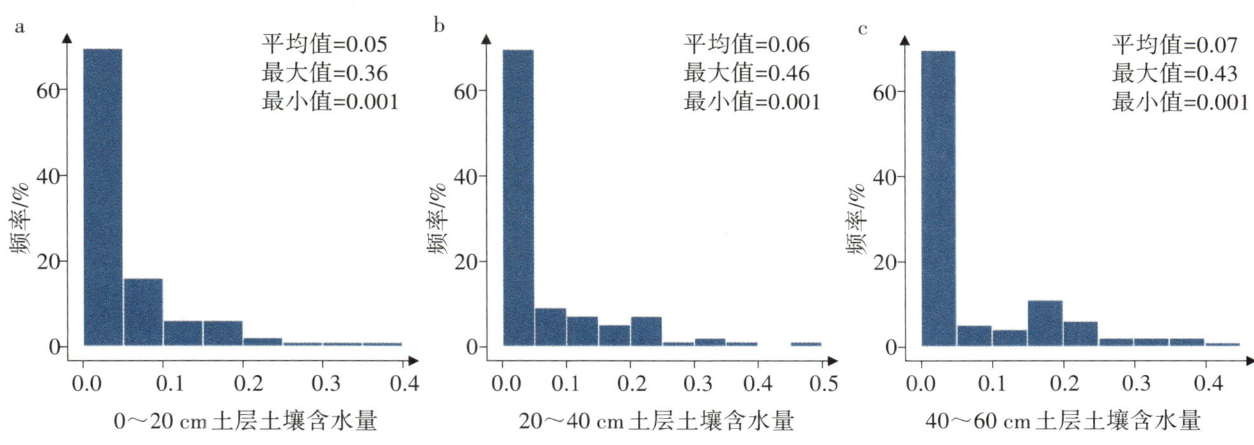

图2-18　保护区内不同土层土壤含水量频率分布图

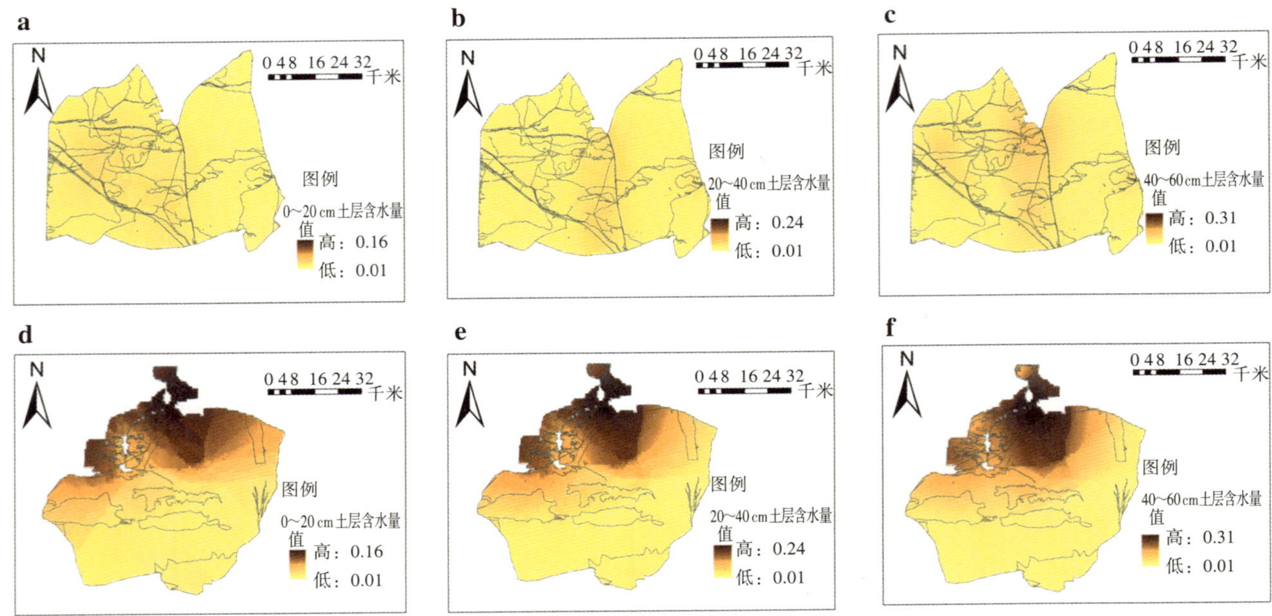

图2-19 保护区内不同土层土壤含水量空间分布特征

2.5.2.2 土壤pH

如图2-20所示，保护区内0～20、20～40 cm和40～60 cm土层平均土壤pH值分别为8.08、8.17和8.25，表明保护区土壤普遍呈现弱碱性。但在不同的区域，土壤pH值依然存在较大的空间异质性。以表层20～40 cm为例，土壤pH值从弱酸性的6.51逐渐增加到接近强碱性的9.44。在空间尺度上，保护区南片和北片在不同土层呈现出不同的变化趋势（图2-21）。具体来说，在表层0～20 cm和20～40 cm，保护区北片土壤pH值略高于南片土壤pH值，然而在40～60 cm，保护区北片和南片土壤pH值没有明显趋势。这可能是因为表层土壤更多地受到气候因素和人类活动的影响，因此表现出明显的空间分布规律，但是深层土壤则主要与土壤形成的过程有关，因此未呈现出明显的空间变化趋势。

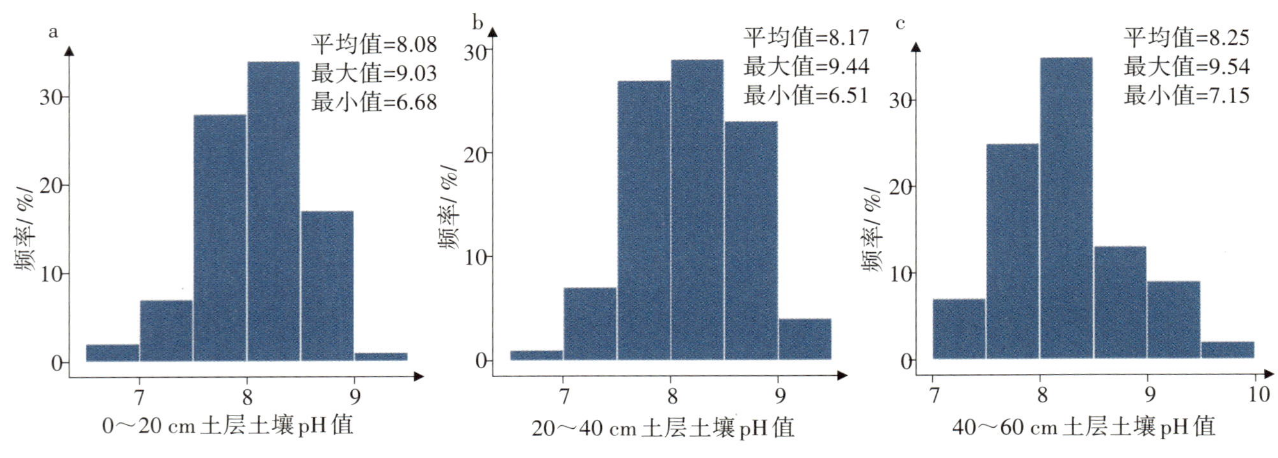

图2-20 保护区内不同土层土壤pH值频率分布图

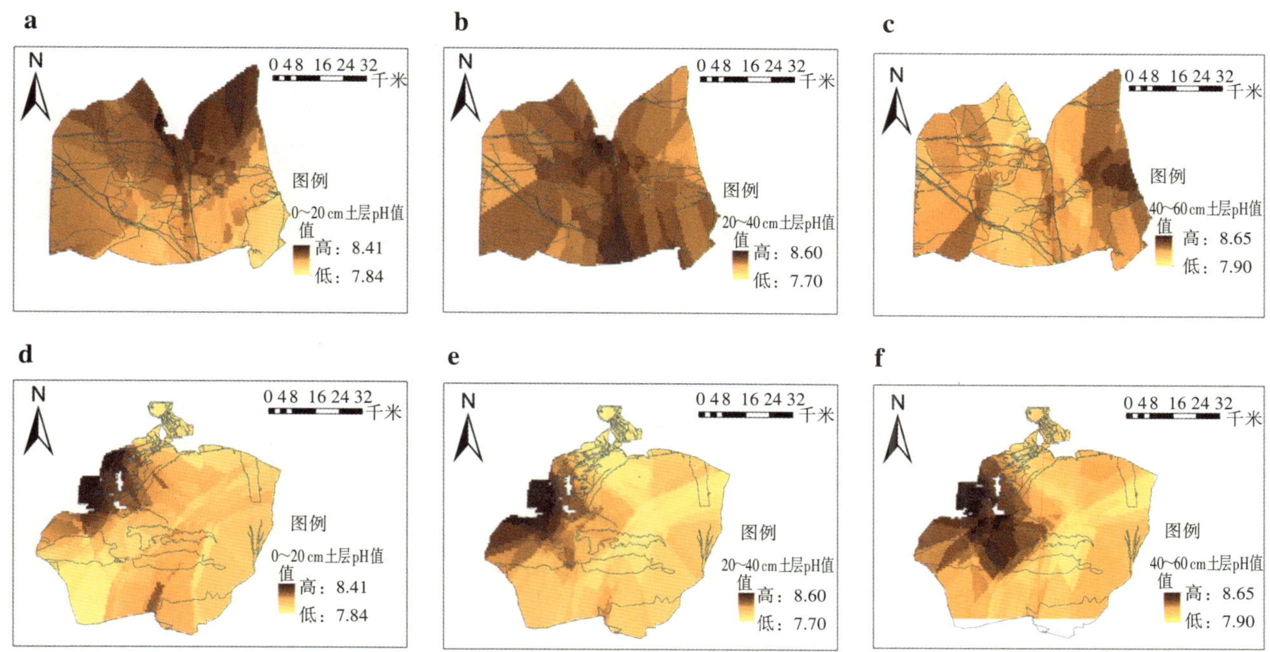

图2-21　保护区内不同土层土壤pH空间分布特征

2.5.2.3　土壤电导率

如图2-22所示，保护区土壤的盐渍化十分严重，且存在较大的变异。0～20 cm土层，电导率值变化从0.62 μs/cm到167 200 μs/cm，平均为10 767 μs/cm。20～40 cm土层，电导率值变化从0.85 μs/cm到28 800 μs/cm，平均为2 627 μs/cm。40～60 cm土层，电导率值变化从0.31 μs/cm到14 380 μs/cm，平均为1 929 μs/cm。在垂直分布上，土壤电导率值随着土层深度的增加呈现出降低的趋势，并在40～60 cm土层处降至2 000 μs/cm左右。在空间分布上，保护区南片和北片在不同土层呈现出不同的变化趋势（图2-23）。具体来说，在表层0～20 cm和40～60 cm，保护区北片的西北端具有较高的土壤电导率，且北片比南片具有较高的土壤电导率，然而在20～40 cm土层，保护区北片和南片土壤电导率值均呈现出散射状分布，二者之间没有明显的差异。这种不同的分布规律可能和地下水位和地势状况相关，需要进一步深入分析。

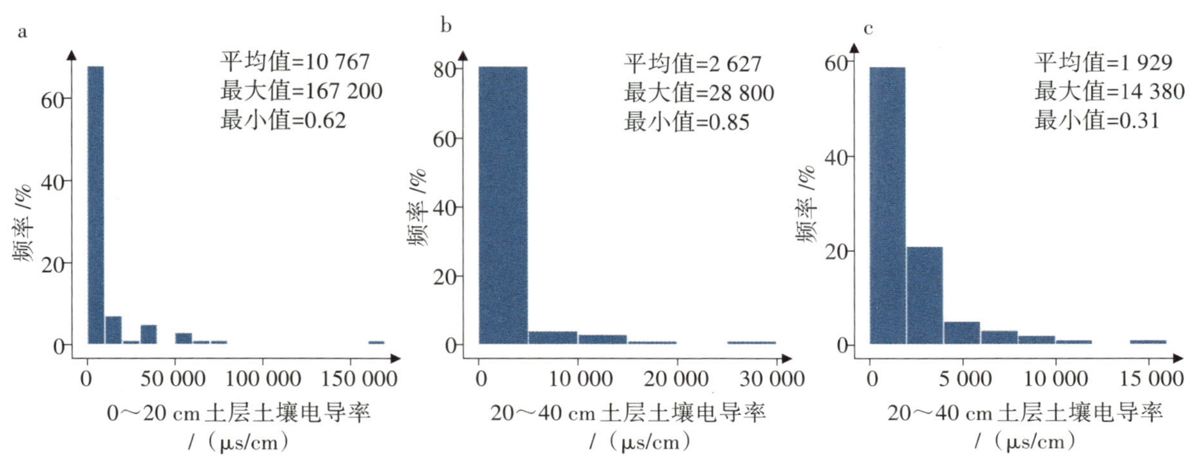

图2-22　保护区内不同土层土壤电导率值频率分布图

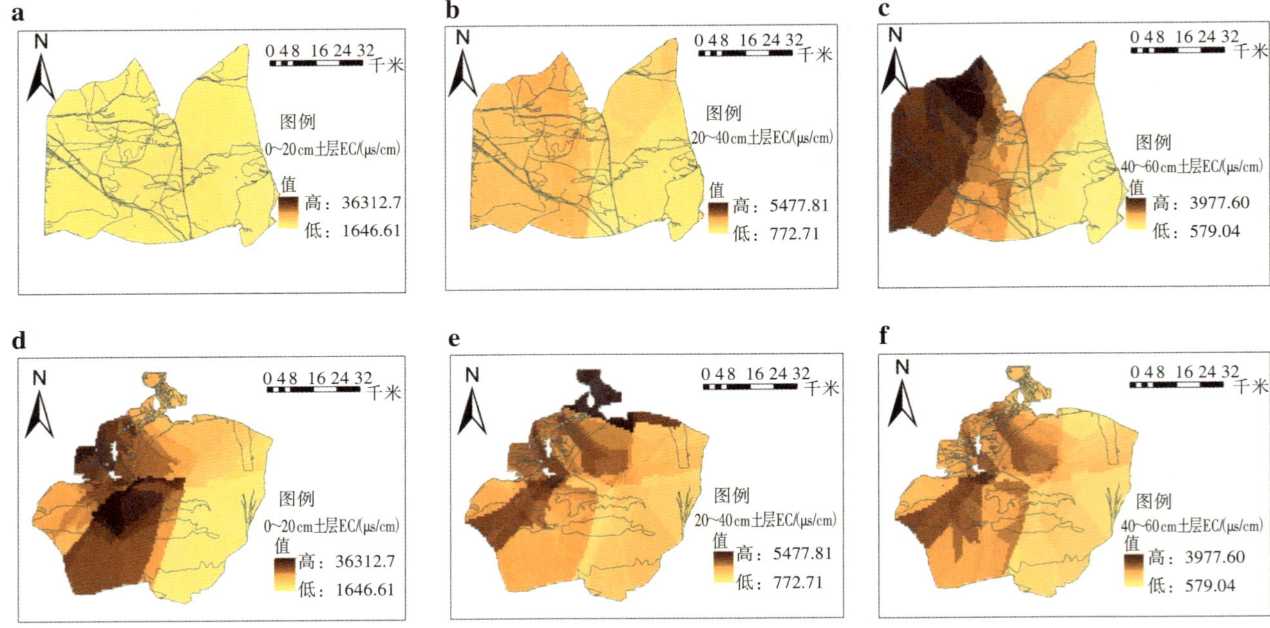

注：EC表示电导率。

图2-23 保护区内不同土层土壤电导率空间分布特征

2.5.2.4 土壤有机碳

土壤有机碳作为土壤的基本属性之一，是土壤肥力的指示指标。如图2-24所示，保护区土壤有机碳含量较低，0～20、20～40和40～60 cm土层平均有机碳含量分别为3.05、2.28和2.05 g/kg。较低的土壤有机碳主要和植被组成有关。保护区属于典型的温带荒漠，植被以红砂、盐爪爪等多年生耐旱灌木为主，该区域降水极端匮乏，致使植被生长缓慢，进而造成土壤有机碳含量较低。在空间分布上，保护区土壤有机碳含量在大的区域上呈现相似的空间变化趋势（图2-25），即北片土壤有机碳含量在3个土层中均低于南片土壤有机碳含量，但是在整个区域中依然存在较大差异。比如表层0～20 cm土壤，保护区内最高的土壤有机碳含量是最低值的16倍（0.66～10.47 g/kg）。这种大的空间变异可能是因为保护区主要以荒漠为主，但是存在不同的植被类型，比如湿地和少量的森林等。

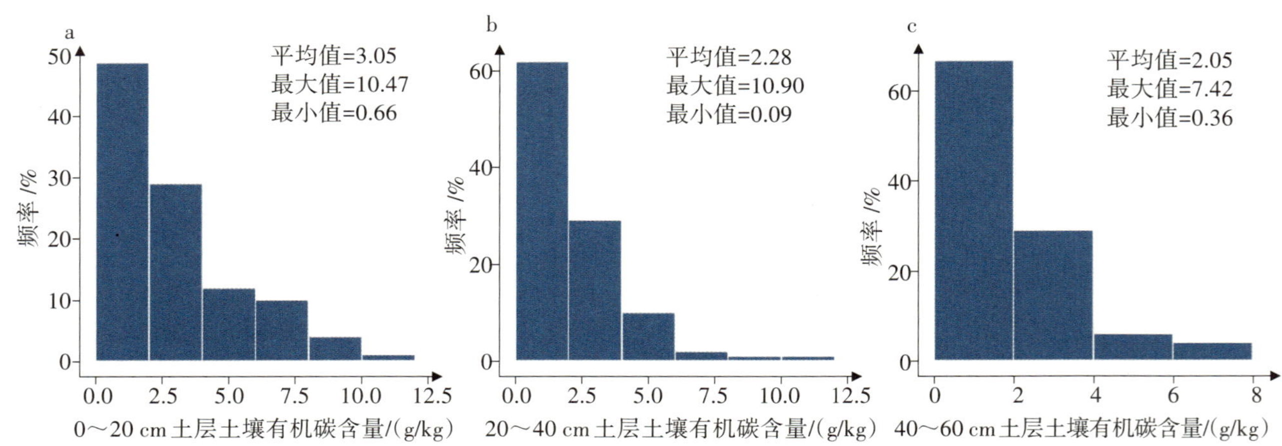

图2-24 保护区内不同土层土壤有机碳频率分布图

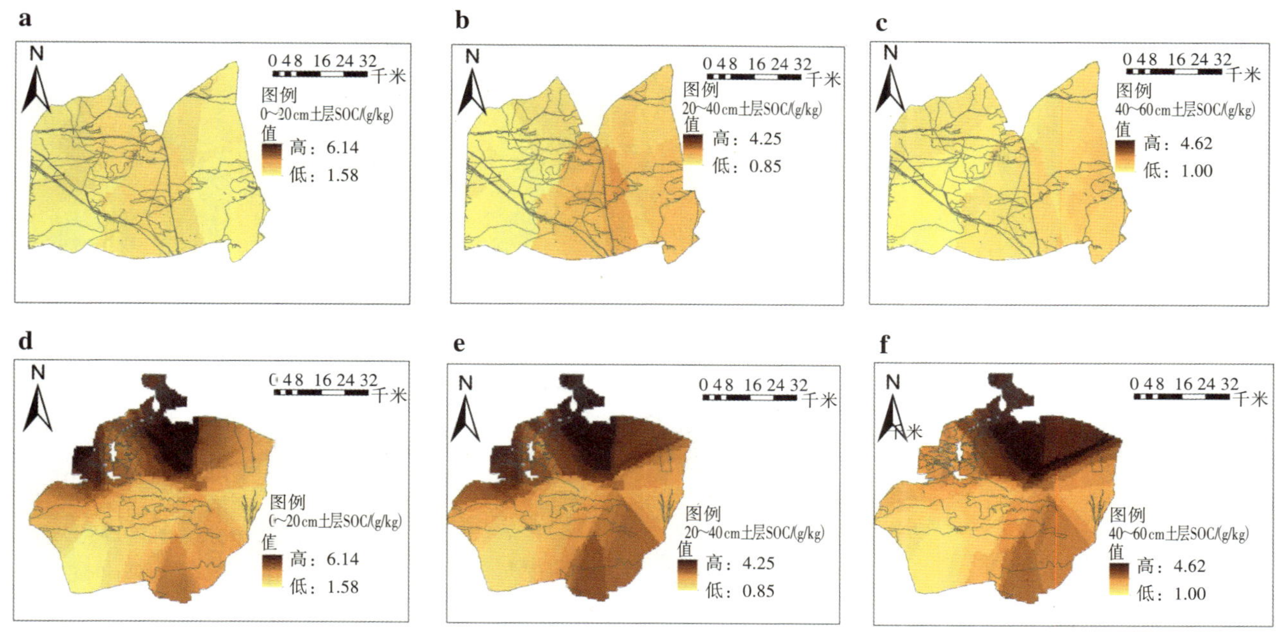

注：SOC表示土壤有机碳。

图2-25　保护区内不同土层土壤有机碳空间分布特征

2.5.2.5　土壤全氮

如图2-26所示，保护区土壤全氮含量呈现出与土壤有机碳含量类似的分布。保护区土壤全氮含量较低，0～20、20～40和40～60 cm土层平均全氮含量分别为1.99、1.16和1.04 g/kg。较低的土壤全氮含量主要和该区域的气候和植被组成有关。在空间分布上，保护区土壤全氮含量在大的区域上呈现相似的空间变化趋势（图2-27），即北片土壤全氮含量在3个土层中均低于南片土壤全氮含量，但是在整个区域中依然存在较大差异。比如0～20、20～40和40～60 cm土层，保护区内最高的土壤全氮含量是最低值的40倍（0.05～1.99 g/kg）、20倍（0.06～1.17 g/kg）和21倍（0.05～1.04 g/kg）。这种大的空间变异也和该区域包含多个植被类型有关。

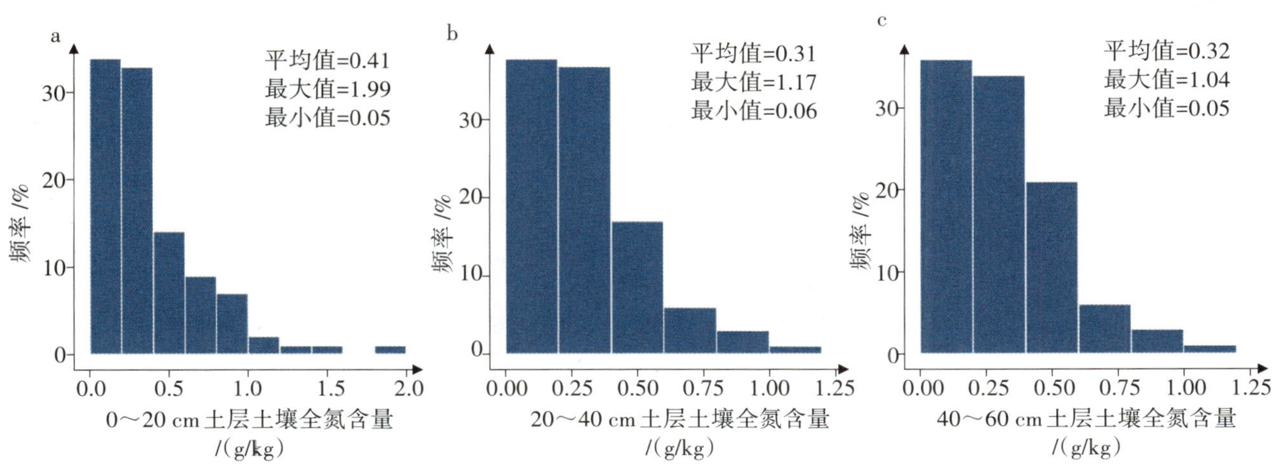

图2-26　保护区内不同土层土壤全氮频率分布图

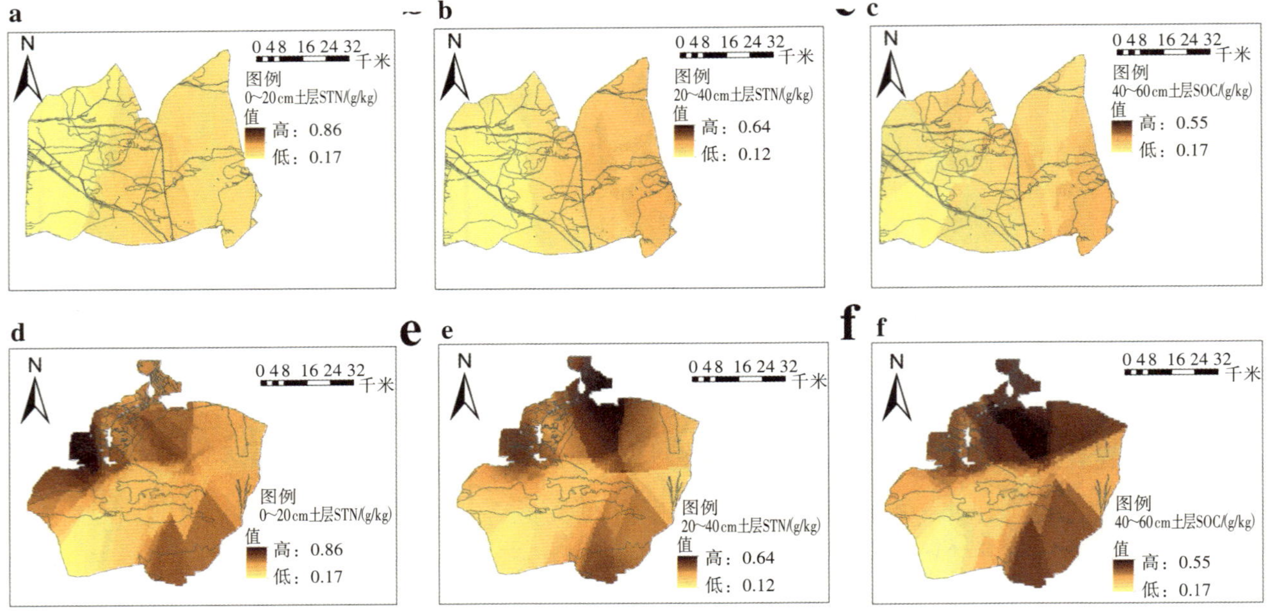

注：STN表示土壤全氮含量。

图2-27 保护区内不同土层土壤全氮空间分布特征

2.5.2.6 土壤全磷

保护区大部分地区的土壤全磷含量为0.3～0.6 g/kg，少数地区可达1 g/kg以上，且全磷含量随土壤深度增加而降低，0～20 cm土层土壤全磷含量平均值约为0.43 g/kg，20～40 cm土层全磷含量平均值约为0.38 g/kg，20～40 cm土层全磷含量平均值约为0.14 g/kg。此外，各土层之间土壤全磷含量呈现相似的地理分布格局，即在保护区北片中部、保护区南片北部含量较低，其余地区的全磷含量相对较高。

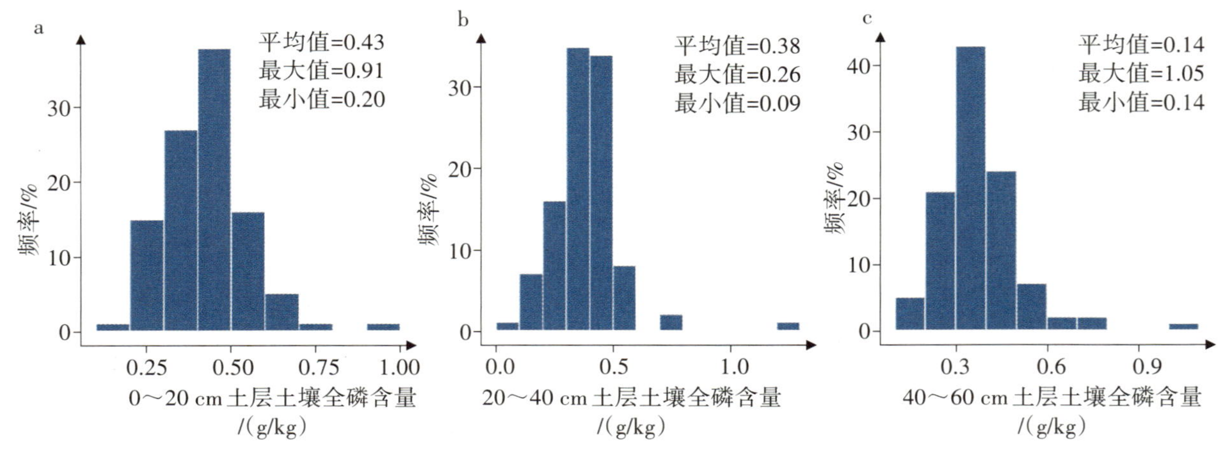

图2-28 保护区内不同土层土壤全磷含量频率分布图

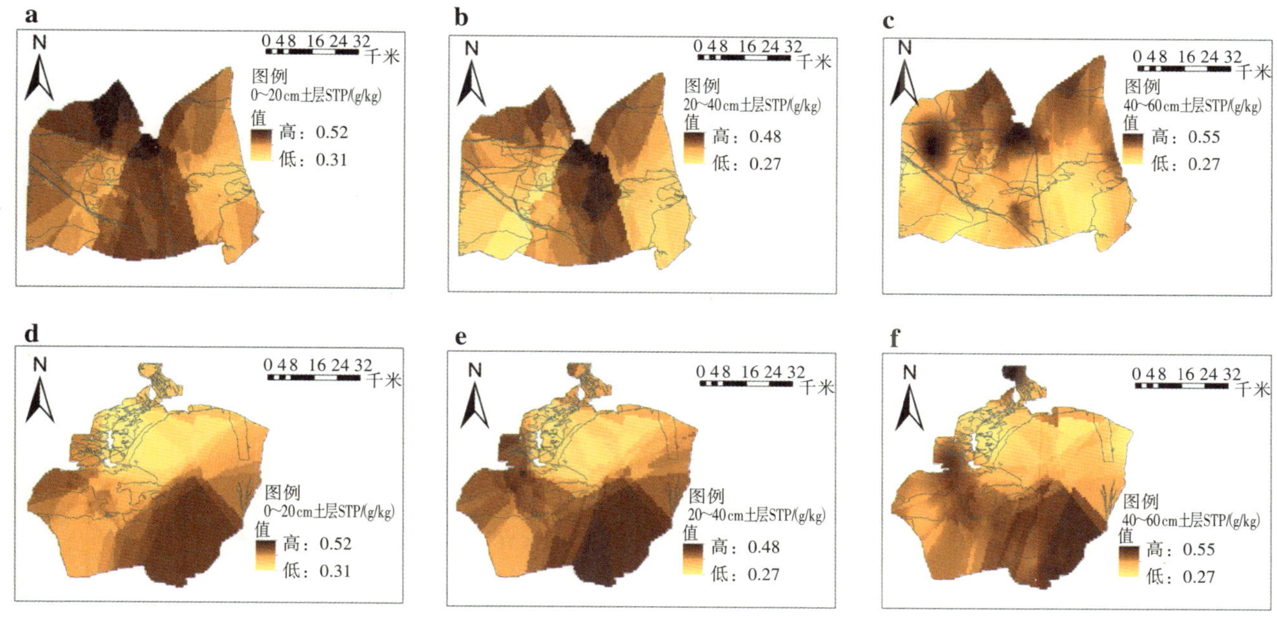

注：STP表示土壤全磷含量。

图2-29　保护区内不同土层土壤全磷空间分布特征

2.5.2.7　土壤铵态氮

对于土壤铵态氮含量而言，其各土层平均含量差异不大，为16～17 mg/kg（图2-30）。但其在各土层的空间分布特征并不完全一致。在0～20 cm土层中，在保护区北片和保护区南片的西部土壤铵态氮含量较高；在20～40 cm土层中，具有较高土壤铵态氮含量的区域主要集中在保护区北片的东南部和保护区南片的东部；而在40～60 cm土层中，则主要集中在保护区北片的北部和中部，以及保护区南片的东部。

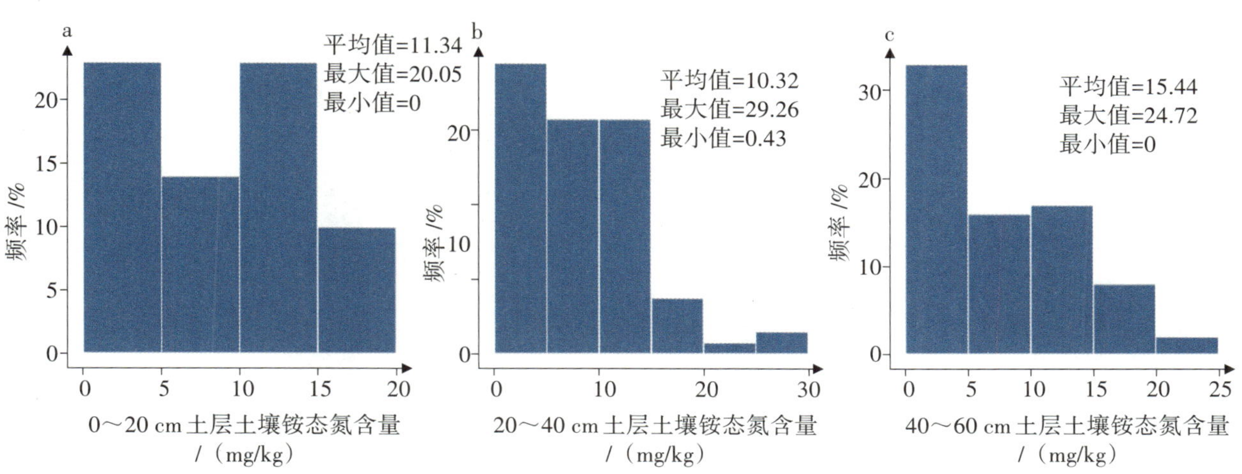

图2-30　保护区内不同土层土壤铵态氮频率分布图

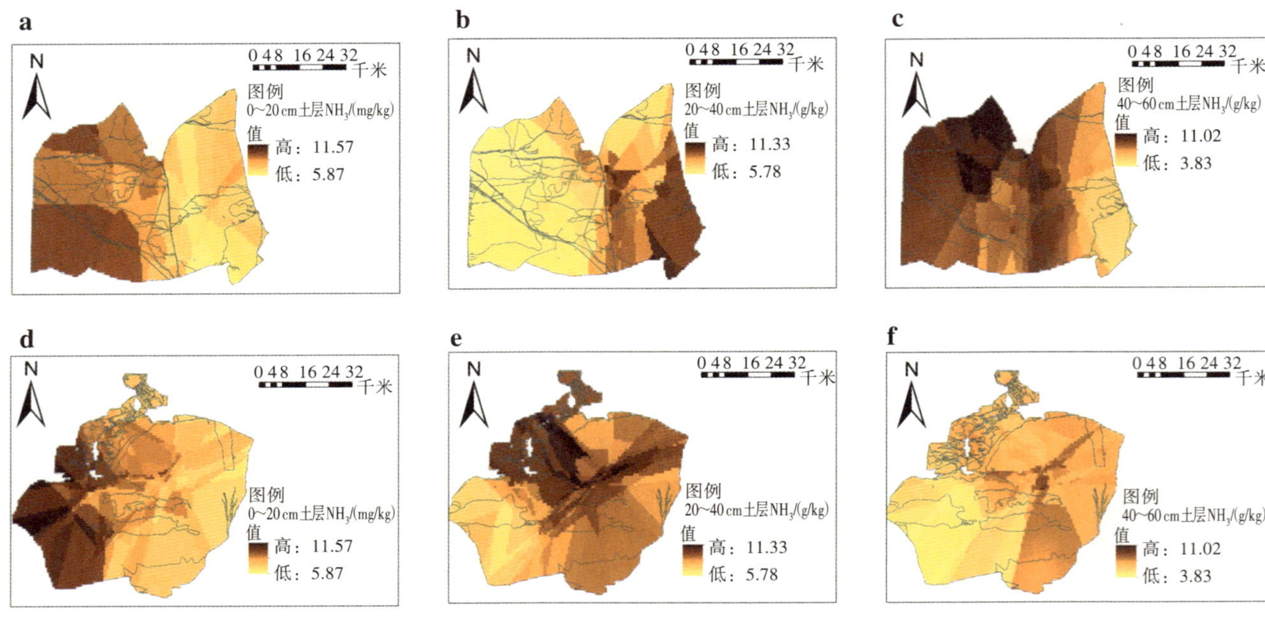

注：NH_3表示铵态氮含量。

图2-31　保护区内不同土层土壤铵态氮空间分布特征

2.5.2.8　土壤硝态氮

硝态氮是由铵态氮经过硝化作用转化而来，转化之后才能被大多数作物和微生物利用，铵态氮则可以直接被一些作物和微生物利用。在保护区内，硝态氮和铵态氮的含量接近，并且随土壤深度增加，其最大值发生改变，但平均值并无较大变化。

与土壤铵态氮的空间分布特征相似，保护区内土壤硝态氮的空间分布在各土层之间也存在差异。在0～20 cm土层中，土壤高硝态氮值主要集中在保护区北片的北部和西部、保护区南片的中部；在20～40 cm土层中，高硝态氮值主要集中在保护区南片的西北部；在40～60 cm土层中，高硝态氮值主要集中在保护区北片的西部和中部，以及保护区南片的西北部。

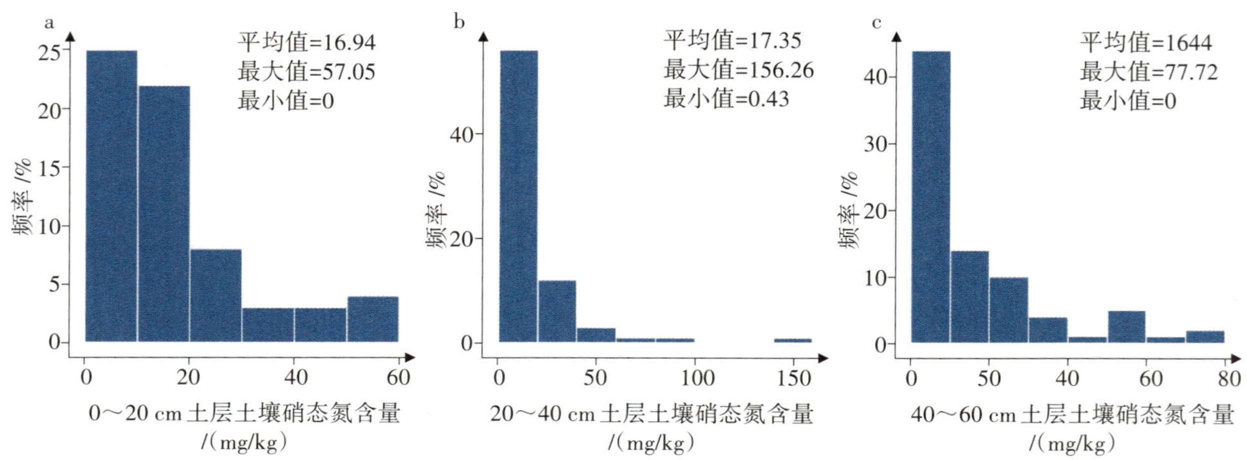

图2-32　保护区内不同土层土壤硝态氮频率分布图

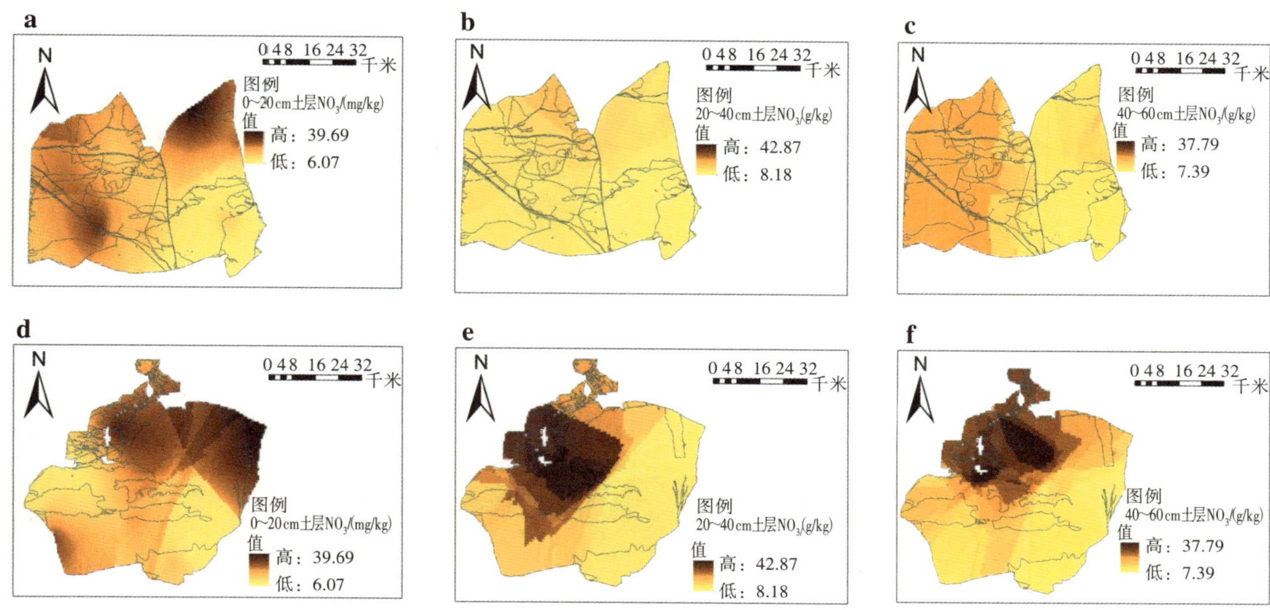

注：NO_3表示土壤硝态氮含量。

图2-33　保护区内不同土层土壤硝态氮空间分布特征

2.5.2.9　土壤速效磷

保护区内大部分地区速效磷含量极低，但不乏极小部分地区速效磷含量较高，如在0～20、20～40 cm土层中，部分地区土壤速效磷含量可达30 mg/kg左右，在40～60 cm土层中有些地区速效磷含量高达60 mg/kg左右，由此可见，土壤速效磷含量在不同区域以及不同土层深度间差异较大。此外，保护区内不同土层间的土壤速效磷含量的空间分布同样也表现出差异。在0～20 cm土层中，主要是保护区北片的南部，以及保护区南片的西北部表现出较高的土壤速效磷含量；在20～40 cm土层中，保护区南片的西部土壤速效磷含量较高，保护区北片的土壤速效磷含量普遍较低；在40～60 cm土层中，土壤速效磷的分布格局与20～40 cm土层的土壤速效磷的分布格局相似。

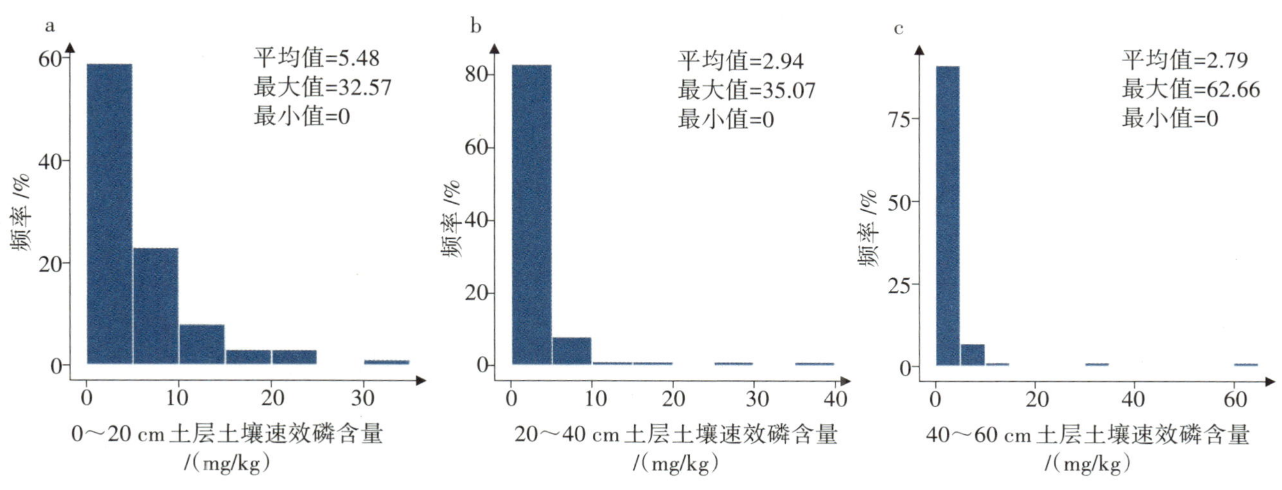

图2-34　保护区内不同土层土壤速效磷频率分布图

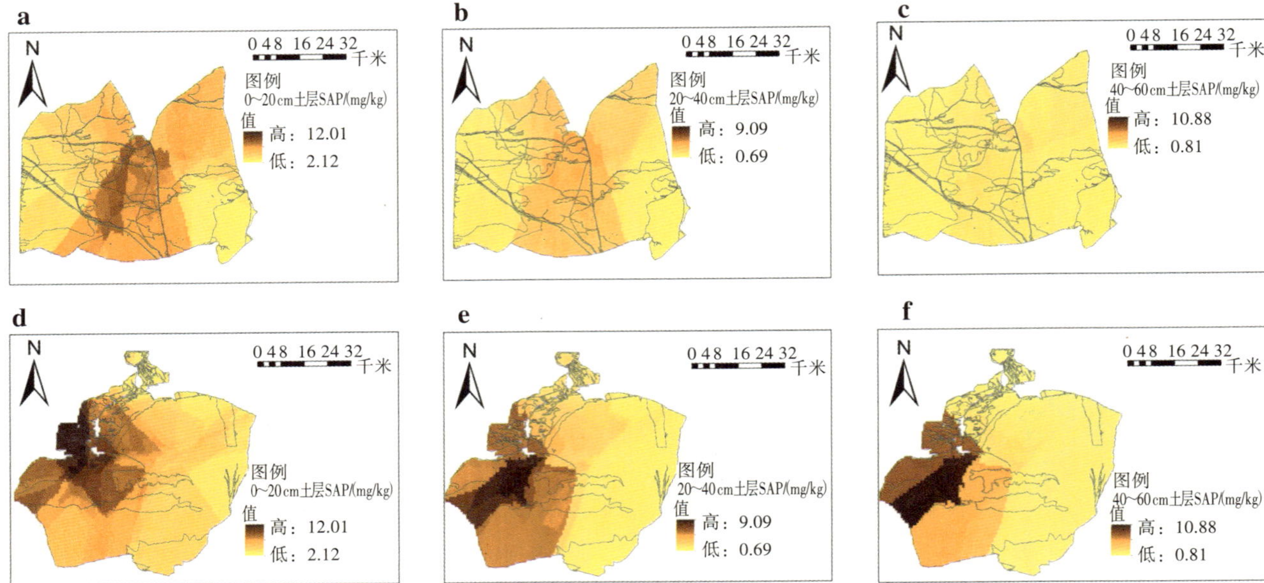

注：SAP表示土壤速效磷含量。

图2-35　保护区内不同土层土壤速效磷空间分布特征

2.5.2.10　土壤速效钾

土壤速效钾含量对植物的生长起着重要作用。一般而言，土壤速效钾含量为100～300 mg/kg，该范围是土壤速效钾含量的理想范围。当其含量低于100 mg/kg时，植物的生长发育会受到抑制，产量也会受到影响；而当其高于300 mg/kg时，过量的速效钾也会影响植物对其他营养元素的吸收和利用。尽管保护区内速效钾含量的平均值接近100～300 mg/kg，但该值只反映了整个保护区的平均水平，而忽略了大部分区域实际的土壤速效钾含量。

由图2-36可知，多数区域实际的速效钾含量或低于100 mg/kg，或含量极高（如少数区域的土壤速效钾含量高达1 000 mg/kg，甚至2 500 mg/kg），因此，在整个保护区范围内，土壤速效钾含量真正处于理想范围的区域较少。由图2-37可知，0～20、20～40和40～60 cm土层的土壤速效钾含量分布格局相似，各个土层的低含量速效钾比高含量速效钾分布范围更广，较高的速效钾含量主要分布在保护区南片的西北部。

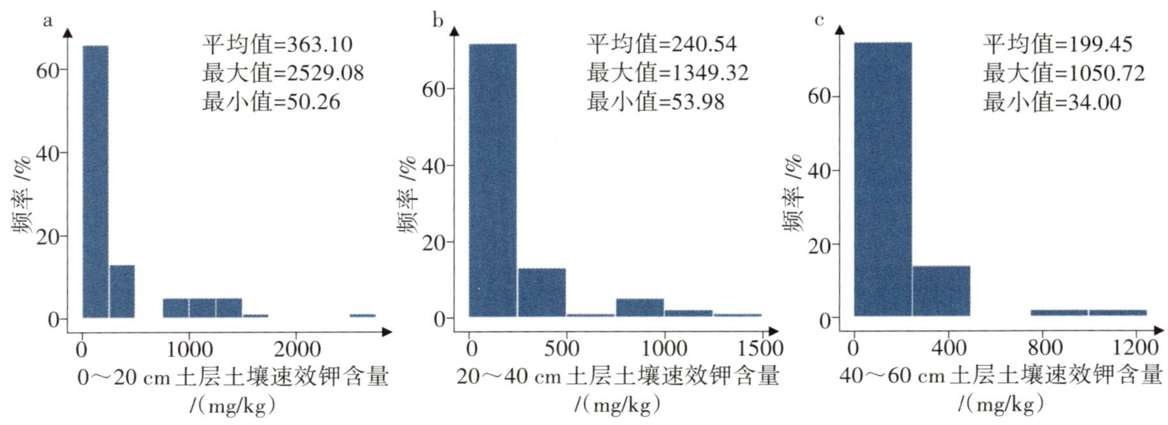

图2-36　保护区内不同土层土壤速效钾频率分布图

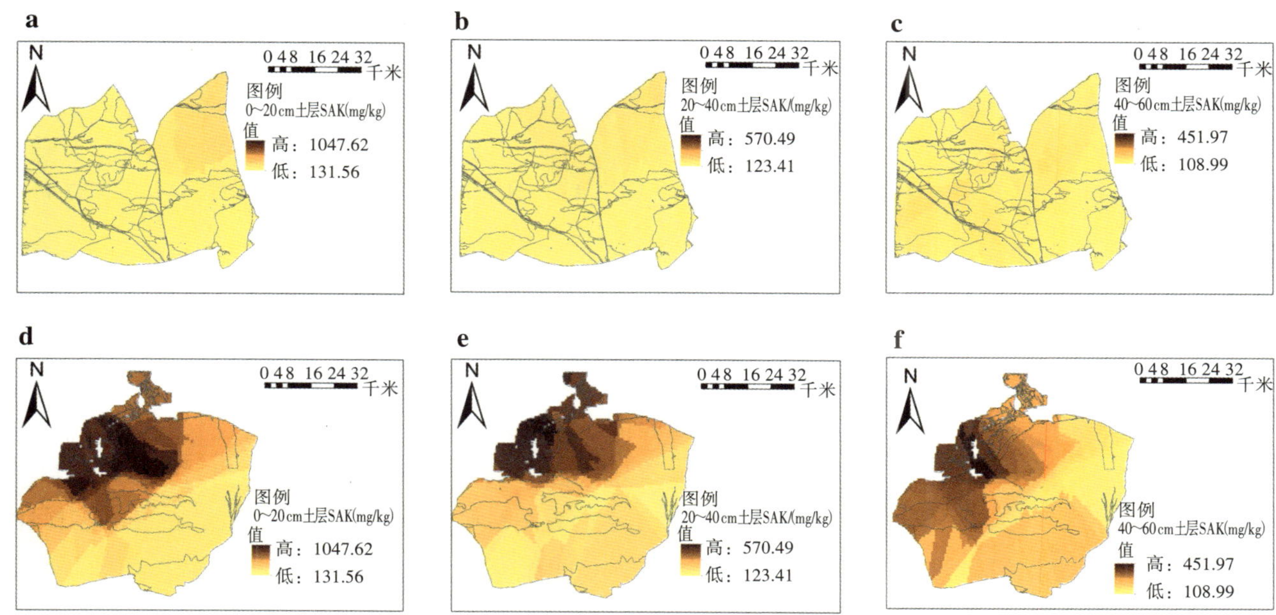

注：SAK表示土壤速效钾含量。

图2-37　保护区内不同土层土壤速效钾空间分布特征

2.5.2.11　土壤粒径

在0～20 cm和20～40 cm土层中主要以细沙粒、极细沙粒、粉粒、黏粒为主，而在40～60 cm土层中主要以极粗沙粒、细沙粒、极细沙粒、粉粒、黏粒为主。粒径分布如表2-3所示。

表2-3　保护区内不同土层深度土壤粒径分布

粒径 深度	<106 μm	106～250 μm	250～500 μm	500～1 mm	1～2 mm	>2 mm
0～20 cm	6%～97%	2%～70%	0.2%～28%	0～24%	0～37%	0～29%
20～40 cm	2%～97%	2%～82%	0.4%～41%	0～51%	0～52%	0～26%
40～60cm	5%～96%	2%～61%	0～37%	0～36%	0～63%	0～34%

2.5.3　土壤微生物

土壤微生物是土壤中一切肉眼看见或看不清楚的微小生物的总称，具有数量大、种类多等特点。土壤微生物在生态系统中行使着重要功能，包括分解有机物质，参与养分循环，影响土壤结构的形成，促进植物生长等。因此，土壤微生物与土壤的形成发育、物质转换以及能量流动等过程关系密切，是评价土壤肥力、土壤健康和土壤质量的重要指标。

2.5.3.1　土壤微生物组成

1.细菌的群落组成

土壤细菌群落中，放线菌门（Actinobacteriota）、变形菌门（Proteobacteria）、绿弯菌门（Chloroflexi）、厚壁菌门（Firmicutes）、拟杆菌门（Bacteroidota）、芽单胞菌门（Gemmatimonadota）为优势类群，其相对丰度依次为0.90%～56.63%、4.49%～28.85%、0.71%～26.24%、0.79%～76.47%、1.99%～43.95%、0.04%～26.87%。

2.真菌的群落组成

土壤真菌群落中，子囊菌门、担子菌门为优势类群，其相对丰度为52.98%～97.64%、0.37%～35.80%。

2.5.3.2 土壤微生物多样性

1.细菌多样性

保护区内土壤细菌Shannon多样性和Chao1多样性指数分布格局相似，均为北片的土壤微生物多样性高于南片，且南片西北部地区的土壤微生物多样性相对较低。

2.真菌多样性

保护区内土壤真菌多样性与细菌多样性表现出相似的分布格局，即北片的土壤真菌Shannon多样性和Chao1多样性指数均高于南片。保护区南片西南部地区土壤真菌Shannon多样性指数相对较高，而东南部地区土壤真菌Chao1多样性指数相对较高。

3.土壤微生物多样性指数与环境因子的关系

地理、气候和土壤变量是影响土壤微生物多样性分布格局的重要因素。保护区内，随着经度的升高，土壤细菌多样性指数呈下降趋势，尤其是Chao1多样性指数，而真菌Shannon多样性和Chao1多样性指数均未发生显著变化。土壤细菌、真菌Shannon多样性和Chao1多样性指数均未沿纬度梯度发生显著变化。随着海拔的升高，土壤细菌、真菌Shannon多样性和Chao1多样性指数均呈显著上升趋势。

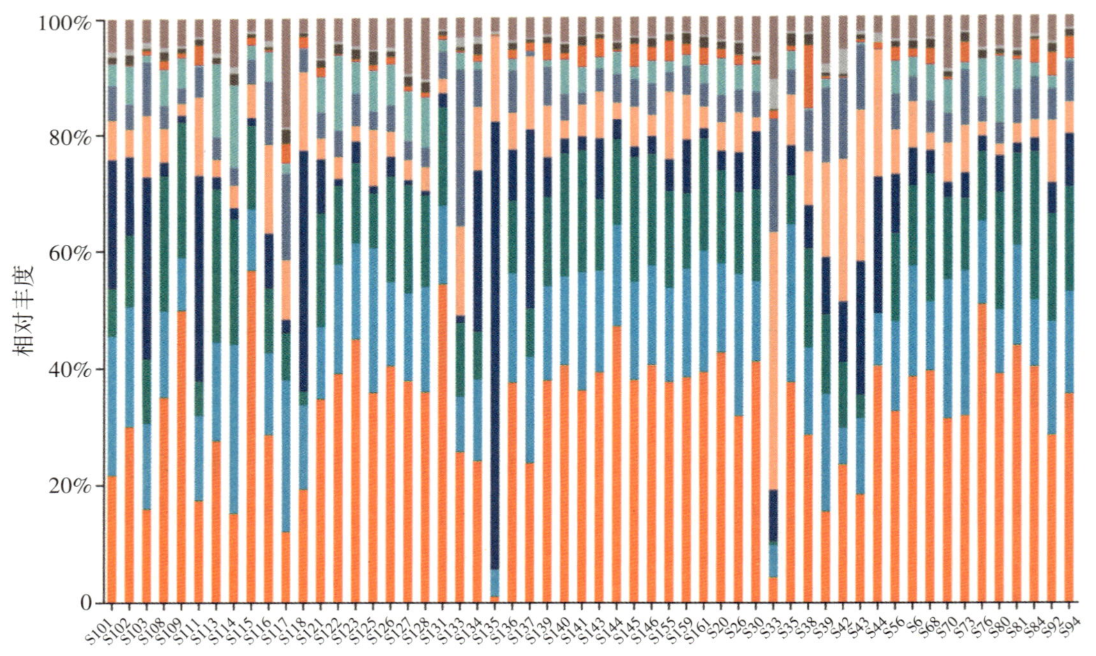

图2-38 保护区内土壤细菌群落组成

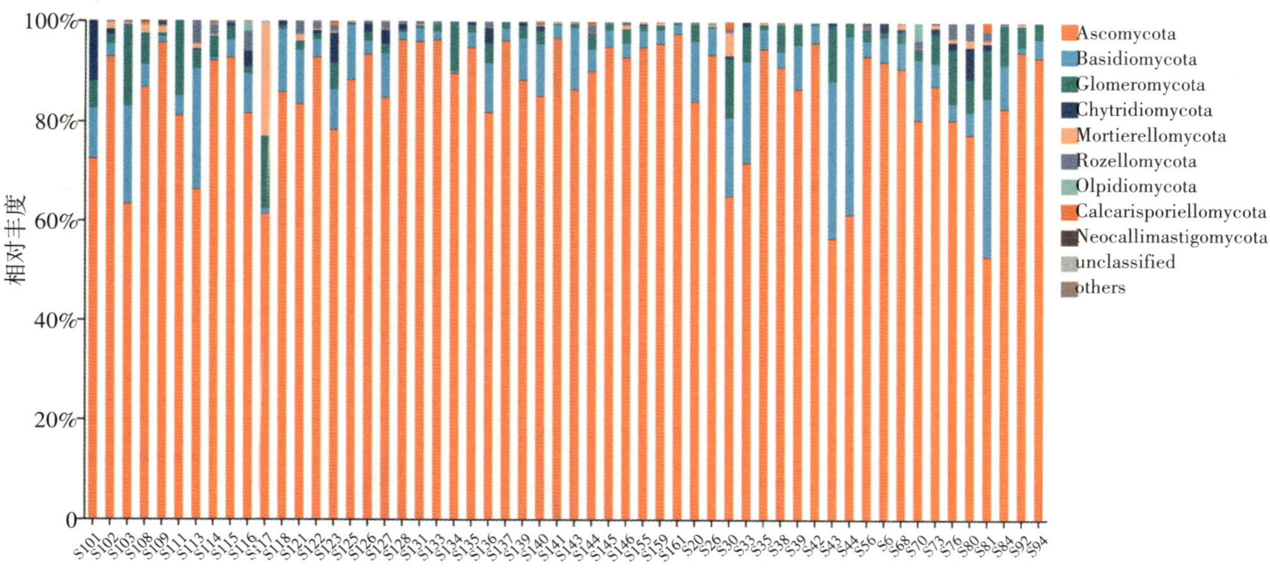

图2-39 保护区内土壤真菌群落组成

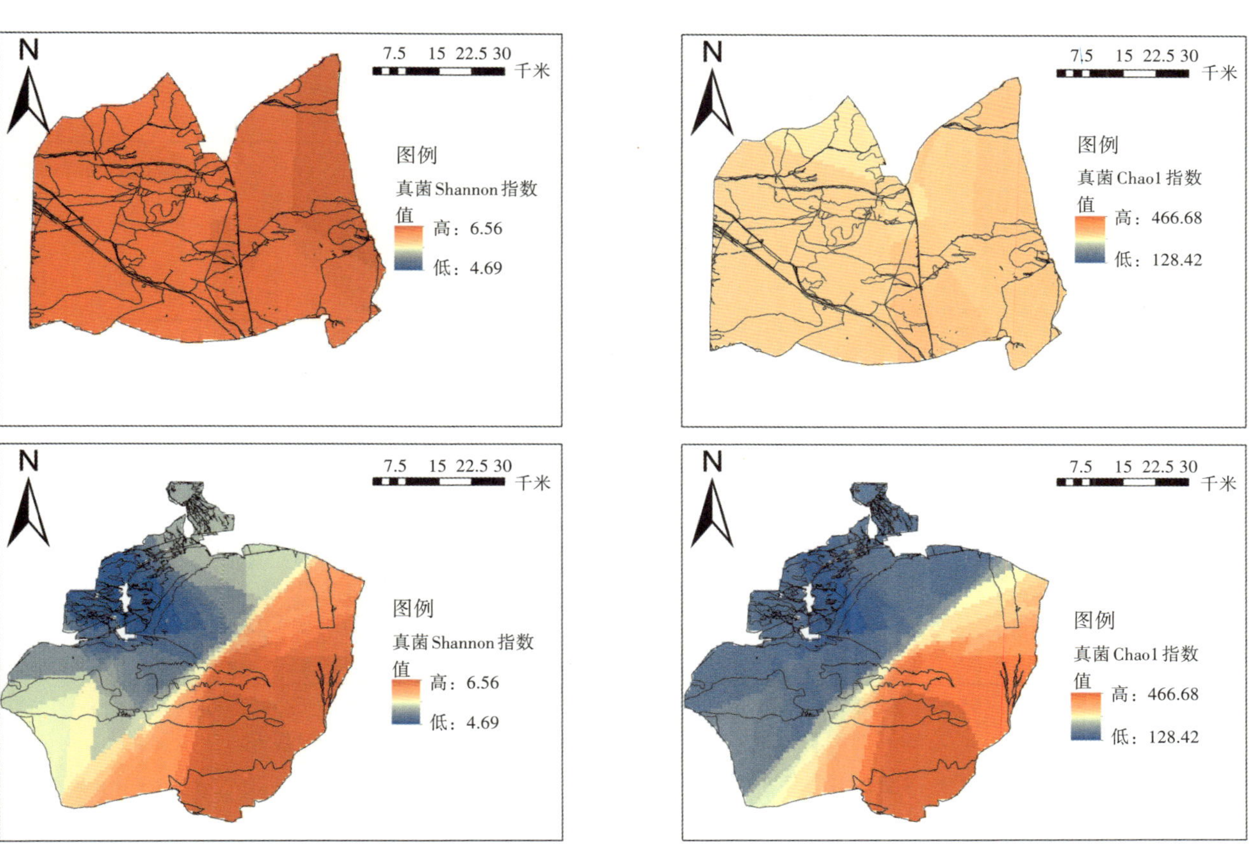

图2-40 保护区内土壤细菌多样性分布

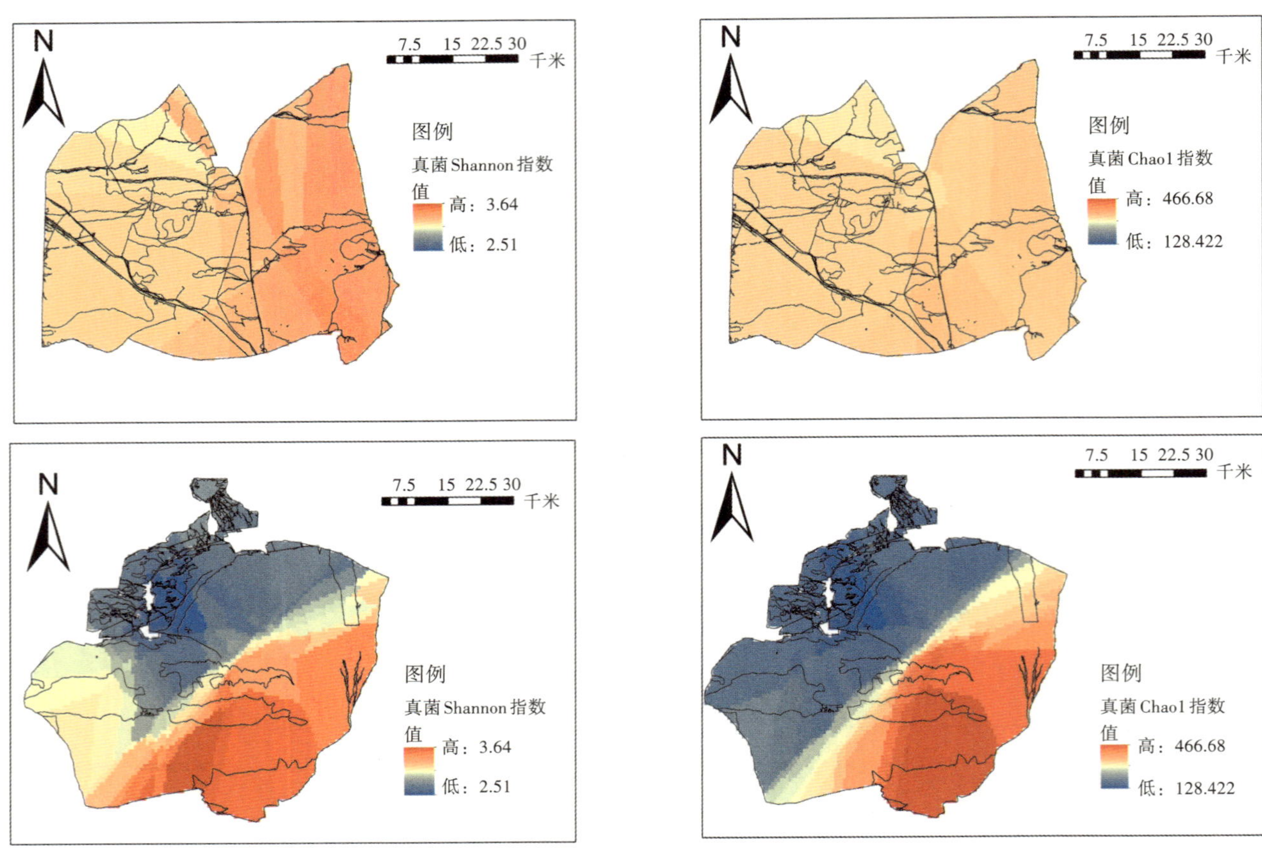

图2-41 保护区内土壤真菌多样性分布

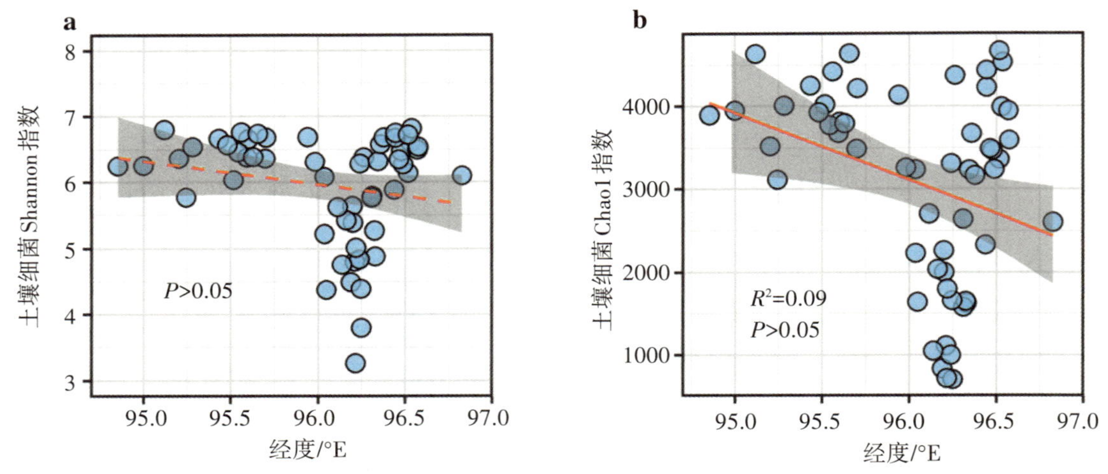

图2-42 保护区内土壤微生物多样性与经纬度的关系

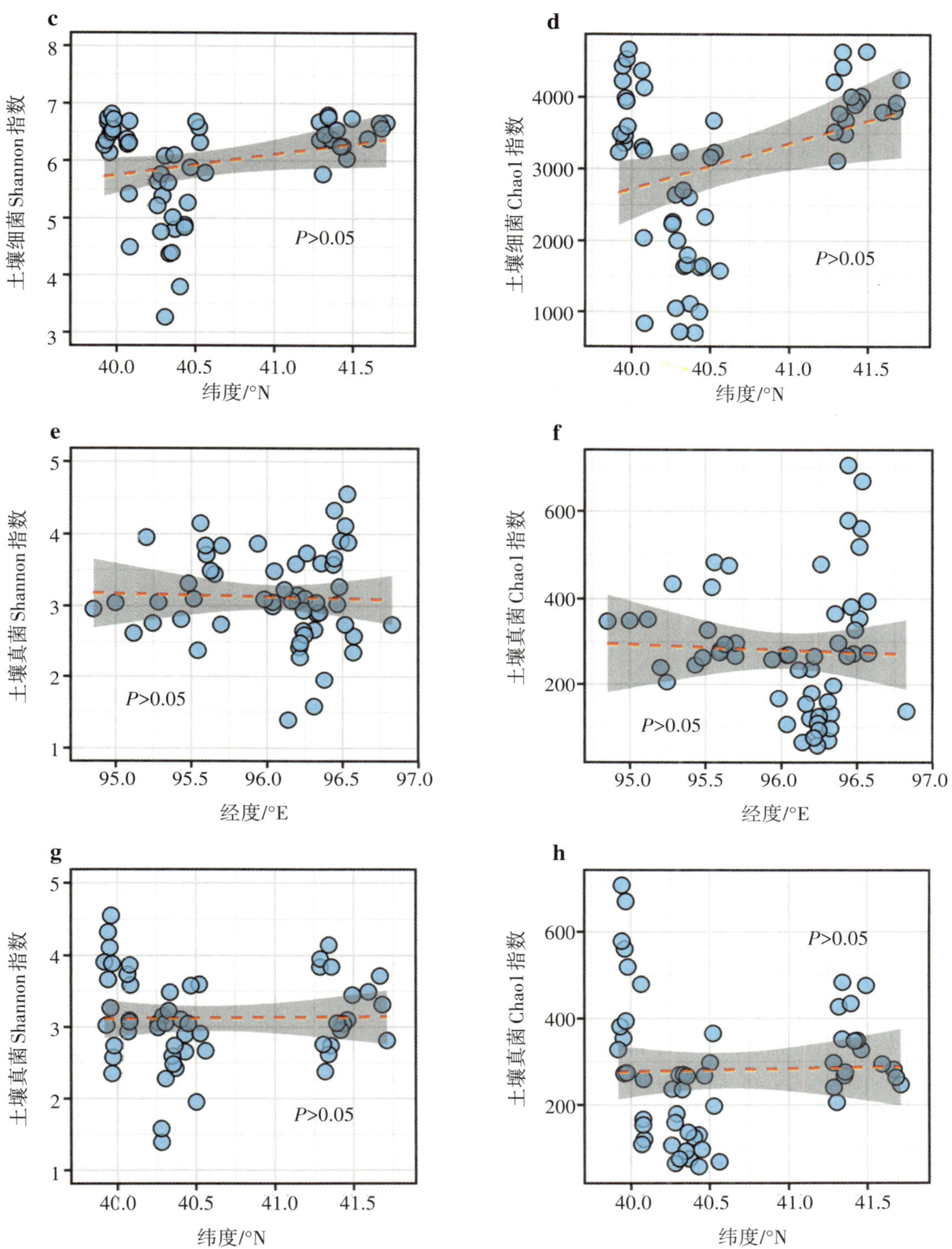

续图2-42　保护区内土壤微生物多样性与经纬度的关系

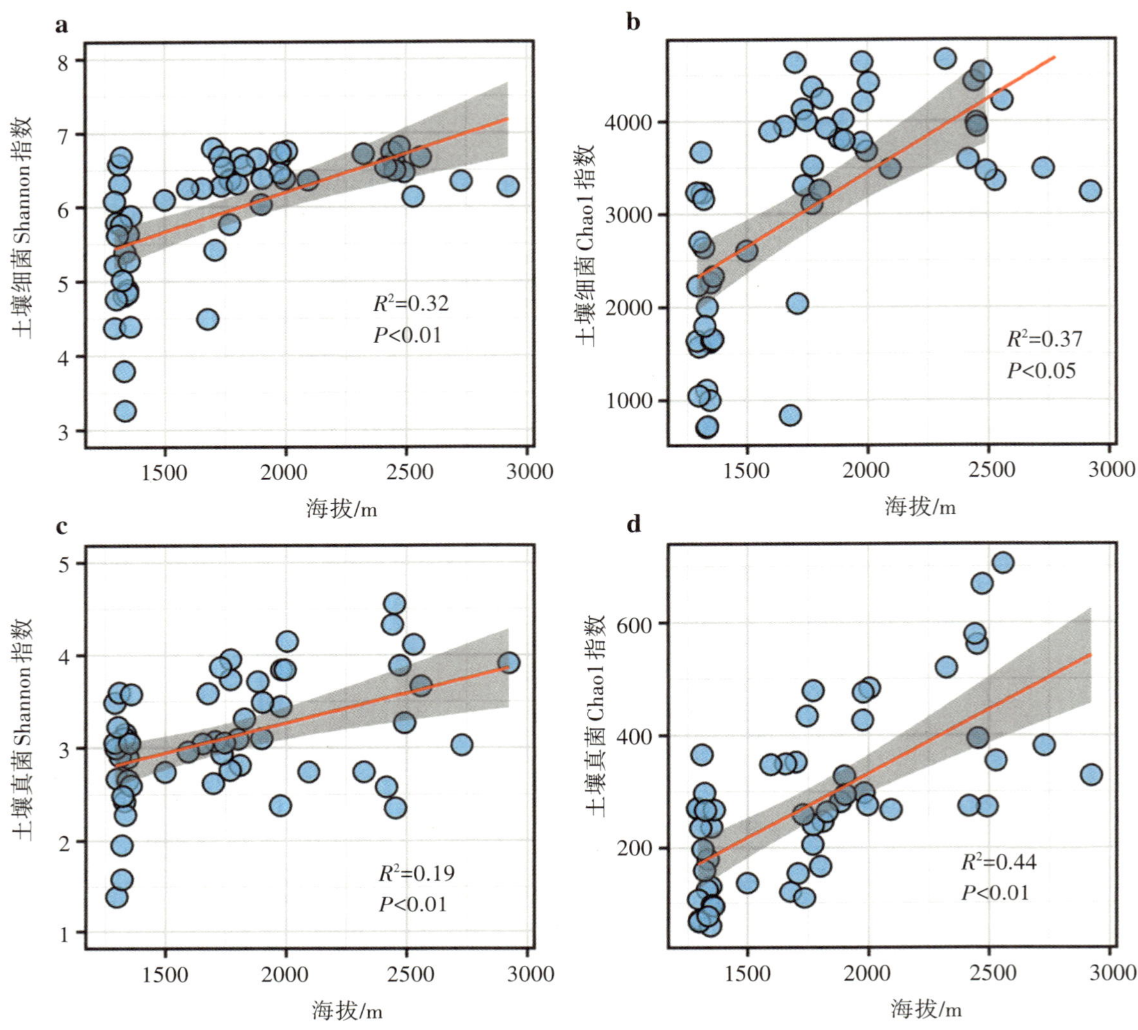

图2-43 保护区内土壤微生物多样性与海拔的关系

保护区内土壤微生物多样性与气候因子（年平均降水量和年平均温度）均存在显著相关关系。具体来说，土壤细菌、真菌Shannon多样性和Chao1多样性指数均随年平均降水量的增加呈现显著升高趋势，而随着年平均温度的升高呈现显著下降趋势。

除土壤真菌Shannon多样性指数外，土壤微生物多样性均随土壤含水量的增加呈现显著下降趋势。同样地，随土壤电导率的增加，土壤细菌、真菌Shannon多样性和Chao1多样性指数均呈现显著降低的趋势。而土壤pH值对土壤微生物多样性分布的影响并不显著，土壤细菌、真菌Shannon多样性和Chao1多样性指数均未沿pH值梯度发生显著变化（如图2-44、图2-45和图2-46所示）。

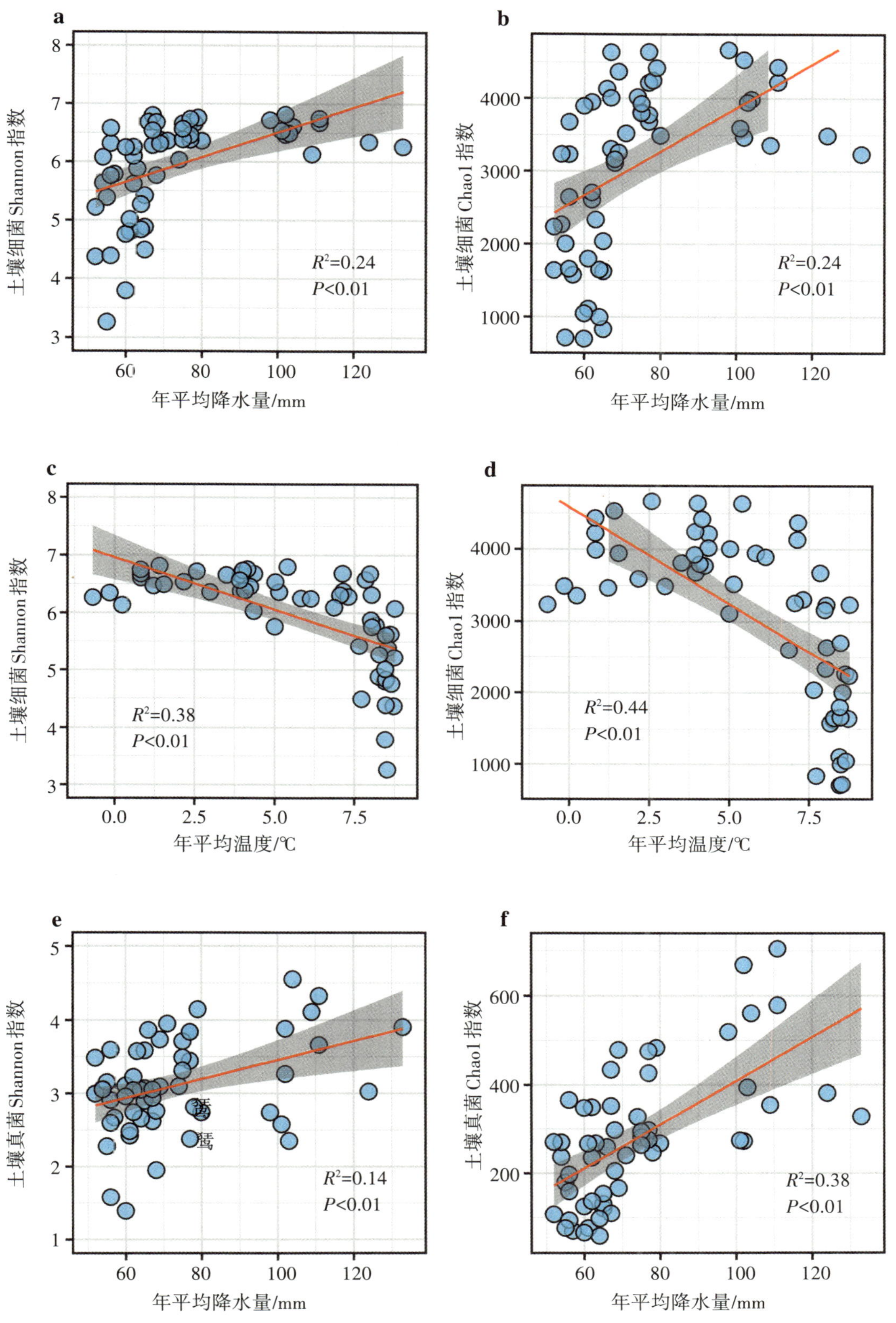

图2-44 保护区内土壤微生物多样性与气候因子的关系

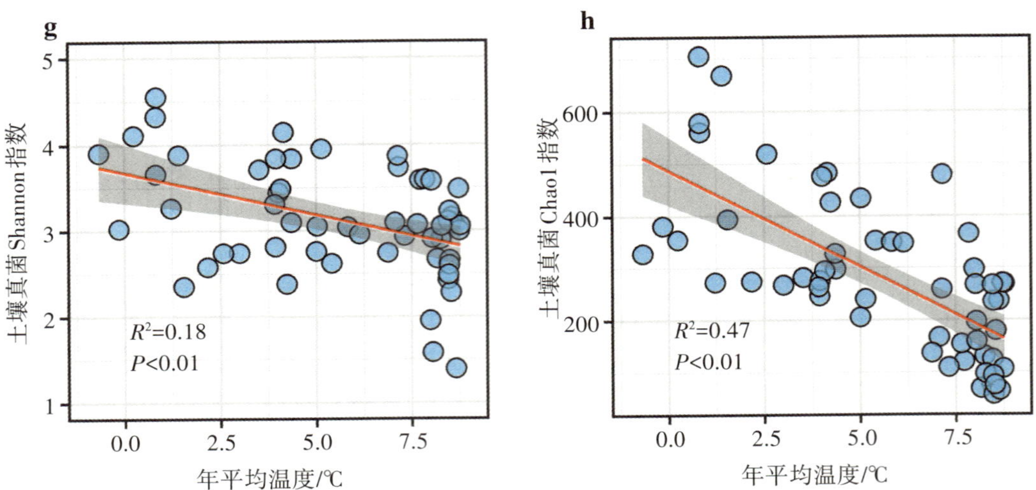

续图2-44 保护区内土壤微生物多样性与气候因子的关系

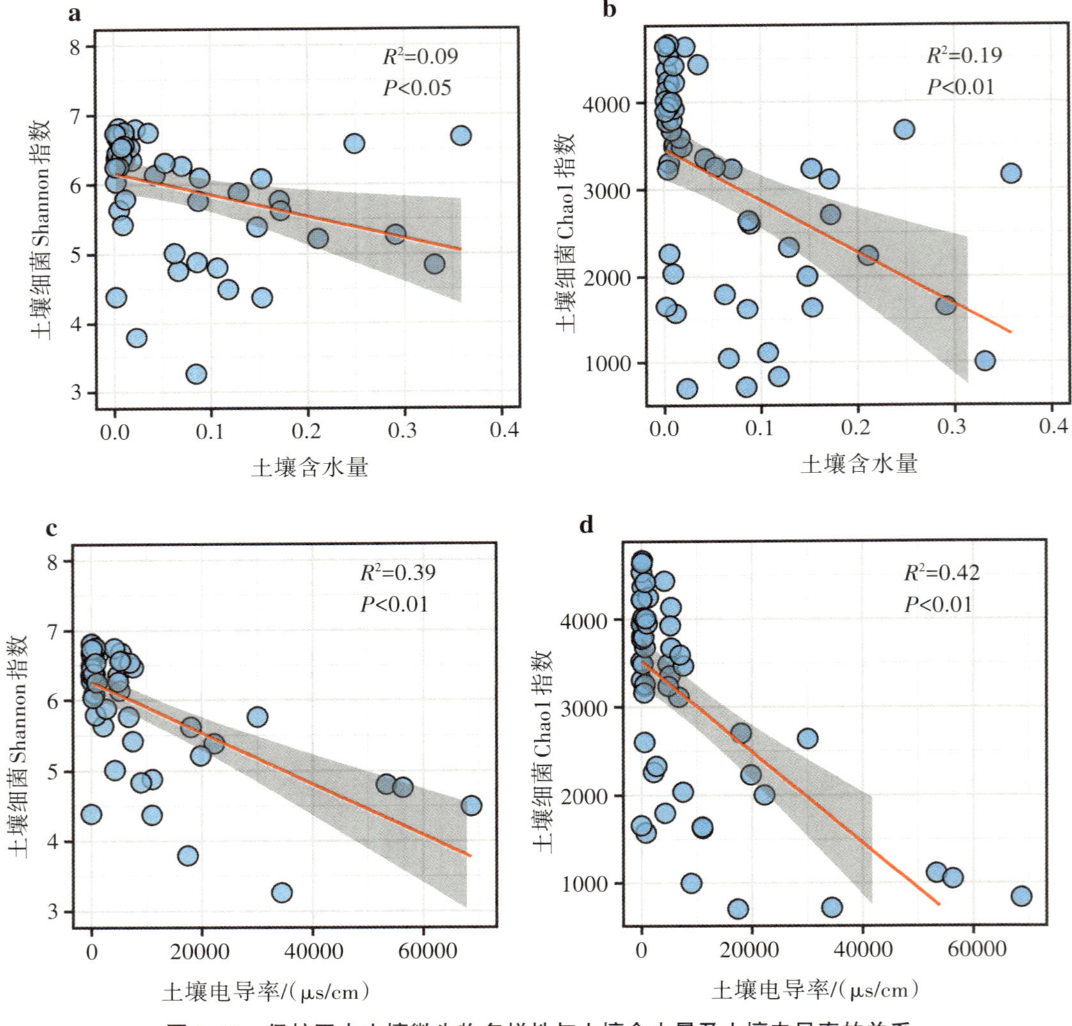

图2-45 保护区内土壤微生物多样性与土壤含水量及土壤电导率的关系

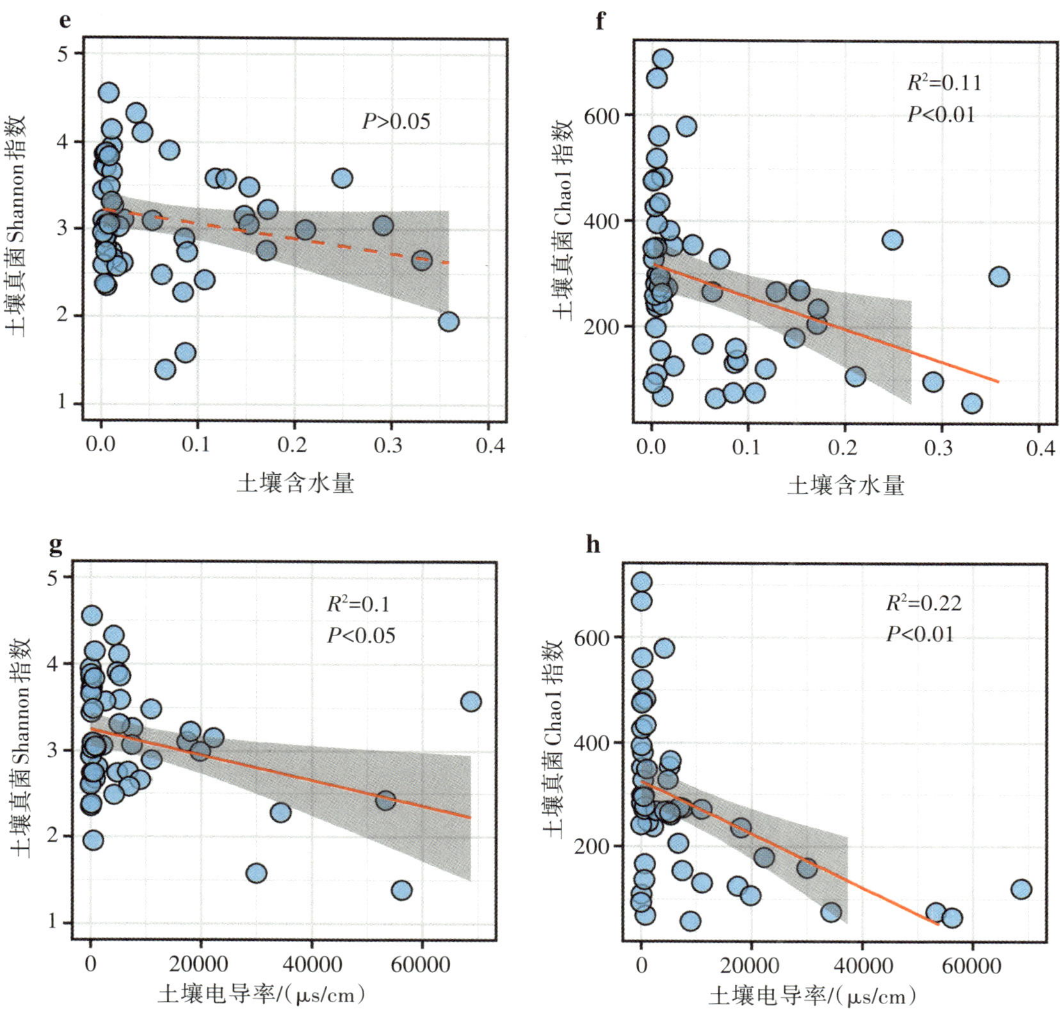

续图2-45 保护区内土壤微生物多样性与土壤含水量及土壤电导率的关系

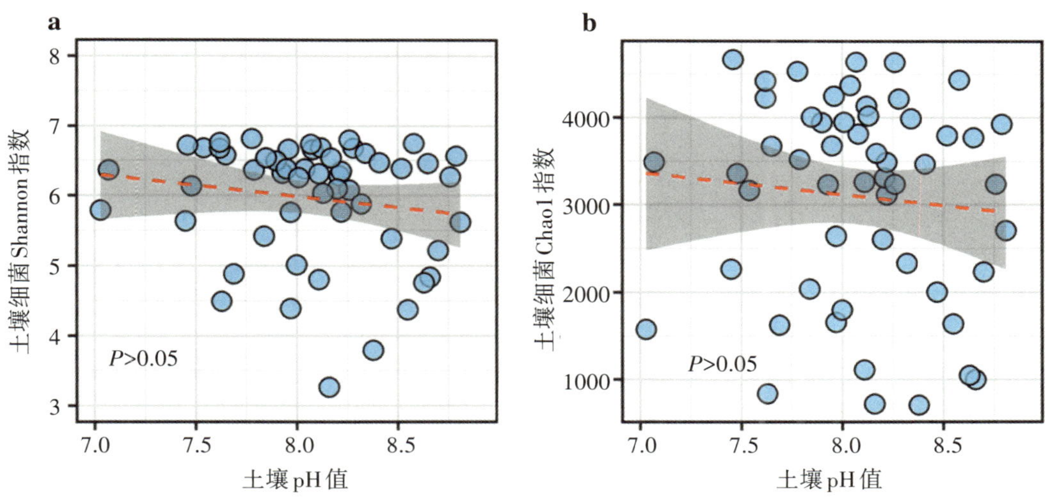

图2-46 保护区内土壤微生物多样性与土壤pH的关系

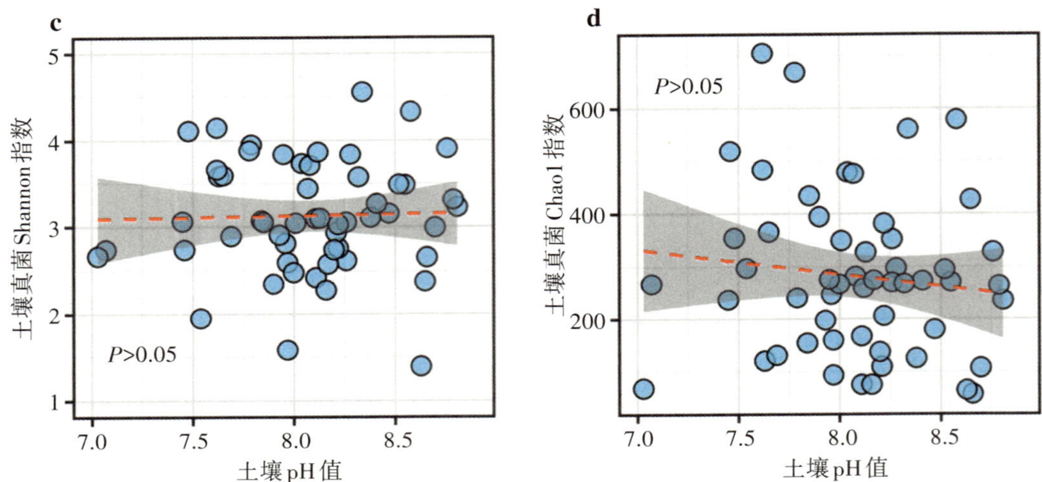

续图 2-46　保护区内土壤微生物多样性与土壤 pH 的关系

第3章　湿　地

湿地，泛指暂时或长期覆盖水深不超过2 m的低地、土壤充水较多的草甸，以及低潮时水深不过6 m的沿海地区，包括各种咸水淡水沼泽地、湿草甸、湖泊、河流以及洪泛平原、河口三角洲、泥炭地、湖海滩涂、河边洼地或漫滩、湿草原等。2021年颁布的《中华人民共和国湿地保护法》指出，湿地“是指具有显著生态功能的自然或者人工的、常年或者季节性积水地带、水域，包括低潮时水深不超过六米的海域，但是水田以及用于养殖的人工的水域和滩涂除外”。按《国际湿地公约》定义，湿地系指天然或人工、长久或暂时的沼泽地、湿原、泥炭地或水域地带，包括静止或流动的淡水、半咸水或咸水水体，低潮时水深不超过6 m的水域。湿地是地球上具有多种独特功能的生态系统，它不仅为人类提供大量食物、原料和水资源，而且在维持生态平衡、保持生物多样性和珍稀物种资源以及涵养水源、蓄洪防旱、降解污染、调节气候、补充地下水、控制土壤侵蚀等方面均起到重要作用。安西保护区的湿地位于我国西部极端干旱荒漠区，是内陆干旱地区的典型代表湿地，更是荒漠中的宝贵绿洲，对改善区域的生态环境，保护极干旱内陆河流生态以及物种多样性，维护区域生态稳定以及生态系统服务等，都具有极其重要的作用。

3.1　湿地类型、分布、面积、形成及其特征

3.1.1　湿地的类型、分布及面积

湿地分为天然湿地和人工湿地两大类。根据国土“三调”数据，保护区内的湿地全部分布于保护区南片，主要以天然湿地为主。保护区有湿地110.426 7 km^2。其中，灌丛沼泽0.360 7 km^2，沼泽草地97.200 7 km^2，其他沼泽地5.119 3 km^2，内陆滩涂7.742 7 km^2。

3.1.1.1　天然湿地

保护区中的天然湿地由河流、沼泽和泉眼构成，可分为河流草丛湿地和沼泽湿地，在一些地下水较高的区域形成泉水湿地。区内有大小不同的天然湿地10多处，全部集中分布于保护区南片实验区，包括双塔水库周边湿地、葫芦河周边湿地、南坝湿地、布隆吉尔湿地、平头树湿地、北桥子湿地和青山子湿地等。

在河边或河流表面由湿生和沼生植物所组成的河流草丛湿地：保护区的河流主要有疏勒河。疏勒河

源于祁连山南麓托来南山，经昌马大戈壁向西从玉门饮马场流入保护区，其中游的双塔水库全部位于保护区南片实验区。

沼泽湿地（地表有常年积水或季节性积水，其上生长有沼生、湿生植物）：由于保护区特殊的地质结构，河流出山后，河水大量渗入地下，储于砂砾层中，形成地下水丰富的含水层。随地势变低，地下水埋藏变浅，至冲积扇前平原溢出地表，构成宽阔的地下水溢出带，由此而形成沼泽。保护区沼泽湿地主要分布在布隆吉、双塔、桥子等地。

3.1.1.2 人工湿地

人工湿地是由人类活动而形成的湿地。保护区这类湿地主要是水库和塘坝。大型水库有2座：双塔水库位于南片保护区北部边缘，汇水面积7.36 km^2，有效库容量1.15亿m^3；榆林河水库位于南片保护区西南角，汇水面积1.58 km^2。

3.1.2 湿地的形成

保护区内湿地大都是由河流、水库沿岸以及泉眼形成的，其背景环境为绿洲，通常长年有水体，主要植被类型是芦苇，伴生耳叶补血草、芨芨草和沼针蔺等喜水植被，且群落盖度最高可达70%以上。随着与水体区的距离增加，地表积水消失，地表常伴有盐结晶，植被类型主要为盐节木等盐生植被，群落盖度低于40%。

3.1.3 湿地的自然特征

3.1.3.1 地貌环境

保护区内湿地整体上南高北低、东高西低，海拔为1 300～1 400 m，地貌主体为河西走廊平原，地势平坦，为地下水溢水带，沼泽广布。在地质构造上，该区域属安敦盆地，地势较瓜州县城高，位于盆地中央的疏勒河谷底。地貌景观为洪积平原。

3.1.3.2 土壤

湿地沼泽草地土壤主要为沼泽土、草甸土，水库沿岸湿地土壤为泥沙土，土层厚，土壤中砾石少。土壤呈碱性，有机质含量高，氮含量低。综合来说，保护区内湿地土壤有沼泽土、草甸土和盐土。

3.1.3.3 沉积物状况

保护区湿地水体的沉积物主要为上游来的泥沙。泥沙中含有极少量的动物粪便，因疏勒河中上游无工业企业排放污染物，所以沉积物基本上无污染。

3.1.3.4 水体pH值

区内湿地水质大多良好，pH值为7.3～7.7，最大可达8.3。个别季节性湿地水质在水量少时相对较差。根据2022年9月酒泉市生态环境局瓜州分局委托酒泉市清宇环境检测有限公司的检测报告，湿地范围内的双塔水库水体pH值为8.3。

3.2 湿地生物

3.2.1 湿地植物

湿地植物有水生植物和湿生植物两大类。

水生植物是长期生长于水环境中的植物，体内有发达的通气系统，以保证机体各部对气体的需要；叶片常呈带状、丝状，有利于对CO_2、无机盐的吸收；机体有较好的弹性和抗扭曲的能力。保护区的水生植物分为沉水植物、浮水植物和挺水植物3大类。

沉水植物，整株沉于水下，为典型的水生植物。它们的根退化或消失，表皮细胞可直接吸收水中气体、营养物质和水分。适应水中的弱光环境，叶绿体大而多，无性繁殖较有性繁殖发达。这类植物在保护区的代表植物有狸藻。

浮水植物，叶片漂浮于水面，气孔分布于叶片上表面，维管束和机械组织不发达，无性生殖速度快，生产力高。保护区的代表植物有浮萍、眼子菜等。

挺水植物，植物体挺出水面，通气透水性能好。保护区的代表植物有香蒲、芦苇等。

湿生植物多生长在湿地浅水带、岸边土壤水分经常饱和的环境中，抗旱能力差，不能长期耐受缺水。保护区的代表植物有巴天酸模、长叶碱毛茛等。

根据植物种类在保护区的实际分布情况，参考资料记载，调整了保护区湿地植物类群的物种组成。与2012—2013开展的第三次科学考察调查结果比较，保护区湿地植物增加了3科（柳叶菜科、小二仙草科、杉叶藻科）11种。（1）碱毛茛，分布在双塔沟渠、积水湿地；（2）多枝柽柳，分布在锁阳城、野马场、西大泉、碱泉子（盐碱化湿地，阴凹大泉，平头树至桥子之间围栏中，双塔水库，炕面子井）；（3）密花柽柳，分布在桥子南岔大坑、西大泉；（4）短穗柽柳，分布于踏实破城子；（5）水蓼，分布于桥子；（6）小花柳叶菜，分布于桥子；（7）乌苏里狐尾藻，见于双塔水库；（8）杉叶藻，分布于桥子、东巴兔；（9）南方狸藻，分布于北桥子湿地；（10）菵草；（11）篦齿眼子菜。上述植物之前未被纳入湿地植物类群。

根据相关志书和其他资料记载并不生活于湿地环境，从而移出湿地植物类群的有1科（百合科），9种。（1）盐豆木，在保护区见于锁阳城遗址内的干旱环境；（2）顶羽菊；（3）蓼子朴；（4）苦苣菜；（5）多裂蒲公英；（6）小獐毛；（7）獐毛；（8）冰草；（9）西北天门冬。最终，保护区的湿地植物有26科58种，占保护区自然植物种数的12%。保护区湿地植物如下，科以恩格勒系统排列，属种以拉丁学名字母顺序排列。

（1）蓼科

巴天酸模（*Rumex patientia*）

水蓼（*Polygonum hydropiper*）

（2）藜科

钩刺雾冰藜（*Bassia dasyphylla*）

黑翅地肤（*Kochia melanopteria*）

（3）毛茛科

碱毛茛（*Halerpestes sarmentosa*）

长叶碱毛茛（*Halerpestes ruthenica*）

欧亚唐松草（*Thalictirum minus*）

硬梗箭头唐松草（*Thalictirum simplex* var. *brevipes*）

（4）十字花科

毛果群心菜（*Capsella pubescens*）

腺独行菜（*Lepidium apetalum*）

遏蓝菜（*Thlaspi arvense*）

（5）蔷薇科

西北沼委陵菜（*Comarum salesovianum*）

多茎委陵菜（*Potentilla multicaulis*）

（6）豆科

小花棘豆（*O. glabra*）（醉马草、绊马肠）（*O. glabra* var. *tannis*）

（7）大戟科

准噶尔大戟（*Euphorbia soongoria*）

（8）柽柳科

细穗红柳（*Tamarix leptostachys*）

多枝柽柳（*T. remosissima*）

密花柽柳（*T. arceuthoides*）

短穗柽柳（*T. laxa*）

（9）柳叶菜科

小花柳叶菜（*Epilobium parviflorum* ）

（10）小二仙草科

乌苏里狐尾藻（*Myriophyllum ussuriense*）

（11）杉叶藻科

杉叶藻（*Hippuris vulgaris*）

（12）伞形科

碱蛇床（*Cnidium salinum*）

（13）报春花科

海乳草（*Glaux maritima*）

（14）狸藻科

狸藻（*Utricularia vulgaris*）

南方狸藻（*Utricularia australis*）

（15）茜草科

沼拉拉藤（*Galium uliginosum*）

（16）菊科

盐地风毛菊（*Saussurea salsa*）

碱菀（*Tripolium vulgarum*）

碱黄鹌菜（*Yongia stenoma*）

（17）天南星科

水烛（*Typha angustifolia*）

小香蒲（*T. minima*）

（18）黑三棱科

黑三棱（*Sparganium stoloniferum*）

（19）眼子菜科

菹草（虾草、虾藻）（*Potamogeton crispus*）

眼子菜（*P. distinotus*）

光叶眼子菜（*P. lucens*）

篦齿眼子菜（*P. pectinatus*）

穿叶眼子菜（*P. perfoliatus*）

小眼子菜（*P. pusillus*）

（20）水麦冬科

海韭菜（*Triglochin maritimum*）

水麦冬（*T. palustre*）

（21）泽泻科

泽泻（*Alisma orientale*）

（22）禾本科

拂子茅（*Calamagrostis epigejos*）

假拂子茅（*C. pseudophragmites*）

圆柱披碱草（*Elymus cylindricus*）

芦苇（*Phragmites australis*）

长芒棒头草（*Polypogon monspeliensis*）

碱茅（*Puccinellia distans*）

（23）莎草科

扁秆藨草（*Scirpus planiculmis*）

球穗藨草（*S. popovii*）

北疆苔草（*Carex arcatica*）

无脉苔草（*C. enorvis*）

圆囊苔草（*C. orbicularis*）

南方荸荠（*Eleocharis meridionalis*）

单鳞苞荸荠（*E. uniglumis*）

水葱（*Schoenoplectus tabernaemontani*）

（24）浮萍科

浮萍（*Lemna minor*）

（25）灯心草科

小灯心草（*Juncus bufobius*）

扁杆灯心草（*J. compressus*）

（26）鸢尾科

马蔺（*Iris lactea* var. *chinensis*）

3.2.2 藻类

藻类是一群具有光合色素、能进行放氧光合作用的自养型植物，植物体结构简单。90%的种类生活于水中，行浮游生活，如水绵；也有少数生活于岩石、墙壁、地表树干上，如念珠藻属植物。一些藻类与真菌共生，形成地衣。本次调查对藻类植物只是做了初步的调查和文献整理。整合保护区历史资料和相关文献，结合现场调查得出，保护区有浮游藻类6门37属，浮游藻类36属，土生藻类1属2种（念珠藻属，普通念珠藻和发状念珠藻）。发状念珠藻为2021年版《国家重点保护野生植物名录》中的国家一级重点保护植物。浮游藻类中的硅藻类最多，有19属，占浮游藻类的52.78%。多样的浮游藻类，说明考察点水质较清。

表3-1　保护区湿地藻类资源

门	属	门	属
蓝藻门（Cyanophyta）	颤藻（*Oscillatoria*）	硅藻门（Bacillariophyta）	放射硅藻（*Synedra*）
	鞘丝藻（*Lyngbya*）		纺锤硅藻（*Navicula*）
	螺旋藻（*Spirulina*）		新月硅藻（*Cymbella*）
	胶鞘藻（*Phormidium*）		布纹硅藻（*Gyrosigma*）
	隐球藻（*Aphanocapsa*）		横隔硅藻（*Diatoma*）
	平裂藻（*Merismopedia*）		曲壳硅藻（*Achnanthes*）
	念珠藻（*Nostoc*）		带列硅藻（*Fragilaria*）
绿藻门（Chlorophyta）	绿球藻（*Chlorella*）		扇形硅藻（*Meridion*）
	刚毛藻（*Clodophora*）		偏缝硅藻（*Nitzschia*）
	新月藻（*Closterium*）		双棘硅藻（*Rhizosolenia*）
	星绿藻（*Zygnema*）		双船头硅藻（*Amphiprona*）
	板星藻（*Pediastrum*）		双壁硅藻（*Diploneis*）
	间生藻（*Oedogonium*）		波纹硅藻（*Cymatopleusa*）
	水绵（*Spirogyra*）		圆盘硅藻（*Cyclotella*）
	轮藻（*Chara*）		双眉硅藻（*Amphora*）

续表3-1

门	属	门	属
黄藻门（Xanthophyta）	黄丝藻（*Tribonema*）	硅藻门（Bacillariophyta）	短缝硅藻（*Eunotia*）
裸藻门（Euglenophyta）	裸藻（*Euglena*）		异壳硅藻（*Cocconeis*）
甲藻门（Pyrrophyta）	角甲藻（*Ceratium*）		异极硅藻（*Gomphonema*）
			龙骨硅藻（*Surirella*）

3.2.3　湿地脊椎动物

3.2.3.1　湿地鱼类、两栖类

经调查，保护区湿地有鱼类2目3科15种，其中野生鱼13种，见表3-2。

表3-2　保护区湿地鱼类资源

序号	种	1988年	2012年	2022年
1	泥鳅（*Misgurnus anguillicaudatus*）		+	+
2	短尾高原鳅（*Triplophysa brevicauda*）	+	+	+
3	长体高原鳅（*Triplophyysa tenuis*）	+	+	+
4	梭形高原鳅（*Triplophyysa leptosoma*）	+		+
5	酒泉高原鳅（*Triplophysa hsutschouensis*）	+		+
6	背斑高原鳅（*Triplophyysa dorsonotata*）	+	+	+
7	大鳍鼓鳔鳅（*Hedinichthys yarkandensis*）	+	+	+
8	鲤鱼（*Cyprinus carpio*）	+	+	+
9	花斑裸鲤（*Gymnocypris eckloni*）	+		+
10	鲫鱼（*Carassius auratus*）	+	+	+
11	鲢鱼（*Hypophtlmichthys molitrix*）	+	+	+
12	草鱼（*Ctenopryngodan idellus*）	+	+	+
13	麦穗鱼（*Pseudorabora parva*）	+	+	+
14	棒花鱼（*Abbotina rivularis*）		+	+
15	波氏栉鰕虎鱼（*Ctenogobiu cliffordpopei*）	+	+	+
种数		13	12	15

其中前8种为土著鱼种，后5种为引入种。土著鱼种以底栖为主，少数为中层鱼类，除鲫鱼外均体表无鳞，分布区狭窄。

保护区湿地中两栖类只有1种，即花背蟾蜍（*Bufo raddei*）。花背蟾蜍是两栖类中最耐干旱的种类之一，除春季生殖季节栖于沼泽湿地外，其他季节栖于近水的陆上，夏时为避免高温，栖于塘坝、田埂的

土洞中，夜间活动。

3.2.3.2 湿地鸟类和哺乳类

保护区鸟类组成中水禽占有很大的比例，栖息着《湿地公约》列入的水禽（包括䴙䴘目、鹈形目、鹳形目、雁形目、鹤形目、鸻形目——包括鸻鹬类和鸥类）80种（见表3-3），占我国水禽种数的31.50%，占保护区鸟类种数的43.72%。本次调查到的鸟类有74种，比2012年第三期科学考察新增22种，其中鸭类5种，鹬类5种，鹤类、鹭类和鸥类均为2种。本次科学考察中，白腹鹞、普通秧鸡、林鹬、小蝗莺、水鹨和红腹红尾鸲等6种鸟类未调查到。还有许多种鸟是湿地的依赖者，它们或许在湿地捕食，如金雕、草原雕。

表3-3 保护区湿地水禽

种名	种名	种名
小䴙䴘	灰鹤	黄鹡鸰
凤头䴙䴘	黑水鸡	黄头鹡鸰
普通鸬鹚★	骨顶鸡	白鹡鸰
苍鹭	普通秧鸡▲	田鹨
大白鹭	凤头麦鸡	小蝗莺▲
大麻鳽	蒙古沙鸻	东方大苇莺
黄斑苇鳽★	金眶鸻	大天鹅
黑鹳	环颈鸻	翘鼻麻鸭■
白琵鹭●	金斑鸻	白眉鸭■
灰雁	灰斑鸻	花脸鸭■
斑头雁	黑尾塍鹬●	鹊鸭■
赤麻鸭	白腰草鹬	普通秋沙鸭■
赤颈鸭	矶鹬	黑颈鹤■
斑嘴鸭	林鹬▲	蓑羽鹤■
琵嘴鸭	红脚鹬	夜鹭■
针尾鸭	针尾沙锥	牛背鹭■
绿翅鸭	翻石鹬	白腰杓鹬■
绿头鸭	黑翅长脚鹬	青脚鹬■
赤嘴潜鸭★	反嘴鹬●	大滨鹬■
凤头潜鸭★	渔鸥●	长趾滨鹬■
白眼潜鸭●	红嘴鸥	青脚滨鹬■
红头潜鸭	须浮鸥●	遗鸥■
鹗	普通燕鸥	白翅浮鸥■

续表3-3

种名	种名	种名
白腹鹞●	楼燕	白尾海雕■
大鵟	家燕	普通翠鸟■
文须雀■	芦鹀■	红腹红尾鸲
水鹨■	赤膀鸭	

注：★ 表示2002新增种类；●表示2012新增种类；■表示2022新增种类；▲ 表示后3次科学考察没观测到的种类。

保护区湿地兽类只有1种，即根田鼠，栖于湿地岸边的湿生草甸和沼泽芦苇丛中，在苇茎上活动。

3.3　湿地保护

3.3.1　面临的主要问题

随着全球气候变化，尤其是变暖、变干，以及湿地水的开发利用，湿地将向荒漠化方向演替。一是湿地水径流量减少。疏勒河和榆林河是保护区的重要湿源，由于气候变化，冰川融水补给减少，疏勒河和榆林河的年均径流量下降率分别为0.43%和1.54%。二是泉眼干涸，湿地面积萎缩。由于超采地下水和拦河筑坝，地下水位下降，原露头的泉眼干涸，许多湿地干涸或面积减小。三是盐渍化和荒漠化加剧，蒸发量变大，加之地下水位下降，湿地面积减小，土壤中的盐分向地表集聚，导致盐渍化更加严重。

3.3.2　建议与对策

建议加强宣传引导工作，尤其是要宣传《中华人民共和国湿地保护法》，通过设置标识警示牌，开展集中宣传活动，让周边群众和单位参与到湿地保护工作中来；强化巡查监管工作，严格落实保护区准入制度，从严管控湿地周围人类活动，减少和消除放牧等人类活动所带来的一些对水源的污染行为；加强执法力度，严厉查处违法行为，有效震慑破坏林草湿资源的违法犯罪行为；有序实施湿地保护、湿地恢复和科研监测能力建设项目。

第4章　植物、植被及其变化

4.1　植物物种多样性及其变化

4.1.1　调查方法

保护区属于典型温带大陆性气候，冬寒夏热，春秋多风，日温差大，降水量小，光照充足，气候干燥；地形地貌多以荒漠戈壁为主。综合分析2012—2013年保护区第三次综合科学考察中植物多样性调查的样线、样方信息，结合卫星遥感图和保护区范围调整结果，按照设计的调查路线，于2022年6—7月、8月对保护区南片区、北片区的所有植被类型进行了调查，调查位点105个。

采用样线加样方的调查方法，对每一个调查位点的植被类型、物种组成进行调查，包括植物名称、地点、经纬度、海拔、调查日期、生境描述（地形地貌、植被等）、物候期、代表性或疑惑植物标本采集等。根据野外调查记录和标本鉴定结果，结合资料，整理植物名录；按照吴征镒和王荷生（1980）的理论和方法对植物区系进行统计分析。根据调查资料，统计不同区域植物物种分布情况，总结保护区植被优势物种、保护物种和特有物种。参考《中国入侵物种名录》［中国入侵植物物种库（http://www.nsii.org.cn/2017/minglu/ruqin.html）］明确保护区的入侵植物；参考国家林业和草原局、农业农村部公告（2021年第15号，http://www.gov.cn/zhengce/zhengceku/2021-09/09/content_5636409.htm）确定保护区的珍稀濒危植物。

在对植物多样性调查的同时，采用样线法和踏查法调查保护区典型区域的大型真菌子实体，记录子实体的形态特征、地点、经纬度、海拔、调查日期、生境描述（地形地貌、植被、基质等）等。结合野外调查记录，对大型真菌进行宏观形态和显微结构特征观察，包括菌盖、菌柄等部位的大小、颜色、附着物等，菌褶的着生方式，菌肉是否有伤变色，菌环的有无、形状及位置，菌托的大小等信息。在分类系统上以《菌物学词典》第八版的分类系统为依据，物种中文名称及学名参照卯晓岚先生所著的《中国大型真菌》中的名称。大型真菌中的食药用菌、毒菌的划分参照戴玉成等（2010）、图力古尔等（2014）文献。

4.1.2　大型真菌调查结果

4.1.2.1　大型真菌调查结果概述

甘肃安西极旱荒漠国家级自然保护区大型真菌资源比较稀疏，共发现担子菌门的5科9属14种大型真菌。详情见表4-1。

表4-1　保护区的大型真菌

中文名	学名	科	属	分布区	分布环境
硬毛栓菌	*Trametes trogii*	多孔菌科	栓菌属	桥子及县城周边	衰弱的杨、柳属活立木或腐木
柔弱锥盖伞	*Conocybe tenera*	粪锈伞科	锥盖伞属	双塔及县城周边	荒漠绿洲内草地、人工草坪或院落
墨汁鬼伞	*Coprinus atramentaria*	鬼伞科	鬼伞属	荒漠绿洲过渡带	春至秋季雨后的腐木桩、草地有腐木的地方
毛头鬼伞	*Coprinus comatus*	鬼伞科	鬼伞属	桥子、西湖荒漠绿洲过渡带	春至秋季沙漠绿洲交错的田野、林缘、道旁、院内草地粪堆
粪鬼伞	*Coprinus sterqulinus*	鬼伞科	鬼伞属	桥子	夏秋季的牛马粪旁，或草地
鬼笔状钉灰包	*Battarrea phalloides*	灰锤科	钉灰包属	南片、北片	梭梭林中的半固定沙地、白刺群落的丘间低地
管腔菇包	*Gyrophragmium delilei*	灰锤科	管腔菇包属	南片、北片	绿洲边缘白刺群落的半固定沙地
裂顶灰锤	*Schizostoma laceratum*	灰锤科	裂嘴壳属	北片，柳园	沙枣等树木，梭梭、白刺、沙拐枣等灌丛沙地或沙质土坡
柄灰锤	*Tulostoma brumale*	灰锤科	柄灰锤属	南片、北片	秋季生长于梭梭、白刺群落的流动沙地
隐柄灰包	*Tulostoma evanescens*	灰锤科	柄灰锤属	北片荒漠	秋季多见于沙质土上
托柄灰锤	*Tulostoma volvulatum*	灰锤科	灰锤属	祁连山国家自然保护区	林间草地、碱滩地
野蘑菇	*Agaricus arvensis*	蘑菇科	蘑菇属	桥子及大石门道草地	草地或混交林内
草地蘑菇	*Agaricus pratensis*	蘑菇科	蘑菇属	桥子，大石门道	高山草地
沙生蒙氏假菇	*Montagnea arenaria*	蘑菇科	假菇属	南湖保护站	膜果麻黄灌丛的石质沙地

4.1.2.2 重要大型真菌

硬毛栓菌，子实体小至中等大，一年生，无柄侧生，木栓质。菌盖半圆形，密被黄白色、黄褐色或深栗褐色粗毛束，有同心环带，老时褪为灰白色或浅灰褐色，边缘较薄而锐。菌肉白色，木材色至浅黄褐色，干时变轻。菌管一层，与菌肉同色同质。多生于杨和柳属的活立木和枯立木上，或伐木桩上。分布于我国黑龙江、吉林、辽宁、河北、河南、山东、山西、陕西、四川、安徽、江苏、浙江、广东、海南、甘肃、新疆等地区。

柔弱锥盖伞，子实体小。菌盖斗笠形或伞状至钟形，薄亦脆，浅黄褐色，顶部色深，边缘黄白色，且有细条纹，表面黏。菌肉污白色，很薄。菌褶直生，窄，较密，不等长，初期污白色，后呈锈黄色。菌柄中空，圆柱形，白色，表面似有细粉粒，基部膨大。孢子印锈色。褶缘囊状体呈瓶状，顶部成一小圆头。夏秋季路边、林缘地、草地、阴暗潮湿处及肥沃地单生或群生。有毒。

墨汁鬼伞，子实体小或中等大。菌盖初期卵形至钟形，开伞时一般开始液化流墨汁状汁液，未开伞前顶部钝圆，有灰褐色鳞片，边缘灰白色，具有条沟棱，似花瓣状，灰色或褐色的菌盖在开端呈钟形，在底部散开。菌褶开始时是白色的，但很快转为黑色。菌柄短小，呈灰色。与酒同食有毒。

毛头鬼伞，子实体较大，菌盖不完全展开，圆筒形至钟形，表皮淡土黄色，易裂成羽毛状鳞片。菌肉、菌褶白色，开伞后菌肉与菌褶自溶成墨汁状液体。菌柄白色，光滑，向下渐粗，呈鸡腿状。菌环白色，膜质，易消失。孢子黑色，光滑，椭圆形。世界性分布。春至秋季生于阔叶林中的草地、田野、林缘、道旁、公园等处，雨季甚至生于茅草屋顶上，单生或群生。可食用，可药用。

粪鬼伞，菌柄白色，受伤后变污，基部膨大，向上渐细，内部松软变中空。菌环白色，膜质，窄，常留在菌柄基部似菌托。孢子印黑色。褶缘囊体淡黄色，椭圆形。春末及夏秋雨后，产生在粪堆上。分布于河北、山西、江苏、广西、宁夏、甘肃等地。

鬼笔状钉灰包，包被与帽状柄顶相连接，成熟时即由此处开裂，孢体散失后露出隆起、近白色的基部。柄深肉桂色，有毛状鳞片，在柄的下部鳞片愈明显。

托柄灰锤，柄灰包包被圆形至扁圆形。外包被黑褐色，往往上部破损，而仅存基部，内包被茶褐色，光滑，膜质。顶端开口，孢体赭褐色。菌柄长柱状，枯叶褐色，柄表有纵长条，基部膨大。孢子圆形，赭褐色，壁具疣突。孢丝分枝，淡褐色，有横隔。主治清肺利咽、解毒消肿、止血。分布于山西、宁夏等地。

野蘑菇，菌盖扇形至圆形，表面被细绒毛，灰黑褐色，边缘锐，干后内卷。孔口表面新鲜时浅黄色至酒红褐色，干后呈浅灰褐色；孔口多角形至迷宫状或褶状；管口边缘薄，撕裂状；菌肉异质，靠近菌盖部分浅咖啡色，海绵质，靠近菌管部分木栓质，浅木材色；菌管浅木材色。世界均有分布，我国分布于河北、黑龙江、内蒙古、青海、新疆、甘肃、云南、四川等地，常生长于草山、草场、牧场，春至秋季于林中、林缘、草地等处单生，常形成蘑菇圈。是“舒筋散”的主要成分之一。

沙生蒙氏假菇，子实体一般中等大。菌盖隆起，中央下凹，米黄色至浅棕灰色。菌柄同盖色，圆柱形，表面裂成鳞片状，基部有菌托，托上部扩展，与菌盖结合在一起。孢子印黑色。孢子光滑，暗褐色，长方椭圆形至椭圆形。秋季生于草原。分布于甘肃、新疆等地。幼嫩时可食用，味较好。据说可作为消炎、止血药。

4.1.3 高等植物物种调查结果概述

以保护区第四期科学考察结果为基础，结合多年野外调查资料和有关植物分类文献，整理分析了保护区植物物种数据。在保护区范围内共统计到维管植物65科219属484种（其中种下等级如变种等共35个，不含栽培植物，见附录1）。其中蕨类植物2科2属2种（秦仁昌系统），同第三期科学考察结果；种子植物共计63科217属482种。种子植物中裸子植物2科2属5种（郑万钧系统），同第三期科学考察结果；被子植物61科215属477种（恩格勒系统，其中种下等级如变种等共35个，不含栽培植物），其中双子叶植物50科171属387种（含种下等级30个），单子叶植物11科44属90种（含种下等级5个），见表4-2。

表4-2　保护区第四期科学考察植物种类各类群汇总表

植物类群	科	属	种	其中种下类群数（变种数）
蕨类植物	2	2	2	0
裸子植物	2	2	5	0
双子叶植物	50	171	387	30
单子叶植物	11	44	90	5
合计	65	219	484	35

本次考察结果共发现35个变种，分属16科30属（表4-3）。与第三期考察结果比较，增加了十字花科连蕊芥属的柔毛连蕊芥。该种为连蕊芥的变种，据Botsch记载，甘肃（张掖）有分布，为保护区新记录种，分布在大石门道。其他变种在第三期科学考察物种名录中均有记载。

表4-3　保护区第四期科学考察植物变种名录（原新增）

科名	变种名
毛茛科	短梗箭头唐松草（*Thalictrum simplex* var. *breviper*）
石竹科	披针叶叉繁缕（*Stellaria dichotoma* var. *lanceolata*）
十字花科	光果宽叶独行菜（*Lepidium latifolium* var. *Affine*）
	抱茎花旗杆（*Dontostemon elegans* var. *semiamplexicaulis*）
	老锥果葶苈（*Draba lanceolata* var. *leiocarpa*）
	柔毛连蕊芥（*Synstemon petrovii* var. *pilosus*）
	蚓果芥（*Torularia humilis* var. *maximowiczii*）
藜科	大苞滨藜（*Atriplex centralasiatica* var. *megalotheca*）
	毛果兴安虫实（*Corispermumchinganicum* var. *stellipile*）
	毛果绳虫实（*Corispermum declinatum* var. *tylocarpum*）
	黄毛头（*Kalidium cuspidatum* var. *sinicum*）

续表4-3

科名	变种名
藜科	碱地肤（*Kochia scoparia* var. *sieversiana*）
	灰白木地肤（*Kochia prostrate* var. *canesens*）
	细叶猪毛菜（*Salsola ruthenica* var. *filifolia*）
蔷薇科	矮二裂委陵菜（*Potentilla bifurca* var. *humilior*）
	白毛小叶金露梅（*Potentilla parvifolia* var. *hypoleuca*）
	羽裂密枝委陵菜（*Potentilla virgata* var. *pinnatifida*）
豆科	骆驼刺（*Alhagi maurorum* var. *sparsifolium*）
	柴达木黄芪（*Astragalus kronenburgii* var. *chaidamuensis*）
	小花棘豆（*Oxytropis glabra* var. *tannis*）
蒺藜科	宽叶石生霸王（*Zygophyllum rosovii* var. *latifolium*）
紫草科	异形狭果鹤虱（*Lappula semiglabra* var. *heterocaryoides*）
茄科	黄果枸杞（*Lycium barbarum* var. *Auranticarpum*）
	北方枸杞（*Lycium chinense* var. *Potaninii*）
茜草科	拉拉藤（*Galium aparine* var. *tenerum*）
景天科	唐古红景天（*Rhodiola algida* var. *tangutica*）
忍冬科	红花岩生忍冬（*Lonicera rupicola* var. *syringantha*）
菊科	无毛牛尾蒿（*Artemisia dubia* var. *subdigitata*）
	蔬苞美头火绒草（*Leontopodium calocephalum* var. *depauporatum*）
	青海碱地风毛菊（*Saussurea runcinata* var. *pinnatidentata*）
禾本科	獐毛（*Aeluropus litteralis* var. *sinensis*）
	中间鹅观草（*Roegneria sinica* var. *media*
	戈壁针茅（*Stipa tianshanica* var. *gobica*）
眼子菜科	内蒙眼子菜（*Potamogeton pectinatus* var. *interruptus*）
鸢尾科	马蔺（*Iris lactea* var. *chinensis*）
合计16科	35个变种

不同于第三期科学考察结果，第四期科学考察结果未将栽培农作物统计在内，包括桑科大麻属，藜科甜菜属、菠菜属，蔷薇科苹果属，亚麻科亚麻属，锦葵科棉属，葫芦科的冬瓜属、西瓜属、甜瓜属、南瓜属，以及禾本科小麦属和玉米属等。但保留了杨柳科、榆科等具有重要生态价值的栽培植物，如榆、二白杨、旱柳等。

4.1.4　新增野生物种统计

与第三期科学考察结果相比，第四期科学综合考察结果中野生植物物种多样性增加了10种（表4-4），隶属于8科10属，分别是石竹科（石头花属）、藜科（藜属）、车前科（车前属）、十字花科（连蕊芥属）、旋花科（打碗花属、菟丝子属）、紫草科（砂引草属）、菊科（风毛菊属、狗娃花属）、鸢尾科（鸢尾属）。

表4-4　保护区第四期科学考察新增野生植物物种统计

科	属	种
石竹科	石头花属	紫萼石头花（*Gypsophila patrinii*）
藜科	藜属	菊叶香藜（*Chenopodium foetidum*）
十字花科	连蕊芥属	柔毛连蕊芥（*Synstemon petrovii*）
车前科	车前属	盐生车前（*Plantago salsa*）
旋花科	打碗花属	打碗花（*Calystegia hederacea*）
	菟丝子属	菟丝子（*Cuscuta chinensis*）
紫草科	砂引草属	砂引草（*Tournefortia sibirica*）
菊科	狗娃花属	阿尔泰狗娃花（*Aster altaicus*）
	风毛菊属	达乌里风毛菊（*Saussurea daurica*）
鸢尾科	鸢尾属	细叶鸢尾（*Iris tenuifolia*）
8科	10属	10种

4.1.5　第四期考察发现的甘肃分布植物新记录

第四期考察中未发现甘肃分布新记录植物。

4.2　植物区系及其变化

在本次植物区系分析工作中，物种数目的确定采取如下方式：若有正种与该种种以下分类单位同时存在，此种下分类单位不统计；若仅有种以下分类单位而无正种分布，则此种下分类单位处理后统计。

4.2.1　保护区植物科、属、种的组成特征及其变化

第四期科学考察共记录维管植物65科219属484种。其与之前3期科学考察结果的比较见表4-5。

表4-5 保护区4次科学考察植物分类群变化比较表

	第一期考察（1998年）	第二期考察（2006年）	第三期考察（2012年）	第四期考察（2022年）
科	57	60	63	65
属	182	192	210	219
种及其下级分类群	345	362	458	484

第四期科学考察结果中的科、属、种数均多于第三期科学考察结果的一个主要原因是，第三期科学考察只统计了正种数量，种以下分类单位（变种）并没有计入最终的物种数中。第四期科学考察结果既包含了正种，也包含了种以下分类单位（变种），这样避免了若仅有种以下分类单位而无正种分布时漏报属、科的问题。虽然第四期科学考察结果剔除了农作物种类，但新增加了10种（变种），加上其他变种数，所以物种数总体上还是多于第三期考察结果，这主要归因于以下几个方面：首先，对保护区持续加大的保护力度，极大地推进了生态文明建设和环境保护，生态环境明显得到改善，更多物种分类群具备了较好的生长发育环境而得以生息繁衍；其次，经认真而全面地考察，后人在前人工作的基础上对资料进行了补充和完善；最后，随着时间的推移，周边地区的一些植物因各种因素发生迁移。

4.2.1.1 科的组成及其变化

以所含种数为依据对科的组成进行排序分析。经数据统计，在本次考察所确定的65个维管植物科中，以种数多少为依据对科的组成排序的结果如表4-6所示。含30种以上的科为：菊科（73种）>藜科（72种）>禾本科（46种）>豆科（34种），这4科含225种，占保护区维管植物总种数的46.5%；含10～30种的科为：十字花科（25种）>莎草科（18种）>蒺藜科（17种）>蓼科（16种）>蔷薇科（14种）>茄科（11种）=毛茛科（11种）= 柽柳科（11种），这8科含123种，占总种数的25.4%。在第四期科学考察结果中，上述12个科为优势科，占总科数的18.5%。这12个优势科共含348种，占保护区总种数的71.9%。

第四期科学考察结果表明（表4-6），含10种以上的科与第一、二期科学考察结果相似，多数科只是物种数有所变化。这种变化的主要原因是：（1）新增了部分物种；（2）剔除了作物栽培种；（3）3期报告中数据统计和分析出现的偏差，即报告中分析的物种数据与附录表中统计到的物种数量信息有比较大的偏差。

此外，在保护区维管植物中（表4-6），含3～9种的科有18个，含2种的科有13个，含1种（单型科）的科有22个，共计53科，占保护区总科数的81.5%，但其所含的种数较少，总共仅有136种，只占保护区总种数的28.1%。第四期科学考察结果中增加了榆科和锦葵科，因为在第三期科学考察中，将这2科的植物作为栽培种而未纳入分析范围。与第三期科学考察结果相似，第四期科学考察结果中，单种科及少种科所占比例较高，但其所含的种数却相对较少。

表4-6　保护区维管植物科的组成排序分析表

类型	科名	科内种数 第四期（第三期）	种内种数/总种数 第四期（第三期）	分布区类型及变型
含30种以上（4科）	菊科	73（71）	15.1%（15.4%）	世界广布
	藜科	72（64）	14.9%（14.1%）	世界广布
	禾本科	46（45）	9.5%（9.9%）	世界广布
	豆科	34（34）	7.0%（7.5%）	世界广布
含10～30种（8科）	十字花科	25（23）	5.2%（5.1%）	世界广布
	蓼科	16（18）	3.3%（4.0%）	世界广布
	莎草科	18（18）	3.7%（4.0%）	世界广布
	蒺藜科	17（16）	3.5%（3.5%）	泛热带
	茄科	11（12）	2.3%（2.6%）	世界广布
	毛茛科	11（11）	2.3%（2.4%）	世界广布
	蔷薇科	14（11）	2.9%（2.4%）	世界广布
	柽柳科	11（11）	2.3%（2.4%）	旧世界温带
含3～9种（18科）	玄参科	7（7）	1.5%（1.5%）	世界广布
	紫草科	9（7）	1.9%（1.5%）	世界广布
	眼子菜科	7（7）	1.5%（1.5%）	世界广布
	萝藦科	6（6）	1.3%（1.3%）	泛热带
	百合科	6（6）	1.3%（1.3%）	北温带
	石竹科	6（5）	1.3%（1.1%）	世界广布
	伞形科	5（5）	1.0%（1.1%）	世界广布
	罂粟科	5（5）	1.0%（1.1%）	北温带和南温带间断分布
	报春花科	4（4）	0.8%（0.9%）	世界广布
	灯心草科	4（4）	0.8%（0.9%）	北温带和南温带间断分布
	龙胆科	3（3）	0.6%（0.7%）	世界广布
	杨柳科	6（3）	1.3%（0.7%）	北温带和南温带间断分布
	景天科	3（3）	0.6%（0.7%）	世界广布
	夹竹桃科	3（3）	0.6%（0.7%）	泛热带
	车前科	4（3）	0.8%（0.7%）	世界广布
	旋花科	5（3）	1.0%（0.7%）	世界广布
	麻黄科	3（3）	0.6%（0.7%）	欧亚和南美洲温带间断
	忍冬科	3（3）	0.6%（0.7%）	北温带

续表 4-6

类型	科名	科内种数 第四期（第三期）	种内种数/总种数 第四期（第三期）	分布区类型及变型
含2种（13科）	瑞香科	2（2）	0.4%（0.4%）	世界广布
	列当科	2（2）	0.4%（0.4%）	北温带
	唇形科	2（2）	0.4%（0.4%）	世界广布
	小檗科	2（2）	0.4%（0.4%）	欧亚和南美洲温带间断
	大戟科	2（2）	0.4%（0.4%）	泛热带
	白花丹科	2（2）	0.4%（0.4%）	世界广布
	茜草科	2（2）	0.4%（0.4%）	世界广布
	桔梗科	2（2）	0.4%（0.4%）	世界广布
	香蒲科	2（2）	0.4%（0.4%）	世界广布
	水麦冬科	2（2）	0.4%（0.4%）	世界广布
	狸藻科	2（1）	0.4%（0.2%）	世界广布
	柏科	2（2）	0.4%（0.4%）	北温带和南温带间断分布
	鸢尾科	2（1）	0.4%（0.2%）	热带亚洲—热带非洲—热带美洲（南美洲）
含1种（22科）	桑科	1（1）	0.2%（0.2%）	世界广布
	荨麻科	1（1）	0.2%（0.2%）	泛热带
	榆科	1（0）	0.2%（0.0%）	北温带（第三期未计入）
	锦葵科	1（0）	0.2%（0.0%）	世界广布（第三期未计入）
	苋科	1（1）	0.2%（0.2%）	世界广布
	马齿苋科	1（1）	0.2%（0.2%）	世界广布
	白花菜科	1（1）	0.2%（0.2%）	泛热带
	牻牛儿苗科	1（1）	0.2%（0.2%）	北温带和南温带间断分布
	胡颓子科	1（1）	0.2%（0.2%）	北温带和南温带间断分布
	千屈菜科	1（1）	0.2%（0.2%）	世界广布
	柳叶菜科	1（1）	0.2%（0.2%）	世界广布
	小二仙草科	1（1）	0.2%（0.2%）	世界广布
	杉叶藻科	1（1）	0.2%（0.2%）	北温带
	锁阳科	1（1）	0.2%（0.2%）	地中海区至中亚、南非洲和/或大洋洲间断分布
	木樨科	1（1）	0.2%（0.2%）	世界广布

续表4-6

类型	科名	科内种数 第四期（第三期）	种内种数/总种数 第四期（第三期）	分布区类型及变型
含1种（22科）	马鞭草科	1（1）	0.2%（0.2%）	东亚（热带、亚热带）及热带南美间断
	败酱科	1（1）	0.2%（0.2%）	世界广布
	黑三棱科	1（1）	0.2%（0.2%）	北温带和南温带间断分布
	泽泻科	1（1）	0.2%（0.2%）	世界广布
	浮萍科	1（1）	0.2%（0.2%）	世界广布
	木贼科	1（1）	0.2%（0.2%）	北温带
	蹄盖蕨科	1（1）	0.2%（0.2%）	北温带
合计	65科	484（458）	100%（100%）	

注：以种数多少为依据。

4.2.1.2 属的组成及其变化

保护区第四期科学考察共获得维管植物219属，种数≥3的主要属共有50个（表4-7），其中含7种以上处于优势地位的属（通过权衡比较，可将含种数≥7的属作为主要属或处于优势地位的属对待）有13个，共有123种，分别是蒿属（17种）、黄芪属（11种）、藜属（10种）、猪毛菜属（10种）、驼蹄瓣属（10种）、委陵菜属（10种）、碱蓬属（9种）、柽柳属（9种）、薹草属（8种）、风毛菊属（8种）、地肤属（7种）、虫实属（7种）、眼子菜属（7种）。这13个属占保护区总属数的5.9%，所含种数占保护区总种数的25.4%。含7种以上处于优势地位的属，第四期科学考察比第三期科学考察增加了3属，即地肤属、虫实属、眼子菜属，主要是因为第三期科学考察结果中没有将这3属中的变种纳入统计范围。

含4～6种的多种属有21个，共99种，分别是鹅绒藤属（6种）、盐爪爪属（6种）、枸杞属（4种）、锦鸡儿属（6种）、独行菜属（6种）、滨藜属（6种）、绢蒿属（5种）、针茅属（5种）、铁线莲属（5种）、沙拐枣属（4种）、蓼属（4种）、鹤虱属（4种）、荸荠属（4种）、白刺属（4种）、灯心草属（4种）、紫堇属（4种）、鸦葱属（4种）、葱属（4种）、车前属（4种）、赖草属（4种）、旋覆花属（4种）。这21个属占保护区总属数的9.6%，所含种数占保护区总种数的20.5%。相比于第三期科学考察，第四期科学考察结果中含4～6种的属减少了4个。统计标准不同的原因是地肤属、虫实属、眼子菜属种数增加，甘草属实际只有3种。

含3种的少种属有16个，共48种，分别是杨属、柳属、早熟禾属、旋花属、茄属、忍冬属、麻黄属、棘豆属、点地梅属、冰草属、唐松草属、木蓼属、亚菊属、酸模属、甘草属、群心菜属。这16个属占保护区总属数的7.3%，所含种数占保护区总种数的9.9%。种数≥3的50个主要属占保护区总属数的22.9%，共含270种，占保护区维管植物总种数的55.8%。相比于第三期科学考察结果，增加了杨属、柳属，因为第三期科学考察结果将杨属、柳属列为栽培植物而未纳入分析范围。

含1～2种的单种属和寡种属多达169属，占保护区维管植物总属数的77.2%，占保护区总属数的绝对优势；但所含种数（214种）占保护区维管植物总种数的44.2%，种数不到总种数的一半。相比于第三期科学考察结果，属数增加了7个，种数增加了9个。既有新增加的属和种，也有统计标准不同的原因。

与第三期科学考察结果相比，第四期科学考察新增加了6属10种，即狗娃花属、石头花属、打碗花属、连蕊芥属、菟丝子属、砂引草属。因此对保护区定期进行科学考察，有助于更全面地掌握保护区物种资源信息。

表4-7 保护区维管植物属的组成排列

类型	属名	属内种数 第四期（第三期）	属内种数/总种数 第四期（第三期）	属的分布区类型及变型
优势属 （含7种以上， 13属123种）	蒿属	17（17）	3.5%（3.7%）	北温带
	黄芪属	11（11）	2.3%（2.4%）	世界分布
	藜属	10（10）	2.1%（2.2%）	世界分布
	猪毛菜属	10（9）	2.1%（2.0%）	世界分布
	委陵菜属	10（7）	2.1%（1.5%）	北温带
	驼蹄瓣属	10（9）	2.1%（2.0%）	地中海区至中亚和南非洲、大洋洲间断
	柽柳属	9（9）	1.9%（2.0%）	旧世界温带
	碱蓬属	9（9）	1.9%（2.0%）	世界分布
	薹草属	8（7）	1.7%（1.5%）	世界分布
	风毛菊属	8（7）	1.7%（1.5%）	北温带
	地肤属	7（6）	1.4%（1.3%）	北温带和南温带间断
	虫实属	7（6）	1.4%（1.3%）	北温带
	眼子菜属	7（6）	1.4%（1.31%）	世界分布
多种属 （含4～6种， 21属99种）	鹅绒藤属	6（6）	1.2%（1.3%）	泛热带
	盐爪爪属	6（5）	1.2%（1.1%）	地中海区、西亚至中亚
	枸杞属	6（4）	1.2%（0.9%）	北温带和南温带间断
	锦鸡儿属	6（6）	1.2%（1.3%）	中亚
	滨藜属	6（6）	1.2%（1.1%）	世界分布
	独行菜属	6（5）	1.2%（1.1%）	世界分布
	绢蒿属	5（5）	1.0%（0.9%）	北温带
	针茅属	5（5）	1.0%（1.1%）	北温带
	铁线莲属	5（5）	1.0%（1.1%）	世界分布
	沙拐枣属	4（4）	0.8%（1.1%）	地中海区、西亚至中亚
	鹤虱属	4（4）	0.8%（0.7%）	北温带和南温带间断
	蓼属	4（4）	0.8%（0.9%）	世界分布
	灯心草属	4（4）	0.8%（0.9%）	世界分布

续表4-7

类型	属名	属内种数 第四期（第三期）	属内种数/总种数 第四期（第三期）	属的分布区类型及变型
多种属 （含4～6种， 21属99种）	白刺属	4（4）	0.8%（0.9%）	地中海区、西亚至中亚
	荸荠属	4（4）	0.8%（0.9%）	世界分布
	紫堇属	4（4）	0.8%（0.9%）	北温带
	鸦葱属	4（4）	0.8%（0.91%）	地中海区、西亚和东亚间断
	葱属	4（4）	0.8%（0.9%）	北温带
	车前属	4（3）	0.8%（0.7%）	世界分布
	赖草属	4（4）	0.8%（0.9%）	欧亚和南美洲温带间断
	旋覆花属	4（4）	0.8%（0.9%）	旧世界温带
少种属 （含3种，16属 48种）	杨属	3（2）	0.6%（0.4%）	北温带
	柳属	3（2）	0.6%（0.4%）	北温带
	早熟禾属	3（3）	0.6%（0.7%）	世界分布
	旋花属	3（3）	0.6%（0.7%）	世界分布
	茄属	3（3）	0.6%（0.7%）	世界分布
	忍冬属	3（3）	0.6%（0.7%）	北温带
	麻黄属	3（3）	0.6%（0.7%）	泛热带
	棘豆属	3（3）	0.6%（0.7%）	北温带
	点地梅属	3（3）	0.6%（0.7%）	北温带
	冰草属	3（3）	0.6%（0.7%）	北温带
	唐松草属	3（3）	0.6%（0.7%）	北温带和南温带间断
	甘草属	3（3）	0.6%（0.9%）	地中海区至温带、热带亚洲，大洋洲和南美洲间断
	木蓼属	3（3）	0.6%（0.7%）	地中海区、西亚和东亚间断
	酸模属	3（3）	0.6%（0.9%）	世界分布
	亚菊属	3（3）	0.6%（0.7%）	中亚
	群心菜属	3（3）	0.6%（0.7%）	地中海区、西亚至中亚
2种属 （45属90种）	香蒲属	2（2）	0.4%（0.4%）	世界分布
	狸藻属	2（2）	0.4%（0.4%）	世界分布
	拉拉藤属	2（2）	0.4%（0.4%）	世界分布
	补血草属	2（2）	0.4%（0.4%）	世界分布
	水麦冬属	2（2）	0.4%（0.4%）	世界分布

续表 4-7

类型	属名	属内种数 第四期（第三期）	属内种数/总种数 第四期（第三期）	属的分布区类型及变型
2种属 （45属90种）	三芒草属	2（2）	0.4%（0.4%）	泛热带
	狗尾草属	2（2）	0.4%（0.4%）	泛热带
	大戟属	2（2）	0.4%（0.2%）	泛热带
	天门冬属	2（2）	0.4%（0.4%）	旧世界热带
	圆柏属	2（2）	0.4%（0.4%）	北温带
	苜蓿属	2（1）	0.4%（0.2%）	欧亚和南非洲（有时也在大洋洲）间断
	鸢尾属	2（1）	0.4%（0.2%）	北温带
	岩黄芪属	2（2）	0.4%（0.4%）	北温带
	栒子属	2（2）	0.4%（0.4%）	北温带
	小檗属	2（2）	0.4%（0.4%）	北温带
	葶苈属	2（2）	0.4%（0.4%）	北温带
	蒲公英属	2（2）	0.4%（0.4%）	北温带
	披碱草属	2（2）	0.4%（0.4%）	北温带
	藨草属	2（2）	0.4%（0.9%）	世界分布
	马先蒿属	2（2）	0.4%（0.4%）	北温带
	梭梭属	2（1）	0.4%（0.2%）	地中海区、西亚至中亚
	獐毛属	2（1）	0.4%（0.2%）	地中海区、西亚至中亚
	苦苣菜属	2（2）	0.4%（0.4%）	北温带
	碱毛茛属	2（2）	0.4%（0.4%）	北温带
	蓟属	2（2）	0.4%（0.4%）	北温带
	拂子茅属	2（2）	0.4%（0.4%）	北温带
	大麦属	2（2）	0.4%（0.4%）	北温带
	红景天属	2（2）	0.4%（0.4%）	北极-高山
	婆婆纳属	2（2）	0.4%（0.4%）	北温带和南温带间断
	碱茅属	2（2）	0.4%（0.4%）	北温带和南温带间断
	火绒草属	2（2）	0.4%（0.4%）	欧亚和南美洲温带间断
	沙参属	2（2）	0.4%（0.4%）	旧世界温带
	芨芨草属	2（2）	0.4%（0.4%）	旧世界温带
	大黄属	2（2）	0.4%（0.4%）	中亚

续表4-7

类型	属名	属内种数 第四期（第三期）	属内种数/总种数 第四期（第三期）	属的分布区类型及变型
2种属 （45属90种）	盐生草属	2（2）	0.4%（0.4%）	地中海区、西亚至中亚
	雾冰藜属	2（2）	0.4%（0.4%）	地中海区、西亚至中亚
	四棱荠属	2（2）	0.4%（0.4%）	地中海区、西亚至中亚
	假木贼属	2（2）	0.4%（0.4%）	地中海区、西亚至中亚
	阿魏属	2（2）	0.4%（0.4%）	地中海区、西亚至中亚
	骆驼蓬属	2（2）	0.4%（0.4%）	地中海区至中亚和墨西哥间断
	软紫草属	2（2）	0.4%（0.4%）	地中海区至热带非洲和喜马拉雅间断
	小甘菊属	2（2）	0.4%（0.4%）	中亚
	花旗竿属	2（2）	0.4%（0.4%）	中亚
	白麻属	2（2）	0.4%（0.4%）	中亚
	黄鹌菜属	2（2）	0.4%（0.4%）	东亚（东喜马拉雅-日本）
1种属 （124属124种）	蜀葵属	1（0）	0.2%（0.0%）	世界分布
	连蕊芥属	1（0）	0.2%（0.0%）	北温带
	榆属	1（0）	0.2%（0.0%）	北温带
	刺藜属	1（0）	0.2%（0.0%）	北温带
	香科科属	1（1）	0.2%（0.2%）	世界分布
	苋属	1（1）	0.2%（0.2%）	世界分布
	杉叶藻属	1（1）	0.2%（0.2%）	世界分布
	莎草属	1（1）	0.2%（0.2%）	世界分布
	千屈菜属	1（1）	0.2%（0.2%）	世界分布
	千里光属	1（1）	0.2%（0.2%）	世界分布
	打碗花属	1（0）	0.2%（0.0%）	世界分布
	菟丝子属	1（0）	0.2%（0.0%）	世界分布
	乍漆姑草属	1（1）	0.2%（0.2%）	世界分布
	芦苇属	1（1）	0.2%（0.2%）	世界分布
	龙胆属	1（1）	0.2%（0.2%）	世界分布
	槐属	1（1）	0.2%（0.2%）	世界分布
	苦参属	1（1）	0.2%（0.2%）	世界分布
	狐尾藻属	1（1）	0.2%（0.2%）	世界分布

续表 4-7

类型	属名	属内种数 第四期（第三期）	属内种数/总种数 第四期（第三期）	属的分布区类型及变型
1种属 （124属124种）	鬼针草属	1（1）	0.2%（0.2%）	世界分布
	浮萍属	1（1）	0.2%（0.2%）	世界分布
	繁缕属	1（1）	0.2%（0.2%）	世界分布
	苍耳属	1（1）	0.2%（0.2%）	世界分布
	百金花属	1（1）	0.2%（0.2%）	世界分布
	山柑属	1（1）	0.2%（0.2%）	泛热带
	曼陀罗属	1（1）	0.2%（0.2%）	泛热带
	马齿苋属	1（1）	0.2%（0.2%）	泛热带
	狼尾草属	1（1）	0.2%（0.2%）	泛热带
	蒺藜属	1（1）	0.2%（0.2%）	泛热带
	虎尾草属	1（1）	0.2%（0.2%）	泛热带
	锋芒草属	1（1）	0.2%（0.2%）	泛热带
	棒头草属	1（1）	0.2%（0.2%）	泛热带
	画眉草属	1（1）	0.2%（0.2%）	热带亚洲至热带非洲
	泽泻属	1（1）	0.2%（0.2%）	北温带
	芸薹属	1（1）	0.2%（0.2%）	北温带
	罂粟属	1（1）	0.2%（0.2%）	北温带
	羊茅属	1（1）	0.2%（0.2%）	北温带
	燕麦属	1（1）	0.2%（0.2%）	北温带
	玄参属	1（1）	0.2%（0.2%）	北温带
	香青属	1（1）	0.2%（0.2%）	北温带
	菥蓂属	1（1）	0.2%（0.2%）	北温带
	驼绒藜属	1（1）	0.2%（0.2%）	北温带
	蔷薇属	1（1）	0.2%（0.2%）	北温带
	荠属	1（1）	0.2%（0.2%）	北温带
	葎草属	1（1）	0.2%（0.2%）	北温带
	列当属	1（1）	0.2%（0.2%）	北温带
	碱菀属	1（1）	0.2%（0.2%）	北温带
	胡颓子属	1（1）	0.2%（0.2%）	北温带

续表 4-7

类型	属名	属内种数 第四期（第三期）	属内种数/总种数 第四期（第三期）	属的分布区类型及变型
1种属 （124属124种）	海乳草属	1（1）	0.2%（0.1%）	北温带
	还阳参属	1（1）	0.2%（0.2%）	北温带
	藁本属	1（1）	0.2%（0.2%）	北温带
	播娘蒿属	1（1）	0.2%（0.2%）	北温带
	薄荷属	1（1）	0.2%（0.2%）	北温带
	木贼属	1（1）	0.2%（0.2%）	北温带
	石头花属	1（0）	0.2%（0.2%）	北温带
	冷蕨属	1（1）	0.2%（0.2%）	北温带
	砂引草属	1（0）	0.2%（0.0%）	北温带
	狗娃花属	1（0）	0.2%（0.0%）	北温带
	蝇子草属	1（1）	0.2%（0.2%）	北温带和南温带间断
	野豌豆属	1（1）	0.2%（0.2%）	北温带和南温带间断
	盐角草属	1（1）	0.2%（0.2%）	北温带和南温带间断
	荨麻属	1（1）	0.2%（0.2%）	北温带和南温带间断
	缬草属	1（1）	0.2%（0.2%）	北温带和南温带间断
	柳叶菜属	1（1）	0.2%（0.2%）	北温带和南温带间断
	假龙胆属	1（1）	0.2%（0.2%）	北温带和南温带间断
	黑三棱属	1（1）	0.2%（0.2%）	北温带和南温带间断
	大蒜芥属	1（1）	0.2%（0.2%）	北温带和南温带间断
	溚草属	1（1）	0.2%（0.2%）	北温带和南温带间断
	野决明属	1（1）	0.2%（0.2%）	东亚和北美洲间断
	罗布麻属	1（1）	0.2%（0.2%）	东亚和北美洲间断
	沼委陵菜属	1（1）	0.2%（0.2%）	旧世界温带
	隐花草属	1（1）	0.2%（0.2%）	旧世界温带
	岩风属	1（1）	0.2%（0.2%）	旧世界温带
	水柏枝属	1（1）	0.2%（0.2%）	旧世界温带
	麦蓝菜属	1（1）	0.2%（0.2%）	旧世界温带
	蓝刺头属	1（1）	0.2%（0.2%）	旧世界温带
	粉苞菊属	1（1）	0.2%（0.2%）	旧世界温带

续表 4-7

类型	属名	属内种数 第四期（第三期）	属内种数/总种数 第四期（第三期）	属的分布区类型及变型
1种属 （124属124种）	鹅观草属	1（1）	0.2%（0.2%）	旧世界温带
	丁香属	1（1）	0.2%（0.2%）	旧世界温带
	天仙子属	1（1）	0.2%（0.2%）	地中海区、西亚和东亚间断
	乳苣属	1（1）	0.2%（0.2%）	地中海区和喜马拉雅间断
	蛇床属	1（1）	0.2%（0.2%）	欧亚和南非洲（有时也在大洋洲）间断
	细柄茅属	1（1）	0.2%（0.2%）	中亚
	瓦松属	1（1）	0.2%（0.2%）	中亚
	颅果草属	1（1）	0.2%（0.2%）	中亚
	狼毒属	1（1）	0.2%（0.2%）	中亚
	苦马豆属	1（1）	0.2%（0.2%）	中亚
	草瑞香属	1（1）	0.2%（0.2%）	中亚
	野胡麻属	1（1）	0.2%（0.2%）	地中海区、西亚至中亚
	盐穗木属	1（1）	0.2%（0.2%）	地中海区、西亚至中亚
	盐节木属	1（1）	0.2%（0.2%）	地中海区、西亚至中亚
	糖芥属	1（1）	0.2%（0.2%）	地中海区、西亚至中亚
	锁阳属	1（1）	0.2%（0.2%）	地中海区、西亚至中亚
	肉苁蓉属	1（1）	0.2%（0.2%）	地中海区、西亚至中亚
	念珠芥属	1（1）	0.2%（0.2%）	地中海区、西亚至中亚
	骆驼刺属	1（1）	0.2%（0.2%）	地中海区、西亚至中亚
	裸果木属	1（1）	0.2%（0.2%）	地中海区、西亚至中亚
	铃铛刺属	1（1）	0.2%（0.2%）	地中海区、西亚至中亚
	疗齿草属	1（1）	0.2%（0.2%）	地中海区、西亚至中亚
	假小喙菊属	1（1）	0.2%（0.2%）	地中海区、西亚至中亚
	花花柴属	1（1）	0.2%（0.2%）	地中海区、西亚至中亚
	红砂属	1（1）	0.2%（0.2%）	地中海区、西亚至中亚
	腹脐草属	1（1）	0.2%（0.2%）	地中海区、西亚至中亚
	顶羽菊属	1（1）	0.2%（0.2%）	地中海区、西亚至中亚
	苓菊属	1（1）	0.2%（0.2%）	地中海区、西亚至中亚
	牻牛儿苗属	1（1）	0.2%（0.2%）	地中海区至温带、热带亚洲，大洋洲和南美洲间断

续表4-7

类型	属名	属内种数 第四期（第三期）	属内种数/总种数 第四期（第三期）	属的分布区类型及变型
1种属 （124属124种）	旱雀豆属	1（1）	0.2%（0.2%）	地中海区至温带、热带亚洲，大洋洲和南美洲间断
	紫菀木属	1（1）	0.2%（0.2%）	中亚
	喀什菊属	1（1）	0.2%（0.2%）	中亚
	九顶草属	1（1）	0.2%（0.2%）	中亚
	爪花芥属	1（1）	0.2%（0.2%）	中亚
	冠毛草属	1（1）	0.2%（0.2%）	中亚
	钝基草属	1（1）	0.2%（0.2%）	中亚
	短舌菊属	1（1）	0.2%（0.2%）	中亚
	栉叶蒿属	1（1）	0.2%（0.2%）	中亚东部（亚洲中部）
	沙蓬属	1（1）	0.2%（0.2%）	中亚东部（亚洲中部）
	沙芥属	1（1）	0.2%（0.1%）	中亚东部（亚洲中部）
	合头草属	1（1）	0.2%（0.2%）	中亚东部（亚洲中部）
	戈壁藜属	1（1）	0.2%（0.2%）	中亚东部（亚洲中部）
	拟耧斗菜属	1（1）	0.2%（0.2%）	中亚至喜马拉雅
	嵩草属	1（1）	0.2%（0.2%）	西亚至喜马拉雅和西藏
	扁穗草属	1（1）	0.2%（0.2%）	西亚至喜马拉雅和西藏
	莸属	1（1）	0.2%（0.2%）	东亚（东喜马拉雅-日本）
	紊蒿属	1（1）	0.2%（0.2%）	中国特有
	河西菊属	1（1）	0.2%（0.2%）	中国特有
总计	219属	484（458）	100%（100%）	

注：以种数大小为依据。

4.2.1.3 我国特有属的组成特征

经进一步核实，在保护区分布的维管植物（65科219属484种）中，仅有菊科的河西菊属为中国特有属，占中国特有属总数的0.5%（1/190），占甘肃分布的中国特有属的11.1%（1/29）。

4.2.1.4 我国特有种的组成特征

在确定是否为我国特有种的过程中，我们延续了第三期科学考察的思路和方法。一般将分布区只在或主要在中国范围内的种确定为中国特有种。根据《中国维管植物名录》《中国植物志》及其他文献（蒲训，2011）的描述，一般将国外无分布或稍有延展（如由内蒙古延展至蒙古等）的物种确定为中国特有种。在确定特有种的具体工作中，对一些含糊的物种，我们采取了如下处理原则：

（1）《中国维管植物名录》记录为特有种，但经我们核实为非特有种的，本次考察以非特有种处理，如冷蕨、旱柳、西藏锦鸡儿等，此类物种有9种。

（2）《中国维管植物名录》未记录，但在相关权威专著等文献中却记录为特有种的，本次考察以特有种处理，如毛果兴安虫实等近30种。

（3）有关文献记录为特有种，但是经学名考证，因其学名被重新组合而已不复存在的，本次考察理所应当地以重新组合后的学名为准，如沙拐枣（蒙古沙拐枣、河西沙拐枣）、巴天酸模（帕米尔酸模）、胀果甘草（黄甘草）等。

经过逐一查阅核实，初步整理出保护区及瓜州分布的中国特有种共82种（含种下分类群），隶属于30科61属（表4-8）。与第三期科学考察结果比较，删除了簇生椒，该种为典型的农作物；增加了柔毛连蕊芥，系连蕊芥之变种，《中国植物志》记录其产于甘肃（张掖），保护区系首次发现。

特有科、属、种（含种下分类群）分别相应地占保护区维管植物总科数的46.2%（30科/65科），总属数的27.9%（61/219），总种数的16.9%（82/484）。保护区内特有种虽然不算多，但是从类群及其分布特点看，却是极具特色的，这一方面与特殊的地理环境和气候类型有关，也与保护区合理、科学的保护和管理措施有关。因此，建议保护区加强特色和特有种的保护工作。

表4-8　保护区内分布的中国特有种信息表

科	种	分布
柏科（Cupressaceae）	祁连圆柏（*Sabina przewalskii*）	青海、甘肃及四川北部有分布，是蒙新、黄土、青藏三大高原交会处的祁连山针叶林带重要的建群种之一
杨柳科（Salicaceae）	二白杨（*Populus gansuensis*）	甘肃（河西的武威、张掖、酒泉）
蓼科（Polygonaceae）	甘肃沙拐枣（*Calligonum chinense*）	甘肃和新疆东部
	柴达木沙拐枣（*Calligonum zaidanmense*）	青海柴达木盆地及新疆东部（大红山）
	歧穗大黄（*Rheum scaberrimum*）	甘肃、青海及四川西北部（色达）
藜科（Chenopodiaceae）	毛果兴安虫实（*Corispermum chinganicum* var. *stellipile*）	黑龙江和内蒙古
	黄毛头（*Kalidium cuspidatum* var. *sinicum*）	河北、内蒙古、宁夏、陕西、甘肃、新疆、青海。生于盐湖边及盐碱滩地。蒙古也有
	宽翅地肤（*Kochia macroptera*）	内蒙古阿拉善右旗
	灰白木地肤（*Kochia prostrata* var. *canescens*）	内蒙古、宁夏、甘肃西部、新疆
	细叶猪毛菜（*Salsola ruthenica* var. *filifolia*）	东北西部、华北北部、甘肃北部
	星花碱蓬（*Suaeda stellatiflora*）	甘肃西部、新疆

续表4-8

科	种	分布
毛茛科 (Ranunculaceae)	灰叶铁线莲(*Clematis canescen*)	甘肃北部、宁夏、内蒙古西部
	圆叶碱毛茛(*Halerpestes cymbalaria*)	陕西、甘肃、青海、新疆、四川、西藏、内蒙古、山西、河北、山东、辽宁、吉林、黑龙江
小檗科 (Berberidaceae)	鄂尔多斯小檗(*Berberis caroli*)	内蒙古伊克昭盟
	置疑小檗(*Berberis dubia*)	甘肃、宁夏、青海、内蒙古
罂粟科 (Papaveraceae)	灰绿黄堇(*Corydalis adunca*)	内蒙古(大青山)、宁夏(贺兰山、中卫、银川、固原等地)、甘肃(卓尼、岷县、武都、迭部、酒泉、临洮等地)、陕西(神木)、青海(民和、循化、兴海、玉树等地)、四川(松潘、稻城、木里等地)、西藏(芒康、八宿、宁静、昌都、察雅、米林、朗县、加查等地)
	红花紫堇(*Corydalis livida*)	甘肃(乌鞘岭、祁连山、山丹、天祝、酒泉、嘉峪关)、青海(民和、循化、互助、门源、浩门河、祁连、乌兰、柴达木、囊谦、泽库)
十字花科 (Cruciferae)	抱茎花旗杆 (*Dontostemon elegans* var. *semiamplexicaulis*)	甘肃
	沙芥(*Pugionium cornutum*)	内蒙古(昭乌达盟翁牛特旗)、陕西(榆林)、宁夏(灵武、陶乐)
	柔毛连蕊芥(*Synstemon petrovii* var. *pilosus*)	甘肃(张掖)
景天科 (Crassulaceae)	唐古红景天(*Rhodiola algida* var. *tangutica*)	四川、青海、甘肃、宁夏
蔷薇科 (Rosaceae)	白毛小叶金露梅 (*Potentilla parvifolia* var. *hypoleuca*)	甘肃、青海、四川、云南、西藏
	羽裂密枝委陵菜 (*Potentilla virgata* var. *pinnatifida*)	新疆、青海、甘肃
豆科 (Leguminosae)	阿拉善黄耆(*Astragalus alaschanus*)	宁夏(贺兰山)、内蒙古(卓子山)
	荒漠黄耆(*Astragalus dengkouensis*)	内蒙古、宁夏、甘肃(河西走廊)
	哈密黄耆(*Astragalus hamiensis*)	内蒙古、甘肃(敦煌)、新疆(哈密)
	柴达木黄耆 (*Astragalus kronenburgii* var. *chaidamuensis*)	甘肃西部(阿克塞)、青海(德令哈、大柴旦)
	柠条(*Caragana korshinskii*)	内蒙古(伊克昭盟西北部、巴彦淖尔盟、阿拉善盟)、宁夏、甘肃(河西走廊)、陕西

续表 4-8

科	种	分布
豆科（Leguminosae）	荒漠锦鸡儿（*Caragana roborvskyi*）	内蒙古西部、宁夏、甘肃、青海东部、新疆
	西藏锦鸡儿（*Caragana spinifera*）	内蒙古（伊克昭盟、巴彦淖尔盟、阿拉善盟）、宁夏、甘肃、四川、西藏（当雄）、青海（海南藏族自治州、格尔木、共和）。在蒙古南部也有分布
	毛刺锦鸡儿（*Caragana tibetica*）	内蒙古西部、陕西北部、宁夏、甘肃、青海、四川西部、西藏
	蒙古旱雀豆（*Chesniella mongolica*）	内蒙古、新疆南部和甘肃金塔一带
	胀果甘草（*Glycyrrhiza inflata*）	新疆等
	红花岩黄耆（*Hedysarum multijugum*）	四川、西藏、西北五省区、山西、内蒙古、河南、湖北
	华西棘豆（*Oxytropis giraldii*）	陕西秦岭、甘肃中部和西部、青海东部、四川松潘等地
蒺藜科（Zygophyllaceae）	白刺（*Nitraria tangutorum*）	陕西北部、内蒙古西部、宁夏、甘肃河西、青海、新疆、西藏东北部、张家口坝上、天津、山东（沧州、寿光、东营等地）
	细叶骆驼蓬（*Peganum naganumnigellastum*）	陕西北部、内蒙古西部、宁夏、甘肃、青海
	短果驼蹄瓣（*Zygophyllum fabago* ssp. *orientale*）	甘肃河西、内蒙古西部、新疆
	粗茎霸王（*Zygophyllum loczyi*）	内蒙古西部、甘肃河西、青海、新疆
柽柳科（Tamaricaceae）	甘肃柽柳（*Tamarix gansuensis*）	新疆、青海（柴达木）、甘肃（河西）、内蒙古（西部至磴口）
伞形科（Umbelliferae）	硬阿魏（*Ferula bungeana*）	黑龙江、吉林、辽宁、内蒙古、河北、河南、山西、陕西、甘肃、宁夏
报春花科（Primulaceae）	阿拉善点地梅（*Androsace alaschanica*）	内蒙古、青海省、甘肃和宁夏
	玉门点地梅（*Androsace brachystegia* ）	青海、甘肃、四川西北部
木樨科（Oleaceae）	小叶丁香（*Syringa microphylla*）	河北西南部、山西、陕西、宁夏南端、甘肃、青海东部、河南西部、湖北西部、四川东北部
龙胆科（Gentianaceae）	管花龙胆（*Gentiana siphonantha*）	四川西北部、青海、甘肃及宁夏西南部
萝藦科（Asclepiadaceae）	羊角子草（*Cynanchum cathayense*）	河北、宁夏、甘肃、新疆等省区
	华北白前（*Cynanchum hancockianum*）	四川、甘肃、陕西、河北、山西、内蒙古

续表4-8

科	种	分布
紫草科（Boraginaceae）	沙生鹤虱（*Lappula deserticola*）	甘肃（河西走廊西部）、内蒙古（巴彦淖尔盟阿拉善左旗）、新疆
	异刺鹤虱（*Lappula heteracantha*）	东北、华北，内蒙古、河北、陕西、甘肃
	黄果枸杞（*Lycium barbarum* var. *auranticarpum*）	宁夏银川
玄参科（Scrophulariaceae）	甘肃马先蒿（*Pedicularis kansuensis* ）	甘肃西南部、青海、四川西部，西藏昌都
忍冬科（Caprifoliaceae）	红花岩生忍冬（*Lonicera rupicola* var. *syringantha*）	宁夏南部、甘肃西北部至南部、青海东部、四川西南部至西北部、云南西北部及西藏（林芝、错那）
败酱科（Valerianaceae）	毛果缬草（*Valeriana hirticalyx*）	青海东北、东部和南部，西藏东北部
桔梗科（Campanulaceae）	紫沙参（*Adenophora paniculata*）	内蒙古南部（土默特旗）、山西、河北（北至龙关、雾灵山）、山东（泰山）、河南（卢氏、栾川、嵩县、汝阳）、陕西（秦岭）
菊科（Compositae）	细裂亚菊（*Ajania przewalskii*）	四川、青海、甘肃东部、宁夏贺兰山
	铃铃香青（*Anaphalis hancockii*）	青海东部（大通、海原）、甘肃西部及西南部（夏河、岷县、清源、临潭）、陕西南部（太白山）、山西西部及北部（离石、五寨、兴县、五台）、河北西部及北部（小五台山、百花山和东西灵山）、四川西部及西北部（德格、小金）、西藏东部（鲁郎）
	黑沙蒿（*Artemisia ordosica*）	河北（北部）、内蒙古（伊克昭盟、巴彦淖尔盟、阿拉善盟）、陕西（榆林地区）、山西西部、宁夏、甘肃中部和西部、新疆东部和北部
	伊犁蒿（*Artemisia transilunsis*）	新疆天山北坡
	垫状短舌菊（*Brachanthemum pulvinatum*）	内蒙古南部，宁夏西北部，甘肃西部、中部，新疆东部，青海（柴达木盆地）
	砂蓝刺头（*Echinops gmelini*）	黑龙江、吉林、辽宁、内蒙古、新疆（准噶尔盆地及塔里木盆地）、青海（柴达木盆地）、甘肃、陕西北部、宁夏、山西、河北、河南北部
	河西菊（*Hexinia polydichotoma*）	甘肃（兰州、安西、酒泉、金塔）、新疆（若羌、乌恰、叶城、于田、疏附、阿克苏、吐鲁番、轮台、托克逊、尉犁）

续表4-8

科	种	分布
菊科（Compositae）	疏苞美头火绒草（*Leontopodium calocephalum* var. *depauperatum*）	青海东部（门源）、甘肃西部至南部（夏河、岷县等）、四川北部至西南部（茂理、小金、峨边、峨眉、松潘、康定、道孚等）、云南西北部至北部（德钦、鹤庆、中甸、丽江、维西等）
	垫风毛菊（*Saussurea pulvinata*）	甘肃、青海（柴达木）、西藏
	青海碱地风毛菊（*Saussurea rancinata* var. *pinnatidentata*）	内蒙古（乌兰察布盟、伊克昭盟、巴彦淖尔盟、阿拉善盟）、甘肃（会宁、靖远、榆中）、青海（同仁）
	拐轴鸦葱（*Scorzonera divaricata*）	内蒙古（包头、阿拉善旗、呼和浩特、东苏尼特旗、扎萨克旗、二连）、河北（小五台山）、山西（天镇、兴县、五台、河曲、太原、宁武、临县、中阳、河曲、大同）、陕西（绥德、榆林、横山、神木、靖边、定远）。蒙古有分布
	博洛塔绢蒿（*Seriphidium borotalense*）	新疆北部
	民勤绢蒿（*Seriphidium minchunense*）	甘肃中、西部至新疆鄯善
眼子菜科（Potamogetonaceae）	内蒙眼子菜（*Potamogeton pectinatus* var. *interruptus*）	内蒙古（乌兰察布盟）
	小眼子菜（*Potamogeton pusillus*）	我国南北各省区，但以北方更为多见
禾本科（Gramineae）	獐毛（*Aeluropus littoralis* var. *sinensis*）	东北，河北、山东、江苏诸省沿海一带以及河南、山西、甘肃、宁夏、内蒙古、新疆等省区
	蒙古冰草（*Agropyron mongolicum*）	内蒙古、山西、陕西、甘肃
	大颖三芒草（*Aristida grandiglumis*）	新疆南部、甘肃（敦煌）
	溚草（*Koeleria cristata*）	我国东北、西北、华北和内蒙古
	少叶早熟禾（*Poa paucifolia*）	内蒙古、四川北部、甘肃
	微药碱茅（*Puccinellia micrandra*）	黑龙江、河北、内蒙古、甘肃（武都）、青海（西宁、共和、天峻、乌兰、都兰、格尔木）、江苏北部
	中间鹅观草（*Roegneria sinica* var. *media*）	山西、甘肃

续表4-8

科	种	分布
禾本科（Gramineae）	金色狗尾草（*Setaria glauca*）	我国的温带、暖温带，南、北各省区均有分布，在山西省的晋中、晋南，晋东南尤为广泛
	甘青针茅（*Stipa przewalskyi*）	内蒙古、宁夏、甘肃、西藏、青海、陕西、山西、河北、四川
莎草科（Cyperaceae）	矮藨草（*Scirpus pumilus*）	河北西北部、内蒙古、新疆、西藏西部
灯心草科（Juncaceae）	扁茎灯心草（*Juncus gracillimus*）	东北、华北、西北，山东及长江流域诸省区
	新甘灯心草（*Juncus soranthus*）	新疆（吐鲁番盆地、准噶尔盆地、焉耆盆地）、甘肃河西走廊
鸢尾科（Iridaceae）	马蔺（*Iris lactea* var. *chinensis*）	东三省，内蒙古、河北、山西、山东、河南、安徽、江苏、浙江、湖北、湖南，西北五省区，四川、西藏

4.2.2　植物分布类型特征及其变化

4.2.2.1　科的分布类型特征

第四期科学考察结果中，科的分布类型与第三期科学考察结果一致。根据《世界种子植物科的分布区类型系统的修订》（吴征镒，2003）等资料，将保护区分布的维管植物65科的分布区划分为6个类型。按各分布类型所含科的数目，可将这6个分布类型从多到少排列为：（1）世界广布（39科）；（2）北温带（16科）；（3）泛热带（7科）；（4）东亚（热带、亚热带）及热带南美间断（1科）；（5）旧世界温带（1科）；（6）地中海区、西亚至中亚（1科）。第四期科学考察增加的2科（榆科、杨柳科）在第三期科学考察结果中有，但未统计入正文分析中。

4.2.2.2　属的分布类型特征及其变化

根据《中国种子植物属的分布区类型》（吴征镒，1991）等资料，保护区内的维管植物219属可划归为13个分布区类型（表4-9），按各分布区类型所含属数，将这13个分布区类型从大到小排列为：（1）北温带（74属）；（2）世界分布（41属）；（3）地中海区、西亚至中亚（34属）；（4）旧世界温带（21属）；（5）中亚（18属）；（6）泛热带（13属）；（7）温带亚洲（9属）；（8）东亚和北美洲间断（2属）；（9）东亚（2属）；（10）中国特有（2属）；（11）热带亚洲和热带美洲间断（1属）；（12）旧世界热带（1属）；（13）热带亚洲至热带非洲（1属）。可见，保护区维管植物属的植物地理区系分布类型以北温带、世界广布和地中海区、西亚至中亚为主；分布类型为东亚和北美洲间断、东亚分布和中国特有属较少，均各有2属；热带亚洲和热带美洲间断分布、旧世界热带与热带亚洲至热带非洲最少，均仅有1属。

保护区第四期科学考察中属的区系地理分布类型较第三期的没有变化，只是4个分布类型所含属数发生变化，即“1-0世界分布”增加了2属，“8-0北温带”增加了4属，“10-0旧世界温带”增加了2属，“15-0中国特有”增加1属（连蕊芥属）。

表4-9　保护区维管植物属的植物地理区系分布类型表

属的分布区类型及变型	考察属数第四期（第三期）
1-0世界分布	41（39）
2-0泛热带	13（13）
3-0热带亚洲和热带美洲间断	1（1）
4-0旧世界热带	1（1）
6-0热带亚洲至热带非洲	1（1）
8-0北温带	55（51）
8-2北极-高山	1（1）
8-4北温带和南温带间断	16（16）
8-5欧亚和南美洲温带间断	2（2）
9-0东亚和北美洲间断	2（2）
10-0旧世界温带	15（13）
10-1地中海区西亚和东亚间断	3（3）
10-2地中海区和喜马拉雅间断	1（1）
10-3欧亚和南非洲（有时也在大洋洲）间断	2（2）
11-0温带亚洲	9（9）
12-0地中海区西亚至中亚	28（28）
12-1地中海区至中亚和南非洲大洋洲间断	1（1）
12-2地中海区至中亚和墨西哥间断	1（1）
12-3地中海区至温带热带亚洲，大洋洲和南美洲间断	3（3）
12-4地中海区至热带非洲和喜马拉雅间断	1（1）
13-0中亚	10（10）
13-1中亚东部（亚洲中部）	5（5）
13-2中亚至喜马拉雅	1（1）
13-3西亚至喜马拉雅和西藏	2（2）
14-0东亚（东喜马拉雅-日本）	2（2）
15-0中国特有	2（1）
合计	219（210）

4.2.2.3　中国特有种的分布类型特征

根据野外调查结果，参考第三期科学考察的结果及其他相关资料，确定出83种保护区内植物地理区系的分布类型及其所含的植物种（表4-10、表4-11）。

表4-10　保护区内中国特有种植物地理区系分布类型

植物区系分布类型	特有种	种数
Ⅰ	毛果兴安虫实	1
Ⅱ	黄果枸杞、青海碱地风毛菊、拐轴鸦葱、蒙古冰草、中间鹅观草	5
Ⅲ	小叶丁香、华北白前、紫沙参、铃铃香青	4
Ⅳ1	羽裂密枝委陵菜、博洛塔绢蒿	2
Ⅳ2	伊犁蒿	1
Ⅳ3	甘肃沙拐枣、黄毛、宽翅地肤、灰白木地肤、细叶猪毛菜、星花碱蓬、灰叶铁线莲、鄂尔多斯小檗、置疑小檗、沙芥、抱茎花旗杆、柔毛连蕊芥、阿拉善黄耆、荒漠黄耆、哈密黄耆、柠条、荒漠锦鸡儿、蒙古旱雀豆、胀果甘草、细叶骆驼蓬、短果骆驼蹄瓣、粗茎霸王、甘肃柽柳、阿拉善点地梅、羊角子草、沙生鹤虱、黑沙蒿、垫状短舌菊、河西菊、民勤绢蒿、内蒙眼子菜、大颖三芒草、新甘灯心草	33
Ⅴ1	红花岩生忍、毛果缬草、细裂亚菊、疏苞美头火绒草、垫风毛菊	5
Ⅴ2	歧穗大黄、灰绿黄堇、唐古红景天、白毛小叶金露梅、西藏锦鸡儿、毛刺锦鸡儿、华西棘豆、玉门点地梅、管花龙胆、甘肃马先蒿、少叶早熟禾	11
Ⅴ3	祁连圆柏、红花紫堇	2
Ⅴ4	柴达木沙拐枣、柴达木黄耆	2
Ⅵ	二白杨	1
Ⅶ	圆叶碱毛茛、红花岩黄耆	2
Ⅷ	白刺、矮藨草	2
Ⅸ	硬阿魏、异刺鹤虱、砂蓝刺头、獐毛、落草、微药碱茅	6
Ⅹ	甘青针茅	1
Ⅺ	小眼子菜、金色狗尾草、扁杆灯心草、马蔺、细叶鸢尾	5
合计：9个分布类型，7个亚型		83

表4-11　保护区内中国特有种植物地理区系分布类型分析排序表

分布型代号	保护区中国特有种分布类型	各分布型所含种数
Ⅳ3	阿拉善高原与河西走廊分布亚型	33
Ⅴ2	青东南川西北高原分布亚型	11
Ⅸ	秦岭以北分布型	6

续表4-11

分布型代号	保护区中国特有种分布类型	各分布型所含种数
Ⅺ	全国广布型	5
Ⅱ	黄土高原分布型	5
Ⅴ1	藏东川西山地高原分布亚型	5
Ⅲ	秦巴山地与淮阳丘陵分布型	4
Ⅳ1	阿尔泰山与邻近山地分布亚型	2
Ⅴ3	祁连山地与阿尔金山分布亚型	2
Ⅴ4	柴达木盆地分布亚型	2
Ⅵ	甘肃河西走廊分布型	1
Ⅶ	长江以北分布型	2
Ⅷ	中国西部分布型	2
Ⅰ	大兴安岭北部山地分布型	1
Ⅳ2	天山山地分布亚型	1
Ⅹ	中国西部和华北分布型	1
合计	9个分布类型，7个亚型	83

在保护区内中国特有种地理区系分布类型组成次序，即阿拉善高原与河西走廊分布亚型（Ⅳ3，39.8%）>青东南川西北高原分布亚型（Ⅴ2，13.3%）>秦岭以北分布型（Ⅸ，7.2%）>全国广布型（Ⅺ，6.0%）、黄土高原分布型（Ⅱ，6.0%）、藏东川西山地高原分布亚型（Ⅴ1，6.0%）>秦巴山地与淮阳丘陵分布型（Ⅲ，4.8%）>阿尔泰山与邻近山地分布亚型（Ⅳ1，2.4%）、祁连山地与阿尔金山分布亚型（Ⅴ3，2.4%）、柴达木盆地分布亚型（Ⅴ4，2.4%）、长江以北分布型（Ⅶ，2.4%）、中国西部分布型（Ⅷ，2.4%）>大兴安岭北部山地分布型（Ⅰ，1.2%）、甘肃河西走廊分布型（Ⅵ，1.2%）、天山山地分布亚型（Ⅳ2，1.2%）、中国西部和华北分布型（Ⅹ，1.2%）。

在保护区内含特有种最多的分布型是位于西北干旱区的西北地区分布型（Ⅳ），加上甘肃河西走廊分布型（Ⅵ），共计有36种，占特有种的43.4%，其中阿拉善高原与河西走廊分布亚型（Ⅳ3）所含特有种占绝对优势，多达33种，占特有种的39.8%。说明保护区内分布的特有种以西北地区分布型为主，其中阿拉善高原与河西走廊分布亚型处于优势地位。

位于青藏高原区的青藏地区分布型（Ⅴ）共计含20种，占特有种的24.1%。其中青东南川西北高原分布亚型（Ⅴ2）具有明显优势，含11种，占特有种的13.3%；其次为藏东川西山地高原分布亚型（Ⅴ1），含有5种，占特有种的6.0%。可见保护区内分布的特有种青藏地区分布型位居第二，其中青东南川西北高原分布亚型为其主要成分。

秦岭以北分布型（Ⅸ）含6种，占特有种的7.2%，在保护区内分布的特有种中位居第三。

位于东部季风区的华北地区（黄土高原）分布型（Ⅱ）含5种，全国广布型（Ⅺ）与之相同，也含5种，分别占特有种的6.0%，在保护区内分布的特有种中位居第四。

位于东部季风区的华中地区（秦巴山地与淮阳丘陵）分布型（Ⅲ）含4种，占特有种的4.9%，在保护区内分布的特有种中位居第五。

长江以北分布型（Ⅶ）与中国西部分布型（Ⅷ）各含2种，分别占特有种的2.4%，在保护区内分布的特有种中位居第六。

位于东部季风区的东北地区（大兴安岭北部山地）分布型（Ⅰ）与中国西部和华北分布型（Ⅹ）各含仅1种，分别占特有种的1.2%，在保护区内分布的特有种中所占成分最小。

4.2.3　保护区植物地理区系特征总结

4.2.3.1　植物地理区系成分以北温带为主

对保护区65科维管植物地理区系分布类型的分析结果表明，除了世界广布分布型（39科）以外，以北温带分布型（16科）为主，其次为泛热带分布型（7科），东亚（热带、亚热带）及热带南美间断分布型、旧世界温带和地中海区、西亚至中亚各类型仅有1科。第四期科学考察增加的2科——榆科、杨柳科为第三期科学考察结果中有但未统计入正文分析中的科。

保护区219属的分布型中，北温带分布型占绝对优势，占总属数的33.8%（74/219），比世界广布型（18.7%）还要多。可见，在保护区植物地理区系组成成分中，北温带成分起着举足轻重的作用。

4.2.3.2　植物地理区系成分与中亚荒漠区系成分相似

通过对优势类群的分析，保护区中的优势科以及一些分布广泛的处于优势地位的物种大都与中亚荒漠种的优势类群相同，如菊科、藜科、蒺藜科、柽柳科、蓼科以及麻黄科等（刘迺发，2006）。这些优势科中的一些物种往往是保护区中的优势种或伴生种，如星状短舌菊、中亚木紫菀、密枝喀什菊、蒿叶猪毛菜、合头藜、梭梭、无叶假木贼、泡泡刺、红砂、多枝柽柳、沙拐枣、膜果麻黄、中麻黄、白皮锦鸡儿、罗布麻等。因此，属于温带极旱荒漠地带的保护区植物地理区系成分与中亚荒漠区系成分非常相似，二者可能起源于相同的植物地理区系。由此说明，在植被区划上，保护区乃至甘肃河西走廊西端荒漠植被区是亚洲荒漠植被区的一个组成部分。

4.2.3.3　植物地理区系成分与古地中海成分有密切的联系

保护区中属的植物地理区系分布类型“地中海区、西亚至中亚分布型”地位较显著，共有34属，不算广布属，占总属数的15.5%（34/219）。其中的许多属及其相关物种在保护区处于优势地位，如沙拐枣属、假木贼属、裸果木属、盐穗木属（盐穗木）、盐爪爪属、盐节木属、驼绒藜属、甘草属、骆驼刺属、霸王属、锁阳属、花花柴属、盐生草属以及红砂属等。

从一些属的间断分布也可看出，保护区植物地理区系与地中海的联系，如裸果木属共有2种，保护区及我国荒漠地区分布的为我国特有种裸果木 *Gymnocarpos przewalskii*，另一种 *Gymnocarpos decander* 分布在地中海南岸。这2种呈间断分布格局。另外，锁阳属也有2种，保护区和我国沙漠地区分布的为锁阳 *Cynomorium songaricum*，另一种 *Cynomorium coccineum* 分布于非洲撒哈拉沙漠。这2种也呈间断分布格局。据有关资料报道（刘迺发，2006），有很多现代植物由地中海沿岸，特别是南岸，包括撒哈拉沙漠北部，一直分布到我国沙漠地区。

上述事实说明，保护区植物地理区系与古地中海有一定的联系，进而可以推测，保护区植物地理区系有可能是由古地中海南岸的干热植物地理区系发展而来的。

4.2.3.4　植物地理区系成分与蒙古植物区系成分相互交织

我国阿拉善地区以及河西走廊西部多与蒙古直接相接，由于地理位置，特别是相似的生态环境，保护区的植物地理区系与蒙古植物区系有着较为密切的联系。

保护区内分布的不少处于优势地位的种或伴生种，同时也是蒙古植物地理区系的成分（刘迺发，2006），如红砂、霸王、白刺、蒿叶猪毛菜、珍珠、内蒙古旱蒿、沙蒿、荒漠黄芪、蒙古鸦葱及沙生针茅、戈壁针茅、短花针茅等。

4.2.3.5　阿拉善高原与河西走廊分布亚型在保护区特有种植物地理区系分布型中占绝对优势

基于第三期科学考察的结果，我们进一步完善了保护区特有种地理区系分布类型系统。将保护区83种中国维管植物特有种划分成9个地理区系分布类型和7个亚型。在保护区中，特有种植物地理区系分布型以西北地区分布型为主，其中阿拉善高原与河西走廊分布亚型（33种）占绝对优势，占特有种（83种）的39.8%。青藏地区分布型位居第二（16种），其中青东南川西北高原分布亚型（11种）为其主要成分。东北地区（大兴安岭北部山地）分布型与中国西部和华北分布型所占成分最小。

4.3　资源植物及其动态

4.3.1　国家级保护植物及其动态

4.3.1.1　分布于甘肃河西走廊西段或保护区的国家级保护植物统计

在现场调查基础上，结合相关文献资料和之前保护区各期考察报告，对照2021年版《国家重点保护野生植物名录》得出，分布于甘肃河西走廊西段或保护区的国家级保护植物有9种（表4-12），隶属于8科8属，占保护区维管植物总种数的1.7%（9种/484种），包括：国家一级重点保护植物发菜，二级重点保护植物肉苁蓉、甘草、胀果甘草、乌苏里狐尾藻、唐古红景天、锁阳、蒙古冰草、黑果枸杞等。最大的变化是三期调查中还是二级保护植物的裸果木、胡杨、中麻黄、梭梭、白梭梭、沙拐枣均已被移出了新的保护名录中，而之前未列入保护名录的黑果枸杞则成了二级保护植物。这一方面说明，过去几十年包括保护区在内的生态环境保护和生物多样性保护工作取得了卓有成效，一些长期受保护的物种如胡杨、梭梭、裸果木等的种群恢复取得了理想的成效；另一方面，开展包括黑果枸杞等一些新入围的受保护物种的濒危机制研究迫在眉睫。

表4-12　分布于甘肃河西走廊西段或保护区的国家级保护植物

种名	受保护级别（2021名录）	生境	保护区内分布
发菜（*Nostoc flagelliforme*）	一级	干旱半干旱土地贫瘠地区	南片
肉苁蓉（*Cistanche deserticola*）	二级	沙漠边缘地带	北片
黑果枸杞（*Lycium ruthenicum*）	二级	盐碱土荒地、沙地或路旁	桥子、锁阳古城一带
锁阳（*Cynomorium songaricum*）	二级	沙地	锁阳城

续表4-12

种名	受保护级别（2021名录）	生境	保护区内分布
甘草（甜甘草）（*Glycyrrhiza uralensis*）	二级	沙土地	双塔、桥子
胀果甘草（*Glycyrriza inflata*）	二级	沙地	双塔
唐古红景天（*Rhodiola algida* var. *tangutica*）	二级	石质山坡	滴水山
乌苏里狐尾藻（*Myriophyllum ussuriense*）	二级	沉水植物	双塔水库
蒙古冰草（*Agropyron mongolicum*）	二级	沙地	河西走廊

4.3.1.2　分布于甘肃河西走廊西段或保护区的国家级保护植物介绍

1.发菜

2021年版《国家重点保护野生植物名录》将发菜确定为国家一级重点保护植物。

发菜为念珠藻科原核生物，细胞全体呈黑蓝色，可食用。发菜贴于荒漠植物的下面生长，因其形如乱发，颜色乌黑而得名。藻体毛发状，平直或弯曲，棕色，干后呈棕黑色。许多藻体往往绕结成团，最大藻团直径达0.5 m；单一藻体干燥时宽0.3～0.51 mm，吸水后黏滑而带弹性，直径可达1.2 mm。藻体内的藻丝直或弯曲，许多藻丝几乎纵向平行排列在厚而有明显层理的胶质被内；单一藻丝的胶鞘薄而不明显，无色。耐高温、寒冷及干旱，生于海拔1 000～2 800 m的干旱贫瘠土地。具有固氮能力，可为土壤提供天然氮肥。具有较高的药用价值，有农民以采挖发菜卖钱谋生，多年来过度采挖，其野生资源已被严重破坏，并导致大片草场退化和土地荒漠化，其分布范围也随着土地的开发而大量减少。

主要分布于内蒙古、宁夏、甘肃、青海和陕西等地。俄罗斯、蒙古、捷克斯洛伐克、法国、美国、墨西哥、摩洛哥、索马里和阿尔及利亚等国也有分布。

2.肉苁蓉

1984年版《中国珍稀濒危保护植物名录》（第一批）将肉苁蓉确定为国家二级珍稀濒危保护植物，1987年版《中国珍稀濒危保护植物名录》（第一册）将该种确定为国家三级渐危保护植物，2021年版《国家重点保护野生植物名录》又将该种确定为国家二级重点保护植物。

肉苁蓉属列当科，多年生肉质植物，寄生于梭梭根部。茎肉质，有时由基部分枝，高40～160 cm，下部较粗，为5～12 cm。叶鳞片状，淡黄色。下部叶较密，卵形，长5～15 mm，宽5～8 mm。穗状花序，长15～50 cm。花黄色，花冠裂片黄白色、淡紫色或边缘淡紫色。蒴果卵形，2瓣裂。种子多数，微小，表面网状，有光泽。花期5—6月，果期6—8月。

肉苁蓉多生于沙漠边缘地带。本种为名贵中药，俗称“沙漠人参”，能补精血，益肾壮阳，润肠通便，也作蒙花用，能补肾消食。同时，它也是古地中海残遗植物，对于研究亚洲中部荒漠植物区系具有一定的科学价值。由于药用价值较高，被大量采挖，且由于该种寄生于梭梭根部，梭梭是骆驼的优良饲料和当地群众的燃料，因此过度放牧和大量砍挖梭梭，也使肉苁蓉处于临危的境地，其数量急剧减少，现已处于濒危状态。

分布于我国西北干旱地区，即内蒙古、宁夏、甘肃（昌马）及新疆等地。

3.黑果枸杞

在1984年版、1987年版等相关名录中，该种均未列入保护植物范围；在2021年版《国家重点保护野生植物名录》中，该种被确定为国家二级保护植物。至于其致危机制，除了因采食外，少有相关的系统性研究。

黑果枸杞为多棘刺灌木，高20～50 cm，可达150 cm，多分枝；分枝斜升或横卧于地面，坚硬，常成“之”字形曲折，有不规则的纵条纹，小枝顶端渐尖成棘刺状，节间短缩，每节有长0.3～1.5 cm的短棘刺；短枝位于棘刺两侧，在幼枝上不明显，在老枝上则成瘤状。叶2～6枚簇生于短枝上，在幼枝上则单叶互生，肥厚肉质，近无柄，条形、条状披针形或条状倒披针形。花1～2朵生于短枝上；花梗细瘦。花萼狭钟状，果时稍膨大成半球状，包围于果实中下部，裂片膜质，边缘有稀疏缘毛；花冠漏斗状，浅紫色，筒部向檐部稍扩大，5浅裂，裂片矩圆状卵形，无缘毛，耳片不明显；雄蕊稍伸出花冠，着生于花冠筒中部，花丝离基部稍上处有疏绒毛，在花冠内壁等高处亦有稀疏绒毛；花柱与雄蕊近等长。浆果紫黑色，球状，有时顶端稍凹陷。种子肾形，褐色。花果期5—10月。

据《中国沙漠地区药用植物》《新疆中草药》等资料记载，黑果枸杞果实及根皮均可入药，具清肺热、镇咳、消炎功效。其果实富含花青素、糖类、游离氨基酸、有机酸、矿物质、微量元素等，因而采摘、盗挖等破坏行为一度盛行，须加强保护力度。

黑果枸杞分布于陕西北部、宁夏、甘肃、青海、新疆和西藏等地，中亚、高加索和欧洲等地亦有分布。

耐干旱，常生于盐碱土荒地、沙地或路旁。可作为水土保持的灌木。

4.唐古红景天

该种在历次的保护植物名录中均被列入，足见其资源之稀少。在2021年版《国家重点保护野生植物名录》中，该种被确定为国家二级保护植物，为《世界自然保护联盟濒危物种红色名录》易危物种。其濒危原因除了其分布区环境严酷、分布范围小之外，人类的过度采挖是不可忽略的因素。

唐古红景天为多年生草本。主根粗长，分枝；根颈没有残留老枝茎。雌雄异株。叶线形，无柄。花序紧密，伞房状，花序下有苞叶；萼片5片，线状长圆形，先端钝；花瓣5枚，长圆状披针形；雄蕊10枚。雌株花茎果总高15～30 cm，花序伞房状；花瓣5片；蓇葖5个，直立，狭披针形。花期5—8月，果期8月。

根、茎、花可药用，具有补气清肺、益智养心、收涩止血、散瘀消肿的功效。用于气虚体弱、病后畏寒、气短乏力、肺热咳嗽、咯血、白带、腹泻、跌打损伤、烫火伤、神经症、高原反应的治疗。

生于海拔2 000～4 700 m的高山石缝或近水边。产于四川、青海、甘肃、宁夏等地。保护区内分布在滴水山石质山坡上。

5.甘草

在2021年版《国家重点保护野生植物名录》中，甘草被确定为国家二级重点保护植物。

甘草属豆科，多年生草本。根和根状茎粗壮，直径1～3 cm，味甜，外皮褐色，内部淡黄色。茎高40～100 cm。羽状复叶，长10～25 cm。小叶3～8对，卵形或椭圆形，长1.5～5 cm，宽1～3 cm。总状花序，长4～10 cm。花冠紫色，带白色。荚果密集呈球形果序，镰形或环形弯曲，长3～4 cm，宽5～8 cm。种子圆肾形，2～8个，长5～6 mm。花期6—8月，果期7—10月。

常生于干旱沙地、河岸沙质地、山坡草地及盐渍化土壤。根和根状茎可入药，能清热解毒、润肺止咳等，主治咽喉肿痛、咳嗽、脾肺虚弱、胃及十二指肠溃疡、肝病等；在食品工业中可作啤酒的泡沫剂或酱油等的原材料；也是香烟添加料和蜜饯的香料资源，还是中等饲用植物。

主要分布于新疆、内蒙古、宁夏等地，在甘肃主要分布于永登至河西走廊。蒙古及俄罗斯西伯利亚地区也有分布。

6.胀果甘草

在2021年版《国家重点保护野生植物名录》中，胀果甘草被确定为国家二级重点保护植物。

生于沙地或盐渍化沙地。是适口性较好的牧草之一，各种家畜均喜食。其根是重要的中药材，内含极高的甘草甜素（味甘，性温和。能调和诸药，解毒，可治疗消化性溃疡，疗效较好）。制药后的下脚料，可制甘草膏，还可做糖果、蜜饯和泡沫饮料。

本种属豆科，多年生草本，高30～80 cm。根与根状茎粗壮，外皮褐色，被黄色鳞片状腺体，里面淡黄色，有甜味。茎直立，基部带木质，多分枝。叶面绿色，光亮，边缘起伏。总状花序腋生，较松散。花紫色。荚果紫红色，长椭圆形，饱满。花期5～7月，果期6～10月。

主要分布于内蒙古、甘肃和新疆等地。哈萨克斯坦、乌兹别克斯坦、土库曼斯坦、吉尔吉斯斯坦和塔吉克斯坦也有分布。

7.锁阳

在2021年版《国家重点保护野生植物名录》中，锁阳被确定为国家二级重点保护植物。

生于荒漠草原，草原化荒漠与荒漠地带的河边、湖边、池边等沙地且有白刺、红砂生长的盐碱地带。本种入药，具有药兼食用的功效，既有药用保健作用，又有营养价值，有补肾润肠之功效，可治阳痿、尿血等症。

本种属锁阳科，多年生肉质寄生草本，高15～100 cm，大部分埋于沙中。茎呈圆柱形，略扁，长10～20 cm，直径2～5 cm，表面红棕色，极皱缩，有显著纵沟及不规则凹陷，有的可见三角形鳞片状叶及部分花序，质坚实，易折断，断面棕色或黑棕色，有多数黄色三角状导管束小点分布。气微香而特异，味微苦涩。果为小坚果状，多数非常小，近球形或椭圆形，果皮白色，顶端有宿存浅黄色花柱。种子近球形，直径约1 mm，深红色，种皮坚硬而厚。花期5—7月，果期6—7月。

该种分布于新疆（准噶尔盆地、吐鲁番盆地、塔里木盆地、阿尔泰山地、天山山地等）、青海（柴达木盆地等）、宁夏（银北）、内蒙古（锡林郭盟西北部、乌兰察布盟北部、巴彦淖尔盟、伊克昭盟西北部、阿拉善右旗、阿拉善左旗等）、陕西（榆林等地）等省区，在甘肃分布于河西走廊中西端（民勤、金塔、武威、张掖、酒泉等）。中亚、伊朗、蒙古也有分布。

8.乌苏里狐尾藻

乌苏里狐尾藻在2021年版《国家重点保护野生植物名录》中，乌苏里狐尾藻被确定为国家二级保护植物，为《世界自然保护联盟濒危物种红色名录》易危物种。其濒危原因主要是生境退化或丧失等导致的栖息地质量下降。

该种为多年生水生草本，根状茎发达，生于水底泥中，节部生多数须根。茎圆柱形，常单一不分枝，长6～25 cm。水中茎中下部叶4片轮生，有时3片轮生，羽状深裂，裂片短，对生，线形，全缘；茎上部水面叶仅1～2片，极小，细线状。花单生于叶腋，雌雄异株，无花梗。雄花萼钟状，花瓣4片，雄蕊8或6枚。雌花萼壶状，与子房合生，具极小的裂片，花瓣早落，子房下位，柱头4裂，羽毛状。果圆卵形。花期5—6月，果期6—8月。

狐尾藻属植物多为湖区的绿肥资源，并为一些鱼群的产卵场所，是养殖业中的优质饵料，还可以作为养猪、养鸭的饲料。乌苏里狐尾藻叶态独特，能打造出水中仙气十足的景观效果，是优良的观赏植物。全草可供药用，有利水祛湿、散瘀消肿的功效。对富营养化水中的氮磷均有较好的净化作用，是湖泊等生态修复工程中的净水工具种和植被恢复先锋种。

该种生于小池塘或沼泽水中。分布于黑龙江、吉林、河北、安徽、江苏、浙江、台湾、广东、广西等省区。俄罗斯、朝鲜、日本等国也有分布。

9.蒙古冰草

在2021年版《国家重点保护野生植物名录》中，蒙古冰草被确定为国家二级重点保护植物。

该种对寒冷、干旱、风沙以及盐碱有很强的抵抗能力，耐瘠薄土壤，在沙土、壤土上都可生长，一般生于干燥草原、沙地。该种是干旱草原和荒漠地带的重要牧草之一，还具有一定的固沙能力。适宜在干旱草原及荒漠区直播或补播。播种期为7—8月雨季。

属禾本科，多年生草本，有根状茎。须根长而密集，外具沙套。秆直立，成疏丛，高25～60 cm。叶片长5～15 cm，宽2～3 mm，内卷成针状，叶脉隆起成纵沟，脉上密被微细刚毛。穗状花序，长3～9 cm，小穗长8～14 mm。花期6—7月，果期8—9月。

分布于内蒙古、山西北部、陕西北部、甘肃（河西走廊）、宁夏一带。

4.3.1.3 保护区分布或可能分布需要重点关注的植物

根据相关资料记载、志书描述等资料，保护区可能还分布有沙冬青等国家级保护植物，但在此次考察或有关资料中尚未确定，有待进一步调查落实。

1.沙冬青（蒙古黄花木、冬青、蒙古沙冬青）

在1984年版《中国珍稀濒危保护植物名录》（第一批）中，沙冬青被确定为国家二级珍稀濒危保护植物；在1987年版《中国珍稀濒危保护植物名录》（第一册）中，该种被确定为国家三级渐危保护植物；在2021年版《国家重点保护野生植物名录》中，该种又被确定为国家二级重点保护植物。

沙冬青为豆科常绿灌木，高1.5～2 m，粗壮。冠幅约3 m。树皮黄绿色，木材褐色。茎多叉状分枝，圆柱形，具沟棱，幼被灰白色短柔毛，后渐稀疏。3小叶，偶为单叶。叶柄长5～15 mm，密被灰白色短柔毛。托叶小，三角形或三角状披针形，贴生叶柄，被银白色绒毛。小叶菱状椭圆形或阔披针形，长2～3.5 cm，宽6～20 mm，两面密被银白色绒毛，全缘。侧脉不明显。总状花序顶生，有8～12朵花密集。苞片卵形，长5～6 mm，密被短柔毛。花梗长约1 cm，中部有2枚小苞片。萼钟形，薄革质，长5～7 mm。萼齿5，上方2齿合生为一较大的齿。花冠黄色。子房具柄，线形。荚果扁平，有种子2～5粒，线形，先端锐尖，基部具长8～10 mm的果颈。种子圆肾形，直径约6 mm。花期4—5月，果期5—6月。

该种为一种常绿超旱生植物。根系庞大，有适应严酷环境的生理生态特点；叶组织内有大量黏液细胞；种子吸水力强，发芽迅速。分布于海拔1 000～1 200 m的低山处，可以生存在极端干旱的荒山和石质戈壁，多生于沙漠地带，通常喜生于沙砾质土壤。该种是鄂尔多斯高原和阿拉善荒漠区所特有的建群植物。

该种在历史、古植物区系、古地理、第三纪气候特征、豆科系统发育、地理学、古生物学和古地质学等领域都有重要的科研价值，特别是在研究亚洲中部荒漠起源和形成等重大问题上具有重要的科学意义。该种的存在为亚洲中部荒漠区系的热带起源学说提供了有力的证据。从实际效益而言，沙冬青具有良好的防风固沙性能，是绿化荒漠山川的优良树种，其生态效益巨大。

因为过度樵采，该种群落遭到严重破坏，分布面积日趋缩小。对其采取保护措施以及人工繁殖措施势在必行。该种是荒漠地区十分珍贵的第三纪遗留的孑遗植物，也属阿拉善地区的特有种，分布于内蒙古（潮格旗、磴口、乌海、贺兰山、鄂托克旗、吉兰太、阿拉善左旗、阿拉善右旗）、宁夏（陶乐、吴忠、中卫），在甘肃主要分布于河西的民勤以及靖远、兰州等地。蒙古南部也有分布。

2.沙生柽柳（塔克拉玛干柽柳）

该种为柽柳科大灌木或小乔木，高3～5（7）m。树皮多呈黑紫色，光亮。细枝细而软，常下垂。叶退化，在绿色营养枝上的叶几乎全部抱茎呈鞘状，使小枝如分节一样，叶仅先端游离，微向外斜伸，呈阔三角形，长仅为1 mm。生长枝上的叶卵状披针形，先端渐尖或锥形，基部宽，半抱茎，略下延。总状花序，夏秋生于当年生木质化生长枝顶端，集成顶生疏松的大圆锥花序，长5～7（12）cm，宽6～8 mm，着花稀疏，1 cm内仅有花3朵。花枝和果经冬不落。苞片宽三角状卵形，基部宽，半抱茎，长0.9 mm，短于花梗长的1/2。花梗长约2 mm。花冠直径4～5.5（7）mm，开展，粉红色。花冠裂片5，上部边缘两侧略向外反折，下部略向外鼓，长3～4 mm，宽2～2.5 mm，花后散落。花盘5裂。雄蕊5枚。花丝粗壮，挺直而不弯曲，比雌蕊略短，基部稍膨大，着生在花盘裂片的顶端。花药心形，顶端钝圆。花柱3枚，基部连合，较长。蒴果，圆锥状瓶形，长5～7 mm，宽2.5 mm，土黄色或黄灰色，3瓣裂，内含15～20枚种子。种子大，短棒状，长2～2.5（3）mm，宽0.7 mm，黑紫色，顶端丛生白色毛。花期7—9月，可部分延至10月初。

该种生于荒漠地区流动沙丘，属强喜光性树种，对大气干旱和沙表高温抗性强。风沙对沙生柽柳群落的形成、发展和衰亡个体发育全过程都具干扰作用。据有关研究结果表明，沙生柽柳群落形成于低湿风蚀洼地，发展于沙埋地，死亡于风蚀地和重度沙埋地。

该种对研究亚洲中部荒漠植物区系的特点和本属的系统发育具有一定的科学意义。该种是我国荒漠地区流动沙丘上最抗旱、耐炎热的固沙造林树种。该种属中国特有种，分布于新疆塔里木盆地塔克拉玛干沙漠及东面的库姆塔格沙漠，一直延续到甘肃敦煌的西沿。

3.裸果木

裸果木是荒漠区植物中少有的孑遗物种，其演化发展过程对研究古地中海气候的变化过程具有重要的科学价值。1987年裸果木被定为国家二级保护植物，近年来由于过度放牧和土地开发等人为因素的影响，其种群数量迅速下降，分布范围也不断缩小，1997年又被确定为国家一级保护植物，但意外的是，2021年未被列入保护植物名录。

裸果木属石竹科，亚灌木状，高50～100 cm。茎曲折，多分枝；树皮灰褐色，剥裂；嫩枝赭红色，节膨大。叶几乎无柄，叶片稍肉质，线形，略成圆柱状，顶端急尖，具短尖头，基部稍收缩；托叶膜质，透明，鳞片状。聚伞花序腋生；苞片白色，膜质，透明，宽椭圆形；花小，不显著；花萼下部连合，萼片倒披针形，顶端具芒尖，外面被短柔毛；花瓣无；外轮雄蕊无花药，内轮雄蕊花丝细，花药椭圆形，纵裂；子房近球形。瘦果，包于宿存萼内；种子长圆形，褐色。花期5—7月，果期8月。

生于海拔1 000～2 500 m荒漠区的干河床、戈壁滩、砾石山坡，耐干旱。嫩枝骆驼喜食，可作固沙植物。产于内蒙古、宁夏、甘肃、青海、新疆等地。蒙古也有分布。模式标本采自内蒙古。

据王立龙等（2015）对安西极旱荒漠国家级自然保护区内3种生境（水冲滩地、山间冲沟、平缓戈壁）条件下裸果木种群的调查结果表明，3种生境下裸果木种群均属增长型，但对外界干扰比较敏感，种群各龄级的死亡率基本接近；不同生境裸果木种群大小依次为水冲滩地>山间冲沟>平缓戈壁；结合对种群年龄结构的分析，进一步表明水分条件较好的水冲滩地和山间冲沟生境更加适宜裸果木生存；生存分析和时间序列预测表明，幼龄个体的缺乏是未来裸果木种群发生衰退的主要原因，且平缓戈壁生境下的裸果木种群将先于另外2种生境下的种群发生更加快速的衰退。考虑到保护区极端干旱的生态环境，加强该植物的保护仍然是一项任重而道远的任务，不可因目前没有被列入保护名录而放松保护。

4.柔毛连蕊芥

该种为保护区新记录种。

柔毛连蕊芥为连蕊芥的变种。连蕊芥是一年生草本，高20～40 cm，茎与叶上具展开的毛。茎直立或外倾，自基部分枝。基生叶羽状深裂，裂片长圆状条形，斜向上或水平展开叶片基部渐窄成柄；茎生叶与基生叶基本相同，向上渐小，最上部条形，有1～2对裂片。花序伞房状，果期极伸长；萼片卵圆形，顶端钝，有白色膜质边缘；花瓣白色，长圆形；子房有毛。长角果，条形。花期5月。

产于甘肃、宁夏等地。生于山坡。

据中国植物志记载，只见于甘肃（张掖）分布，但未见标本。基于连蕊芥及柔毛连蕊芥的狭小分布范围，以及在保护区的罕见性，建议加大该种的调查和生物学特征研究。

4.3.2 保护区分布的甘肃省珍稀濒危植物

根据《甘肃省珍稀濒危植物名录》，保护区有3种植物被确定为省级保护物种：

1.蒙古莸

蒙古莸为甘肃省二级保护植物，生长在海拔1 100～1 250 m的干旱坡地，沙丘荒野及干旱碱质土壤。

蒙古莸属马鞭草科，半灌木，高15～40 cm。老枝灰褐色，幼枝常紫褐色。单叶对生，条状披针形或条形，长1.5～6 cm，宽3～10 mm，全缘，上面深绿色，下面灰白色，两面均被短绒毛。聚伞花序顶生或腋生。花萼钟状。花冠蓝紫色，先端5裂，其中1裂片较大，顶端撕裂。雄蕊4枚，几乎等长，与花柱均伸出花冠管外；雌蕊由二心皮组成，子房上位。果实球形，成熟时裂为4个带翅的小坚果。花期7—8月，果期8—10月。

该种可做优质牧草；其花、枝、叶可作药，有祛寒、燥湿、健胃、壮身、止咳之效；其叶与花亦可提取芳香油。分布于河北、山西、陕西、内蒙古等地，在甘肃分布于河西及永登地区。蒙古也有分布。

2.河西菊

河西菊为甘肃省二级保护植物。

3.柔毛连蕊芥

柔毛连蕊芥为连蕊芥的变种，甘肃省二级保护植物。

4.3.3 保护区分布的我国特有属和特有种

4.3.3.1 保护区分布的我国特有属

河西菊属于菊科，为单种属，仅有河西菊1种，现主要分布于甘肃河西走廊以及新疆东南部的哈密、吐鲁番至塔里木盆地。由此可见，河西菊属仅分布于甘肃河西走廊以至新疆东南部，可作为河西走廊的特有属对待。

紊蒿属也为单种属，只有紊蒿1种，除了甘肃河西地区以外，在内蒙古、宁夏、青海、新疆的沙区荒漠或荒漠草原地带均有分布，在蒙古也有分布。可见该属作为中国特有种有待斟酌，但绝不属于甘肃河西地区分布的我国特有属。

连蕊芥属为我国特有属，共2种，分布在甘肃、宁夏等地。本属模式种连蕊芥分布在甘肃（张掖），生于山坡。

4.3.3.2 保护区分布的我国特有种

经查阅《中国维管植物名录》（南京植物研究所，2001）、《中国植物志》（吴征镒，1991）等有关文献，核实保护区植物物种及其下级分类群，整理出保护区（瓜州县境内）分布的中国特有种共83种（含种下分类群）。依据分布区域，从中查找出分布于甘肃河西走廊地区的特有种，以便加深对此类地区特有种的认识，突出保护区特色。

调查发现，分布于甘肃河西走廊的中国特有种，严格意义上说，仅有二白杨（甘肃杨）1种，虽然在瓜州也有分布，但多以人工种植为主，并不是保护区植被构成的主要组成部分。相对而言，在保护区有分布，同时在周边省区甚至邻国也有分布，但分布范围较小的中国特有种并不多，有3种可以作为此处特有种处理，即河西菊、民勤绢蒿与柔毛连蕊芥。

1.二白杨

本种属杨柳科，乔木，高20 m余。树干通直，树冠长卵形或狭椭圆形。树皮灰绿色，光滑。老树基部浅纵裂，带红褐色。枝条粗壮，近轮生状，斜上，与主干常呈45°。雄株较开展，达60°。萌枝与幼枝具棱。萌枝或长枝叶三角形或三角状卵形，较大，长宽近等，长7～8 cm，先端短渐尖，基部截形或近圆形，边缘近基部具钝锯齿；短枝叶宽卵形或菱状卵形，中部以下最宽，长5～6 cm，宽4～5 cm，先端渐尖，基部圆形或阔楔形，边缘具细腺锯齿，近基部全缘，上面绿色，下面苍白色；叶柄圆柱形，上部侧扁，长3～5 cm。雄花序细长，长6～8 cm，雄蕊8～13枚，花丝长为花药的3倍；雌花序长5～6 cm，子房无毛，苞片扇形，长2～2.5 mm，边缘具线状裂片，花序轴无毛。花期4月，果期5月。

该种在甘肃河西走廊有着悠久的栽培历史，是河西走廊的主要栽培树种之一，其中以酒泉地区栽培最多，为河西特有种，在保护区绿洲地带有生长，多生长于村庄道边和渠旁。

2.河西菊

河西菊属菊科，多年生草本，自根颈发出多数分枝，二叉状分枝，形成球状丛。基生叶与下部茎生叶少数，条形，革质，无柄，基部半抱茎，顶端钝。中部茎与上部茎叶或基生叶退化成小三角形鳞片状。头状花序极多，排列成二歧聚伞花序。总苞圆柱状，长8～10 mm。总苞片2～3层，外层小，不等长，长2～4 mm，三角形或三角状卵形；内层长椭圆形或长椭圆状披针形，长8～10 mm。全部总苞片顶端急尖或钝，外面无毛。全部为舌状花。花冠管黄色。菊果三棱状圆柱形，淡黄色至黄棕色，长约4 mm，有15条等粗的细纵肋。冠毛白色，5～10层，长7～8 mm，基部连合成环，整体脱落。花果期5—9月。

该种生于沙漠地带平坦沙地、沙丘间低地、戈壁冲沟、沙地田边、山地和干涸河床。多分布于甘肃兰州、永登、河西走廊，新疆哈密、吐鲁番至塔里木盆地，可视为分布于河西地区的我国特有种。

3.民勤绢蒿

民勤绢蒿属菊科，多年生草本。主根明显，细长。根状茎上具短小的营养枝，枝端密生叶。茎下部半木质，分枝多。茎、枝初时密被灰白色蛛丝状厚绒毛，后部分脱落或略稀疏。叶小，两面初时密被灰白色蛛丝状柔毛，后稀疏。茎下部叶与营养枝叶卵形，长0.5～1 cm，宽0.3～0.8 cm，（三或）二回羽状深裂或近全裂，每侧有裂片3（4）枚，每裂片再3全裂或深裂。小裂片小，锯齿状或栉齿形。叶柄长0.5～0.8 cm。中部叶一至二回羽状全裂，每侧有裂片2～3枚。小裂片小，椭圆形或短线形，具短柄或近无柄，基部具细小或不明显的假托叶。上部叶与苞片叶羽状全裂或3全裂。头状花序，长圆形或长卵钟形，直径2～2.5 mm，无梗或具极短的梗，基部具细小、线形的小苞叶，在分枝的小枝上排成穗状花序，而在茎上组成开展或中等开展、尖塔形的圆锥花序。总苞片5～6层，背面微被灰白色蛛丝状短柔毛，外层总苞片小，卵形，边狭膜质，中、内层总苞片长卵形，边宽膜质或全为半膜质。两性花5～8朵，花冠管状，檐部黄色或淡紫色。花药线形，先端附属物披针形，基部圆钝。花柱短，先端2裂。菊果倒卵形或长卵形。花果期8—10月。

通常生于海拔1 300～1 380 m处的沙砾质滩地。分布于甘肃中、西部（河西）至新疆鄯善。可视为分布于河西地区的我国特有种。

4.柔毛连蕊芥

柔毛连蕊芥是一年生草本，高20～40 cm，被单毛与分叉毛。茎直立或外倾，自基部分枝。基生叶羽状深裂，裂片长圆状条形，斜向上或水平展开，叶片基部渐窄成柄；茎生叶与基生叶基本相同，向上渐小，最上部条形，有1～2对裂片。花序伞房状，果期极伸长；萼片卵圆形，顶端钝，有白色膜质边缘；花瓣白色，长圆形，爪部楔形，两长雄蕊花丝连合至1/2或更长；子房有毛。角果，两端钝尖，果梗细。花期5月。

产于甘肃、宁夏，生于山坡。为我国特有种。

4.3.4 重要资源植物及其动态

4.3.4.1 重要资源大型真菌

查阅文献结合调查结果，确定保护区具有商业价值的大型真菌有11种，其中可食用菌5种，药用菌7种，有毒菌1种，以及有待进一步确定其资源利用价值的大型真菌4种。各大型真菌的资源利用见表4-13。

表4-13 保护区重要资源植物调查信息表

中文名	拉丁学名	科	属	资源利用
硬毛栓菌	*Trametes trogii*	多孔菌科	栓菌属	木栓质，不明
柔弱锥盖伞	*Conocybe tenera*	粪锈伞科	锥盖伞属	记载有毒
墨汁鬼伞	*Coprinus atramentaria*	鬼伞科	鬼伞属	可食用或药用
毛头鬼伞	*Coprinus comatus*	鬼伞科	鬼伞属	可食用，可药用
粪鬼伞	*Coprinus sterqulinus*	鬼伞科	鬼伞属	幼嫩时可食用，成熟后可药用
鬼笔状钉灰包	*Battarrea phalloides*	灰锤科	钉灰包属	药用
管腔菇包	*Gyrophragmium delilei*	灰锤科	管腔菇包属	不明
裂顶灰锤	*Schizostoma laceratum*	灰锤科	裂嘴壳属	孢粉可药用
柄灰锤	*Tulostoma brumale*	灰锤科	柄灰锤属	可药用
隐柄灰包	*Tulostoma evanescens*	灰锤科	柄灰锤属	不明
托柄灰锤	*Tulostoma volvulatum*	灰锤科	柄灰锤属	孢粉可药用
野蘑菇	*Agaricus arvensis*	蘑菇科	蘑菇属	可食用
草地蘑菇	*Agaricus pratensis*	蘑菇科	蘑菇属	可食用
沙生蒙氏假菇	*Montagnea arenaria*	蘑菇科	假菇属	不明

4.3.4.2 重要资源植物及其动态

在第四期综合科学考察的基础上，结合查阅《国家重点保护野生植物名录》《中国盐生植物》《中国沙漠植物志》《中国柴油植物》《中国油脂植物》《中华人民共和国药典》《中国饲用植物志》《芳香植物》《中国资源植物》《野生植物资源学》等文献得出，保护区有较为丰富的各类植物资源。一般来说，植物资源的价值可分为科学价值、生态价值和商业价值等3个大类。

植物资源的科学价值是指在探究植物资源过程中所涉及的具有创造性、先进性、学术意义和实用性的科研价值，包括其耐寒、抗旱、抗盐碱、抗病虫害、对环境污染的抵抗力和珍稀保护植物资源等方面的科研价值。查阅文献结合调查结果，确定保护区具有科学价值的植物有205种。

植物资源的生态价值是指植物资源在有关社会公众的福祉和利益方面体现出来的价值，例如修复价值、调节价值、支持价值等。查阅文献结合调查结果，确定保护区具有生态价值的植物有361种，其中主要是防风固沙植物和盐碱地修复植物。

植物资源的商业价值是指其在种植、利用、交易中涉及的经济价值，主要包括食用、蜜源、饲用、药用、工业用（油料、香料、纤维和木材）和生物质能源价值等。查阅文献结合调查结果，确定保护区具有商业价值的植物有471种，其中饲用植物157种，食用植物28种，药用植物187种，纤维植物10种，有毒植物12种，花卉植物59种，以及一些应用价值不太集中或资料有待进一步确定的其他资源植物18种。

由于大多数物种具有同时归属于好几个不同大类的资源属性，因此，本次资源植物归纳整理中往往存在一个物种会被划归入不同大类的情况。上述3大类资源植物共囊括种子植物1037种次（数目因物种用途有重复统计现象）。与第三期科学考察结果相比，本次对资源植物类群进行了更为细致的划分，增补了部分类群的物种，总的资源植物种次增加了528种次。各类群资源植物种类的变化见表4-14。

表4-14　保护区重要资源植物调查信息表

类型	应用价值类别	第三期科学考察	第四期科学考察	第四期比第三期增加的物种数
科学价值	濒危保护	13种	9种	4种
	抗逆（旱、盐、碱等）	—	196种	196种
生态价值	防风固沙	36种	227种	191种
	盐碱地修复	—	134种	134种
商业价值	饲用植物	155种	157种	2种
	食用植物	27种	28种	1种
	药用植物	183种	187种	4种
	纤维植物类	9种	10种	1种
	有毒植物类	12种	12种	0种
	花卉植物类	56种	59种	3种
其他价值	其他	18种	18种	0种
合计		509种次	1037种	528种次

1.濒危保护植物

濒危保护植物因其较小的种群和居群规模而备受关注，在研究生物系统进化和对环境适应、繁殖、濒危机制方面具有独特的意义和潜在的学术价值。保护区的国家级（9种）和省级（2种）保护植物共11种，同时考虑到物种保护级别的变更、在国内分布和资源利用现状等因素，共列出15种植物，建议将其作为保护区重点保护对象。

2.抗逆植物

保护区地处中亚干旱区和蒙古干旱区的过渡地带，是典型和代表性的极旱荒漠生态系统。干旱、盐碱是保护区植物所面对的普遍胁迫。抗逆植物有着优良的抗逆性状，因而是重要的抗逆植物资源，在保护区数量最多。关注、保护和研究这些植物，有助于揭示胁迫环境，如干旱、盐碱等对植物的影响和植物的适应能力，是作物抗性性状改良的重要材料来源，具有重要的科学研究价值。保护区的抗逆植物主要有抗（耐）旱植物、抗（耐）盐碱植物，涉及32科196种植物。有些种具有明显而独特的抗旱能力，但不适宜于盐碱环境，如梭梭、小甘菊、刺旋花等；有些种具有明显的抗盐碱能力但缺乏抗旱性，如盐节木等；更多的种既有抗耐盐能力，也有抗耐旱能力。抗逆植物资源种类见表4-15。

表4-15　保护区抗逆境资源植物

科	种	抗性及应用
麻黄科（Ephedraceae）	膜果麻黄（*E. przewalskii*）	抗旱耐盐碱
蓼科（Polygonaceae）	沙木蓼（*Atraphaxis bracteata*）	抗旱
	木蓼（*A. frutescens.*）	抗旱
	锐枝木蓼（*A. pungens*）	抗旱
	甘肃沙拐枣（*Calligonum chinense*）	抗旱
	沙拐枣（*C. mongolicum*）	抗旱
	塔里木沙拐枣（*C. roborowskii*）	抗旱
	柴达木沙拐枣（*C. zaidanmense*）	抗旱
	矮大黄（*Rheum nanum*）	抗旱
	歧穗大黄（*R. scaberrimum*）	抗旱
藜科（Chenopodiaceae）	沙蓬（*Agriophyllum squarrosum*）	抗旱
	无叶假木贼（*Anabasis aphylla*）	抗旱
	短叶假木贼（*A. brevifolia*）	抗旱
	雾冰藜（*Bassia dasyphylla*）	抗旱
	钩刺雾冰藜（*B. hyssopifolia*）	抗旱
	驼绒藜（*Ceratoides latens*）	抗旱
	中亚虫实（*C. heptapotamicum*）	抗旱
	倒披针叶虫实（*C. lehmannianum*）	抗旱
	蒙古虫实（*C. mongolicum*）	抗旱
	碟果虫石（*C. patelliforme*）	抗旱
	盐节木（*Halocnemum strobilaceum*）	抗盐碱
	白茎盐生草(*Halogeton arachnoideus*）	抗盐碱
	盐生草（*H. glomeraius*）	抗盐碱
	盐穗木（*Halostachys caspica*）	抗盐碱
	梭梭（*Haloxylon ammodendron*）	抗旱
	白梭梭（*H. persicum*）	抗旱
	戈壁藜（*Iljinia regelii*）	抗旱
	碱地肤（*K. scoparia*）	抗盐碱
	木地肤（*K. prostrata*）	抗旱、耐盐碱
	蒿叶猪毛菜（*Salsola abrotanoides*）	抗旱

续表4-15

科	种	抗性及应用
藜科（Chenopodiaceae）	木本猪毛菜（*S. arbuscula*）	抗旱
	松叶猪毛菜（*S. laricifolia*）	抗旱
	珍珠猪毛菜（珍珠）（*S. passerina*）	抗盐碱
	薄翅猪毛菜（*S. pellucida*）	抗旱
	刺沙蓬（*S. ruthenica*）	抗旱、耐盐碱
	细叶猪毛菜（*S. ruthenica* var. *filifolia*）	抗旱、耐盐碱
	柴达木猪毛菜（*S. zaidamica*）	抗旱
	高碱蓬（*Suaeda altissima*）	抗盐碱
	角果碱蓬（*S. corniculata*）	抗盐碱
	镰叶碱蓬（*S. crassifolia*）	抗盐碱
	碱蓬（*S. glauca*）	抗盐碱
	盘果碱蓬（*S. heterophylla*）	抗盐碱
	亚麻叶碱蓬（*S.l inifolia*）	抗盐碱
	平卧碱蓬（*S. prostrata*）	抗盐碱
	盐地碱蓬（*S. salsa*）	抗盐碱
	星花碱蓬（*S. stellatiflora*）	抗盐碱
	合头藜（*Sympegma regelii*）	抗旱
	刺藜（*Teloxys aristatum*）	抗旱
马齿苋科	马齿苋（*Portulaca oleracea*）	抗旱、抗盐碱
苋科（Amaranthaceae）	裸果木（*Gymnocarpos przewalskii*）	抗旱
毛茛科（Ranunculaceae）	灰叶铁线莲（*Clematis canescens*）	耐旱
	灌木铁线莲（*C. fruticosa*）	耐旱
	准噶尔铁线莲（*C. songarica*）	耐旱
	甘青铁线莲（*C. tangutica*）	耐旱
白花菜科（Capparidaceae）	刺山柑（*Capparis spinosa*）	耐旱、耐盐碱
十字花科（Cruciferae）	扭果花旗杆（*Dontostemon elegans*）	抗旱
	抱茎花旗杆（*D. elegans*）	抗旱
	球序葶苈（*Draba glomerata*）	耐旱
	老锥果葶苈（*D. lanceolata* var. *leiocarpa*）	耐旱
	独行菜（*Lepidium apetalum*）	耐旱

续表4-15

科	种	抗性及应用
十字花科（Cruciferae）	心叶独行菜（*L. cordatum*）	耐旱
	沙芥（*Pugionium cornutum*）	抗旱
	蚓果芥（*Torularia humilis* var. *maximowiczii*）	抗旱
景天科（Crassulaceae）	小苞瓦松（*Orostachys thyrsiflorus*）	抗旱
蔷薇科（Rosaceae）	荒漠委陵菜（*P. desertorum*）	抗旱
	弯刺蔷薇（*Rosa beggeriana*）	抗旱
豆科（Leguminosae）	骆驼刺（*Alhagi maurorum*）	抗盐碱
	阿拉善黄芪（*Astragalus alaschanus*）	抗旱
	草珠黄芪（*A. capillipes*）	抗旱
	荒漠黄芪（*A. dengkouensis*）	抗旱
	淡黄芪（*A. dilutus*）	抗旱
	哈密黄芪（*A. hamiensis*）	抗旱
	柴达木黄芪（*A. kronenburgii* var. *chaidamuensis*）	抗旱
	了墩黄芪（*A. lioui*）	抗旱
	草木樨状黄芪（*A. melilotoides*）	抗旱
	长毛荚黄芪（*A. monophyllus*	抗旱
	狭荚黄芪（*A. stenoceras*）	抗旱
	变异黄芪（*A. varibilis*）	抗旱
	柠条锦鸡儿（*Caragana korshinskii*）	抗旱
	白皮锦鸡儿（*C.l eucophloea*）	抗旱
	白刺锦鸡儿（*C. leucospina*）	抗旱
	荒漠锦鸡儿（*C. roborvskyi*）	抗旱
	甘草（*G. uralensis*）	中度耐旱、耐盐碱
	盐豆木（*Halimodendron holodendron*）	抗旱、耐盐碱
	细枝岩黄芪（*H. scopaiium*）	抗旱
	小花棘豆（*O. glabra*）	抗盐碱
	胶黄芪状棘豆（*O. tragacanthoides*）	抗旱
	苦豆子（*Sophora alopecuroides*）	抗旱、抗盐碱
	苦马豆（*Sphaerophysa salsula*）	抗旱、抗盐碱

续表4-15

科	种	抗性及应用
牻牛儿苗科（Geraniaceae）	西藏牻牛儿苗（*Erodium tibetanum*）	抗旱
茄科（Solanaceae）	枸杞（*L. chincnse*）	耐旱、耐盐碱
	北方枸杞（*L. chinense* var. *potaninii*）	抗旱
	黑果枸杞（*L. ruthenicum*）	抗盐碱
	截萼枸杞（*L. truncatum*）	抗旱
蒺藜科（Zygophyllaceae）	大白刺（*Nitraria roborowskii*）	抗旱
	小果白刺（*N. sibirica*）	抗旱
	泡泡刺（*N. sphaerocarpa*）	抗旱
	白刺（*N. tangutorum*）	抗旱
	骆驼蓬（*Peganum harmala*）	耐旱
	细叶骆驼蓬（*P. naganumnigellastum*）	耐旱
	蒺藜（*Tribulus terrestris*）	耐旱
	骆驼蹄瓣（*Zygophyllum fabago*）	抗旱
	短果骆驼蹄瓣（*Z. fabago*）	抗旱
	拟豆叶霸王（*Z. fabagoides*）	抗旱
	戈壁霸王（*Z. gobicum*）	抗旱
	粗茎霸王（*Z. loczyi*）	抗旱
	石生霸王（*Z. rosovii*）	抗旱
	宽叶石生霸王（*Z. rosovii* var. *latifolium*）	抗旱
	大花霸王（*Z. potaninii*）	抗旱
	翼果霸王（*Z. ptreocarpum*）	抗旱
	霸王（*Z. xanthoxylum*）	抗旱
柽柳科（Tamaricaceae）	宽苞水柏枝（*Myricaria bracteata*）	耐旱
	红砂（*Reaumuria soongorica*）	抗旱
锁阳科（Cynomoriaceae）	锁阳（*Cynomorium songaricum*）	抗旱
伞形科（Umbelliferae）	硬阿魏（*Ferula bungeana*）	抗旱
	沙生阿魏（*F. dubjianskyi*）	抗旱
白花丹科（Plumbaginaceae）	黄花补血草（*Limonium aureum*）	抗旱、耐盐碱
	耳叶补血草（*L. otolepis*）	抗旱、耐盐碱

续表4-15

科	种	抗性及应用
夹竹桃科（Apocynaceae）	罗布麻（*Apocynum venetum*）	抗旱、耐盐碱
	大叶白麻（*Poacynum hendersonii*）	抗旱、耐盐碱
	白麻（*P. pictum*）	抗旱、耐盐碱
萝藦科（Asclepiadaceae）	牛皮消（*Cynanchum auriculatum*）	抗旱
	鹅绒藤（*C. chinense*）	耐旱
	羊角子草（*C. cathayensa*）	耐旱
	华北白前（*C. hancochianum*）	耐旱
	戟叶鹅绒藤（*C. sibiricum*）	耐旱
	地稍瓜（*C. thesioides*）	耐旱
旋花科（Convolvulaceae）	银灰旋花（*Convolvulus ammannii*）	抗旱
	鹰爪柴（*C. gortschakovii*）	抗旱
	刺旋花（*C. tragacanthoides*）	抗旱
紫草科（Boraginaceae）	灰毛假紫草（*Arnebia fimbriata*）	耐旱
	黄花软紫草（*A. guttata*）	耐旱
	砂引草（*Tournefortia sibirica* ）	抗旱
马鞭草科（Verbenaceae）	蒙古莸（*Caryopteris mongolica*）	耐旱
玄参科（Scrophulariaceae）	砾玄参（*Scrophularia indisa*）	抗旱
列当科（Orobanchaceae）	盐生肉苁蓉（*Cistanche salsa*）	耐旱、抗盐碱
	欧亚列当（*Orobanche cumana*）	抗旱
车前科（Plantaginaceae）	平车前（*Plantago depressa*）	耐旱
	条叶车前（*P. lessingii*）	耐旱
	大车前（*P. major*）	耐旱
	盐生车前（*P.s alsa*）	抗盐碱
菊科（Compositae）	灌木亚菊（*A. fruticulosa*）	抗旱
	沙蒿（*A. arenaria*）	抗旱
	冷蒿（*A. frigida*）	抗旱
	黑沙蒿（*A. ordosica*）	抗旱
	内蒙古旱蒿（*A. xerophytica*）	抗旱
	阿尔泰狗娃花（*Aster altaicus*）	耐旱
	中亚紫菀木（*Asterothamnus centrali-asiaticus*）	抗旱

续表 4-15

科	种	抗性及应用
菊科（Compositae）	星毛短舌菊（*Brachanthemum pulvinatum*）	抗旱
	小甘菊（*Cancrinia discoidea*）	抗旱
	毛果小甘菊（*C. lasiocarpa*）	抗旱
	丝路蓟（*Cirsium arvense*）	抗旱
	藏蓟（*C. lanatum*）	抗旱
	砂蓝刺头（*Echinops gmelinii*）	抗旱
	河西菊（*Hexinia polydichotema*）	抗旱
	蓼子朴（*I. salsoloides*）	抗旱
	蒙新苓菊 *Jurinea mongolica*）	耐旱
	花花柴（*Karelinia caspica*）	抗盐碱
	密枝喀什菊（*Kaschgaria brachanthemoides*）	抗旱
	裂叶风毛菊（*S. laciniata*）	抗旱
	青海碱地风毛菊（*S. runcinata* var. *pinnatidentata*）	抗盐碱
	盐地风毛菊（*S. salsa*）	抗盐碱
	鸦葱（*Scorzonera austriaca*）	抗旱
	拐轴鸦葱（*S. divaricata*）	抗旱
	蒙古鸦葱（*S. mongolica*）	抗旱
	帚状鸦葱（*S. pseudodivaricata*）	抗旱
	民勤绢蒿（*S. minchunense*）	抗旱
	伊塞克绢蒿（*S. issykkulense*）	抗旱
	西北绢蒿（*S. nitrosum*）	抗旱
禾本科（Gramineae）	冰草（*Agropyron cristatum*	耐旱
	沙生冰草（*A. desertorum*）	抗旱
	蒙古冰草（*A. mongolicum*）	抗旱
	三芒草（*Aristida adscensionis*）	抗旱
	大颖三芒草（*A. grandiglumis*）	抗旱
	冠芒草（*Enneapogon borealis*）	抗旱
	小画眉草（*Eragrostis poaeoides*）	耐旱
	羊茅（*Festuca ovina*）	耐旱
	芦苇（*Phragmites australis*）	抗旱、耐盐碱

续表4-15

科	种	抗性及应用
禾本科（Gramineae）	长芒棒头草（*Polypogon monspeliensis*）	抗旱
	中亚细柄茅（*Ptilagrostis poliotii*）	抗旱
	碱茅（*Puccinellia distans*）	耐旱、耐盐碱
	狗尾草（*S. vitidis*）	耐旱
	短花针茅（*Stipa breviflora*）	抗旱
	镰芒针茅（*S. caucasica*）	抗旱
	沙生针茅（*S. glareosa*）	抗旱
	甘青针茅（*S. przewalskyi*）	抗旱
	戈壁针茅（*S. tianshanica* var. *gobica*）	抗旱
	钝基草（*Timouria saposhnikowii*）	抗旱
	锋芒草（*Tragus mongolorum*）	抗旱
莎草科（Cyperaceae）	内蒙古扁穗草（*Blysmus rufus*）	抗旱
百合科（Liliaceae）	镰叶韭（*Allium carolinianum*）	抗旱
	蒙古韭（*A. mongolicum*）	抗旱
	碱韭（*A. polyrhizum*）	耐旱、抗盐碱
	青甘韭（*A. przewalskianum*）	抗旱
	戈壁天门冬（*Asparagus gobicus*）	抗旱
	西北天门冬（*A. persicus*）	抗旱

3.防风固沙植物

保护区的西、北方向都有大片沙漠分布，受降水少、蒸发高和西风带气候的影响，风大、风频、沙多是这里的基本特点。在这种环境下，大多数植物都演化并具备了适应风大沙多气候的禀赋，具有耐强风蚀和耐沙埋的特性。固沙与水土保持有着密切的联系，因此，固沙植物要求有：发达的根系、高大的树冠或大冠辐；耐风蚀，枝条萌发分蘖性强；耐沙压，沙埋后极易发根和发枝，枝条有韧性；地面覆盖率大，形态上具有旱生性特征，如有毛被或角质层发达，叶小、少或肉质，幼嫩枝条绿色，具有光合作用的能力等。

根据上述要求，查阅相关资料（刘迺发，2005；王小娇，2008），筛选出保护区主要防风、固沙或防风固沙兼备的植物227种，其中木本植物60种（乔木7种，灌木或半灌木53种），草本植物167种（表4-16）。

表4-16 保护区主要防风固沙植物资源

科	种
柏科（Cupressaceae）	祁连圆柏（*Sabina przewalskii*）
	叉子圆柏（*S. vulgaris*）
麻黄科（Ephedraceae）	膜果麻黄（*E. przewalskii*）
杨柳科（Salicaceae）	胡杨（*Populus euphratica*）
	二白杨（*P. gansuensis*）
	小叶杨（*P. simonii*）
	白柳（*Salix alba*）
	旱柳（*S. matsudana*）
	线叶柳（*S. wilhelmsiana*）
榆科（Ulmaceae）	榆（*Ulmus pumila*）
蓼科（Polygonaceae）	沙木蓼（*Atraphaxis bracteata*）
	木蓼（*A. frutescens*）
	锐枝木蓼（*A. pungens*）
	甘肃沙拐枣（*Calligonum chinense*）
	沙拐枣（*C. mongolicum*）
	塔里木沙拐枣（*C. roborowskii*）
	柴达木沙拐枣（*C. zaidanmense*）
藜科（Chenopodiaceae）	沙蓬（*Agriophyllum squarrosum*）
	中亚虫实（*C. heptapotamicum*）
	倒披针叶虫实（*C. lehmannianum*）
	蒙古虫实（*C. mongolicum*）
	碟果虫石（*C. patelliforme*）
	白茎盐生草（*Halogeton arachnoideus*）
	盐生草（*H. glomeraius*）
	梭梭（*Haloxylon ammodendron*）
	白梭梭（*H. persicum*）
	戈壁藜（*Iljinia regelii*）
	里海盐爪爪（*Kalidium caspicum*）
	尖叶盐爪爪（*K. cuspidatum*）
	黄毛头（*K. cuspidatum* var. *sinicum*）

续表4-16

科	种
	盐爪爪（*K. foliatum*）
	细枝盐爪爪（*K. gracile*）
	圆叶盐爪爪（*K. schrenkianum*）
	地肤（*K. scoparia*）
	碱地肤（*K. scoparia*）
	木地肤（*K. prostrata*）
	盐角草（*Salicornia europaea*）
	蒿叶猪毛菜（*Salsola abrotanoides*）
	木本猪毛菜（*S. arbuscula*）
	猪毛菜（*S. collina*）
	蒙古猪毛菜（*S. ikonnikovii*）
	松叶猪毛菜（*S. laricifolia*）
藜科（Chenopodiaceae）	珍珠猪毛菜（珍珠）（*S. passerina*）
	薄翅猪毛菜（*S. pellucida*）
	刺沙蓬（*S. ruthenica*）
	细叶猪毛菜（*S. ruthenica* var. *filifolia*）
	柴达木猪毛菜（*S. zaidamica*）
	碱蓬（*S. glauca*）
	盘果碱蓬（*S. heterophylla*）
	亚麻叶碱蓬（*S. linifolia*）
	平卧碱蓬（*S. prostrata*）
	盐地碱蓬（*S. salsa*）
	星花碱蓬（*S. stellatiflora*）
	合头藜（*Sympegma regelii*）
	刺藜（*Teloxys aristatum*）
石竹科（Caryophyllaceae）	裸果木（瘦果石竹）（*Gymnocarpos przewalskii*）
	灰叶铁线莲（*Clematis canescens*）
	灌木铁线莲（*C. fruticosa*）
毛茛科（Ranunculaceae）	东方铁线莲（*C. orientalis*）
	准噶尔铁线莲（*C. songarica*）
	甘青铁线莲（*C. tangutica*）

续表 4-16

科	种
小檗科（Berberidaceae）	鄂尔多斯小檗（*Berberis coroli*）
	置疑小檗（*B. dubia*）
白花菜科（Capparidaceae）	刺山柑（*Capparis spinosa*）
十字花科（Cruciferae）	球果群心菜（*Cardaria chalepense*）
	群心菜（*C. draba*）
	毛果群心菜（*C. pubescens*）
	扭果花旗杆（*Dontostemon elegans*）
	抱茎花旗杆（*D. elegans* var. *semiamplexicaulis*）
	垂果四棱荠（*G. pendula*）
	独行菜（腺独行菜）（*Lepidium apetalum*）
	心叶独行菜（*L. cordatum*）
	宽叶独行菜（*L. latifolium*）
	光果宽叶独行菜（*L. latifolium* var. *affine*）
	钝叶独行菜（*L. obtusum*）
	沙芥（*Pugionium cornutum*）
	全叶大蒜芥（*Sisymbrium luteum*）
	蚓果芥（*Torularia humilis* var. *maximowiczii*）
蔷薇科（Rosaceae）	西北沼委陵菜（*Comarum salesovianum*）
	黑果栒子（*Cotoneaster melanocarpus*）
	毛叶水栒子（*C. submultiflorus*）
	弯刺蔷薇（*Rosa beggeriana*）
豆科（Leguminosae）	骆驼刺（*Alhagi maurorum* var. *sparsifolium*）
	阿拉善黄芪*Astragalus alaschanus*）
	草珠黄芪（*A. capillipes*）
	荒漠黄芪（*A. dengkouensis*）
	淡黄芪（*A. dilutus*）
	哈密黄芪（*A. hamiensis*）
	柴达木黄芪（*A. kronenburgii* var. *chaidamuensis*）
	了墩黄芪（*A. lioui*）
	草木樨状黄芪（*A. melilotoides*）

续表4-16

科	种
豆科（Leguminosae）	长毛荚黄芪（*A. monophyllus*）
	狭荚黄芪（*A. stenoceras*）
	变异黄芪（*A. varibilis*）
	柠条锦鸡儿（*Caragana korshinskii*）
	白皮锦鸡儿（*C. leucophloea*）
	白刺锦鸡儿（*C. leucospina*）
	荒漠锦鸡儿（*C. roborvskyi*）
	西藏锦鸡儿（*C. spinifera*）
	毛刺锦鸡儿（*C. tibetica*）
	光果甘草（*Glycyrrhiza glabra*）
	胀果甘草（*G. inflata*）
	甘草（*G. uralensis*）
	盐豆木（*Halimodendron holodendron*）
	细枝岩黄芪（*H. scopaiium*）
	苜蓿（*M. sativa*）
	华西棘豆（*Oxytropis giraldii*）
	小花棘豆（*O. glabra*）
	苦豆子（*Sophora alopecuroides*）
	苦马豆（*Sphaerophysa salsula*）
	披针叶黄华（*Thermopsis lanceolata*）
茄科（Solanaceae）	天仙子（*Hyoscyamus niger*）
	宁夏枸杞（*Lycium barbarum*）
	黄果枸杞（*L. barbarum* var. *auranticarpum*）
	枸杞（*L. chincnse*）
	北方枸杞（*L. chinense* var. *potaninii*）
	黑果枸杞（苏枸杞）（*L. ruthenicum*）
	截萼枸杞（*L. truncatum*）
蒺藜科（Zygophyllaceae）	大白刺（*Nitraria roborowskii*）
	小果白刺（*N. sibirica*）
	泡泡刺（*N. sphaerocarpa*）

续表 4-16

科	种
蒺藜科（Zygophyllaceae）	白刺（*N. tangutorum*）
	骆驼蓬（*Peganum harmala*）
	细叶骆驼蓬（*P. naganumnigellastum*）
	蒺藜（*Tribulus terrestris*）
	骆驼蹄瓣（*Zygophyllum fabago*）
	短果骆驼蹄瓣（*Z. fabago* ssp. *orientale*）
	拟豆叶霸王（*Z. fabagoides*）
	戈壁霸王（*Z. gobicum*）
	粗茎霸王（*Z. loczyi*）
	石生霸王（*Z. rosovii*）
	宽叶石生霸王（*Z. rosovii* var. *latifolium*）
	大花霸王（*Z. potaninii*）
	翼果霸王（*Z. ptreocarpum*）
	霸王（*Z. xanthoxylum*）
柽柳科（Tamaricaceae）	宽苞水柏枝（*Myricaria bracteata*）
	红砂（*Reaumuria soongorica*）
	白花柽柳（*Tamarix androssowii*）
	密花柽柳（*T. arceuthoides*）
	长穗柽柳（*T. elogata*）
	甘肃柽柳（*T. gansuensis*）
	刚毛柽柳（*T. hispida*）
	盐地柽柳（*T. karelinii*）
	短穗柽柳（*T. laxa*）
	细穗柽柳（*T. leptostachys*）
	多枝柽柳（*T. remosissima*）
胡颓子科（Elaeagnaceae）	沙枣（*Elaeagnus angusifolia*）
伞形科（Umbelliferae）	硬阿魏（*Ferula bungeana*）
	沙生阿魏（*F. dubjianskyi*）
白花丹科（Plumbaginaceae）	黄花补血草（*Limonium aureum*）
	耳叶补血草（*L. otolepis*）

续表4-16

科	种
夹竹桃科（Apocynaceae）	罗布麻（*Apocynum venetum*）
	大叶白麻（*Poacynum hendersonii*）
	白麻（*P. pictum*）
萝藦科（Asclepiadaceae）	牛皮消（*Cynanchum auriculatum*）
	鹅绒藤（*C. chinense*）
	戟叶鹅绒藤（*C. sibiricum*）
旋花科（Convolvulaceae）	鹰爪柴（*C. gortschakovii*）
	刺旋花（*C. tragacanthoides*）
紫草科（Boraginaceae）	砂引草（*Tournefortia sibirica*）
马鞭草科（Verbenaceae）	蒙古莸（*Caryopteris mongolica*）
玄参科（Scrophulariaceae）	砾玄参（*Scrophularia indisa*）
车前科（Plantaginaceae）	平车前（*Plantago depressa*）
	大车前（*P. major*）
菊科（Compositae）	灌木亚菊（*A. fruticulosa*）
	黄花蒿（*Artemisia annua*）
	沙蒿（*A. arenaria*）
	冷蒿（*A. frigida*）
	黑沙蒿（*A. ordosica*）
	猪毛蒿（*A. scoparia*）
	大籽蒿（*A. sieversiana*）
	内蒙古旱蒿（*A. xerophytica*）
	阿尔泰狗娃花（*Aster altaicus*）
	中亚紫菀木（*Asterothamnus centrali-asiaticus*）
	星毛短舌菊（*Brachanthemum pulvinatum*）
	小甘菊（*Cancrinia discoidea*）
	毛果小甘菊（*C. lasiocarpa*）
	砂蓝刺头（*Echinops gmelinii*）
	紊蒿（*Elachanthemum intricatum*）
	河西菊（*Hexinia polydichotema*）
	蓼子朴（*I. salsoloides*）

续表4-16

科	种
菊科（Compositae）	蒙新苓菊（*Jurinea mongolica*）
	花花柴（*Karelinia caspica*）
	密枝喀什菊（*Kaschgaria brachanthemoides*）
	盐地风毛菊（*S. salsa*）
	鸦葱（*Scorzonera austriaca*）
	拐轴鸦葱（*S. divaricata*）
	蒙古鸦葱（*S. mongolica*）
	帚状鸦葱（*S. pseudodivaricata*）
	博洛塔绢蒿（*Seriphidium borotalense*）
	民勤绢蒿（*S. minchunense*）
	伊塞克绢蒿（*S. issykkulense*）
	西北绢蒿（*S. nitrosum*）
	多裂蒲公英（*Taraxacum dissectum*）
	蒲公英（*T. mongolicum*）
禾本科（Gramineae）	醉马草（*Achnatherum inebrians*）
	芨芨草（*A. splendens*）
	冰草（*Agropyron cristatum*）
	沙生冰草（*A. desertorum*）
	蒙古冰草（*A. mongolicum*）
	三芒草（*Aristida adscensionis*）
	大颖三芒草（*A. grandiglumis*）
	拂子茅（*Calamagrostis epigejos*）
	假苇拂子茅（*C. pseudophragmites*）
	虎尾草（*Chloris virgata*）
	披碱草（*E. dahuricus*）
	冠芒草（*Enneapogon borealis*）
	芦苇（*Phragmites australis*）
	长芒棒头草（*Polypogon monspeliensis*）
	金色狗尾草（*Setaria glauca*）
	狗尾草（*S. vitidis*）

续表4-16

科	种
禾本科（Gramineae）	冠毛草（*Stephanchne pappophorea*）
	短花针茅（*Stipa breviflora*）
	镰芒针茅（*S. caucasica*）
	沙生针茅（*S. glareosa*）
	甘青针茅（*S. przewalskyi*）
	戈壁针茅（*S. tianshanica* var. *gobica*）
	钝基草（*Timouria saposhnikowii*）
	锋芒草（*Tragus mongolorum*）
百合科（Liliaceae）	镰叶韭（*Allium carolinianum* ）
	蒙古韭（*A. mongolicum*）
	碱韭（*A. polyrhizum*）
	青甘韭（*A. przewalskianum*）
	戈壁天门冬（*Asparagus gobicus*）
	西北天门冬（*A. persicus*）
鸢尾科（Iridaceae）	马蔺（*Iris lactea* var. *chinensis*）
	细叶鸢尾（*I. tenuifolia*）

乔木和灌木的主要功能是防风，主要种有胡杨、二白杨、小叶杨、榆树、梭梭、沙枣、白柳、白花柽柳、刚毛柽柳等，它们都具有极强的抗性，根系发达，不定根萌发能力强，抗风沙能力强，可用于沙区造林和防风固沙。

以固沙及水土保持为主的植物有叉子圆柏、沙木蓼、沙拐枣、木本猪毛菜、裸果木、柠条、白皮锦鸡儿、细枝岩黄芪、红砂等。这些植物均具有一定的固沙和水土保持能力，适宜在沙区或干旱地带栽植造林。固沙作用较好的要数白刺属植物，其根系发达，抗沙压，不定根萌发力强，全株铺散于戈壁沙滩，固沙效果极佳。白刺属植物保护区分布有4种（大白刺、小果白刺、泡泡刺和白刺等），均具有固沙作用。

草本植物的防风作用虽远不及木本植物，但其具有个体小、贴地生长、耐性强、群落密度大等特性，可在固沙及水土保持方面发挥功能。可作为先锋固沙及水土保持的植物有沙蓬、绳虫实、毛果绳虫实、碟果虫石、砂引草、蓼子朴、圆头蒿、阿尔泰狗娃花、赖草等，可作为一般固沙及水土保持的植物有葎草、苦豆子、黑沙蒿、芨芨草、拂子茅、假苇拂子茅以及芦苇等。

4.盐碱地修复植物

保护区所在区域是中亚大荒漠的典型区域。由于极少降雨、强烈蒸发的气候影响，以及自然环境改变，或者土地利用不当，土地常常盐碱化。土壤中盐碱等无机盐含量的提高，一方面严重破坏了土壤的营养结构和地质结构；另一方面也对植被的生长造成了严重伤害，严重时甚至导致土壤板结，使土壤坚硬如岩石，植被几乎绝迹，造成严重的生态环境危害。盐碱地的治理迫在眉睫。在治理中，常见的洗盐、整地、施有机肥只是初步防治，要做到长久根治，最有效的方法还是利用生物学手段，即通过种植抗盐碱植物进行盐碱地改造。筛选抗盐碱植物是对盐碱地进行有效改造的前提和基础。调查发现，保护区可用于盐碱地修复的植物有24科134种（表4-17）。

表4-17　保护区盐碱地修复植物

科	物种
蓼科（Polygonaceae）	扁蓄（*Polygonum aviculare*）
	水蓼（*P. hydropiper*）
	酸模叶蓼（*P. lapathifolium*）
	西伯利亚蓼（*P. sibiricum*）
	皱叶酸模（*Rumex crispus*）
	巴天酸模（*R. patientia*）
杨柳科（Salicaceae）	胡杨（*Populus euphratica*）
麻黄科（Ephedraceae）	膜果麻黄（*E. przewalskii*）
藜科（Chenopodiaceae）	中亚滨藜（*Atriplex centralasiatica*）
	大苞滨藜（*A. centralasiatica* var. *megalotheca*）
	野滨藜（*A. fera*）
	滨藜（*A. patens*）
	西伯利亚滨藜（*A. sibirica*）
	鞑靼滨藜（*A. tatarica*）
	雾冰黎（*Bassia dasyphylla*）
	藜（*C. album*）
	杂配藜（*C. hybridum*）
	盐节木（*Halocnemum strobilaceum*）
	白茎盐生草（蛛丝盐生草）（*Halogeton arachnoideus*）
	盐生草（*H. glomeraius*）
	盐穗木（*Halostachys caspica*）
	里海盐爪爪（*Kalidium caspicum*）
	尖叶盐爪爪（*K. cuspidatum*）
	黄毛头（*K. cuspidatum* var. *sinicum*）
	盐爪爪（*K. foliatum*）
	细枝盐爪爪（绿碱柴、碱柴）（*K. gracile*）

续表4-17

科	物种
藜科（Chenopodiaceae）	圆叶盐爪爪（*K. schrenkianum*）
	地肤（*K. scoparia*）
	碱地肤（*K. scoparia* var. *sieversiana*）
	木地肤（*K. prostrata*）
	盐角草（*Salicornia europaea*）
	猪毛菜（*S. collina*）
	珍珠猪毛菜（珍珠）（*S. passerina*）
	柴达木猪毛菜（*S. zaidamica*）
	高碱蓬（*Suaeda altissima*）
	角果碱蓬（*S. corniculata*）
	镰叶碱蓬（*S. crassifolia*）
	碱蓬（*S. glauca*）
	盘果碱蓬（*S. heterophylla*）
	亚麻叶碱蓬（*S. linifolia*）
	平卧碱蓬（*S. prostrata*）
	盐地碱蓬（*S. salsa*）
	星花碱蓬（*S. stellatiflora*）
苋科（Amaranthaceae）	反枝苋（*Amaranthus retroflexus*）
十字花科（Cruciferae）	球果群心菜（*Cardaria chalepense*）
	群心菜（*C. draba*）
	毛果群心菜（*C. pubescens*）
	播娘蒿（*Descurainia sophia*）
	宽叶独行菜（*L. latifolium*）
	光果宽叶独行菜（*L. latifolium* var. *affine*）
	钝叶独行菜（*L. obtusum*）
蔷薇科（Rosaceae）	西北沼委陵菜（*Comarum salesovianum*）
	二裂委陵菜（*P. bifurca*）
	矮二裂委陵菜（*P. bifurca* var. *humilior*）
	荒漠委陵菜（*P. desertorum*）
	多茎委陵菜（*P. multicaulis*）

续表 4-17

科	物种
豆科（Leguminosae）	骆驼刺（*Alhagi maurorum* var. *sparsifolium*）
	光果甘草（*Glycyrrhiza glabra*）
	胀果甘草（*G. inflata*）
	甘草（*G. uralensis*）
	盐豆木（*Halimodendron holodendron*）
	华西棘豆（*Oxytropis giraldii*）
	小花棘豆（*O. glabra*）
	苦豆子（*Sophora alopecuroides*）
	苦马豆（*Sphaerophysa salsula*）
	披针叶黄华（*Thermopsis lanceolata*）
茄科（Solanaceae）	曼陀罗（*Datura stramonium*）
	枸杞（*L. chincnse*）
	北方枸杞（*L. chinense* var. *potaninii*）
	黑果枸杞（苏枸杞）（*L. ruthenicum*）
	截萼枸杞（*L. truncatum*）
柽柳科（Tamaricaceae）	宽苞水柏枝（*Myricaria bracteata*）
	白花柽柳（*Tamarix androssowii*）
	密花柽柳（*T. arceuthoides*）
	长穗柽柳（*T. elogata*）
	甘肃柽柳（*T. gansuensis*）
	刚毛柽柳（*T. hispida*）
	盐地柽柳（*T. karelinii*）
	短穗柽柳（*T. laxa*）
	细穗柽柳（*T. leptostachys*）
	多枝柽柳（*T. remosissima*）
伞形科（Umbelliferae）	碱蛇床（*Cnidium salinum*）
白花丹科（Plumbaginaceae）	黄花补血草（*Limonium aureum*）
	耳叶补血草（*L. otolepis*）
夹竹桃科Apocynaceae）	罗布麻（*Apocynum venetum*）
	大叶白麻（*Poacynum hendersonii*）
	白麻（*P. pictum*）

续表4–17

科	物种
萝摩科（Asclepiadaceae）	鹅绒藤（*C. chinense*）
	戟叶鹅绒藤（*C. sibiricum*）
列当科（Orobanchaceae）	盐生肉苁蓉（*Cistanche salsa*）
车前科（Plantaginaceae）	平车前（*Plantago depressa*）
	大车前（*P. major*）
	盐生车前（*P. salsa*）
菊科（Compositae）	顶羽菊（*Acroptilon repens*）
	阿尔泰狗娃花（*Aster altaicus*）
	花花柴（*Karelinia caspica*）
	青海碱地风毛菊（*S. runcinata* var. *pinnatidentata*）
	盐地风毛菊（*S. salsa*）
	苣卖菜（*Sonchus brachyotus*）
	苦苣菜（*S. oleraceus*）
	多裂蒲公英（*Taraxacum dissectum*）
	蒲公英（*T. mongolicum*）
	碱苑（*Tripolium vulgare*）
	碱黄鹌菜（*Y. stenoma*）
水麦冬科（Juncaginaceae）	水麦冬（*T. palustre*）
禾本科（Gramineae）	醉马草（*Achnatherum inebrians*）
	芨芨草（*A. splendens*）
	冰草（*Agropyron cristatum*）
	拂子茅（*Calamagrostis epigejos*）
	假苇拂子茅（*C. pseudophragmites*）
	圆柱披碱草（*Elymus cylindricus*）
	披碱草（*E. dahuricus*）
	冠芒草（*Enneapogon borealis*）
	小画眉草（*Eragrostis poaeoides*）
	赖草（*L. secalinus*）
	芦苇（*Phragmites australis*）
	碱茅（*Puccinellia distans*）
	微药碱茅（*P. micrandra*）

续表4-17

科	物种
莎草科（Cyporaceae）	内蒙古扁穗草（*Blysmus rufus*）
	扁秆荆三棱（*Bolboschoenus planiculmis*）
	球穗藨草（*B. popovii*）
	北疆苔草（*Carex arcatica*）
	准噶尔苔草（*C. songorica*）
	头穗莎草（*Cyperus glomeratus*）
	水葱（*Schoenoplectus tabernaemontani*）
	矮藨草（*Scirpus pumilus*）
灯心草科（Juncaceae）	小灯心草（*Juncus bufonius* ）
	扁茎灯心草（*J. gracillimus*）
	细灯心草（*J. gracillimus*）
百合科（Liliaceae）	镰叶韭（*Allium carolinianum*）
	蒙古韭（*A. mongolicum*）
	碱韭（*A. polyrhizum*）
鸢尾科（Iridaceae）	马蔺（*Iris lactea* var. *chinensis*）
	细叶鸢尾（*I. tenuifolia*）

5.饲用植物

在保护区具有经济价值的植物中可作为牧草供家畜采食的植物共157种（其中裸子植物1种，双子叶植物94种，单子叶植物62种），隶属于22科（表4-18）。依据所含物种数，可将这22科依次排列如下：禾本科（40种），藜科（37种），菊科（24种），豆科（12种），莎草科（11种），眼子菜科（4种），蓼科、毛莨科、蒺藜科、柽柳科、百合科（分别各含3种），旋花科、蔷薇科与灯心草科（分别各含2种），以下8科均仅含1种，即麻黄科、苋科、十字花科、胡颓子科、茄科、车前科、香蒲科、鸢尾科。由此可见，保护区内可供饲用的植物主要为禾本科、藜科、菊科、豆科及莎草科，共计124种，占保护区饲用资源植物总数的79.1%。

在保护区饲用资源植物中，灌木或半灌木36种，主要以幼嫩枝、叶作饲料；禾草类（禾本科、莎草科、灯心草科）53种，其余草本68种，主要以全草做饲草。由此可知，草本牧草占绝对优势，占保护区饲用资源植物总数的77.1%；其中禾草类占草本牧草的43.8%，禾草类在保护区牧草中所占的地位是相当重要的。

值得注意的是，所列的157种饲用植物中（表4-18），以蛋白质为主要指标的优良饲用植物并不多。以下列举一些分布于荒漠地带重要的优良饲用植物，对其应用部位与价值简要介绍如下。

驼绒藜、黑沙蒿与圆头蒿均属优等饲用植物。

以全株或枝、叶等营养体饲用的有碟果虫石、反枝苋、二裂委陵菜、天蓝苜蓿、打碗花、灌木亚菊、冷蒿、猪毛蒿、内蒙古旱蒿、矮生火绒草、菊叶香藜、伊塞克绢蒿等。蕨麻除了地上部分以外，其块根及根是极佳的饲料。

水生饲用植物主要以眼子菜属植物为主，其是猪、鸭、鱼及牲畜的优质饲料，如菹草、眼子菜、篦齿眼子菜、小眼子菜等。

禾草类主要以禾本科为主，优质的牧草有小獐毛、獐毛、冰草、蒙古冰草、沙生冰草、假苇拂子茅、大麦草、紫大麦草、赖草、芦苇、少叶早熟禾、镰芒针茅、钝基草、锋芒草与北疆苔草等。

此外，百合科的蒙古韭和碱韭也是优良的饲料植物。

在此基础上，可注意加强对上述优质饲料的保护，避免过度放牧；同时还可根据具体的情况适时进行野外扩繁，以提高保护区草场质量。

表4-18　保护区野生饲用植物资源

科名	种名	应用部位与价值
麻黄科	膜果麻黄（*Ephedra przewalskii*）	分枝为中等饲料
蓼科	沙木蓼（*Atraphaxis bracteata*）	茎、叶可饲用
	锐枝木蓼（*A. pungens*）	细枝可饲用
	沙拐枣（*Calligonum mongolicum*）	茎、叶、果实、根可饲用
藜科	沙蓬（*Agriophyllum squarrosum*）	茎、叶、种子可饲用
	短叶假木贼（*Anabasis brevifolia*）	茎、叶可饲用
	中亚滨藜（*Atriplex centralasiatica*）	茎、叶可饲用
	大苞滨藜（*A. centralasiatica*）	茎、叶可饲用
	滨藜（*A. patens*）	枝、叶可饲用
	西伯利亚滨藜（*A. sibirica*）	茎、叶可饲用
	鞑靼滨藜（*A. tatarica*）	枝、叶可饲用
	雾冰藜（*Bassia dasyphylla*）	茎、叶为中下等牧草
	驼绒藜（*Ceratoides latens*）	优等饲用植物
	藜（*C. album*）	枝、叶可饲用
	灰绿藜（*C. glaucum*）	枝、叶可饲用
	杂配藜（*C. hybridum*）	枝、叶可饲用
	小藜（*C. serotinum*）	枝、叶可饲用
	菊叶香藜（*C. foetidum*）	枝、叶可饲用
	碟果虫石（*Corispermum patelliforme*）	优良牧草
	绳虫实（*C. declinatum*）	枝、叶可饲用
	盐节木（*Halocnemum strobilaceum*）	枝、叶可饲用

续表 4-18

科名	种名	应用部位与价值
藜科	白茎盐生草（*Halogeton arachnoideus*）	枝、叶可饲用
	盐生草（*H. glomeraius*）	枝、叶可饲用
	盐穗木（*Halostachys caspica*）	枝、叶可饲用
	梭梭（*Haloxylon ammodendron*）	幼嫩枝叶可饲用
	戈壁藜（*Iljinia regelii*）	枝、叶可饲用
	里海盐爪爪（*Kalidium caspicum*）	枝、叶可饲用
	尖叶盐爪爪（*K. cuspidatum*）	枝、叶可饲用
	盐爪爪（*K. foliatum*）	枝、叶可饲用
	细枝盐爪爪（*K. gracile*）	枝、叶可饲用
	圆叶盐爪爪（*K. schrenkianum*）	枝、叶可饲用
	地肤（*Kochia scoparia*）	枝、叶可饲用
	木地肤（*K. prostrata*）	枝、叶可饲用
	盐角草（*Salicornia europaea*）	枝、叶可饲用
	木本猪毛菜（*Salsola arbuscula*）	幼嫩枝叶可饲用
	松叶猪毛菜（*S. laricifolia*）	枝、叶可饲用
	珍珠猪毛菜（*S. passerina*）	枝、叶可饲用
	刺沙蓬（*S. ruthenica*）	枝、叶可饲用
	角果碱蓬（*Suaeda corniculata*）	枝、叶可饲用
	碱蓬（*S. glauca*）	枝、叶可饲用
	合头藜（*Sympegma regelii*）	幼嫩枝叶可饲用
苋科	反枝苋（*Amaranthus retroflexus*）	枝、叶为优良饲草
毛茛科	灰叶铁线莲（*Clematis canescens*）	枝、叶可饲用
	灌木铁线莲（*C. fruticosa*）	骆驼喜食幼嫩枝叶
	东方铁线莲（*C. orientalis*）	枝、叶可饲用
十字花科	宽叶独行菜（*Lepidium latifolium*）	枝、叶可饲用
蔷薇科	蕨麻（*Potentilla anserina*）	可作家禽饲料
	二裂委陵菜（*P. bifurca*）	全草为优良牧草
豆科	骆驼刺（*Alhagi maurorum* var. *sparsifolium*）	茎、叶可饲用，骆驼、羊、马、驴喜食
	草木樨状黄芪（*Astragalus melilotoides*）	幼嫩枝叶可饲用
	狭荚黄芪（*A. stenoceras*）	茎、叶可作牧草

续表4-18

科名	种名	应用部位与价值
豆科	柠条（*Caragana korshinskii*）	牲口喜食幼嫩枝叶
	白皮锦鸡儿（*C. leucophloea*）	枝、叶、根、花和种子可饲用
	荒漠锦鸡儿（*C. roborvskyi*）	枝、叶可饲用
	西藏锦鸡儿（*C. spinifera*）	枝、叶可饲用
	甘草（*Glycyrrhiza uralensis*）	全株可作冬季饲草
	细枝岩黄芪（*Hedysarum scopaiium*）	幼嫩枝条饲用，品质优良
	天蓝苜蓿（*Medicago lupulina*）	优良牧草
	苦豆子（*Sophora alopecuroides*）	茎、叶干枯后可作饲草
	披针叶黄华（*Thermopsis lanceolata*）	牲畜采食枝、叶
蒺藜科	大白刺（*Nitraria roborowskii*）	嫩枝、叶可饲用
	泡泡刺（*N. sphaerocarpa*）	枝、叶可饲用
	白刺（*N. tangutorum*）	小枝、叶、果实骆驼和山羊喜食
柽柳科	红砂（*Reaumuria soongorica*）	嫩枝、叶为优良饲料
	白花柽柳（*Tamarix androssowii*）	嫩枝、叶羊和骆驼可食
	多枝柽柳（*T. remosissima*）	小枝、叶可饲用
胡颓子科	沙枣（*Elaeagnus angusifolia*）	为优良饲料
旋花科	刺旋花（*Convolvulus tragacanthoides*）	枝、叶可饲用
	打碗花（*Calystegia hederacea*）	枝、叶可饲用
茄科	黑果枸杞（*Lycium ruthenicum*）	枝、叶、果实及根均可饲用
车前科	条叶车前（*Plantago lessingii*）	全草可饲用
	盐生车前（*Plantago salsa*）	全草可饲用
菊科	顶羽菊（*Acroptilon repens*）	全株可饲用
	蓍状亚菊（*Ajania achilloides*）	枝、叶可饲用
	灌木亚菊（*A. fruticulosa*）	富含蛋白质，枝、叶可饲用
	冷蒿（*A. frigida*）	富含蛋白质，枝、叶可饲用
	黑沙蒿（*A. ordosica*）	优良牧草，果实品质优良
	香叶蒿（*A. rutifolia*）	枝、叶可饲用
	猪毛蒿（*A. scoparia*）	富含蛋白质，枝、叶可饲用
	圆头蒿（*A. sphaerocephala*）	枝、叶、果实为优良饲料
	伊犁蒿（*A. transilunsis*）	枝、叶可饲用

续表 4-18

科名	种名	应用部位与价值
菊科	内蒙古旱蒿（*A. xerophytica*）	富含蛋白质，优良牧草
	中亚紫菀木（*Asterothamnus centralias*）	枝、叶可饲用
	砂蓝刺头（*Echinops gmelinii*）	根、花序、叶及嫩茎可饲用
	紊蒿（*Elachanthemum intricatum*）	枝、叶可饲用
	花花柴（*Karelinia caspica*）	幼嫩枝叶可饲用
	矮生火绒草（*Leontopodium nanum*）	全草为优良牧草
	伊塞克绢蒿（*Seriphidium issykkulense*）	优良牧草
	民勤绢蒿（*S. minchunense*）	枝、叶可饲用
	博洛塔绢蒿（*S. borotalense*）	枝、叶可饲用
	民勤娟蒿（*S. nitrosum*）	枝、叶可饲用
	风毛菊（*Saussuria japonica*）	全草牲畜喜食
	苣卖菜（*Sonchus brachyotus*）	优良饲草
	苦苣菜（*S. oleraceus*）	优良饲草
	蒙古鸦葱（*Scorzonera mongolica*）	幼嫩茎叶可饲用
	蒲公英（*Taraxacum mongolicum*）	饲草
香蒲科	小香蒲（*Typha minima*）	花葶、叶可饲用
眼子菜科	菹草（*Potamogeton crispus*）	为猪、鸭、鱼的好饲料
	眼子菜（*P. distinctus*）	为猪、鸭、鱼的好饲料
	篦齿眼子菜（*P. pectinatus*）	可作鱼、鸭及牲畜的饲草
	小眼子菜（*P. pusillus*）	全草可饲用
禾本科	芨芨草（*Achnatherum splendens*）	优良牧草
	小獐毛（*Aeluropus litteralis*）	优质牧草
	獐毛（*A. litteralis* var. *sinensis*）	优质牧草
	冰草（*Agropyron cristatum*）	富含蛋白质，优良牧草
	蒙古冰草（*A. mongolicum*）	富含蛋白质，优良牧草
	沙生冰草（*A. desertorum*）	富含蛋白质，优良牧草
	三芒草（*Aristida adscensionis*）	牧草
	野燕麦（*Avena fatua*）	全株可饲用
	拂子茅（*Calamagrostis epigejos*）	中等牧草
	假苇拂子茅（*C. pseudophragmites*）	中等或优良牧草

续表4-18

科名	种名	应用部位与价值
禾本科	虎尾草（*Chloris virgata*）	牧草
	隐花草（*Crypsis aculeata*）	牧草
	圆柱披碱草（*Elymus cylindricus*）	牧草
	披碱草（*E. dahuricus*）	牧草
	冠芒草（*Enneapogon borealis*）	牧草
	羊茅（*Festuca ovina*）	牧草
	大麦草（*Hordeum bogdanii*）	优良牧草
	紫大麦草（*H. violaceum*）	优等饲用禾草
	落草（*Koeleria cristata*）	牧草
	窄颖赖草（*Leymus angustatus*）	牧草
	羊草（*L. chinensis*）	牧草
	毛穗赖草（*L. paboanus*）	牧草
	赖草（*L. secalinus*）	优良牧草
	白草（*Pennisetum centrasiaticum*）	牧草
	芦苇（*Phragmites australis*）	抽穗前为优良牧草，茎、叶、根茎、花序均可饲用
	早熟禾（*Poa annua*）	牧草
	少叶早熟禾（*P. paucifolia*）	优良牧草
	硬质早熟禾（*P. sphondylodes*）	牧草
	长芒棒头草（*Polypogon monspeliensis*）	牧草
	中亚细柄茅（*Ptilagrostis poliotii*）	牧草
	微药碱茅（*Puccinellia micrandra*）	牧草
	金色狗尾草（*Setaria glauca*）	牧草
	狗尾草（*S. vitidis*）	牧草
	短花针茅（*Stipa breviflora*）	牧草
	镰芒针茅（*S. caucasica*）	早春优良牧草
	沙生针茅（*S. glareosa*）	牧草
	甘青针茅（*S. przewalskyi*）	牧草
	戈壁针茅（*S. tianshanica* var. *gobica*）	牧草
	钝基草（*Timouria saposhnikowii*）	牲畜喜食牧草
	锋芒草（*Tragus mongolorum*）	富含蛋白质牧草

续表4-18

科名	种名	应用部位与价值
莎草科	北疆苔草（*Carex arcatica*）	优良牧草
	细叶薹草（*C. duriuscula* ssp. *stenophylloides*）	牧草
	无脉苔草（*C. enervis*）	牧草
	箭叶苔草（*C. ensifolia*）	牧草
	圆囊苔草（*C. orbicularis*）	牧草
	粗脉苔草（*C. rugulosa*）	湿地草甸牧草
	准噶尔苔草（*C. songorica*）	盐渍化沼泽牧草
	内蒙古扁穗草（*Blysmus rufus*）	盐碱化湿地牧草
	大花扁穗苔（*Blysmocarex macrantha*）	牧草
	头穗莎草（*Cyperus glomeratus*）	高大牧草
	水葱（*Schoenoplectus tabernaemontan*）	中等饲草
灯心草科	细灯心草（*Juncus gracillimus*）	湿地牧草
	新甘灯心草（*J. soranthus*）	湿地牧草
百合科	戈壁天冬（*Asparagus gobicus*）	幼嫩枝条可饲用
	蒙古韭（*Allium mongolicum*）	优良的催肥牧草
	碱韭（*A. polyrhizum*）	富含蛋白质，优良牧草
鸢尾科	马蔺（*Iris lactea* var. *chinensis*）	叶可作冬季饲草

6.食用植物

剔除了第三期科学考察结果中的簇生椒。因此，保护区可供人类食用的植物共28种，隶属于17科（表4-19）。以所含种数目，可将17科依次排列如下：藜科5种，菊科4种，蒺藜科3种，十字花科2种，以下13科均含1种，即柏科、榆科、石竹科、苋科、马齿苋科、茄科、胡颓子科、蔷薇科、豆科、夹竹桃科、眼子菜科、禾本科、百合科等。可见，保护区内野果、野菜等野生食用植物资源并不丰富。其中藜科和菊科最多，也只有4～5种。但是，应用价值较大者也不少，如沙蓬，其种子可食，是制作沙米粉的材料，还可榨油。

刺藜、马齿苋、苣荬菜、苦苣菜和菹草等全株均可食用。马齿苋幼嫩枝叶可作保健野菜，苣荬菜和苦苣菜全株连同根状茎可作野菜（苦苦菜）食用。特别值得一提的是，水生植物菹草，茎、叶可作野菜食用，极具荒漠绿洲地区特色。蒙古韭叶与花葶可食用，花是极佳的调味品，当地居民采食历史由来已久。

沙枣的果可以食用，可作水果或干果，也可酿酒、酿醋，还是制作酱油的原材料，核果、种子还可榨油。细枝岩黄芪的节荚果可炒食，种子可榨油，可食用。大白刺、小果白刺和白刺（酸胖）的核果都可以作为水果食用，果实酸甜可口，特别是白刺，俗称“沙漠樱桃”。在保护的基础上，根据实际情况，通过适当的灌溉和施肥，可以得到丰富的荒漠植物产物。圆头蒿的果实可食，果实与叶含有亚油酸，可榨油，可食用，其果实外的植物胶可作食品或饮料中的添加剂。

另外，保护区中的黑果枸杞、锁阳也具有食用价值，但由于该2种植物为国家级保护植物，故此处不列入。

表4-19　保护区野生食用植物资源

科名	种名	应用部位与使用价值
柏科	叉子圆柏（*Sabina vulgaris*）	球果、枝干可作香料
藜科	沙蓬（*Agriophyllum squarrosum*）	种子可食，是制作著名的沙米粉的材料，还可榨油食用
	藜（灰菜）（*Chenopodium album*）	幼嫩枝叶可作野菜
	小藜（*C. serotinum*）	幼嫩枝叶可作野菜
	地肤（*Kochia scoparia*）	幼嫩枝叶可作蔬菜
	刺藜（*Teloxys aristatum*）	全草可食用
榆科	榆（*Ulmus pumila*）	果可食用
石竹科	王不留行（*Vaccaria segetalis*）	种子富含淀粉，可作制醋酿酒原料
苋科	反枝苋（*Amaranthus retroflexus*）	幼嫩枝叶可作野菜
马齿苋科	马齿苋（*Portulaca oleracea*）	幼嫩枝叶可作保健野菜
胡颓子科	沙枣（*Elaeagnus angusifolia*）	果可食，可作水果或干果，也可作酿酒、酿醋和制作酱油的原材料。树皮、核果、种子含油
十字花科	芥菜（*Brassica juncea*）	种子可榨油，可食用
	菥蓂（*Thlaspi arvense*）	种子含油28%～34%，可供食用或工业用
蔷薇科	蕨麻（*Potentilla anserina*）	幼茎、块根及根可食用
豆科	细枝岩黄芪（*Hedysarum scopaiium*）	节荚果可炒食，种子可榨油、可食用
蒺藜科	大白刺（*Nitraria roborowskii*）	嫩枝叶、核果可食
	小果白刺（*N. sibirica*）	幼嫩枝叶、核果可食
	白刺（酸胖）（*N. tangutorum*）	核果可食
夹竹桃科	罗布麻（*Apocynum venetum*）	叶可代茶饮
茄科	宁夏枸杞（*Lycium barbarum*）	叶可代茶或作蔬菜
菊科	圆头蒿（*Artemisia sphaerocephala*）	菊果与叶含亚油酸，可榨油，果实可食；果实外的植物胶可作食品或饮料中的添加剂
	苣荬菜（*Sonchus brachyotus*）	全株连同根状茎可作野菜（苦苦菜）食用
	苦苣菜（*S. oleraceus*）	全株可作野菜食用
	蒲公英（*Taraxacum mongolicum*）	叶可作保健野菜
眼子菜科	菹草（*Potamogeton crispus*）	茎叶可作野菜食用

续表4-19

科名	种名	应用部位与使用价值
禾本科	野燕麦（*Avena fatua*）	颖果可食用，可磨粉、制糖、酿酒
	芦苇（*Phragmites australis*）	根状茎富含淀粉和蛋白质，可作酿酒原料
百合科	蒙古韭（*Allium mongolicum*）	花葶、叶和花作蔬菜或调味品

7.药用植物

保护区第四期科学考察结果表明，保护区具有商业资源价值植物中的药用植物共187种，隶属于55科，其中裸子植物3科，双子叶植物42科，单子叶植物10科（表4-20）。

表4-20　保护区药用植物资源

科名	种名	应用部位
木贼科	节节草（*Hippochaete remosissimum*）	全草药用
柏科	祁连圆柏（*Sabina przewalskii*）	带叶嫩枝药用
	叉子圆柏（*Sabina vulgaris*）	球果、枝可入药
麻黄科	木贼麻黄（*Ephedra equisetina*）	茎秆药用
	中麻黄（*E. intermedia*）	全草可入药
杨柳科	胡杨（*Populus euphratica*）	树脂、叶、根和花均可药用
	小叶杨（*P. simonii*）	树皮可入药
	白柳（*Salix alba*）	根、枝、叶、芽均可药用
桑科	葎草（*Humulus scandens*）	茎蔓可入药
荨麻科	高原荨麻（*Urtica hyperborean*）	全草药用
蓼科	扁蓄（*Polygonum aviculare*）	全草药用
	水蓼（*P. hydropiper*）	全草药用
	酸模叶蓼（*P. lapathifolium*）	全草药用
	西伯利亚蓼（*P. sibiricum*）	根药用
	皱叶酸模（*Rumex crispus*）	叶药用
	巴天酸模（帕米尔酸模）（*R. patientia*）	根药用
藜科	野滨藜（*Atriplex fera*）	全草药用
	驼绒藜（*Ceratoides latens*）	根、花药用
	尖头叶藜（*Chenopodium acuminatum*）	全草药用
	藜（*C. album*）	叶药用
	小藜（*C. serotinum*）	全草药用
	地肤（*K. scoparia*）	全草和种子入药

续表4-20

科名	种名	应用部位
藜科	碱地肤（*K. scoparia*）	全草及果实药用
	蒿叶猪毛菜（*Salsola abrotanoides*）	全草药用
	猪毛菜（*S. collina*）	果期全草药用
	刺藜（*Teloxys aristatum*）	全草药用
苋科	反枝苋（*Amaranthus retroflexus*）	全草入药
马齿苋科	马齿苋（*Portulaca oleracea*）	枝、叶药用
石竹科	隐瓣蝇子草（*Silene gonosperma*）	全草药用
	牛漆姑（*Spergularia salina*）	全草药用
	披针叶叉繁缕（*Stellaria dichotoma*）	根药用
	王不留行（*Vaccaria segetalis*）	种子入药
毛茛科	准噶尔铁线莲（*Clematis songarica*）	茎药用
	甘青铁线莲（*C. tangutica*）	茎、叶药用
	长叶碱毛茛（*Halerpestes ruthenica*）	全草、种子药用
	腺毛唐松草（*Thalictrum foetidum*）	根及根茎药用
	欧亚唐松草（*T. minus*）	根药用
	短梗箭头唐松草（*T. simplex*）	全草药用
小檗科	置疑小檗（*Berberis dubia*）	根皮、茎皮药用
罂粟科	灰绿黄堇（*Corydalis adunca*）	全草药用
	地丁草（*C. bungeana*）	全草入药
	直茎黄堇（*C. stricta*）	全草药用
	野罂粟（*Papaver nudicaule*）	全草、未成熟的果实药用
十字花科	荠菜（*Capsella bursa-pastoris*）	全草药用
	播娘蒿（*Descurainia sophia*）	种子药用
	独行菜（*Lepidium apetalum*）	种子药用
	柱毛独行菜（*L. ruderale*）	种子药用
	沙芥（*Pugionium cornutum*）	全草药用
	菥蓂（*Thlaspi arvense*）	全草入药
	蚓果芥（*Torularia humilis*）	全草药用
景天科	小丛红景天（*Rhodiola dumulosa*）	根和根茎入药
	唐古红景天（*R. Algida*）	根、茎、花均可药用

续表 4-20

科名	种名	应用部位
蔷薇科	黑果栒子（*Cotoneaster melanocarpus*）	枝、叶、果实均可药用
	蕨麻（*Potentilla anserine*）	块根及根入药
	白萼委陵菜（*P. betonicifolia*）	全草药用
	二裂委陵菜（*P. bifurca*）	全草药用
	多茎委陵菜（*P. multicaulis*）	全草药用
	小叶金露梅（*Potentilla parvifolia*）	花药用
	弯刺蔷薇（*Rosa beggeriana*）	果实（蔷薇果）药用
豆科	阿拉善黄芪（*Astragalus alaschanus*）	根可入药
	草木樨状黄芪（*A. melilotoides*）	全株入药
	白皮锦鸡儿（*Clematis leucophloea*）	枝、叶、根、花和种子均可入药
	白刺锦鸡儿（*C. leucospina*）	根药用
	毛刺锦鸡儿（*Glycyrrhiza tibetica*）	根药用
	光果甘草（*G. glabra*）	根药用
	胀果甘草（*G. inflate*）	根及根茎药用
	甘草（*G. uralensis*）	根药用
	红花岩黄芪（*Hedysarum multijugum*）	根及根状茎药用
	细枝岩黄芪（*H. scopaiium*）	根及根状茎药用
	天蓝苜蓿（*Medicago lupulina*）	全草入药
	苦马豆（羊尿泡）（*Sphaerophysa salsula*）	全草、根、荚果入药
	小花棘豆（*Oxytropis glabra*）	全草药用（有毒）
	苦豆子（*Sophora alopecuroides*）	根入药
	救荒野豌豆（*Vicia sativa*）	全草药用
蒺藜科	小果白刺（*Nitraria sibirica*）	全株入药
	白刺（*N. tangutorum*）	小枝、叶、果实入药
	蒺藜（*Tribulus terrestris*）	根、茎、叶、花、果及种子均可药用
	霸王（*Zygophyllum xanthoxylum*）	根入药
大戟科	青海大戟（*Euphorbia kozlovii*）	根药用
柽柳科	宽苞水柏枝（*Myricaria bracteata*）	幼嫩枝条药用
	白花柽柳（*Tamarix androssowii*）	嫩枝、叶药用
	长穗柽柳（*T. elogata*）	嫩枝条药用

续表4-20

科名	种名	应用部位
柽柳科	刚毛柽柳（*T. hispida*）	嫩枝、叶药用
	盐地柽柳（*T. karelinii*）	嫩枝、叶药用
	短穗柽柳（*T. laxa*）	嫩枝、花药用
	细穗柽柳（*T. leptostachys*）	嫩枝、果穗药用
瑞香科	草瑞香（*Diarthron linifolium*）	根皮、茎皮药用
	狼毒（*Stellera chamaejasme*）	茎叶及根药用
胡颓子科	沙枣（*Elaeagnus angusifolia*）	树皮、核果、种子均可入药
千屈菜科	千屈菜（*Lythrum salicaria*）	全草入药
杉叶藻科	杉叶藻（*Hippuris vulgaris*）	全草药用
锁阳科	锁阳（*Cynomorium songaricum*）	全株药用
伞形科	硬阿魏（*Ferula bungeana*）	根、种子入药
	岩风（*Libanotis buchtormensis*）	根药用
报春花科	玉门点地梅（*Androsace brachystegia*）	花药用
	北点地梅（*A. septentrionalis*）	全草药用
白花丹科	黄花补血草（*Limonium aureum*）	花药用
木樨科	小叶丁香（*Syringa microphylla*）	树皮药用
龙胆科	黑边假龙胆（*Gentianella azurea*）	植株入藏药
夹竹桃科	罗布麻（*Apocynum venetum*）	枝、叶及根药用
萝藦科	牛皮消（*Cynanchum auriculatum*）	根入药
	羊角子草（*C. cathayensa*）	根药用
	鹅绒藤（*C. chinense*）	茎药用
	戟叶鹅绒藤（*C. sibiricum*）	全株药用
	地稍瓜（*C. thesioides*）	果实及全草药用
旋花科	打碗花（*Calystegia hederacea*）	
	银灰旋花（*Convolvulus ammannii*）	全草药用
	菟丝子（*Cuscuta chinensis*）	全草药用
紫草科	黄花软紫草（*Arnebia guttata*）	根药用
	异刺鹤虱（*Lappula heteracantha*）	果实（四分果）药用
	砂引草（*Tournefortia sibirica* ）	
马鞭草科	蒙古莸（*Caryopteris mongolica*）	花、枝、叶均药用

续表 4-20

科名	种名	应用部位
唇形科	薄荷（*Mentha haplocalyx*）	全草药用
茄科	曼陀罗（*Datura stramonium*）	全草药用，被称为“东方麻醉剂”
	天仙子（*Hyoscyamus niger*）	全草、种子药用
	宁夏枸杞（*Lycium barbarum*）	浆果、根皮入药
	枸杞（*L. chincnse*）	浆果药用
	黑果枸杞（*L. ruthenicum*）	根、果实入药
	龙葵（*Solanum nigrum*）	全草药用
	青杞（*S. septemlobum*）	全草、果实药用
玄参科	野胡麻（*Dodartia orientalis*）	根或全草药用
	疗齿草（*Odentites serotina*）	全草药用
	甘肃马先蒿（*Pedicularia kansuensis*）	全草药用
	砾玄参（*Scrophularia indisa*）	全草药用
	北水苦荬（*Veronica anagallis*）	全草、根药用
	长果水苦荬（*V. anagalloides*）	全草药用
列当科	盐生肉苁蓉（*Cistanche salsa*）	全株药用
车前科	平车前（*Plantago depressa*）	种子药用
	大车前（*P. major*）	种子药用
茜草科	猪殃殃（*Galium aparine*）	茎、叶药用
	沼拉拉藤（*G. uliginisum*）	全草药用
忍冬科	小叶忍冬（*Lonicera microphylla*）	枝叶、花蕾药用
桔梗科	紫沙参（*Adenophora paniculata*）	根药用
	长柱沙参（*A. stenanthina*）	根药用
菊科	耆状亚菊（*Ajania achilloides*）	枝、叶入药
	铃铃香青（*Anaphalis hancockii*）	全株药用
	黄花蒿（*Artemisia annua*）	枝、叶药用
	茵陈蒿（*A. capillaries*）	枝、叶药用
	野艾蒿（*A. lavandulaefolia*）	全草药用
	大花蒿（*A. macrocephala*）	全草药用
	黑沙蒿（*A. ordosica*）	菊果（种子）药用
	毛莲蒿（*A. vestita*）	地上部分药用

续表 4-20

科名	种名	应用部位
菊科	阿尔泰狗娃花（*Aster altaicus*）	全草和花都可以入药
	狼把草（*Bidens tripartita*）	全草入药
	小甘菊（*Cancrinia discoidea*）	幼苗药用
	毛果小甘菊（*C. lasiocarpa*）	全草入药
	弯茎还阳参（*Crepis flexuosa*）	花序药用
	砂蓝刺头（*Echinops gmelinii*）	根、叶、嫩茎、花序入药
	欧亚旋覆花（*Inula britanica*）	头状花序药用
	里海旋覆花（*I. caspica*）	花序、全草药用
	旋覆花（*I. japonica*）	头状花序药用
	蓼子朴（*I. salsoloides*）	花序及开花前的全草入药
	蒙新苓菊（*Jurinea mongolica*）	茎基部的绒毛药用
	蔬苞美头火绒草（*Leontopodium calocephalum*）	全草药用
	矮生火绒草（*L. nanum*）	全草药用
	乳苣（*Mulgedium tataricum*）	全草药用
	蓖叶蒿（*Neopallasia pectinata*）	全草药用
	风毛菊（*S. japonica*）	全草入药
	尖头风毛菊（*Saussurea malitiosa*）	全草药用
	鸦葱（*Scorzonera austriaca*）	根药用
	拐轴鸦葱（*S. divaricata*）	全草药用
	聚头绢蒿（*Seriphidium compactum*）	全草药用
	苣荬菜（*Sonchus brachyotus*）	全草入中药（败酱）
	苦苣菜（*S. oleraceus*）	全草药用
	多裂蒲公英（*Taraxacum dissectum*）	全草药用
	蒲公英（*T. mongolicum*）	全草药用
	苍耳（*Xanthium sibiricum*）	果实及全草药用
	碱黄鹌菜（*Youngia stenoma*）	全草药用
香蒲科	水烛（*Typha angustifolia*）	花粉入药
黑三棱科	黑三棱（*Sparganium stoloniferum*）	块茎干燥后药用
泽泻科	泽泻（*Alisma orientale*）	块茎药用

续表4-20

科名	种名	应用部位
禾本科	芨芨草（*Achnatherum splendens*）	茎、根及花序、果实入药
	赖草（*Leymus secalinus*）	全草及根入药
	芦苇（*Phragmites australis*）	茎叶、根茎、花序入药
	早熟禾（*Poa annua*）	全草可入药
	硬质早熟禾（*P. sphondylodes*）	全草可入药
	狗尾草（*Setaria vitidis*）	全草入药
莎草科	扁秆荆三棱（*Bolboschonus planiculmis*）	块茎可入药
	头穗莎草（*Cyperus glomeratus*）	全草药用
	水葱（*Schoenoplectus tabernaemontan*）	全草药用
眼子菜科	篦齿眼子菜（*Potamogetonpectinatus*）	全草入药
浮萍科	浮萍（*Lemna minor*）	全草药用
灯心草科	小灯心草（*Juncus bufonius*）	茎髓药用
	扁杆灯心草（*J. compressus*）	全草药用
	细灯心草（*J. gracillimus*）	全草药用
百合科	青甘韭（*Allium przewalskianum*）	全草药用
鸢尾科	马蔺（*Iris lactea* var. *chinensis*）	花、种子药用

根据各科所含物种数目，科的排列次序为：菊科34种，豆科15种，藜科10种，含7种的有4科（十字花科、蔷薇科、柽柳科、茄科），含6种的有4科（禾本科、蓼科、毛茛科、玄参科），萝藦科5种，含4种的有3科（石竹科、蒺藜科、罂粟科），含3种的有5科（灯心草科、莎草科、杨柳科、紫草科、旋花科），含2种的有9科（景天科、瑞香科、柏科、麻黄科、伞形科、报春花科、茜草科、桔梗科、车前科），只含1种的有26科（木贼科、桑科、荨麻科、苋科、马齿苋科、小檗科、大戟科、胡颓子科、千屈菜科、杉叶藻科、锁阳科、白花丹科、木樨科、龙胆科、夹竹桃科、马鞭草科、唇形科、列当科、忍冬科、香蒲科、黑三棱科、泽泻科、眼子菜科、浮萍科、百合科、鸢尾科）。菊科、豆科植物是保护区药用植物的主要组成部分。

根据中草药利用部位，结合第四期综合科学考察的具体资料（表4-20），将药用部位初步划分成以下几个体系，以供人们在认识或利用药用植物资源时参考。

Ⅰ、营养器官。此项目下可再分成以下8类：（1）全草；（2）根；（3）茎秆（或小枝，包括根茎、块茎、根状茎、茎髓）；（4）叶；（5）芽；（6）枝叶；（7）树皮（根皮、茎皮）；（8）茎基部的绒毛。

Ⅱ、生殖器官。此项目下可再分成以下5类：（1）花蕾、花或花序；（2）果实；（3）球果或球果序；（4）种子；（5）花粉。

Ⅲ、有机物质（如胡杨的树脂）。

8.纤维资源植物

纤维可供纺织、造纸、编制、拧绳等轻工业应用。第四期综合科学考察发现，分布在保护区的主要野生纤维资源植物共10种，隶属于6科，即夹竹桃科、禾本科、杨柳科、桑科、莎草科及鸢尾科（表4-21）。

表4-21　保护区野生纤维资源植物

科名	种名	应用部位与使用价值
杨柳科	小叶杨（*Populus simonii*）	树皮供作造纸等
桑科	葎草（*Humulus scandens*）	茎蔓供作造纸
夹竹桃科	大叶白麻（*Poacynum hendersonii*）	韧皮纤维可作混纺原料，也可用于制造高级纸
	白麻（*P. pictum*）	韧皮可作纺织或造纸原料
	罗布麻（*Apocynum venetum*）	韧皮纤维可供纺织用
禾本科	芨芨草（*Achnatherum splendens*）	秆、根状茎、根是造纸或人造丝棉的良好原料，也可用于拧绳材料；秆用于编织筐、篮或席子，还可作理想的扫帚材料；根制作刷子
	芦苇（*Phragmites australis*）	秆、叶可作造纸、编制、压制纤维板以及人造棉与丝的原料
莎草科	水葱（*Schoenoplectus tabernaemontan*）	秆可作编制材料
鸢尾科	马蔺（*Iris lactea* var. *chinensis*）	叶纤维可作造纸原料；根纤维可作制刷原料
	细叶鸢尾（*I. tenuifolia*）	叶纤维可作造纸原料；根纤维可作制刷原料

保护区纤维资源植物以草本为主，共6种；灌木或半灌木有3种，乔木只有小叶杨1种。木本一般用其韧皮纤维，草本多用茎秆。

根据其利用价值，这些野生纤维资源植物可被应用到以下6个方面：

（1）用作造纸原料，如小叶杨、葎草、大叶白麻、白麻、芨芨草、芦苇、马蔺及细叶鸢尾等；

（2）用作纺织原料，如罗布麻、大叶白麻、白麻、芨芨草及芦苇等；

（3）用作编制原料，如芨芨草、芦苇及水葱等；

（4）用作拧绳材料，如芨芨草等；

（5）用作制作扫帚或刷子等打扫卫生用具的材料，如芨芨草等；

（6）用作压制纤维板的原材料，如芦苇等。

9.有毒植物

第四期综合科学考察发现，保护区内共有12种有毒植物，隶属于9科（表4-22），均为全株有毒。在这些有毒植物中，草本植物9种，灌木或半灌木3种，分别为中麻黄、无叶假木贼和西北沼委陵菜。这3种灌木植物在保护区分布范围及其密度一般不大，中麻黄和无叶假木贼是典型的旱生植物，西北沼委陵菜为季节性干涸河谷中的半灌木，分布有限，因而有毒木本植物对牲畜或人类的影响不大。

相对于木本有毒植物，草本有毒植物的分布范围及其密度要大一些，毒性危害相对也会大一些，应引起有关部门或人员，特别是牧民的重视。草本有毒植物中，除了苦豆子属旱生植物以外，其余都属于中生植物。可见，有毒植物大多不是保护区极旱荒漠植被中的主要组成物种。

表4-22　保护区有毒植物资源

种名	质地习性	有毒部位	毒性
中麻黄（*Ephedra intermedia*）	旱生灌木	全草	有小毒
无叶假木贼（*Anabasis aphylla*）	旱生小灌木	全株	有毒
杂配藜（*Chenopodium hybridum*）	中生草本	枝叶	牲畜大量食用会中毒
地丁草（*Corydalis bungeana*）	中生草本	全草	有毒
小花糖芥（*Erysimum cheiranthoides*）	中旱生草本	全草	有小毒
西北沼委陵菜（*Comarum salesovianum*）	季节性干涸河谷半灌木	茎叶	羊食后中毒
苦豆子（*Sophora alopecuroides*）	旱生草本	植株	有毒
小花棘豆（*Oxytropis glabra*）	盐碱地草本	植株	牲畜误食会中毒
华北白前（*Cynanchum hancochianum*）	中旱生草本	全草	有毒
曼陀罗（*Datura stramonium*）	中生草本	植株	有毒
天仙子（*Hyoscyamus niger*）	中生草本	植株	有毒
醉马草（*Achnatherum inebrians*）	中旱生草本	全草	因为有毒，牲畜不采食，是山地草原退化指标之一

10.花卉资源植物

保护区内具有较高观赏价值的资源植物并不太多，第四期综合科学考察主要以花果为重点，将具有外形美观、形体较大、数目繁多、色泽艳丽的花或果的植物归纳为花卉资源植物。基于第四期综合科学考察并结合第三期科学考察结果和其他文献，确定了59种野生花卉资源植物，其中观花类46种，观果类13种（表4-23）。与第三期科学考察结果相比，增加了3种，分别是紫萼石头花、阿尔泰狗娃花、细叶鸢尾。

在观花类中，根据花色将观赏植物划分为白色花类、红色花类、紫红色花类、粉红色花类、玫瑰红色花类、黄色花类、紫色花类及蓝色花类等8类。依据不同类型所含物种数，主要为黄色花类（12种），其次为粉红色花类（9种），接下来分别是紫红色花类（6种）、白色花类（5种）、玫瑰红色花类（4种）、紫色花类（4种）、红色花类（3种），较少的是蓝色花类（3种）（表4-23）。

在观果类中，红色果实的有11种，黑色果实的有2种。花期过后结上鲜嫩的果实，色泽鲜亮，观赏价值较高。

保护区野生花卉资源植物多为荒漠植物，抗旱性强，可根据需求，适当开发应用，以实现保护与应用科学有机地结合。

可以采用直接引种、驯化的方法，将其引入荒漠地区相关场所，形成特有的区域性景观，供当地居民和游客欣赏；其中的一些珍稀濒危以至国家重点保护植物，可加强就地保护，开展人工繁育工作，以便扩大面积、增加密度，使种质资源得以繁衍；生于极度干旱荒漠区的植物，一般都具有极强的抗逆性，因此，保护区可通过与相关科研单位合作或联合的方式进行品种培育工作，使保护区这些珍贵的观赏资源植物发挥更大的经济价值。

表4-23　保护区野生花卉资源植物

观赏类别	物种（学名见附录1）	观赏价值描述
白色花类	准噶尔铁线莲、苦豆子、阿拉善点地梅、北点地梅、紫萼石头花	准噶尔铁线莲聚合瘦果宿存白色羽毛状花柱，形成一团白色绒球，极为美观
红色花类	苦马豆、矮大黄、刚毛红柳（毛红柳）	苦马豆荚果膨胀，犹如吹了气的膀胱，极为奇特；矮大黄叶大而平铺于地面，花果期有红花绿叶之美；刚毛红柳花也有紫红色者，有花异色的特性
紫红色花类	刚毛红柳（毛红柳）、紫干柽柳、多枝柽柳、千屈菜、蒙古韭、蒙疆苓菊	柽柳属一般红茎绿枝，叶小而不显著，枝条细弱垂吊，有丝条飘荡之感；刚毛红柳也有红色者；蒙疆苓菊茎基部密生绵毛，有在干旱寒冷环境中暖身之意；千屈菜为多年生高大草本，成片生于湿地，顶生的总状花序极为美丽
粉红色花类	锐枝木蓼（针枝木蓼）、白麻、大叶白麻、罗布麻、红砂、长穗柽柳、短穗柽柳、裸果木、碱韭	白麻与大叶白麻花大而繁，花期艳丽。柽柳属花序多由穗状花序组成壮观的圆锥花序，配以淡雅清爽的粉红色，具幽静高雅之美
玫瑰红色花类	沙木蓼、甘肃柽柳、密花柽柳（山川柽柳）、细穗柽柳	柽柳属花序多由穗状花序组成壮观的圆锥花序，配以艳丽的玫瑰红，更显优美
黄色花类	灌木铁线莲、灰叶铁线莲、黄花补血草、披针叶黄华、白皮锦鸡儿、柠条、蓼子朴、旋覆花、小甘菊、灌木亚菊、蓍状亚菊、细裂亚菊	铁线莲除了花较大，色鲜艳外，其聚合瘦果因宿存白色羽毛状花柱而形成一团白色绒球，其优美绝不比花逊色；黄花补血草花萼膜质，连同苞片均为黄色，有虽干而不死的顽强特性；亚菊属这3种植物的头状花序小而繁多，由此再组成伞房花序，以多取胜，呈一片金黄
紫色花类	细枝岩黄耆、红花岩黄蓍、青甘韭、阿尔泰狗娃花	细枝岩黄耆总状花序腋生，同化枝鲜绿飘逸，叶退化，也具一定观赏价值
蓝色花类	蒙古莸、马蔺、细叶鸢尾	马蔺柱头花瓣状，显示出奇特的层次
红色果实类	中麻黄、木贼麻黄、西北天门冬、戈壁天门冬、（蒙古）沙拐枣、甘肃沙拐枣、昆仑沙拐枣、柴达木沙拐枣、小果白刺、大白刺、塘古特白刺	中麻黄与木贼麻黄雌球花序形成的“麻黄果”红色，鲜艳；沙拐枣属的这4种植物坚果具刺毛，别具一格
黑色果实类	黑果枸杞、黑果栒子	果实肉质，黑色，罕见，物以稀为贵

11.其他资源植物

在保护区分布的资源植物中，还有一些（18种）其他用途的植物（表4-24），在此集中介绍。如罗布麻不但含有橡胶，其花还是蜜源；民勤绢蒿与光叶眼子菜可作为沤制绿肥的原料。此外，尽管已经对有些物种所含的物质成分有所了解，但对其实际的应用价值不太清楚，在此也一并列出，供进一步认识、开发应用参考，如拐轴鸦葱与蒲公英均含有橡胶，盐地碱蓬、刺山柑、曼陀罗、天仙子、黑沙蒿、大籽蒿、白刺等均含有油脂等。

参考第三期科学考察结果，依然将这些资源植物分为蜜源、绿肥，以及橡胶、栲胶、果胶、蛋白质、油脂等6部分，具体内容见表4-24。

表4-24　其他资源植物信息表

类别	种名	有效部位	含有物质
橡胶、蜜源	罗布麻（*Apocynum venetum*）	植株、根，花	植物体含橡胶，花为蜜源
	拐轴鸦葱（*Scorzonera divaricata*）	植株、根	含橡胶
	蒲公英（*Taraxacum mongolicum*）	全株	含橡胶
栲胶	巴天酸模（*Rumex patientia*）	根	可提制栲胶
果胶	苦豆子（*Sophora alopecuroides*）	种子	果胶
	硬阿魏（*Ferula bungeana*）	根、种子	可取阿魏胶
绿肥	民勤绢蒿（*Seriphidium minchunense*）	茎叶	可沤制绿肥
	光叶眼子菜（*Potamogeton lucens*）	全草	可沤制绿肥
蛋白质	青海碱地风毛菊（*Saussurea runcinata*）	茎叶	蛋白质较高
	海韭菜（*Triglochin maritimum*）	茎叶	蛋白质较高
	水麦冬（*T. palustre*）	茎叶	蛋白质较高
油脂	盐地碱蓬（*Salsola salsa*）	种子	可供榨油
	刺山柑（*Capparis spinosa*）	种子	可供榨油
	曼陀罗（*Datura stramonium*）	种子	含油，可供制作肥皂用
	天仙子（*Hyoscyamus niger*）	种子	含油，可供制作肥皂用
	黑沙蒿（*Artemisia ordosica*）	菊果（种子）	油脂
	大籽蒿（*A.sieversiana*）	茎叶	油脂
	白刺（*Nitraria tangutirum*）	果核（种子）	可供榨油

4.3.5　外来植物调查

外来植物是相对本地植物（乡土植物）而言，指的是在一定区域内历史上没有自然发生分布而被人类活动直接或间接引入的物种、亚种或低级分类群，包括物种能生存和繁殖的任何部分、配子或繁殖体。一般来说，任何一种外来植物，一旦对当地的生态造成威胁，都会被视为入侵种。若对当地生态系统未形成危害，可将此类外来植物称作无危害外来植物，包括自然生态系统中的无危害外来植物与人工生态系统中的无危害外来植物。

参考有关资料（陈叶等，2013；车晋滇，2010；蒲训等，2011），对第四次综合科学考察所确定的植物类群进行系统查对，结果表明，在保护区以至瓜州县境内，共有27种处于野生状态的外来植物（因在保护区暂时不便确定其危害程度，暂笼统地称作外来植物），隶属于13科（单子叶植物仅1科3种）23属，各科所包含的外来植物数依次为：菊科6种，藜科5种，十字花科3种，禾本科3种，茄科2种，苋科、马齿苋科、石竹科、豆科、千屈菜科、萝藦科、唇形科与玄参科等8科均含1种。从实际情况来看，这些外来植物几乎全部为野生，并成为保护区至瓜州县等地的归化种。

1.外来植物原产地

根据外来植物原产地初步将外来物种划分为8个类型。根据各类型所含物种数，类型依次为原产欧洲者（10种，小藜、王不留行、宽叶独行菜、菥蓂、救荒野豌豆、天仙子、苣荬菜、苦苣菜、野燕麦、赖草）、原产地不详者（5种，马齿苋、播娘蒿、鹅绒藤、薄荷、狼把草）、原产亚洲者（4种，白藜、灰绿藜、野胡麻、黄花蒿）、原产欧洲和亚洲者（3种，杂配藜、地肤、千屈菜）、原产美洲者（2种，反枝苋、曼陀罗）、原产亚洲与美洲者（仅蒲公英1种）、原产欧洲、美洲者（仅苍耳1种）及原产欧、亚和美洲者（仅狗尾草1种）。原产欧洲者占优势。另外，原产地不详者所占比例不低，说明仍然还有大量的工作需要做。

2.传入途径

外来植物传入途径是比较复杂的。结合现有资料，可将保护区以至瓜州县外来植物依其传入途径划分为6个类型。传入途径不详者12种，即灰绿藜、小藜、马齿苋、宽叶独行菜、鹅绒藤、天仙子、野胡麻、黄花蒿、苣荬菜、蒲公英、赖草、狗尾草，占外来植物总数的44.4%，说明在这方面还有许多工作要做；经欧洲途径传入者7种，即地肤、王不留行、播娘蒿、千屈菜、薄荷、苦苣菜、野燕麦；经美洲途径传入者3种，即曼陀罗、狼把草、苍耳；经欧亚途径传入者2种，即白藜、杂配藜；经亚洲途径传入者2种，即菥蓂、救荒野豌豆；而经非洲传入者最少，仅有反枝苋1种。

3.外来植物传入原因

外来植物传入我国的原因，受历史、地理以及人类活动等因素的共同影响，因而极为复杂。根据具体资料（表4-25），将保护区发现的27种外来植物传入我国的原因初步划分为4个类型，其中因自然因素或人为因素而无意传入的物种占绝大多数，占外来植物总数的48.2%。由此来看，对外来物种的国境检疫有待加强管理。有意引进的物种有6种，曼陀罗、野胡麻与黄花蒿是因药用而引进的；马齿苋与宽叶独行菜是因食兼药用而引进的，但是，从实际开发应用状况来看，宽叶独行菜的经济价值长期以来并未受到重视；作为牧草有意引者，只有赖草。

表4-25　外来植物信息数据表

科名	属	种名	原产地	分布区范围	入侵途径及价值
藜科	藜属	藜 （*Chenopodium album*）	日本	广布于全球温带和热带地区；我国广布	经欧亚北部无意传入，鸟和家畜携带传播
		灰绿藜 （*C. glaucum*）	有记载原产新疆，也许与边疆邻国有关	两半球温带广布；我国除台湾、福建、江西、广东、广西、贵州、云南诸省区外，各地都有分布	无意或自然传入

续表 4-25

科名	属	种名	原产地	分布区范围	入侵途径及价值
藜科	藜属	杂配藜（*C. hybridum*）	欧洲和西亚	广布于北半球温带及夏威夷群岛；我国分布于东北三省、西北、内蒙古、河北、北京、山东、浙江、山西、湖北、四川、重庆、云南、西藏等地	经欧洲及西亚无意传播，鸟和家畜携带传播
		小藜（*C. serotinum*）	欧洲	日本有分布；我国除西藏，全国分布	不详
	藜科	地肤（*Kochia scoparia*）	欧洲及亚洲中部和南部地区	非洲、欧洲、亚洲有分布，美国也有分布；我国广布并栽培	经欧洲无意传播，鸟和家畜携带传播
苋科	反枝苋属	反枝苋（*Amaranthus retroflexus*）	美洲或北美洲	世界广布；我国分布广泛	随货物、旅客无意传入，或经过非洲热带地区无意引入
马齿苋科	马齿苋属	马齿苋（*Portulaca oleracea*）	不详	广布于全世界温带和热带地区；我国除高寒地区外，广泛分布于南北各地	因药用或食用而有意引入
石竹科	麦蓝菜属	王不留行（麦蓝菜）（*Vaccaria segetalis*）	欧洲	广布于北半球温带地区；我国分布广泛，已逸为野生种	经欧洲无意引入；或作为药用植物而有意引入
十字花科	播娘蒿属	播娘蒿（*Descurainia sophia*）	不详	分布于亚洲、欧洲、非洲北部、北美洲；我国东北、华北、华东、西北、西南均有分布	经欧洲无意引入
	独行菜属	宽叶独行菜（*Lepidium latifolium*）	欧洲	分布于欧洲南部、非洲北部、亚洲西部及中部，东达远东地区；我国分布于内蒙古、西藏等地	作为食用和药用植物人为有意引入
	菥蓂属	菥蓂（*Thlaspi arvense*）	欧洲	亚洲、北美洲、非洲北部都有分布；我国广布	经亚洲传入，原因不详
豆科	野豌豆属	救荒野豌豆（*Vicia sativa*）	欧洲南部	欧洲，朝鲜、日本有分布；我国多分布于北方气候温暖地区，西北、西南各省区	经西亚无意引入
千屈菜科	千屈菜属	千屈菜（*Lythrum salicaria*）	欧洲和亚洲暖温带地区	分布于亚洲、欧洲、非洲的阿尔及利亚、北美和澳大利亚东南部；我国许多省区都有野生	经欧洲无意传入

续表4-25

科名	属	种名	原产地	分布区范围	入侵途径及价值
萝藦科	鹅绒藤属	鹅绒藤（*Cynanchum chinense*）	不详	我国分布于辽宁、华北、西北、华东	传入途径不详，（也许）因城市绿化而有意引入
唇形科	薄荷属	薄荷（*Mentha canadensis*）	不详	分布于亚洲、欧洲、北美；我国分布广泛	经欧洲传入，原因不详，也许作为药用植物引入
茄科	曼陀罗属	曼陀罗（*Datura stramonium*）	墨西哥	世界温带和热带地区广泛分布；我国分布广泛	经墨西哥引入；我国明朝末期作为药用植物而有意引入，1593年《本草纲目》已有记载
	天仙子属	天仙子（*Hyoscyamus niger*）	欧洲	亚洲、北美洲有分布；我国分布于华北、西北和西南地区	不详
玄参科	野胡麻属	野胡麻（*Dodartia orientalis*）	内蒙古、新疆等	我国分布于北疆、甘肃等地	因药用而有意引入
菊科	蒿属	黄花蒿（*Artemisia annua*）	亚洲	广布于欧洲，亚洲的温带、寒温带及亚热带地区；我国广布	因药用而有意引入
	狼把草属	狼把草（*Bidens tripartite*）	不详	亚洲、欧洲、非洲北部以及大洋洲均有分布；我国广布	经墨西哥无意引入
	苦苣菜属	苣荬菜（*Sonchus brachyotus*）	欧洲	世界广布；我国东北、华北、西北、华东、华中和西南地区有分布	不详
		苦苣菜（*S. oleraceus*）	欧洲	世界广布；我国广布	经欧洲无意引入，或从邻国自然扩散传入
	蒲公英属	蒲公英（*Taraxacum mongolicum*）	中亚，墨西哥	朝鲜及欧洲东北部有分布；我国除华南等地广布，已逸为野生种	作为药用植物而有意引入，或从邻国自然（无意）传入
	苍耳属	苍耳（*Xanthium sibiricum*）	欧洲、北美	伊朗、印度、朝鲜、日本及欧洲东北部有分布；我国广泛分布于东北、华北、华东、华南、西北及西南各省区	经美洲，可能附着于人畜和货物上而无意带入
禾本科	燕麦属	野燕麦（*Avena fatua*）	南欧地中海地区	世界广布；我国广布	经欧洲，随小麦种子而无意传入，对禾谷类作物生产造成严重的威胁

续表4-25

科名	属	种名	原产地	分布区范围	入侵途径及价值
禾本科	赖草属	赖草（*Leymus secalinus*）	欧洲东北部	分布于蒙古、日本和朝鲜及欧洲东北部；我国东北的西部、西北、河北、山西、四川、内蒙古等省（区）有分布	作为牧草有意引入
	狗尾草属	狗尾草（*Setaria vitidis*）	热带美洲、欧亚大陆的温带和暖温带地区	广布于世界温带和亚热带地区；我国各地广布	经华南、西南中部无意或经邻国自然传入

据资料报道，有些外来植物传入意图记载含糊。如王不留行，有记载通过交通携带经欧洲无意引进的，也有记载作为药用植物而有意引进的；如鹅绒藤，有记载传入途径不详的，也有记载因城市绿化而有意引进的。对此类外来植物，第四期综合科学考察暂作传入意图含糊者对待。

现将外来植物传入我国的原因划分表述如下：

因自然或人为因素无意传入者：有13种，即白藜、灰绿藜、杂配藜、地肤、反枝苋、播娘蒿、救荒野豌豆、千屈菜、狼把草、苦苣菜、苍耳、野燕麦、狗尾草；

有意引进者：有6种，即曼陀罗、野胡麻、黄花蒿、马齿苋、宽叶独行菜、赖草；

传入意图不详者：有4种，即小藜、菥蓂、天仙子、苣卖菜；

传入意图含糊者：有4种，即王不留行、鹅绒藤、薄荷、蒲公英。

4.外来植物与荒漠环境的关系探讨

从27种外来植物的分布区域（表4-26）与生长环境等生态特性可以看出，绝大多数为温带或暖温带中生植物。尽管这些植物的生态幅都比较宽，但是仍然受到极端干旱和严酷荒漠环境的限制，在极旱荒漠地带无生存优势。对27种外来植物进行生境分析可以看出，除了藜科的几种植物对盐碱生境具有一定的适应能力，赖草对干旱以及盐碱地具有一定的抗性以外，其他绝大多数植物在荒漠地区都不具备适应能力。所以，这些外来植物不会对荒漠地区的生态环境造成危害。

4.4 植被及其动态

保护区所在的瓜州县地处蒙古高原南缘和青藏高原北缘的交汇地带。早在古生代石炭纪至三叠纪，这里是古地中海的一部分。当祁连山与马鬃山地槽于三叠纪抬升时，古地中海退却，出现了地平陆地。后来，经加里东运动、燕山运动及喜马拉雅山的新构造运动，至第四纪初，这里基本形成了现代的山脉和水系（刘迺发等，1998）。

第三纪以来，南面太平洋温暖湿润的气流受青藏高原和祁连山系的阻挡，使这里逐渐变成了干旱气候。据植物化石研究结果，在第三纪晚期，该区植被便开始向干旱方向演变，即由原来的森林草原向荒漠草原发展。至更新世，该地区的气候虽然经历了无数次干旱寒冷和温暖湿润交替，但总的趋势是向极旱方向发展，由此形成了现代极旱荒漠植被及相应的植物地理区系（刘迺发等，1998）。

瓜州地处河西走廊西端，北面通过马鬃山西部山地与新疆维吾尔自治区接壤，东面靠肃北蒙古族自治县的北山地区和玉门市，西面和敦煌市相连，南面与祁连山地区的肃北蒙古自治县石包城一带相邻。在南北山地之间为河西走廊平原。在南北山地的山前分布有广阔的砾石戈壁。地带性土壤以棕漠土与灰棕土为主。

瓜州深居我国内陆，是典型的大陆性气候，降水量小而蒸发量大，日照时间长，温差大，夏季炎热，冬季酷寒，风大，沙尘天气明显，降水多集中在夏季，占全年降水量的70.0%，体现了亚洲温带干旱区的基本特征。

特定的地形地貌等自然环境条件孕育了相应的植被类型。安西极旱荒漠国家级自然保护区的植被主体是温带荒漠。吴征镒（1980）在中国植被区划系统中将这一地区划归为温带荒漠区域，东部荒漠亚区域，温带半灌木、灌木荒漠地带，马鬃山-诺敏戈壁稀疏灌木、半灌木荒漠区。根据以上区划系统，黄大燊（1997）在甘肃省植被区划系统中将这一地区更具体地划归为温带荒漠植被区域、河西走廊安敦盆地暖温带荒漠植被区。在这一区域，自然植被的主要成分是旱生和超旱生的灌木、半灌木和小半灌木，植被类型以温带半灌木、温带灌木荒漠为主。在荒漠中，在低洼地和地下水浅露的地带，镶嵌分布有盐生草甸和沼泽；在南部高山，分布有面积不大的山地草原和高山草甸。

4.4.1　植被调查方法

在前期分期分批以及平时多种不同形式考察和资料收集的基础上，在2022年6—8月底的生长旺季采取生态学、植物群落学、植物分类学以及地植物学等的常规方法对保护区植被类型进行了考察。

为了便于和保护区第三期科学考察结果进行比较，第四期科学考察野外调查样点样方的布设尽可能与之前的科学考察位点重合。为此，首先，查阅相关资料，特别是查阅了保护区第二次、第三次科学考察报告，对前3次科学考察确定的植被类型和考察位点结合卫星地图和道路、边界分布情况进行校正，剔除了位于保护区边界外的调查点，整合了距离太近、植被类型明显一致的调查点，根据卫星地图结合现场实际情况增加了部分调查点。其次，对考察的内容、路线、具体地点以及时间进行规划，作出实施方案；然后，组织考察队员进行植物和植被调查技能的培训，准备考察必需的工具、资料、表格等；在疫情许可并征得保护区同意的前提下进行野外考察；最后，进行标本鉴定与调查数据资料的整理。

在具体的野外工作中，根据现场实际，采用样方或样线法进行植被和植物调查，利用GPS找寻第三期科学考察位点或记录第四次科学考察的位点和样线位置信息。样方面积在戈壁、沙地等环境中均选取100 m^2样方，在草甸湿地或沼泽湿地选择1 m^2样方。调查中，采取观察、目测和数据测量和统计相结合的方式对盖度、密度、冠幅和高度等生态学性状进行调查；拍照记录各样方环境和植被特点，采集偶见种标本，并对标本进行鉴定。在第四次科学考察中，共采集或鉴定现场疑惑标本50余份，拍摄植被、物种以及生境等照片约800张。最终共调查107个样方，其中41个与第三期科学考察调查样方位点重叠，66个为优化后新布设的位点。在样方调查的基础上，根据野外现场观察到的实际情况，对没有进行样方或样线调查的8个位点的植被类型进行了登记，在附录4中编号为108～115。

4.4.2 自然植被类型

根据《中国植被及其地理格局——中华人民共和国植被图（1：1 000 000）说明书》中的对我国的植被类型的划分依据和标准，对调查所得的各位点植被类型进行了命名（表4-26），并划分为6个植被型组、12个植被型和58个群系。

表4-26 保护区的植被类型及分布

植被型组	植被型	群系	位置信息
Ⅲ阔叶林	8温带落叶阔叶林	旱柳-杨树林	东坝水库
	9温带落叶小叶疏林	沙枣疏林	祁家坝水库
		胡杨疏林	大塘泉、碱泉子西、双塔水库西、北桥子北双石公路西侧
Ⅳ灌丛	18温带落叶阔叶灌丛	柽柳灌丛	锁阳城马路边、小草湖、马莲井
	22亚高山落叶阔叶灌丛	小叶金露梅灌丛	大石门道
	24亚高山常绿针叶灌丛	沙地柏灌丛	大石门道
Ⅴ荒漠	25温带矮半乔木荒漠	梭梭荒漠（梭梭砾漠）	120戈壁、大泉西、照西
	26温带灌木荒漠	霸王白皮锦鸡儿荒漠	七个井以西
		霸王合头藜荒漠	
		霸王荒漠	七个井
		霸王裸果木荒漠	芙蓉山北
		白皮锦鸡儿合头藜荒漠	马场西
		白皮锦鸡儿荒漠	东大泉、马场西
		白皮锦鸡儿芨芨草荒漠	冰墩子沟、马场南
		白皮锦鸡儿松叶猪毛菜荒漠	东大泉东
		荒漠锦鸡儿荒漠	巴尔峡小石门道
		裸果木膜果麻黄荒漠	长山子、三道沟河
		裸果木泡泡刺荒漠	照西
		膜果麻黄合头藜荒漠	独山子南、大泉西黑山东、拾金坡北、西大泉北
		膜果麻黄荒漠	碱泉子西、双塔水库南、马场西、梧桐井、拾金坡北、芙蓉山北
		沙拐枣膜果麻黄荒漠	红柳河
		细枝岩黄芪裸果木荒漠	榆林窟东

续表4-26

植被型组	植被型	群系	位置信息
Ⅴ荒漠	28温带半灌木矮半灌木荒漠	灌木亚菊荒漠	阴凹大泉
		合头藜红砂荒漠	南片、炕面子井、荒草滩西、120戈壁、大泉西北、小泉东南
		合头藜荒漠	小石门道外
		合头藜泡泡刺荒漠	长山子
		红砂荒漠	四道沟河
		红砂泡泡刺荒漠	双塔水库西丘陵、照西、南边样地
		尖叶盐爪爪红砂荒漠	七个井
		珍珠猪毛菜合头藜荒漠	长山子西
		珍珠猪毛菜红砂荒漠	榆林窟东、小石门道、红口子、阴凹大泉
		珍珠猪毛菜泡泡刺荒漠	榆林窟东及南
Ⅵ草原	34温带丛生矮禾草矮半灌木荒漠草原	戈壁针茅荒漠草原	朱家大山
		芨芨草冷蒿草原	大石门道
		芨芨草小叶金露梅山地灌丛草原	大石门道
		驼绒藜芨芨草荒漠草原	阴凹大泉
Ⅷ草甸	39温带禾草苔草及杂类草沼泽化草甸	拂子茅水麦冬沼泽化草甸	锁阳城镇西湖槽子
		禾草杂类草沼泽化草甸	阴凹大泉
		苔草杂类草沼泽化草甸	疏勒河、东大泉
	40温带禾草杂类草盐生草甸	柽柳盐爪爪盐生草甸	
		大叶白麻芦苇盐生草甸	北桥子北、双石公路东
		含柽柳的芨芨草盐生草甸	锁阳城路北、马圈西、锁阳城镇东北
		含柽柳的芦苇盐生草甸	双塔-桥子路北、双塔2号水库、锁阳城镇东北水溢滩
		黑果枸杞甘草盐生草甸	东坝北
		黑果枸杞禾草盐生草甸	小泉
		黑果枸杞骆驼刺盐生草甸	祁家坝水库上游
		芨芨草芦苇盐生草甸	双塔乡、青山子
		芨芨草马蔺盐生草甸	双塔水库南
		芨芨草盐生草甸	锁阳城镇东北
		芦苇黑果枸杞盐生草甸	碱泉子
		芦苇杂类草盐生草甸	西大泉

续表 4–26

植被型组	植被型	群系	位置信息
Ⅷ草甸	39温带禾草苔草及杂类草沼泽化草甸	骆驼刺黑果枸杞盐生草甸	锁阳城路北
		骆驼刺芨芨草盐生草甸	锁阳城路北
		骆驼刺杂类草盐生草甸	祁家坝水库上游、锁阳城
		胀果甘草盐生草甸	锁阳城路北
Ⅸ沼泽	42寒温带温带沼泽	芦苇沼泽	双塔–桥子路北、北桥子1队、双塔水库、西大泉
		三裂碱毛茛沼泽	东巴兔
		香蒲沼泽	双塔水库、北桥子2队及祁家坝水库

保护区第四期考察结果支持第三期考察结果中对植被型组的划分，即保护区仍然有6个植被型组：阔叶林、灌丛、荒漠、草原、草甸和沼泽。第三期考察划分为9个植被型，分别是温带阔叶林、温带荒漠草原、温带荒漠、温带灌丛、高寒灌丛、盐化草甸、沼泽化（湿地）草甸、禾草沼泽和杂类草沼泽。而第四期考察则划分为12个植被型，即温带落叶阔叶林、温带落叶小叶疏林、温带落叶阔叶灌丛、亚高山落叶阔叶灌丛、亚高山常绿针叶灌丛、温带矮半乔木荒漠、温带灌木荒漠、温带半灌木矮半灌木荒漠、温带丛生矮禾草矮半灌木荒漠草原、温带禾草苔草及杂类草沼泽化草甸、温带禾草杂类草盐生草甸和寒温带温带沼泽。在群系的划分上，第四期考察也比第三期考察多了6个群系，由第三期的52个群系变为第四期的58个群系。特别地，第四期考察结果中增加了亚高山常绿针叶灌丛植被型沙地柏灌丛群系，其分布在大石门道。其他类群之间的差异主要是由于对植被型、群系的划分标准不同所致，不一一讨论。

4.4.3 自然植被动态分析

1997年，保护区进行了第一期规模化考察，时隔8年，于2005年进行了第二期考察，7年之后，2012年对保护区进行了第三期考察，时隔10年，2022年又进行了第四期综合科学考察，从第一期考察至第四期考察历时25年。由于2022年保护区持续呈现晴热高温天气，上半年平均气温较历年偏高1.2 ℃，为1971年以来同期最高，降雨相对往年明显减少，旱情对保护区植被的生长造成了一定的影响。

与第三期考察结果比较，植被类型中高级类型基本稳定（表4–27），如植被型组除了第一期考察未考虑水生与沼生类型外，之后的几次考察结果都是6种植被型组。第三期科学考察结果划分为9个植被型，而第四期科学考察结果则划分为12个植被型。阔叶林植被型组中第三期科学考察只有温带阔叶林植被型，而第四期科学考察中包含了温带落叶阔叶林和温带落叶小叶疏林2个植被型；灌丛植被型组中第三期科学考察有温带灌丛和高寒灌丛2个植被型，而第四期科学考察有温带落叶阔叶灌丛、亚高山落叶阔叶灌丛和亚高山常绿针叶灌丛3个植被型，特别地，第四期科学考察增加了亚高山常绿针叶灌丛植被型；荒漠植被型组中第三期科学考察只有温带荒漠植被型，而第四期科学考察包括温带矮半乔木荒漠、温带灌木荒漠和温带半灌木矮半灌木荒漠3个植被型；草原植被型组中第三期科学考察只有温带荒漠草原植被型，第四期科学考察则包括温带丛生矮禾草矮半灌木荒漠草原；草甸植被型组中第三期科学考察包括盐化草甸和沼泽化（湿地）草甸2个植被型，而第四期科学考察有温带禾草苔草及杂类草沼泽化草甸和温带禾草杂类草盐生草甸2个植被型；沼泽植被型组中，第三期科学考察有禾草沼泽和杂类草沼泽2个植被型，而第四期科学考察只有寒温带温带沼泽植被型。

第三期和第四期考察结果的变化情况见表4–27。

表4–27　植被类型动态

考察结果		阔叶林	灌丛	荒漠	草原	草甸	沼泽
植被型变化	第三期（9）	1	2	1	1	2	2
	第四期（12）	2	3	3	1	2	1
群系变化	第三期（52）	2	4	19	6	19	2
	第四期（58）	3	3	26	4	19	3

4.5　保护区植被面临的威胁

4.5.1　保护区植被面临的可能威胁及其原因

荒漠生态系统在固定流沙、减弱风蚀、改善环境方面起着不可替代的作用；许多荒漠草本和小半灌木是营养丰富的牧草，不少还具有药用价值。所以了解保护区植被受到危害及可能面临的威胁，分析其产生的原因，对采取相应的措施保护极旱荒漠生态系统至关重要。通过现场考察，结合有关文献，对保护区及其周边地区的植被所受的威胁分析如下。

4.5.1.1　自然植被面积的变化

植物的生存能力以及物种的分布范围既受气候因素的影响，也受人类活动的干扰。气候因素中的降水年际变化对植物、植被的影响最大。自2019年对保护区进行重新勘界以来，保护区的面积和保护区域范围得以明确，保护的力度和针对性也得以加强。在此背景下，以前常常出现的人为干扰，如过度放牧、各类施工工程、开矿等得到了彻底的控制，生态环境整体不断向好。但由于极旱荒漠生态系统对降水的极端敏感性和严重依赖性，降水的轻微年际变化往往会引起植物和植被的重大变化；同时，受上游水分供应水平的影响，保护区的地下水位变化也可能导致草甸类群和湿地生态系统发生变化。因此，不合理的地下水开采和地表水的过度利用，将降低自然植被多样性及其覆盖率，使湿地生态系统逐渐向荒漠化方向演替。

4.5.1.2　种群数量（密度）变化

2022年，恰逢保护区少见的干旱年份，多数物种生活力较低，甚至植株大量枯死、矮化和衰败，致使保护区植物密度减少，对物种的繁衍造成了严重影响，重要的资源植物种群数量减少，如甘草、锁阳、苁蓉、麻黄等，对生态系统稳定性带来了极大的不确定性。

4.5.1.3　群落分布极不均匀

由于水分的极度限制，保护区植物群落分布极不均匀。戈壁滩地往往有大片裸地，但在流水低地、冲沟两侧、干河床两岸以及地形复杂的海拔较高山地（大小石门道、朱家大山），植被密度明显较高。极端干旱条件下水分的分配不均匀是造成这种现象的主要原因。

4.5.2 对策及建议

针对上述保护区植被面临的威胁，分析其产生的可能原因，并提出相应的对策及建议。

4.5.2.1 与威胁有关的因素

1. 与威胁有关的自然因素

与威胁有关的直接自然因素是干旱。气象资料与自然现象表明，过去的20年是西北地区湿热发展的20年，但2022年持续呈现晴热高温天气，创下了全县历年气温之最，平均气温较历年偏高1.2 ℃，为1971年以来同期最高，降雨相对往年明显减少；同时河道来水持续减少，双塔水库蓄水量较2021年同期相比减少1% ，榆林河水库蓄水量较2021年同期相比减少3.2%，疏勒河河道来水较往年相比减少2成。干热的气候、河流径流量减少、一些原有的小溪彻底断流、湖泊萎缩、沼泽等湿地面积锐减、地下水位下降、土地沙化和盐渍化程度以及风沙危害加剧，最终导致保护区自然环境变得极度严酷恶劣。

2. 与威胁有关的人为因素

人为因素是威胁保护区生态环境的不可忽视的因素。过去十年不仅是我国自然生态环境彻底变好的十年，也是保护区生态保护最完善的十年。之前存在的矿山开采、道路建设、草场超载等问题得到了有效管控和治理，全民对生态环境保护意识不断提高，各级政府对生态环境保护高度重视，全民自觉保护意识增强。

3. 与威胁有关的综合因素

由于气候干旱以及人类活动的干扰，保护区基质沙化和盐碱化严重，在降水和上游来水减少的情况下，保护区湿地生态系统有向草甸、荒漠方向发展的趋势。在保护区内，碱泉子、黄草滩、西大泉等湿地已经没有昔日平静的水面和宽阔的湖面，盐碱化土地十分普遍。

4.5.2.2 对策与建议

干旱是威胁保护区生态环境的直接自然因素，但也是保护区保护对象得以存在的必需元素。自然因素引起的生态系统成分的丧失是缓慢而可逆的，人类不合理的活动所造成的生态环境恶化和多样性丧失则是急剧的、毁灭性的。因此，对于植被乃至生态环境的自然演变，人类只能采取顺应自然、因势利导，尽可能完美地做好应对；对于因人为因素而引起的植被组成成分丧失等生态系统恶化现象，人类应有所认识，要勇于担当，努力改进。

生态环境保护是一个社会问题，涉及全社会各个部门，包括全民意识、宣传教育、政策、法规、管理体制、科学研究、经济效应等诸多方面。基于“山水林田湖草沙”综合治理的科学理念，根据第四期科学考察结果，针对保护区生态环境现状和特点，提出以下建议：

1. 进一步强化保护区管理

在甘肃省现有的各级保护区中，技术人员缺乏、管理人员素质不高、管理水平低、设备落后、经费不足等原因，致使保护区尚未达到理想的保护、研究和教育的综合指标。这种状况应引起有关部门的足够重视并采取相应的措施。因此，要提高管理人员的管理业务文化素质，特别是科技人员的业务水平和管理水平，完善现有某些方面管理水平低的现状，强化管理机构建设，加大经费投入，以便强化保护区管理。

保护区基本属于无人居住区，许多地方都没有地名，不便表达具体位置。为了方便管理，充分利用现有地理信息定位系统技术，在保护区确定具体的地点和方位是必要的，并依据经纬度、编号、原有名（或古有名）等进行命名。

2.大力开展增强全民保护意识的宣传教育工作

做好生态环境保护，不仅要提高全民对生态环境和生物多样性保护重要性的认识水平和保护意识，还需要加强有关法律、法规的宣传教育工作和执法力度。各级政府及职能部门要充分利用各种媒体开展宣传，使人们认识保护生态环境的重要性、基本方法及公民在这方面应尽的责任和义务。

为了遏制人为因素对生态环境的危害，国家制定了一系列法律法规。加强对这些法律法规的宣传学习和落实，是我们生态环境保护工作者义不容辞的责任和义务。

近年来，我国在实施保护生物多样性、生物资源或生态环境保护方面制定的法律法规有《中华人民共和国环境保护法》《中华人民共和国森林法》《中华人民共和国草原法》《野生动植物保护条例》《中华人民共和国野生动物保护法》《野生药材资源保护管理条例》《中华人民共和国关于惩治捕杀国家重点保护的珍贵、濒危野生动物犯罪补充规定》《中华人民共和国自然保护区条例》《中国自然保护区发展规划纲要》等，此外还有许多全国性和地方性的法规。保护区应广泛开展各种宣传工作，配合有关部门给予宣传工作的资金投入，以便通过多种渠道提高执法人员、管理人员和广大群众的法律意识。

3.严格执行现有有关法律法规

除了宣传教育，保护区还需要严格执法体系。严格执行现有的有关法规，对破坏珍稀植物资源的行为要严厉打击，做到有法必依，执法必严，以保证保护区功能与作用的正常运行。为保证保护区的生物资源的可持续发展，必须依照《中华人民共和国草原法》《中华人民共和国森林法》《中华人民共和国环境保护法》《中华人民共和国自然保护区条例》等相关法律法规加强管理，加大对破坏植被、毁林开荒、砍伐林木、过度放牧、污染水源和空气等违法行为的打击力度。

4.加强生物多样性的科学研究

1）进一步深入开展物种多样性调查研究

根据历次考察结果，就物种多样性而言，都会采集到新类群。第四期科学考察共计确认6属10种为保护区新增物种。因此，保护区境内还有未采到的标本，需继续深入考察。

有资料报道保护区有分布，但至今未见者，需要加强采集，以便明确资源分布，提高科学的严肃性，如藜属的尖头叶藜、平卧藜、小藜，虫实属的倒披针叶虫实、碟果虫石，梭梭属的白梭梭，戈壁藜属的戈壁藜，盐爪爪属的圆叶盐爪爪，地肤属的宽翅地肤和木地肤，碱蓬属的镰叶碱蓬和星花碱蓬，以及刺藜属的刺藜、豆科的沙冬青等。

对于受保护植物，要进一步明确其资源储量、特定价值和分布范围，其中包括国家一级重点保护植物发状念珠藻，在南片有比较多的分布，事关生态系统平衡，保护价值极大。黑果枸杞是新列入国家二级保护的植物，在保护区也有比较广泛的分布，但对其资源储量、分布等需要进一步的科学考察和研究。

2）积极开展对分布于保护区境内的国家级保护植物的生物学特性的基础性研究

保护区有9种国家级保护植物，对这些植物给予重点保护是保护区的基本职责或任务之一。为了使保护工作取得更加明显的效果，可考虑对这些类群进行生物学特性的基础性研究。根据《国家重点保护野生植物名录》(2021)，将这些植物排列如下，以便酌情选择研究。

国家一级重点保护植物发状念珠藻，二级重点保护植物肉苁蓉、甘草、胀果甘草、乌苏里狐尾藻、唐古红景天、锁阳、蒙古冰草、黑果枸杞。对甘肃省二级重点保护植物也应给予足够的重视，如蒙古莸和河西菊。特别地，保护区新发现的物种如柔毛连蕊芥，因其分布范围小，记录资料缺失，需要特别关注，研究其生物学基础特征。另外，对于入侵植物须引起足够的关注。

3）积极开展资源植物的保护、开发和利用研究

生物资源保护的目的在于保持、恢复、重建和持续利用。在保护的同时，保护区可考虑采取一些合理的、科学的开发利用举措，以使人类的合理需求、持续利用与生物多样性保护之间的关系平衡发展。如对野生药材、野菜、野生花卉、浆果及牧场等方面的利用与保护之间平衡关系的研究应引起特别的重视。

5.扩大人工防护林种植面积

建立健全“林长制”。保护区现有的防风固沙林只有沙枣-旱柳林一种类型，而且其面积小，没有发挥出防护林的防风固沙、改良环境、涵养水源等生态功能。可在保护区境内扩大人工防风固沙林规模，扩大人工防护林面积，再造新型防风固沙林。可选择抗旱、抗病虫的速生树种作为防风固沙林的主要树种，建设以灌木林为主，乔、灌、草结合的新型人工防护林体系，改变树种单一的格局。

6.保护区禁止大量开采地下水

密切配合“河长制”，协调疏勒河、榆林河等境内几条重要河流的管理，继续强化保护区水源和湿地的保护与管理，禁止大量开采地下水，防止水体的污染和富营养化，以维持地下水位，保证湿地的水源和湿地动植物资源的可持续发展。

7.重视对珍稀濒危物种的保护

保护区要对珍稀濒危植物的保护工作给予足够的重视，可采取就地保护和迁地保护2条途径。可在保护区建立珍稀濒危物种保护小区，对这些物种进行就地保护。对小区加强保护管理，同时用人工抚育等方法扩大种群数量，使其自然种群得以恢复。充分发挥植物园、树木园、公园等人工绿化地带的作用，对保护区珍稀濒危植物进行迁地保护，以扩大这些物种的分布区，增加种群数量。

8.争取出版考察专著

保护区可利用此次考察的时机，动员相关人员，发挥各自的专业强项，合作编写《瓜州县动物多样性》《瓜州县植物多样性》等专著。

另外，保护区还可与当地政府合作，共同制定适合省情、县情的财政政策，符合保护区管理要求的旅游开发、科普宣传的规划，建设并利用富有特色的展馆展厅和现场考察，既可推动保护区的保护和宣传工作，也可促进周边地区群众的切身利益。

第5章　昆　虫

2022年6月14—28日，在甘肃安西极旱荒漠国家级自然保护区进行了昆虫考察。参加本次考察的主要成员有甘肃省林业科技推广站的王洪建研究员，甘肃白龙江林业科学研究所的李丹春高级工程师和齐昊高级工程师。本次调查共采集昆虫标本360余号，经鉴定，共有262种，隶属12目65科184属。

5.1　昆虫调查方法

5.1.1　访问调查

对某个地区某种虫害，有目的地对当地群众、技术人员、保护区管护人员、有关专家等进行访问咨询，了解当地昆虫种类、分布和发生等情况。

5.1.2　野外踏查

按照设计的调查路线，在保护区范围内开展野外踏查。当发现有某种昆虫时，即开展详查。以各个保护站（管护站）为单位，在各个管护站的管护范围内确定踏查线路、重点区域及经过踏查发现有昆虫分布的区域，设立具有代表性的调查点或样方进行详查。

1）在有昆虫分布的管护站范围确定踏查线路，边走边采集，翻动石块，网捕。

2）踏查路线应穿过当地主要管护站的管护地，尽量能够代表整个管护站的环境。

3）踏查路线时，昆虫种类、习性和栖息环境的踏查线路间距要相对密一些。可根据具体情况，间距设置为300～1 000 m或更大一些，本次考察间隔500 m设一条踏查采集线路。

4）开展野外调查时，根据管护站当地气候、环境、植被和昆虫种类的习性，选择在6—8月采集标本。

5.1.3　标准地调查

1）在踏查的基础上，根据保护区昆虫的种类、分布情况设立标准地进行详查。

2）标准地设在各个管护站昆虫种类及分布特点区和植被类型内具有代表性的地段。

3）每块标准地面积3333.3 m^2，且标准地内埋设诱集罐30～50个。

4）同一类型的标准地尽可能重复3次以上。

5）详细记录每个诱集罐内的昆虫种类并拍摄照片，对不能确定的昆虫种类带回室内及时予以鉴定并加标签。

5.1.4 采集方法

1）直接观察法采集。在保护区范围内根据不同昆虫种类的生态位、发生场所和生活习性采集。

2）跟踪搜索法采集。因为干旱荒漠区的昆虫活动都很隐蔽，且个体较小，需要在朽木上和石块下搜索采集鞘翅目昆虫。

3）网捕法采集。可以采集空中飞行的鳞翅目、膜翅目、蜻蜓目等昆虫，还可以采集半翅目异翅亚目、同翅亚目及双翅目等昆虫。

4）灯诱采集法。主要采集具有趋光性的昆虫种类。

5）陷阱采集法。这是本次采集的主要方法。在300 mL塑料杯内倒入75 mL诱集液，每隔24、48 h检查所采集的昆虫种类，带回室内进行分拣、加签。

6）贝-杜氏漏斗采集法。主要采集土壤和枯枝落叶中的昆虫。

5.2 昆虫种类组成

本次考察共采集到昆虫262种，隶属于12目65科184属，其中直翅目7种，占总种数的2.67%，半翅目21种，占总种数的8.01%，鞘翅目91种，占总种数的34.73%，鳞翅目49种，占总种数的18.70%，双翅目52种，占总种数的19.85%，膜翅目30种，占总种数的11.45%，见表5-1。

表5-1 甘肃安西极寒荒漠自然保护区昆虫种类

目	科数	属数	种数	占总种数比例 /%
衣鱼目（Zygentoma）	1	1	1	0.38
蜻蜓目（Odonata）	1	3	4	1.53
螳螂目（Mantodea）	1	1	1	0.38
直翅目（Orthopetera）	5	7	7	2.67
革翅目（Dermaptera）	1	1	1	0.38
半翅目（Hemiptera）	10	21	21	8.01
脉翅目（Neuroptera）	2	3	3	1.15
鳞翅目（Lepidoptera）	13	36	49	18.70
鞘翅目（Coleoptera）	15	68	91	34.73
膜翅目（Hemenoptera）	7	19	30	11.45

续表5-1

目	科数	属数	种数	占总种数比例/%
双翅目（Diptera）	8	22	52	19.85
缨翅目（Thysanoptera）	1	2	2	0.76
总计	65	184	262	0.38

5.3　昆虫区系特征

保护区地处中亚内陆，应属古北区中亚亚区，内蒙古河西干旱草原区（张荣祖，2011）。262种昆虫在中国动物地理区划中的分布情况如表5-2。

表5-2　种级区系成分组成表

区系分布 种类	古北区分布（中亚分布）				东洋区分布			东亚分布	
	东北区	华北区	蒙新区	青藏区	西南区	华中区	华南区	中-日-朝鲜	中国特有
多毛栉衣鱼（*Ctenolepsima villosa*）	+	+	+	+	+	+	+	+	
心斑绿蟌（*Enallagma cyathiferus*）	+	+	+					+	
长叶异痣蟌（*Ischnura elegans*）	+	+	+					+	
蓝壮异痣蟌（*Ischnura pumilio*）		+	+	+	+				
黑背尾蟌（*Paracercion melanotum*）	+	+	+		+	+	+	+	
薄翅螳（*Mantis religiosa*）	+	+	+	+	+	+	+	+	
准噶尔贝蝗（*Beybienkia songorica*）			+						+
八纹束颈蝗（*Sphingonotus octofasciatus*）			+						
蒙古痂蝗（*Bryodema mongolicum*）			+						
日本蚱（*Tetrix japonica*）	+	+	+	+	+	+	+	+	
长翅长背炸（*Paratettix uvarovi*）		+	+		+				
锥头蝗（*Pyergomorpha conica*）			+						
戈壁灰硕螽（*Damalacantha vacca*）			+						
蠼螋（*Labidura riparia*）	+	+	+			+			
花蓟马（*Frankliniella intonsa*）					+	+	+	+	
烟蓟马（*Thrips tabaci*）	+	+	+		+	+	+	+	
冰草麦蚜 [*Diuraphis*(*Hocaphis*)*agropyronophaga*]			+						+

续表 5-2

区系分布 种类	古北区分布（中亚分布）				东洋区分布			东亚分布	
	东北区	华北区	蒙新区	青藏区	西南区	华中区	华南区	中-日-朝鲜	中国特有
大青叶蝉（*Cicadella viridis*）	+	+	+	+	+	+	+	+	
六点叶蝉（*Macrosteles sexnotatus*）						+			+
条纹二室叶蝉（*Balclutha tiaowenae*）						+			+
灰飞虱（*Laodelphax striatellus*）	+	+	+	+	+	+	+		
芦苇长突飞虱（*Stenocraus matsumurai*）	+	+	+			+	+	+	
黑圆角蝉（*Gargara genistae*）	+	+	+	+					+
短壮异蝽（*Urochela falloui*）		+	+						+
闭环缘蝽（*Stictopleurus viridicatus*）	+	+	+						
苜蓿盲蝽（*Adelphocois lineolatus*）	+	+	+		+	+	+		
榆毛翅盲蝽（*Blepharidopterus ulmicola*）			+						
杂毛合垫盲蝽（*Orthotylus flavosparsus*）		+	+		+	+	+		
绿狭盲蝽（*Stenodema virens*）		+	+					+	
东亚果蝽（*Carpocoris seidenstueckeri*）	+	+	+					+	
西北麦蝽（*Aelia sibirica*）	+	+	+			+		+	
斑须蝽（细毛蝽）（*Dolycoris baccarum*）	+	+	+			+	+	+	
巴楚菜蝽（*Eurydema wilkinsi*）		+	+						
紫翅果蝽（*Carpocoris purpureipennis*）	+	+	+	+				+	
邻小花蝽（*Orius*（*Heterorius*）*vicinus*）			+						
迁烁划蝽（*Sigara bellula*）			+						
直胫啮粉蛉（*Conwentzia orthotibia*）	+	+	+	+	+	+	+		+
广重粉蛉（*Semidalis aleyrodiformis*）	+	+	+	+	+	+	+	+	
丽草蛉（*Chrysopa formosa*）	+	+	+	+	+	+	+	+	
二星瓢虫（*Adalia bipunctata*）	+	+	+	+	+	+	+	+	
红点唇瓢虫（*Chilocorus kuwanae*）	+	+	+	+	+	+	+	+	
七星瓢虫（*Coccinella septempunctata*）	+	+	+	+	+	+	+	+	
华日瓢虫（*Coccinella ainu*）		+	+	+	+	+		+	
横斑瓢虫（*Coccinella transversoguttata*）		+	+	+	+	+	+		
双七瓢虫（*Coccinula quatuordecimpustulata*）	+	+	+	+	+	+		+	

续表5-2

区系分布 种类	古北区分布（中亚分布）				东洋区分布			东亚分布	
	东北区	华北区	蒙新区	青藏区	西南区	华中区	华南区	中-日-朝鲜	中国特有
四斑毛瓢虫（*Scymnus frontalis*）		+	+	+	+	+			+
十四星裸瓢虫（*Calvia quatuordecimguttata*）	+	+	+	+	+	+		+	
菱斑巧瓢虫（*Oenopia conglobata*）	+	+	+	+	+	+	+	+	
十二斑巧瓢虫（*Oenopia bissexnotata*）	+	+	+	+	+	+		+	
多异瓢虫（*Hippodamia variegate*）	+	+	+	+	+	+		+	
异色瓢虫（*Harmonia axyridis*）	+	+	+	+	+	+	+	+	
杨蓝叶甲（*Agelastica alni*）		+	+	+					
蒿金叶甲[*Chrysolina*(*Anopachys*)*aurichalcea*]	+	+	+		+	+	+	+	
柳圆叶甲（*Plagiodera versicolora*）	+	+	+						
杨叶甲（*Chrysomela populi*）	+	+	+	+					
红柳粗角萤叶甲（*Diorhabda elongata deserticola*）			+	+					+
跗粗角萤叶甲（*Diorhabda tarsalis*）	+	+	+		+	+	+		
褐背小萤叶甲（*Galerucella grisescens*）	+	+	+		+	+	+	+	
榆绿毛萤叶甲（*Pyrhalta aenescens*）	+	+	+	+					
榆黄毛萤叶甲（*Pyrrhalta maculcollis*）	+	+	+	+					
细毛萤叶甲（*Pyrrhalta tenella*）		+	+	+		+			
多脊萤叶甲（*Galeruca vicina*）	+	+	+	+				+	
阔胫萤叶甲（*Pallasiola absinthii*）	+	+	+	+	+	+	+	+	
八斑隶萤叶甲（*Liroetis octopunctata*）		+	+	+	+	+			
胡枝子克萤叶甲（*Cneorane violaceipennis*）	+	+	+	+				+	
隐头蚤跳甲（*Pyliodes eullala*）		+	+	+		+			
油菜蚤跳甲（*Psylliodes punctifrons*）	+	+	+	+	+	+	+	+	
筒凹胫跳甲 *Chaetocnema cylindrica*）		+	+	+	+	+	+	+	
蚤凹胫跳甲[*Chaetocnema*(*Tlanoma*)*tibialis*]		+	+	+	+	+		+	
枸杞毛跳甲（*Epitix abeillei*）		+	+	+				+	
柳沟胸跳甲（*Crepidodera pluta*）	+	+	+	+				+	

续表 5-2

区系分布 种类	古北区分布（中亚分布）				东洋区分布			东亚分布	
	东北区	华北区	蒙新区	青藏区	西南区	华中区	华南区	中-日-朝鲜	中国特有
蓟跳甲（*Altica cirsicola*）	+	+	+	+	+	+	+	+	
月见草跳甲（*Altica oleracea*）		+	+	+	+	+	+	+	
柳苗跳甲（*Altica tweisei*）	+	+	+	+				+	
圆眼粒龙虱（*Laccophilus difficilis*）			+						
粒虫步甲（*Carabus granulates telluris*）	+	+	+	+				+	
大塔步甲（*Taphoxenus gigas*）		+	+	+					
花猛步甲（*Cymindis picta*）		+	+	+					
谷婪步甲（*Harpalus calceatus*）	+	+	+	+	+	+	+		
红缘婪步甲（*Harpalus froelichii*）	+	+	+	+	+	+	+		
点翅暗步甲（*Amara majuscula*）	+	+	+	+					
麦穗斑步甲（*Anisodactylus signatus*）	+	+	+	+	+	+	+		
月斑虎甲（*Cicindela lunulata*）	+	+	+	+	+	+			
西里塔隐翅甲（*Tasgius praetorius*）		+	+	+					
皱亡葬甲（*Thanatophilus rugosus*）	+	+	+	+	+	+	+		
滨尸葬甲（*Necrodes littoralis*）	+	+	+	+					
墨黑覆葬甲（*Nicrophorus morio*）		+	+	+					
黑缶葬甲（*Phosphuga atrata atrata*）	+	+	+	+	+				
宽卵阎甲（*Dendrophilus xavieri*）	+	+	+	+	+	+	+	+	
谢氏阎甲（*Saprinus sedakovii*）	+	+	+	+	+	+			
光滑卵漠甲（*Ocnera sublaevigata*）		+	+	+					
何氏胖漠甲（*Trigonoscelis holdereri*）		+	+	+					+
莱氏脊漠甲 [*Pterocoma(Mongolopterocoma) reittert*]	+	+	+	+					
半脊漠甲 [*Pterocoma(Mesopterocoma) semicarinata*]		+	+	+					
细长琵甲［*Blaps(Blaps) oblonga*］		+	+	+					
戈壁琵甲［*Blaps(Blaps) gobiensis*］		+	+	+					
狭窄琵甲［*Blaps(Blaps) virgo*］		+	+	+					+
大型琵甲（*Blaps lethifera*）		+	+	+					

续表5-2

区系分布 种类	古北区分布（中亚分布）				东洋区分布			东亚分布	
	东北区	华北区	蒙新区	青藏区	西南区	华中区	华南区	中-日-朝鲜	中国特有
尖尾琵甲（*Blaps acuminate*）	+	+	+	+					
隆胸鳖甲 [*Colposcelis*(*Scelocolpis*)*montivaga*]		+	+	+					+
小栉甲（*Cteniopinus parvus*）		+							
中亚杯鳖甲（*Scythis intermedia intemedia*）	+	+	+	+					+
宽颈小鳖甲 [*Microdera*(*Microdera*)*laticollis*]		+	+	+					+
鄂小鳖甲 [*Microdera*(*Dordanea*)*ordossica*]			+	+					
巴小鳖甲 [*Microdera*(*Microdera*)*balchaschensis*]	+	+	+	+					+
网目土甲（*Gonocephalum reticulatum*）	+	+	+	+					
沙土甲（*Opatrum sabulosum*）	+	+	+	+					+
蒙古伪坚土甲（*Scleropatrum mongolicum*）	+	+	+	+					+
阿笨土甲 [*Penthicus*(*Myladion*)*alashanicus*]	+	+	+	+					+
中华砚甲（*Cyphogenia chinensis*）	+	+	+	+					+
细胸叩头甲（*Agriotes subvittatus fuscicollis*）	+	+	+	+	+	+	+	+	
粪堆粪金龟（*Geotrupes stercorarius*）	+	+	+	+					+
尸体皮金龟（*Trox cadaverinus cadaverinus*）	+	+	+	+	+	+			
迟钝蜉金龟 [*Aphodius*(*Accmthobodilus*)*languidulus*]		+	+	+	+	+	+	+	
血斑蜉金龟 [*Aphodius*(*Otophorus*)*haemorrhoidalis*]		+	+	+	+	+		+	
后蜉金龟[*Aphodius*(*Teuchestes*)*analis*]		+	+	+		+	+	+	
福婆鳃金龟 [*Brahmina*(*Brahminella*)*faldermanni*]	+	+	+	+					
黑绒金龟 [*Maladera*(*Omaladera*)*orientalis*]	+	+	+	+	+	+	+	+	
甘肃齿足象（*Deracanthus potanini*）		+	+	+					
杨卷叶象（*Byctiscus populi*）	+	+	+	+					
金绿树叶象 （*Phyllobius virideaeris virideaeris*）	+	+	+						

续表 5-2

区系分布 种类	古北区分布（中亚分布）				东洋区分布			东亚分布	
	东北区	华北区	蒙新区	青藏区	西南区	华中区	华南区	中-日-朝鲜	中国特有
西伯利亚绿象（*Chlorophanus sibiricus*）	+	+	+	+					
红背绿象（*Chlorophanus solaria*）	+	+	+	+					
黑斜纹象（*Bothynoderes declivis*）	+	+	+	+					
二斑尖眼象[*Chromonotus*(*Chevrolatius*)*bipunctatus*]	+	+	+	+					
欧洲方喙象（*Cleonus pigra*）	+	+	+	+	+				
黑长体锥喙象（*Temnorhinus verecundus*）		+	+						+
粉红锥喙象（*Conorhynchus pulverulentus*）		+	+	+					
英德齿足象（*Deracanthus inderiensis*）			+						
甜菜象（*Asproparthenis punctiventris*）	+	+	+						
绢粉蝶（*Aporia crataegi*）	+	+	+	+	+	+			
箭纹绢粉蝶（*Aporia procris*）			+	+	+	+			
红襟粉蝶（*Anthocharis cardamines*）	+	+	+	+	+	+			
皮氏尖襟粉蝶（*Anthocharis bieti*）			+	+	+	+			+
曙红豆粉蝶（*Colias eogene*）			+	+					
斑缘豆粉蝶（*Colias erate*）	+	+	+	+	+	+	+		
橙黄豆粉蝶（*Colias fieldi*）		+	+	+	+	+	+		
迷黄粉蝶（*Golias hyale*）			+	+					
豆黄纹粉蝶（*Colias erate poliographus*）	+	+	+	+					+
妹粉蝶（*Mesapia peloria*）			+	+					+
菜粉蝶（*Pieris rapae*）	+	+	+	+	+	+	+		
东方菜粉蝶（*Pieris canidia*）	+	+	+	+	+	+	+		
欧洲粉蝶（*Pieris brassicae*）	+	+	+	+	+	+	+		
云斑粉蝶（*Pontia daplidce*）	+	+	+	+					
云粉蝶（*Pontia edusa*）	+	+	+	+	+	+	+		
光珍眼蝶（*Coenoaympha amaryilis*）	+	+	+	+					
柳紫闪蛱蝶（*Apatura ilia*）	+	+	+	+					
荨麻蛱蝶（*Vanessa urficae*）	+	+	+	+					
小红蛱蝶（*Pyrameis cardui*）		+	+	+	+	+	+		

续表 5-2

种类 \ 区系分布	古北区分布（中亚分布）				东洋区分布			东亚分布	
	东北区	华北区	蒙新区	青藏区	西南区	华中区	华南区	中-日-朝鲜	中国特有
老豹蛱蝶（*Argynnis laodlce*）		+	+	+			+		
灿豹蝶（*Argynnis adippe*）		+	+	+					
蓝灰蝶（*Everes argiades*）		+	+	+	+	+	+	+	
豆灰蝶（*Plebejus argus*）	+	+	+	+				+	
甘肃豆灰蝶（*Plebejus ganaauensis*）		+	+	+	+	+			+
傲灿灰蝶（*Agriadea orbona*）		+	+	+	+	+			+
灿灰蝶（*Agriades pheretiades*）		+	+	+	+	+			+
白薯天蛾（*Herse convolvuli*）		+	+	+	+	+	+		
蓝目天蛾（*Smerithus planus planus*）	+	+	+	+					
沙枣尺蠖（*Apochemia cinerarius*）		+	+						+
沙枣台毒蛾（*Teia prisca*）			+						
棉田柳毒娥（*Stilpnotia salicis*）	+	+	+		+	+			
白斑木蠹蛾（*Catopta albonubilus*）	+	+	+	+					
杨木蠹蛾（*Cossus cossus orientalis*）	+		+	+					
胡杨木蠹蛾（*Holeocerus consobrinus*）			+	+				+	
榆木蠹蛾（*Holcocerus vicarius*）	+	+	+						+
青海草蛾（*Ethmia nigripedella*）	+	+	+	+					
小菜蛾（*Plutella xylostella*）	+	+	+	+	+	+	+	+	
亚洲窄纹卷蛾（*Stenodes asiana*）	+	+	+	+					
尖瓣灰纹卷蛾（*Cochylidia richteriana*）	+	+	+						
菊云卷蛾（*Cnephasia chrysantheana*）	+		+	+				+	
雅山卷蛾（*Eana osseana*）			+	+					
香草小卷蛾（*Celypha cespitana*）	+	+	+	+	+			+	
杨叶小卷蛾（*Epinotia nisella*）	+		+	+				+	
杨柳小卷蛾（*Gypsonoma minutana*）		+	+						
伪柳小卷蛾（*Gypsonoma oppressana*）			+					+	
米缟螟（*Aglossa dimidiata*）	+	+	+	+	+	+	+		
麦穗夜蛾（*Apamea sordens*）	+	+	+	+	+				

续表 5-2

种类 \ 区系分布	古北区分布（中亚分布）				东洋区分布			东亚分布	
	东北区	华北区	蒙新区	青藏区	西南区	华中区	华南区	中-日-朝鲜	中国特有
黏虫（*Pseudaletia separata*）	+	+	+	+	+	+			
草地螟（*Loxostege sticticalis*）	+	+	+					+	
黑尾熊蜂 [*Bombus*(*Subterraneobombus*)*melanurus*]		+	+	+		+			
昆仑熊蜂 [*Bombus*(*Melanobombus*)*keriensis*]			+	+					
亚西伯熊蜂 [*Bombus*(*Sibiricobombus*)*asiaticus*]			+	+				+	
双点曲脊姬蜂（*Apophua bipunctoria*）	+		+	+				+	
喀美姬蜂（*Meringopus calescens calescens*）		+	+	+		+			
坡美姬蜂（*Meringopus calescens persicus*）			+						
杨蛀姬蜂（*Schreineria populnea*）	+	+	+						
矛木卫姬蜂（*Xylophrurus lancifer*）	+	+	+						
杨兜姬蜂（*Dolichomitus populneus*）	+	+	+	+					
具瘤爱姬蜂（*Exeristes roborator*）	+	+	+					+	
舞毒蛾瘤姬蜂（*Pimpla disparis*）	+	+	+	+	+			+	
红足瘤姬蜂（*Pimpla rufipes*）	+	+	+	+				+	
赤腹深沟茧蜂（*Iphiaulax impostor*）	+	+	+					+	
长尾深沟茧蜂（*Iphiaulax mactator*）	+	+	+		+	+			
长尾皱腰茧蜂（*Rhysipolis longicaudatus*）					+				
双色刺足茧蜂（*Zombrus bicolor*）	+	+	+		+	+	+		
古毒蛾长尾啮小蜂（*Aprostocetus orgyiae*）						+			
东方壮并叶蜂（*Jermakia sibirica*）	+	+	+			+	+		
方项白端叶蜂（*Tenthredo ferruginea*）	+	+	+	+	+	+	+		
淡色库蚊（*Culex pipiens pallens*）	+	+	+	+	+	+	+	+	
迷走库蚊（*Culex vagans*）	+	+	+	+	+	+	+		
三带喙库蚊（*Culex tritaeniorhynchus*）	+	+	+	+	+	+	+		+
凶小库蚊（*Culex modestus*）	+	+	+	+	+	+			
背点伊蚊（*Aedes dorsalis*）	+	+	+			+	+		
刺扰伊蚊（*Aedes vexans*）	+	+	+	+	+	+	+		

续表 5-2

区系分布 种类	古北区分布（中亚分布）				东洋区分布			东亚分布	
	东北区	华北区	蒙新区	青藏区	西南区	华中区	华南区	中–日–朝鲜	中国特有
里海伊蚊（*Aedes caspius*）			+	+					
黄背伊蚊（*Aedes flavidorsalis*）			+	+					
刺螯伊蚊（*Aedes punctor*）	+		+						
屑皮伊蚊（*Aedes detritus*）			+	+					
丛林伊蚊（*Aedes cataphylla*）	+		+						
阿拉斯加脉毛坟（*Culiseta alaskaensis*）	+		+	+				+	
银带脉毛蚊（*Culiseta niveitaeniata*）	+	+	+	+					
骚花蝇（*Anthomyia procellaris*）	+	+	+					+	
葱地种蝇（*Delia antiqua*）	+	+	+	+	+	+	+		+
灰地种蝇（*Delia platura*）	+	+	+	+	+	+	+		+
灰宽颊叉泉蝇（*Eutrichota pallidoldtigena*）			+						+
粉腹阴蝇（*Hydro phoria divisa*）					+	+			
白头阴蝇（*Hydro phoria albiceps*）					+	+			
阿克赛泉蝇（*Pegomya aksayensis*）							+		+
双色泉蝇（*Pegomya bicolor*）							+		
社栖植蝇（*Leuco phora sociata*）							+		+
绿麦秆蝇（*Meromyza saltatrix*）							+		+
细茎潜叶蝇（*Agromyza cinerascens*）							+		
家蝇（*Musca domestica*）	+	+	+	+	+	+	+	+	
中亚家蝇（*Musca vitripennis*）	+	+	+	+					
牧场腐蝇（*Muscin pascuorum*）	+	+		+	+	+		+	
厩腐蝇（*Muscina stabulans*）	+	+				+			
丝光绿蝇（*Lucilia sericata*）	+	+	+	+	+	+	+	+	
大头金蝇（*Chrysomya megacephala*）	+	+	+	+	+	+	+	+	
红尾拉麻蝇（*Ravinia striata*）	+	+	+	+	+	+			
肠胃蝇（*Gasterophilus intestinalis*）			+						
黑腹胃蝇（*Gasterophilus pecorum*）			+						
迷追寄蝇（*Exorista mimula*）	+	+	+	+	+	+			

续表 5-2

种类　区系分布	古北区分布（中亚分布）				东洋区分布			东亚分布	
	东北区	华北区	蒙新区	青藏区	西南区	华中区	华南区	中-日-朝鲜	中国特有
广斑虻（*Chrysops vanderwulpi*）	+	+	+	+	+	+			
玛斑虻（*Chrysops makerovi*）	+	+	+	+	+	+	+	+	
土麻虻（*Haematopota turkestanica*）	+		+						
苍白麻虻（*Haematopota pallens*）	+	+	+	+					
斜纹黄虻（*Atylotus karybenthinus*）			+						+
黑带瘤虻（*Hybomitra expollicata*）	+	+	+						
灰股瘤虻（*Hybomitra zaitzevi*）		+	+	+	+	+			
哈什瘤虻（*Hybomitra kashgarica*）			+						
副菌虻（*Tabanus parabactrianus*）			+						
里虻（*Tabanus leleani*）	+	+	+		+				
基虻（*Tabanus zimini*）			+						
甘肃姬蜂虻（*Systropus gansuanus*）					+	+			
康县姬蜂虻（*Systropus kangxianus*）					+	+			
黄缘锐蜂虻（*Apolysis galba*）			+		+				
共计：240种	145	188	230	166	100	105	69	68	37

5.4　昆虫区系组成

从种级的区系组成分析表明，保护区昆虫区系中，古北区种类占绝对优势，东洋区种类主要是农业害虫。

关于古北区和东洋区在我国东部的分界线问题，根据甘肃省现有标本，作者倾向于界线偏南的主张，即主张二区之间的界线与中国动物地理区划中的华中、西南二区与华南之间的界线，即以北纬25°秦岭北坡为界（张荣组，1979），中国植物地理区划中的泛北极植物区与古热带植物区的界线（吴征镒，1983）大体相当。按照这一观点，将保护区的昆虫区系划分如下：

5.4.1　古北区种

古北区种系指典型古北区范围内分布的种，即除中国分布外，并向国外分布于古北区的西伯利亚、中亚、西亚、北亚、欧洲、北非等地区。甘肃的古北区范围主要包括秦岭以北的宕昌、西河、礼县以北的地区，保护区亦属于古北区范围。保护区的古北区种共包括：（1）东北区145种，占总种数的55.34%；（2）华北区188种，占总种数的71.76%；（3）蒙新区230种，占总种数的87.78%；（4）青藏区166种，占总种数的63.36%；（5）西南区100种，占总种数的38.17%；（6）华中区105种，占总种数的40.76%；（7）华南区69种，占总种数的26.34%；（8）中-日-朝68种，占总种数的25.95%；（9）中国特有种37种，占总种数的14.12%。

5.4.2 东洋区种

东洋区种系指典型东洋区范围内分布的种，即除中国分布外，并向南分布于越南、老挝、缅甸、菲律宾、印尼等东南亚及锡金、尼泊尔、印度、斯里兰卡等热带地区或其中某些地区。保护区的东洋区种包括：（1）西南区100种，占总种数的38.17%；（2）华中区105种，占总种数的40.76%；（3）华南区69种，占总种数的26.34%。东洋区在保护区分布的种主要是随着地区间的贸易进出境携带传播过来的；再就是随着气候的变化，有些南方的种逐渐向北迁移，致使东洋区的种逐年增加。

5.4.3 东亚分布种

东亚分布种系指亚洲东部地区，古北区和东洋区过渡区分布的种。其特点是仅分布于中国东部、南部及西南部，以及朝鲜、日本地区，不向北分布至西伯利亚等典型古北区，不向南分布至越南等典型东洋区。根据在保护区采集到的标本，共鉴定出该区分布的种类有105种，说明保护区的昆虫分布范围在不断扩大。根据其分布范围的大小，又将该保护区的昆虫分为2个等级：

1. 中国-日本分布

系指除中国分布外，并向东扩及朝鲜、日本的种，保护区共包括68种，占总种数的29.95%。

2. 中国特有种

系指仅限中国国内分布，尚无国外分布报道的种，是某种意义上的中国特有种，保护区共包括37种，占总种数的14.12%。

5.5 昆虫区系特点

5.5.1 古北区（中亚）区系

本区南依祁连山，北濒沙漠、戈壁，地势南高北低。河流均发源于祁连山，向北流淌，属内陆河，保护区境内主要河流为疏勒河和榆林河。在疏勒河的中下游形成一片片绿野、湿地，而无水灌溉的地方仍为荒原。被黑色戈壁包围的农田，宛如大海中的孤岛，这些绿洲位于古丝绸古道，是我国古代和中亚、西亚主要的陆路通道。该区主要昆虫代表种有准噶尔贝蝗、日本蚱、长翅长背蚱、八纹束颈蝗、蒙古痂蝗、锥头蝗、冰草麦蚜、黑头麦腊蝉、短壮异蝽、闭环缘蝽、榆毛翅盲蝽、绿狭盲蝽、东亚果蝽、紫翅果蝽、邻小花蝽、李斑唇瓢虫、红柳粗角萤叶甲、跗粗角萤叶甲、细毛萤叶甲、阔胫萤叶甲、八斑隶萤叶甲、隐头蚤跳甲、枸杞毛跳甲、柳苗跳甲、黏虫步甲、大塔步甲、花猛步甲、点翅暗步甲、麦穗斑步甲、西里塔隐翅甲、墨黑覆葬甲、黑缶葬甲、谢氏阎甲、光滑卵漠甲、何氏胖漠甲、莱氏脊漠甲、半脊漠甲、细长琵甲、戈壁琵甲、狭窄琵甲、大型琵甲、粪堆粪金龟、尸体皮金龟、甘肃齿足象、迷黄粉蝶、云斑粉蝶、光珍眼蝶、荨麻蛱蝶、豆灰蝶、麦穗夜蛾、黑尾熊、昆仑熊蜂、亚西伯熊蜂、双点曲脊姬蜂、喀美姬蜂、坡美姬蜂、里海伊蚊、黄背伊蚊、骚花、灰宽颊叉泉蝇、粉腹阴蝇、白头阴蝇、玛斑虻、土麻虻等。

5.5.2 东洋区（东方）区系

保护区代表种主要划分为三个亚区：

5.5.2.1 西南区

包括四川西部、昌都东部，北起青海、甘肃东南缘，南抵云南中北部（大抵以北纬26°为南界），向西直达东喜马拉雅山南坡针叶林带，基本上是南北平行走向的高山与峡谷。本区气候比较复杂，冬季晴朗多风，干湿季明显，月均温6～22 ℃，年降水量1 000～1 500 mm。本区的昆虫组成非常复杂，又最丰富，半数以上是东洋区系的印度马来亚种，亦有一定数量为古北区系的中国喜马拉雅种。保护区的昆虫主要代表种有壮异痣蟌、黑背尾蟌、锥头蝗、花蓟马、后蜉金龟、箭纹绢粉蝶、小红蛱蝶等。

5.5.2.2 华中区

四川盆地及长江流域各省属于该区。该区西部北起秦岭，东半部为长江中下游，包括东南沿海丘陵的半部，南与华南区相邻，即大致为南亚热带的北界。气候属亚热带暖湿类型，年降水量1 000～1 750 mm，是我国主要的稻茶产区。该区农业害虫种类繁多，多数与华南区和西南区相同。保护区的主要种有多异瓢虫、异色瓢虫、黏虫步甲、谷婪步甲、点翅暗步甲、大青叶蝉、银带脉毛蚊等，以及华中区的主要代表种三化螟、二化螟、黑尾叶蝉、棉红铃虫等农业害虫。

5.5.2.3 华南区

该区包括广东、广西、海南和云南的南部、福建东南沿海、台湾及海南各岛，属南亚热带及热带，植被为热带雨林和季雨林，全年无冬，夏季长达6～9个月，7—10月多台风，降水量为1 500～2 000 mm。保护区主要代表种有多毛栉衣鱼、长叶异痣蟌、烟蓟马、大青叶蝉、灰飞虱、黑圆角蝉、七星瓢虫、红点唇瓢虫、多异瓢虫、异色瓢虫、褐背小萤叶甲、胡枝子克萤叶甲、滨尸葬甲、后蜉金龟、黑绒金龟、红襟粉蝶、豆黄纹粉蝶、菜粉蝶、东方菜粉蝶、老豹蛱蝶、蓝灰蝶、三带喙库蚊、大头金蝇、丝光绿蝇，以及华南区的代表种印度黄脊蝗、荔蝽、台湾稻螟、原花蝽等。

5.5.3 中-日-朝区系（即东亚区系）

系指遍布中国、日本、韩国、朝鲜分布的或更大范围的种类。中国分部和地区特有分布合称为东亚分部。保护区东亚分部种有68种，占本次调查已知总种数的25.95%。如多毛栉衣鱼、长叶异痣蟌、黑背尾蟌、碧伟蜓、薄翅螳螂、日本蚱、烟蓟马、花蓟马、大青叶蝉、芦苇长突飞虱、绿狭盲蝽、东亚果蝽、西北麦蝽、斑须蝽（细毛蝽）、紫翅果蝽、广重粉蛉、丽草蛉、二星瓢虫、红点唇瓢虫、七星瓢虫、华日瓢虫、蒿金叶甲、褐背小萤叶甲、多脊萤叶甲、油菜蚤跳甲、蚤凹胫跳甲、枸杞毛跳甲、柳沟胸跳甲、蓟跳甲、黏虫步甲、宽卵阎甲、细胸叩头甲、迟钝蜉金龟、后蜉金龟、血斑蜉金龟、黑绒金龟、蓝灰蝶、胡杨木蠹蛾、小菜蛾、菊云卷蛾、香草小卷蛾、杨叶小卷蛾、草地螟、双点曲脊姬蜂、具瘤爱姬蜂、舞毒蛾瘤姬蜂、红足瘤姬蜂、赤腹深沟茧蜂、淡色库蚊、阿拉斯加脉毛蚊、骚花蝇、牧场腐蝇、丝光绿蝇、大头金蝇、玛斑虻等。

5.5.4 中国特有种

系指仅限中国国内分布的种类，主要代表种有准噶尔贝蝗、黑圆角蝉、点伊缘蝽、榆绿毛萤叶甲、八斑隶萤叶甲、何氏胖漠甲、狭窄琵甲、隆胸鳖甲、磨光东鳖甲、宽颈小鳖甲、姬小鳖甲、沙土甲、蒙古伪坚土甲、阿笨土甲、中华砚甲、粪堆粪金龟、灿豹蝶、斜纹黄虻等。

5.6 昆虫生态类群

保护区的动物群属温带荒漠、半荒漠动物群，昆虫也不例外。为了适应干旱环境，大多数昆虫都有耐干旱的生理特点。在代谢过程中，它们依赖特殊的代谢方式直接从食物中获取水分，或直接吸食植物的汁液；同时，为了与小环境协调，荒漠昆虫的体色灰暗，如戈壁上的蝗虫、螽斯。

不同的环境中栖息着不同的昆虫类群，那些生态要求相似的昆虫所组成的群，称为昆虫生态类群。保护区的植物生长、分布极不均匀，依赖植物的昆虫也具有同样的分布格局，也就形成了不同的昆虫生态类群。

5.6.1 山地草原昆虫生态群

保护区的昆虫主要分布于南山。这里海拔高，降水量相对较多。冬季有积雪覆盖，气温低，风力强劲，土壤若不裸出，植物生长良好。植物群落主要有委陵菜、芨芨草、羊茅、苔草、芨芨草、披碱草、赖草、早熟禾、驼绒藜、盐爪爪等。在这一环境中的代表昆虫有心斑绿蟌、黑背尾蟌、薄翅螳、准噶尔贝蝗、八纹束颈蝗、蒙古痂蝗、锥头蝗、苜蓿盲蝽、绿狭盲蝽、斑须蝽（细毛蝽）、巴楚菜蝽、邻小花蝽、七星瓢虫、异色瓢虫、褐背小萤叶甲、多脊萤叶甲、隐头蚤跳甲、枸杞毛跳甲、大塔步甲、谷婪步甲、月斑虎甲、皱亡葬甲、滨尸葬甲、光滑卵漠甲、半脊漠甲、戈壁琵甲、大型琵甲、磨光东鳖甲、宽颈小鳖甲、尸体皮金龟、迟钝蜉金龟、绢粉蝶、橙黄豆粉蝶、光珍眼蝶、小红蛱蝶、蓝灰蝶、黏虫、黑尾熊蜂、昆仑熊蜂、淡色库蚊、背点伊蚊、骚花蝇、家蝇、大头金蝇、肥须亚麻蝇、斜纹黄虻、哈什瘤虻等。

5.6.2 砾石戈壁昆虫生态群

砾石戈壁在保护区分布面积较大，主要分布于保护区南山和北片的山前冲积扇。由于气候干燥，风力剥蚀严重，山地岩与山麓砾石裸露，形成部分岩漠与砾漠景观。植物稀少，多为多年生灌木、半灌木。这一生态环境下的昆虫多体色灰暗，行动迟缓，于早、晚或夜间活动。主要昆虫代表种有齿须懒螽、青海短鼻蝗、准噶尔贝蝗、黄胫痂蝗、祁连山蚍蝗、岩石束颈蝗、地红蝽、拟步行琵琶甲、达氏琵琶甲、步行琵琶甲、皱纹琵琶甲、洛氏漠甲、蒙古沙潜、漠王、粗粒沙潜、地蜂、黑足熊蜂、准卵蜂虻等。

5.6.3 湿地昆虫生态群

保护区内沿疏勒河和榆林河两岸拥有相当面积的湿地和水域，水草丰茂，植被盖度在一些沼泽地可达60%～90%。主要植被有芦苇、碱毛茛、锁阳、红穗柽柳、白麻、盐生车前、白花蒲公英、白刺等。主要代表性昆虫有心斑绿蟌、长叶异痣蟌、黑背尾蟌、锥头蝗、华简管蓟、大青叶蝉、点伊缘蝽、苜蓿盲蝽、杂毛合垫盲蜻、绿狭盲蝽、二星瓢虫、七星瓢虫、异色瓢虫、红缘婪步甲、皱亡葬甲、甘肃齿足象、红背绿象、黑斜纹象、箭纹绢粉蝶、红襟粉蝶、菜粉蝶、蓝灰蝶、青海草蛾、草地螟、亚西伯熊蜂、长尾深沟茧蜂、东方壮并叶蜂、三带喙库蚊、凶小库蚊、背点伊蚊、刺扰伊蚊、丛林伊蚊、骚花蝇、双色泉蝇、迷追寄蝇、玛斑虻、灰股瘤虻、里虻等。

5.6.4 农田、防护林带昆虫生态群

在这一植被带内，除农田和防护林外，还有一定面积的果园及苗圃。除林业昆虫外，还有许多引起明显危害的果园害虫和农田中的农作物害虫，还包括部分有益昆虫。主要代表种有薄翅螳、日本蚱、锥头蝗、蠼螋、花蓟马、烟蓟马、冰草麦蚜、大青叶蝉、条纹二室叶蝉、灰飞虱、黑圆角蝉、苜蓿盲蝽、西北麦蝽、斑须蝽（细毛蝽）、巴楚菜蝽、红点唇瓢虫、七星瓢虫、枸杞毛跳甲、黄宽条菜跳甲、细胸叩头甲、甘肃齿足象、红背绿象、黑斜纹象、箭纹绢粉蝶、斑缘豆粉蝶、橙黄豆粉蝶、菜粉蝶、欧洲粉蝶、云粉蝶、蓝灰蝶、豆灰蝶、白薯天蛾、小菜蛾、米缟螟、麦穗夜蛾、黏虫、草地螟、黑尾熊蜂、昆仑熊蜂、中华条蜂、苜蓿切叶蜂、丽切叶蜂、东方壮并叶蜂、淡色库蚊、迷走库蚊、刺扰伊蚊、葱地种蝇、灰地种蝇等。

5.6.5 天敌昆虫

在保护区内，主要的天敌昆虫有薄翅螳、邻小花蝽、直胫啮粉蛉、丽草蛉、二星瓢虫、红点唇瓢虫、七星瓢虫、双七瓢虫、菱斑巧瓢虫、十二斑巧瓢虫、多异瓢虫、异色瓢虫、黏虫步甲、大塔步甲、花猛步甲、谷婪步甲、红缘婪步甲、点翅暗步甲、月斑虎甲、黑尾熊蜂、昆仑熊蜂、亚西伯熊蜂、双点曲脊姬蜂、喀美姬蜂、坡美姬蜂、杨蛀姬蜂、矛木卫姬蜂、杨兜姬蜂、具瘤爱姬蜂、舞毒蛾瘤姬蜂、红足瘤姬蜂、赤腹深沟茧蜂、长尾深沟茧蜂、长尾皱腰茧蜂、双色刺足茧蜂、古毒蛾长尾啮小蜂、迷追寄蝇等。在保护区内，昆虫种类虽然不多，但种群数量大，它们每时每刻都在控制着害虫的大发生，在生态系统中控制着一些害虫的发生。另外，在保护区内，还有一些致病性微生物和各种鸟类，它们在整个生态系统中也起着重要的作用。

第6章　脊椎动物

脊椎动物是保护区的重点保护对象之一，也是历次科学考察的重点。本次脊椎动物调查是保护区第四次全面的脊椎动物本底调查，在进一步调查保护区内分布的各类脊椎动物资源现状的同时，重点在于了解脊椎动物各类群多年的动态变化。本章从脊椎动物各类群的物种多样性的动态变化、其区系组成特点在20年间的演变，以及动物群落结构的变动这几个方面对保护区的脊椎动物进行全面介绍。

6.1　脊椎动物物种多样性

6.1.1　调查方法

6.1.1.1　调查对象

动物资源调查包括的脊椎动物类群为鱼类、两栖类、爬行类、鸟类和哺乳类，以主要保护对象、珍稀濒危及国家重点保护动物为调查重点。

6.1.1.2　调查内容

动物资源调查内容主要包括调查地区分布的各个类群动物的种类组成、分布、区系组成、相对数量及其动态变化，重要物种生境状况等。

6.1.1.3　动物调查的样线、样点设置

本次动物调查样线仍以前两次科学考察设定的样线为主，再根据十年来保护区内野生动物栖息地的改变以及对某些区域的深入调查，适当补充调查样线。样线要求覆盖不同生境和海拔，并尽量覆盖更多网格。样线宽度应使调查人员能清楚观察到两侧的野生动物及活动痕迹，样线长度应尽量使调查人员当天能够完成一条样线调查。

哺乳类、爬行类：样线长度不长于2 km；鸟类：每条样线长度为1～3 km；两栖类：每条样线长度一般为1 km。

6.1.1.4　调查时间

本次科学考察脊椎动物调查从2021年年底开始，到2023年春季结束。结合近些年的鸟类样线监测以及哺乳类红外相机观测结果进行分析整合。

鸟类调查在一年四个季节开展，繁殖季一般为每年的5—6月，越冬季为12月至翌年2月，迁徙鸟类

调查主要在春季（3—4月）、秋季（9月）进行；兽类调查一般与鸟类调查同时进行，啮齿类铗日法调查在6—9月开展；两栖和爬行类调查时间为夏季和秋季入蛰前；鱼类等调查以收集现有资料为主，野外采集时间主要在鱼类繁殖季节（5—8月）。

6.1.1.5 各类群具体调查方法

1.鱼类调查方法

鱼类等调查以收集现有资料为主，并开展现场调查。

现场调查：在保护区主要的水系河流及水库等水体中进行捕捞，不同鱼种带回实验室进行种类鉴定。

2.两栖、爬行类动物调查方法

样线法：根据调查区域地形地貌、植被特征、水域状态以及两栖爬行动物的生活习性和分布特点设置调查样线。调查样线长500～1 000 m。在夏季和秋季入蛰前开展调查。在走样线时至少2人配合进行，行走速度以1～2 km/h为宜，在各自一旁5 m范围内仔细搜寻草丛，翻开沿路的石块，在河流边仔细观察，及时做观察记录（记录种类、数量、距离样线中线垂直距离、生境、地理位置、影像），同时GPS记录样线调查的行进航迹。通过徒手等方法尽可能捕捉物种个体，用来鉴定、测量或制作标本。

通过查阅相关文献和对调查点久居的居民、有多年经验的护林员进行访问调查，以补充调查遗漏的种类。

3.鸟类调查方法

鸟类种类和数量采用样线法调查，按水域湿地、村庄农田、荒漠戈壁、人工林草地和山地5种生境分别设置样线，沿样线记录观察到的鸟的种类和数量。

按照《生物多样性观测技术导则　鸟类》（HJ 710.4—2014）进行观测。根据生境类型和地形设置样线，每种生境设置2条以上样线，每条样线长1～3 km，调查人数2～3人，调查时间为日出后3小时和日落前3小时，记录走样线时见到的鸟类种类、数量、距离尺度、所处生境等内容。

本次调查共设立动物调查样线17条，其中北片8条，南片9条（图6-1和图6-2）。

用红外相机自动拍摄法对地面活动的鸟类进行调查。在进行哺乳动物红外相机调查时，同时统计拍摄到的鸟类种类、数量等信息。

4.兽类调查方法

针对保护区生境特点和可能分布的哺乳动物情况，采取以下方法进行调查：

1）可变距离样线法（截线法）：适用于有蹄类动物、食肉动物等物种的调查，与鸟类样线尽量保持一致，对于保护区大范围的空旷生境，结合车行样线来调查，以便覆盖更广的区域。记录观测者前方及两侧所见动物种类、数量，以及痕迹种类、痕迹数量、地理位置、影像等信息，用GPS记录样线调查的行进航迹。

2）红外相机自动拍摄法：可调查大中型、夜行性哺乳动物，也可调查地面活动的鸟类。可观测动物种类、分布、活动节律，也可估计其相对丰富度。按照千米网格法布设红外相机，网格大小为1 km×1 km，每个网格内布设一台红外相机，相机间距不少于0.5 km，在网格内将相机安置在动物经常出没的通道上、活动痕迹密集处、山垭口、水源旁林间道路等处。相机布设覆盖不同生境类型，每种生境类型布设7个以上相机样点。对相机编号、GPS定位。连续调查1年以上。本次调查共设置4个红外相机观测样地，保护区北片有3个样地，南片有1个样地，每个样地布设20台相机，同时还零散设置了其他相机位点，如图6-1和图6-2所示。

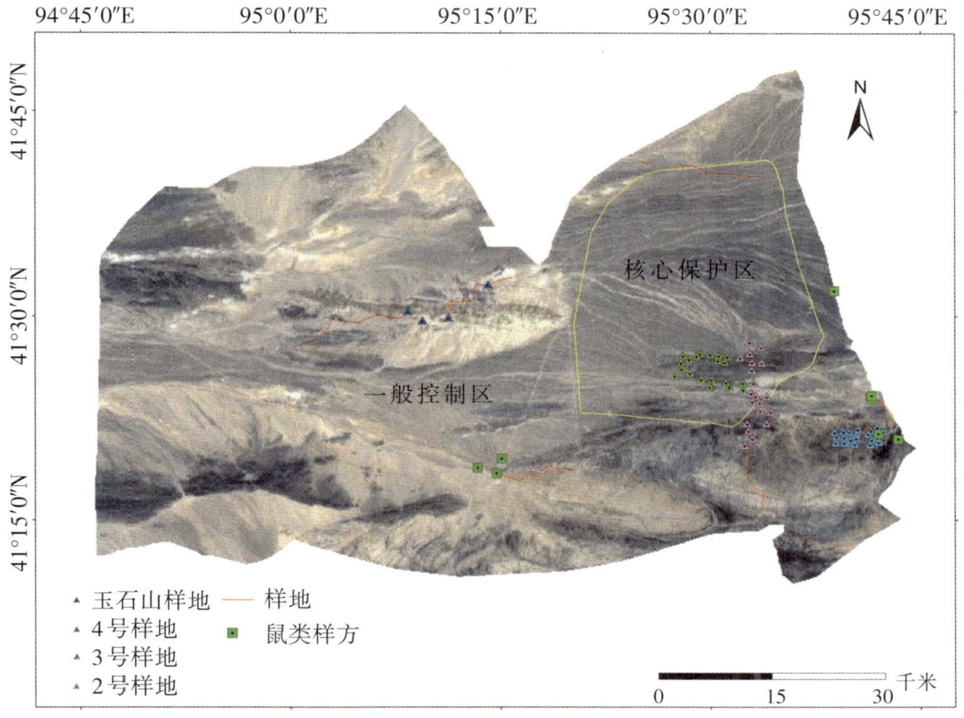

图6-1　保护区北片脊椎动物调查样方、样线图

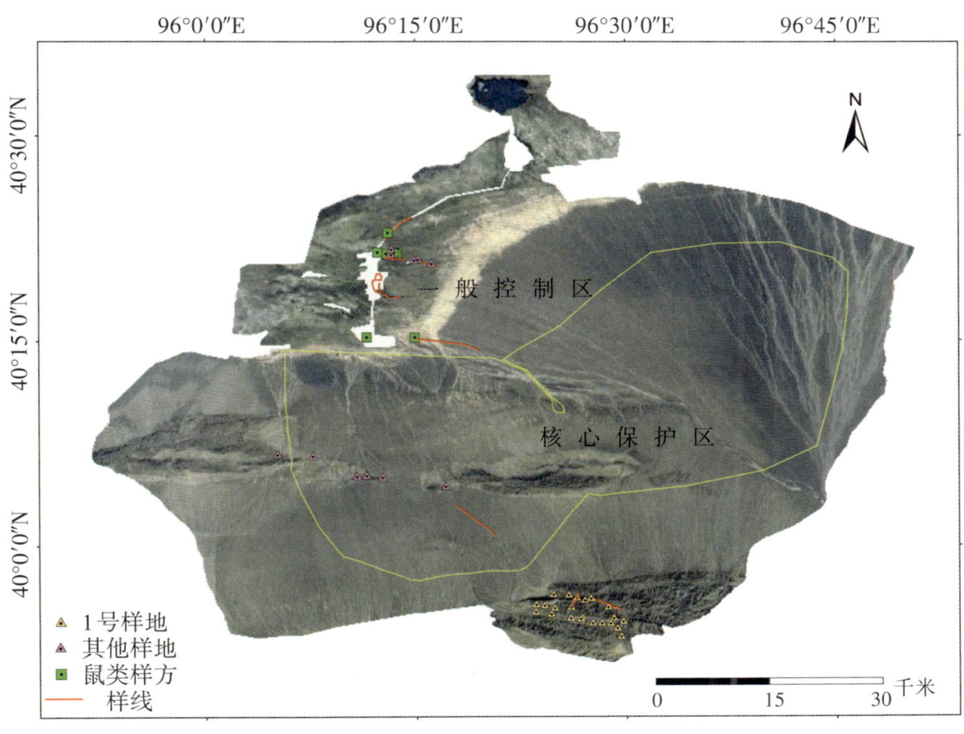

图6-2　保护区南片脊椎动物调查样方、样线图

3）铗日样方法：针对小型啮齿动物进行调查。依据区内不同生境，设1～2个样方，布设鼠铗，铗距5 m，行距20 m，每种生境大于400个有效铗日。鼠铗为铁质标准板铗，使用油炸花生米作为诱饵。对捕获的标本均进行称重和身体形态测量，并作为辅助资料用于物种鉴定。用种类、相对密度、多样性指数、均匀性指数和优势度指标对区内啮齿动物群落结构进行评估。本次调查共设置鼠类样方8个，如图6-1和图6-2所示。

6.1.1.6　调查数据分析

1.样线法统计相对数量

沿样线记录观察到的动物种类和数量，所走样线长用GPS测定，相对数量以遇见率（只/km）表示。

2.红外相机调查统计的相对数量

根据独立有效照片计算相对丰富度指数：

$$R = A_i / N \times 100$$

其中，R为相对丰富度指数；A_i为第i类（$i = 1 \cdots$）动物出现的独立有效照片数；N为独立有效照片总数。

3.样方法（如铗日样方法）统计的相对数量

$$D = \frac{N}{S}$$

其中，D为物种的相对密度（只/km^2）；N为样方内物种的个数（只）；S为样方面积。

6.1.1.7　文献依据

报告中脊椎动物数据的统计整理均依照最新的分类系统和资料。其中鸟类分类系统依据《中国鸟类分类与分布名录》（第四版）（郑光美，2023）；兽类物种鉴定参考《中国兽类野外手册》（Smith et al，2009），兽类分类系统依据《中国兽类名录》（2021版）（魏辅文等，2021）。国家保护物种级别依据《国家重点保护野生动物名录》（2021年），“三有动物”名录依据《国家保护的有重要生态、科学、社会价值的陆生野生动物名录》（2023年），CITES附录依据《濒危野生动植物种国际贸易公约》（2019年）（CITES附录）（http://www.cites.org.cn/），中国动物红色名录及特有种统计依据《中国脊椎动物红色名录》（蒋志刚等，2016）；动物区系及分布型统计依据《中国动物地理》（张荣祖，1999）。

6.1.2　总体概况

保护区4次科学考察共记录脊椎动物5纲31目76科249种（表6-1）。本次科学考察共记录到脊椎动物5纲31目71科198种；观测到保护区新记录种39种，其中爬行类1种，鸟类31种，兽类7种。

表6-1　各次科学考察脊椎动物多样性概况

动物纲	各次科学考察观测到的种类				共计		
	1988年	2002年	2012年	2022年	目	科	种
鱼纲	13	13	12	12	2	4	15
两栖纲	1	1	1	1	1	1	1
爬行纲	10	10	9	11	1	7	11

续表6-1

动物纲	各次科学考察观测到的种类				共计		
	1988年	2002年	2012年	2022年	目	科	种
鸟纲	108	101	115	141	20	49	183
哺乳纲	29	21	26	33	7	15	39
合计	161	146	163	198	31	76	249

6.1.3　鱼类

6.1.3.1　物种多样性

保护区水生脊椎动物鱼类多样性在20年间变化不大，共记录到2目3科15种（表6-2及附录Ⅲ），占甘肃省鱼类种数的14.71%。人工养殖2种——白鲢和草鱼。另外，鲤鱼和鲫鱼也有野生的，也有引入养殖的。保护区鱼类以鲤形目的鲤科和鳅科种类占绝对优势，都为7种。

表6-2　保护区鱼类及区系分布

目	科	种	北方区	宁蒙区	中亚高原区	华东区	华南区
鲤形目（Cypriniformes）	鳅科（Cobitidae）	1. 泥鳅（*Misgurnus anguillicaudatus*）	+	+	+	+	+
		2. 短尾高原鳅（*Triplophysa brevicauda*）			+		
		3. 长体高原鳅（*Triplophysa tenuis*）			+		
		4. 梭形高原鳅（*Triplophysa leptosoma*）			+		
		5. 酒泉高原鳅（*Triplophysa hsutschouensis*）			+		
		6. 背斑高原鳅（*Triplophysa dorsonotata*）			+		
		7. 大鳍鼓鳔鳅（*Hedinichthys yarkandensis*）			+		
	鲤科（Cyprinidae）	8. 鲤鱼（*Cyprinus carpio*）	+	+	+	+	+
		9. 鲫鱼（*Carassius auratus*）	+	+	+	+	+
		10. 花斑裸鲤（*Gymnocypris eckloni*）			+		
		11. 白鲢*（*Hypophtlmichthys molitrix*）	+			+	+
		12. 草鱼*（*Ctenopryngodan idellus*）	+			+	+
		13. 麦穗鱼（*Pseudorasbora parva*）	+	+	+	+	+
		14. 棒花鱼（*Abbotina rivularis*）	+			+	+
鲈形目（Perciformes）	鰕虎鱼科（Gobiidae）	15. 波氏栉鰕虎鱼（*Ctenogobiu cliffordpopei*）				+	

注：* 为人工养殖的种类。

6.1.3.2　区系组成

保护区野生鱼有13种，其中鳅科有7种，鲤科有5种，鲈形目鰕虎鱼科1种。泥鳅、鲤鱼、鲫鱼、麦穗鱼在各区均有分布，为广布种。棒花鱼是我国北方鱼类区系的代表，向南分布到江淮亚区；鰕虎鱼科是典型的华南区代表鱼种，波氏栉鰕虎鱼为华东区江淮亚区的代表；本地土著鱼种有条鳅亚科的高原鳅（5种）、大鳍鼓鳔鳅以及裂腹鱼亚科的花斑裸鲤，均为中亚高原山区区系。保护区鱼类区系总的特点是，土著种的中亚高原山区区系成分显著，外来的广布种、养殖种类占一定比例，这与西北其他内陆水系鱼类区系组成特点基本一致。鱼类区系形成原因见保护区第三期科学考察报告。

6.1.3.3　鱼类资源及其变化

保护区北片为干旱的戈壁山地，没有河流水系，只有零星的泉眼。该区域没有鱼类分布。不过在泉水资源较充沛的西大泉，近些年断断续续有人在里面投放、暂养很少数量的经济鱼类。

保护区南片在山前冲积扇平原低地（桥子到双塔），有4处泉水溢出后形成的水系和小型水库（桥子东坝、北桥子、葫芦河、布隆吉水库），还有疏勒河流域上的大型双塔水库，水体资源相对较好。该区域内夏季气温高，日照时间长，水温较高，水源较充足，有利于鱼类饲养。双塔水库渔业养殖已久，经济价值较高的是人工养殖的草鱼、鲤鱼、鲫鱼。本地其他土著鱼类及其他野生鱼类多为小型鱼类，无大的经济价值，但这些鱼类作为食物链的一个环节，尤其作为湿地水禽、猛禽的食物，在丰富湿地鸟类种类和数量多度、维持湿地生态系统稳定方面发挥着重要作用。

保护区内水资源的分布及总量没有太大的变化，因此水生脊椎动物的多样性变化不大。有些水库由于人为干扰（如北桥子水库近些年养殖螃蟹）及自然因素的影响，水库水量减少，水草生长萎缩，会对鱼类的栖息生存产生一定的负面影响。

6.1.3.4　鱼类资源面临的问题

（1）本地区农业属纯灌溉型，农田水利发展迅速，灌渠多，天然河道大部分被人工修建的水渠替代。天然河道只能在洪水期和冬季才有水进入，常处于干涸状态；而人工灌渠也只在灌溉季节有水进入，且流速快，无杂草，因此一些土著鱼种失去了赖以生存的水体环境。

（2）人口增加及地区经济发展，对水资源的消耗也明显增大。一些小型水库经常会因为灌溉引水而存水量很少，周边一些湿地明水也经常减小或干涸。这都会对保护区珍贵的湿地生态系统造成很大威胁，从而影响鱼类的存活。

（3）随意的引入、养殖其他经济水产动物，都会对本地土著鱼种产生不可预知的威胁，如养殖螃蟹，可能会造成一些土著鱼种在本地区消失。

6.1.4　两栖类物种多样性

保护区分布的两栖类动物仍为1种，即花背蟾蜍（*Bufo raddei*）。花背蟾蜍的分布较广，在湿地中的沟渠、草甸沼泽等生境中常见，数量较多。

6.1.5 爬行类物种多样性

4次科学考察调查结果表明，保护区分布的爬行类物种共有1目7科7属11种（表6-3）。其中蜥蜴7种，蛇类4种，按照2021年版《国家重点保护野生动物名录》，红沙蟒为国家二级重点保护物种，其余

10种均为国家“三有”名录物种。

表6-3 保护区爬行类多样性

目	科	种	分布型	国家重点保护级别	国家保护的三有动物	CITES附录	IUCN等级
有鳞目（Squamata）	壁虎科（Gekkonidae）	隐耳漠虎（*Alsophylax pipiens*）	D		+		LC
		新疆漠虎（*Alsophylax przewalskii*）	D		+		VU
	球趾虎科（Sphaerodactylidae）	新疆沙虎（*Teratoscincus przewalskii*）	D		+		NT
	鬣蜥科（Agamidae）	叶城沙蜥（*Phrynocephalus axillaris*）	D		+		LC
		变色沙蜥（*Phrynocephalus versicolor*）	D		+		LC
	蜥蜴科（Lacertidae）	密点麻蜥（*Eremias multiocellata*）	D		+		LC
		虫纹麻蜥（*Eremias vermiculata*）	D		+		LC
	蟒科（Boidae）	红沙蟒（*Eryx miliaris*）	D	二级		Ⅱ	VU
	蝰科（Viperidae）	中介蝮（*Gloydius intermedius*）	D		+		NT
		高原蝮（*Gloydius strauchi*）	H		+		NT
	鳗形蛇科（Lamprophiidae）	花条蛇（*Psammophis lineolatus*）	D		+		NT

保护区分布的这11种爬行动物，其区系组成均为古北界，分布型除了高原蝮为喜马拉雅–横断山区型（H）外，其余均为中亚型（D）。除2种蝮蛇主要分布于南部山地外，其他种类都是对干旱环境有高度适应性的物种，区系组成体现出中亚荒漠生境的典型特点。20年来保护区爬行类也比较稳定，在保护区荒漠戈壁生境中分布最广、数量最多的仍是变色沙蜥；荒漠植被盖度较大的区域中，密点麻蜥为常见或优势种；农田边的沙地草灌丛中，常分布有虫纹麻蜥。

6.1.6 鸟类物种多样性

鸟类是保护区陆生脊椎动物种类中最多、最主要的一个类群。4次科学考察共记录鸟类20目49科183种（附录）[分类系统依据郑光美《中国鸟类分类与分布名录》（第四版）]，占甘肃省鸟类总种数（479种）的38.20%，占保护区脊椎动物总种数（249种）的73.49%。

20目中，种类最多的是雀形目，达78种，占保护区鸟类的42.39%；其次是鸻形目和雁形目，分别是28种和21种，分别占总种数的15.30%和11.48%，猛禽鹰形目的种类也较多，为16种（占8.74%），鹃形目、沙鸡目、鸨形目、鹳形目、鲣鸟目、啄木鸟目和犀鸟目种类较少，都是1种（表6-4）。

表6-4　保护区鸟类各类群的组成

序号	目	科	种	序号	目	科	种
1	鸡形目	1	3	11	鹈形目	2	7
2	雁形目	1	21	12	鲣鸟目	1	1
3	䴙䴘目	1	2	13	鸻形目	4	28
4	鸽形目	1	4	14	鸮形目	1	4
5	沙鸡目	1	1	15	鹰形目	2	16
6	夜鹰目	2	2	16	犀鸟目	1	1
7	鹃形目	1	1	17	佛法僧目	1	2
8	鹤形目	2	6	18	啄木鸟目	1	1
9	鸨形目	1	1	19	隼形目	1	3
10	鹳形目	1	1	20	雀形目	23	78

保护区鸟类各科内种数差异较大。49科中，种类最多的前4个科是鸭科、鹰科、鹬科、鹟科，分别有21种、15种、14种和12种，占保护区鸟类的11.47%、8.20%、7.65%和6.56%（表6-5）。

表6-5　保护区鸟类科内种的组成

科内含种数	目数	占总目数比例 /%	科数	占总科数比例 /%
含20种以上	3	15	1	2.0
含10～20种	1	5	3	6.1
含7～9种	1	5	3	6.1
含5～6种	1	5	5	10.2
含3～4种	4	20	11	22.4
含2种	3	15	6	12.2
含1种	7	35	20	40.8
总　　计	20	100	49	100

183种鸟类中，夏候鸟比例最高，为79种（占42.25%），迁徙过路鸟（旅鸟）50种（占27.17%），留鸟40种（占21.74%），冬候鸟8种（占4.35%），还有6种为迷鸟。

保护区鸟类组成中水禽占有很大的比例，栖息着《湿地公约》列入的水禽（包括䴙䴘目、鹈形目、鹳形目、雁形目、鹤形目、鸻形目——包括鸻鹬类和鸥类）65种，占我国水禽总种数的25.59%，占保护区鸟类总种数的35.52%。湿地水禽中鸻形目、雁形目和鹈形目种类占明显优势，分别有28种、21种和7种。

从保护区的鸟类组成上来看，水禽、猛禽所占比例较大，夏候鸟、旅鸟占绝对优势，这与同为河西干旱区内流河区域的黑河保护区鸟类组成（包新康，2012）特点相似。总体来看，保护区地处西北干旱区，属于极旱荒漠，对鸟类来说，生存条件严酷，因此冬候鸟和留鸟种类少。但由于有河流湿地的存在，夏秋季节食物充沛，因此有很多的迁徙过路鸟在此处停歇，许多水禽、夏候鸟在此处繁殖，造成这些鸟类的成分特征明显。

6.1.7　哺乳类物种多样性

4次科学考察共记录保护区哺乳类7目15科39种（附录），分别占甘肃省哺乳类8目27科163种的87.50%、55.56%和23.93%，占保护区脊椎动物总种数的15.60%。可以看出，保护区哺乳动物资源相对较好。保护区哺乳动物以啮齿目为主，有15种，占保护区哺乳动物种类的38.46%，其次是食肉目10种（占25.64%）和有蹄类8种（鲸偶蹄目6种，奇蹄目2种）（表6–6）。

保护区哺乳类大都为典型的荒漠物种，跳鼠和沙鼠种类丰富，有10种；由于保护区南北两片都有山地，因此组成中山地特征也较明显，如盘羊、北山羊、岩羊等。

表6–6　保护区哺乳类各类群的组成

目	科数	占总科数比例 /%	种数	占总种数比例 /%
兔形目	2	13.3	2	5.1
啮齿目	4	26.7	15	38.5
劳亚食虫目	1	6.7	1	2.6
翼手目	2	13.3	3	7.7
鲸偶蹄目	2	13.3	6	15.4
奇蹄目	1	6.7	2	5.1
食肉目	3	20.0	10	25.6
合计：7目	15	100	39	100

6.2　陆生脊椎动物区系分析

根据中国的动物地理区划（张荣祖，1978；1999），保护区处于古北界蒙新区西部荒漠亚区河西走廊小区。其南部临近青藏区。

“在某种意义上，动物分布型亦可视为主要分布于某一地区的动物区系”（张荣祖，1999）。依据《中国动物地理》中对动物分布型的划分方法，确定了保护区陆生脊椎动物的分布型（附录Ⅲ）。区系分析依据保护区繁殖的动物种类，鸟类只包括在这里繁殖的留鸟和夏候鸟。

在保护区繁殖的陆生脊椎动物有169种，区系成分比较复杂，包括古北界、东洋界和广布种3大区系类型。保护区在中国动物地理区划中位于古北界中亚亚界蒙新区西部荒漠亚区，因此陆生脊椎动物以古北界的种类占绝对优势（118种，占69.8%）（表6–7），其中适应干旱环境的中亚型分布明显占优势，有43种，爬行类、兽类的大多数种类属于这一分布型，典型物种有沙蜥、漠虎、跳鼠、沙鼠、鹅喉羚等。保护区陆生脊椎动物中，东洋界成分很少，分布型包括东洋型和喜马拉雅-横断山区型，只有10种，占4.1%。兽类中东洋界种类（东洋型）2种，为犬吻蝠和豺。陆生脊椎动物区系组成中，广布种有41种，占24.3%，其中大部分为鸟类。

鸟类的地理分布区主要是以它们繁殖的范围为准绳（郑作新，1962）；在保护区鸟类区系特点方面，分析了4次科学考察期间记录到的119种繁殖鸟类（夏候鸟和留鸟）的分布型（表6-8）。可以看出，保护区鸟类区系古北界特征明显，占很大优势（73种，占61.3%），其中古北型26种（占21.8%），其次是全北型和中亚型，分别有17种（占14.3%）和15种（占12.6%），反映出蒙新区的特征；高地型9种，占7.6%，也体现出青藏高原及蒙新高原特征。广布种40种，也占有一定的比例（占33.6%）。而鸟类区系东洋界成分很少，分布型包括东洋型5种和喜马拉雅-横断山区型1种，只占5.0%。5种东洋型分布的鸟类分别是小鸊鷉、黄斑苇鳽、斑嘴鸭、牛背鹭和灰斑鸠。其中小鸊鷉和斑嘴鸭在保护区一直有分布，而黄斑苇鳽和灰斑鸠是在近10年扩散来的，并且灰斑鸠已成为保护区数量多、常见的留鸟，这也体现了气候变暖后鸟类的区系变化（杜寅等，2009）。

表6-7　陆生脊椎动物区系成分统计

项目	C	U	M	X	D	G	P或I	H	W	O	合计
两栖类				1							1
爬行类					10			1			11
鸟　类	17	26	5	1	15		9	1	5	40	119
兽　类	3	5			18		8	1	2	1	38
合　计	20	31	5	2	43		17	3	7	41	169
比例 /%	11.8	18.3	3.0	1.2	25.4		10.1	1.8	4.1	24.3	

注：C为全北型，分布于欧亚大陆北部和北美洲。
U为古北型，分布于欧亚大陆北部，向南达于东洋界相邻地区。
M为东北型，我国东北地区或再包括附近地区。
X为东北-华北型，分布于我国东北和华北，向北伸达朝鲜半岛、俄罗斯远东和蒙古等地。
D为中亚型，分布于我国西北干旱区、国外中亚干旱区，有的达北非。
G为蒙古高原型，延伸到我国与之相邻的地区。
P为高地型，主要分布于中亚地区的高山。
I为高地型，以青藏高原为中心，包括其外围山地。
H为喜马拉雅-横断山区型。
W为东洋型，主要分布于亚洲热带、亚热带，有的达北温带。
O为不易归类的分布，其中不少为分布比较广泛的种。

表6-8　保护区鸟类区系

分布型＼居留型	夏候鸟	留鸟	合计（种数及比例）	
北方型（U和C）	28	15	43	36.13%
东北型（M和X）	5	1	6	5.04%
中亚型（D）	10	5	15	12.61%
高地型（P和I）	7	2	9	7.56%
东洋型（W）	4	1	5	4.20%
喜马拉雅-横断山区型（H）	1		1	0.84%
不易归类（O）	24	16	40	33.61%
合计	79	40	119	100%

从区系分析可以看出，保护区由于地处西部干旱荒漠区，适应干旱环境生存的中亚型种类区系特征明显，同时由于山地、湿地的存在，荒漠动物区系增加了山地成分和东洋界等其他类型的动物区系成分。

6.3　脊椎动物多样性动态变化

保护区目前已进行了4次综合科学考察：第一次1988—1989年，第二次2002—2004年，第三次2009—2013年，第四次2021—2022年。在4次科学考察30多年的时间跨度中，脊椎动物各类群物种多样性会产生一定的变化，动物群落结构会发生相应的动态演替。在此就保护区陆生脊椎动物各类群的动态变化展开论述。

6.3.1　鱼类物种多样性变化

第一次科学考察共记录鱼类2目3科13种，第三次科学考察共调查到鱼类有2目4科15种，在桥子东坝和北桥子水库采集到泥鳅和棒花鱼两种保护区新记录鱼种。本次科学考察鱼类种类没有变化。

第一次科学考察（1988—1989）中采集到的三种鱼类（梭形高原鳅、酒泉高原鳅、花斑裸鲤）在本次科学考察中仍未见到。其中两种高原鳅在第一次科学考察中是在芦草沟和环城疏勒河中采集到的，这两处严格说都是在保护区范围之外，而在保护区范围内的水体中本次科学考察依然没有采集到。

6.3.2　两栖、爬行类物种多样性变化

两栖类1种，多年来没有变化。

本次科学考察记录到保护区爬行类新记录种1种，为壁虎科的新疆漠虎。

新疆漠虎，也叫西域漠虎，是中国生物多样性红色名录易危（VU）物种，国家“三有”物种。体细小，鼻孔位于吻鳞、第一上唇鳞及两枚鼻鳞间。体沙色，体两侧有浅色纵纹，自吻端至尾背面。浅纵纹

之下有棕褐色纵纹自吻端过眼、耳孔，沿体背侧延伸至尾端。栖息于荒漠，主要分布在新疆南部荒漠区。本次调查是在保护区南片的寒山子荒漠山地区域采集到该物种（见彩图）。近几年在该区域还采集到同属的隐耳漠虎。

6.3.3 鸟类物种多样性变化

鸟类由于运动能力强，对环境敏感，其动态变化是最为明显的。4次科学考察共记录鸟类20目49科183种，本次科学考察共观察到鸟类19目47科141种，比前几次科学考察观测到的鸟类种类都要多（附录Ⅲ）。

6.3.3.1 新增种类

本次科学考察观测到的保护区鸟类新记录种有31种（表6-9），其中夏候鸟有7种：黑颈鹤、夜鹭、牛背鹭、白翅浮鸥、普通翠鸟、花彩雀莺、白喉林莺；留鸟有7种：高山兀鹫、棕尾鵟、大斑啄木鸟、大山雀、地山雀、水鹨、白腰朱顶雀；迁徙过路鸟有15种：翘鼻麻鸭、白眉鸭、花脸鸭、鹊鸭、普通秋沙鸭、蓑羽鹤、白腰杓鹬、青脚鹬、大滨鹬、长趾滨鹬、青脚滨鹬、凤头蜂鹰、白尾海雕、布氏鹨、芦鹀；冬候鸟有1种：文须雀；黑枕黄鹂只观测到1次，应该是迷鸟。新增的鸟类中以迁徙过路鸟（旅鸟）为主（占50.00%），在湿地分布的水禽有22种（占73.33%）。国家一级保护物种有2种：黑颈鹤和白尾海雕，国家二级保护物种有7种。

表6-9 保护区2022年科学考察鸟类新记录种类

目	科	种	居留型	国家重点保护级别	记录地点
雁形目	鸭科	翘鼻麻鸭（*Tadorna tadorna*）	P		东坝水库
		白眉鸭（*Spatula querquedula*）	P		老师兔
		花脸鸭（*Sibirionetta formosa*）	P	Ⅱ	东坝水库
		鹊鸭（*Bucephala clangula*）	P		东坝水库
		普通秋沙鸭（*Mergus merganser*）	P		东坝水库
鹤形目	鹤科	黑颈鹤（*Grus nigricollis*）	S	Ⅰ	平头树、双塔
		蓑羽鹤（*Grus virgo*）	P	Ⅱ	双塔水库
鹈形目	鹭科	夜鹭（*Nycticorax nycticorax*）	S		葫芦河
		牛背鹭（*Bubulcus ibis*）	S		葫芦河
鸻形目	鹬科	白腰杓鹬（*Numenius arquata*）	P	Ⅱ	东坝水库
		青脚鹬（*Tringa nebularia*）	P		布隆吉
		大滨鹬（*Calidris tenuirostris*）	P	Ⅱ	北桥子水库
		长趾滨鹬（*Calidris subminuta*）	P		东坝水库
		青脚滨鹬（*Calidris temminckii*）	P		双塔水库
	鸥科	白翅浮鸥（*Chlidonias leucopterus*）	S		北桥子水库

续表6-9

目	科	种	居留型	国家重点保护级别	记录地点
鹰形目	鹰科	高山兀鹫（*Gyps himalayensis*）	R	Ⅱ	寒山子
		凤头蜂鹰（*Pernis ptilorhynchus*）	P	Ⅱ	柳园
		白尾海雕（*Haliaeetus albicilla*）	P	Ⅰ	平头树
		棕尾鵟（*Buteo rufinus*）	R	Ⅱ	小草湖
佛法僧目	翠鸟科	普通翠鸟（*Alcedo atthis*）	S		葫芦河
啄木鸟目	啄木鸟科	大斑啄木鸟（*Dendrocopos major*）	R		北桥子
雀形目	黄鹂科	黑枕黄鹂（*Oriolus chinensis*）	V		北桥子
	山雀科	大山雀（*Parus major*）	R		桥子
		地山雀（*Pseudopodoces humilis*）	R		寒山子
	文须雀科	文须雀（*Panurus biarmicus*）	W		北桥子水库
	长尾山雀科	花彩雀莺（*Leptopoecile sophiae*）	S		小石门道
	莺鹛科	白喉林莺（*Sylvia curruca*）	S		桥子
	鹡鸰科	布氏鹨（*Anthus godlewskii*）	P		桥子
		水鹨（*Anthus spinoletta*）	R		东坝水库
	燕雀科	白腰朱顶雀（*Acanthis flammea*）	R		野马泉
	鹀科	芦鹀（*Emberiza schoeniclus*）	P		北桥子水库

6.3.3.2　分布稳定的种类

保护区4次科学考察的结果显示，30多年来，在保护区各种生境中一直稳定分布的鸟类物种有66种（表6-10）。其中繁殖鸟类占绝对优势（夏候鸟37种，占56.06%；留鸟20种，占30.39%），旅鸟只有7种，冬候鸟有2种。

表6-10　保护区4次科学考察都有分布的鸟类

种	居留型	分布型	分布生境
暗腹雪鸡（*Tetraogallus himalayensis*）	留鸟	高地型	山地
石鸡（*Alectoris chukar*）	留鸟	中亚型	山地
环颈雉（*Phasianus colchicus*）	留鸟	不易归类	农田村庄
灰雁（*Anser anser*）	夏候鸟	古北型	水域湿地
斑头雁（*Anser indicus*）	夏候鸟	高地型	水域湿地
赤麻鸭（*Tadorna ferruginea*）	夏候鸟	古北型	水域湿地

续表 6-10

种	居留型	分布型	分布生境
赤颈鸭（*Anas penelope*）	旅鸟	全北型	水域湿地
斑嘴鸭（*Anas poecilorhyncha*）	夏候鸟	东洋型	水域湿地
琵嘴鸭（*Anas clypeata*）	旅鸟	全北型	水域湿地
针尾鸭（*Anas acuta*）	旅鸟	全北型	水域湿地
绿翅鸭（*Anas crecca*）	旅鸟	全北型	水域湿地
绿头鸭（*Anas platyrhynchos*）	夏候鸟	全北型	水域湿地
红头潜鸭（*Aythya ferina*）	夏候鸟	全北型	水域湿地
小䴙䴘（*Tachybaptus ruficollis*）	夏候鸟	东洋型	水域湿地
凤头䴙䴘（*Podiceps cristatus*）	夏候鸟	古北型	水域湿地
岩鸽（*Columba rupestris rupestris*）	留鸟	不易归类	山地
毛腿沙鸡（*Syrrhaptes paradoxus*）	留鸟	中亚型	戈壁荒漠
普通雨燕（*Apus apus*）	夏候鸟	不易归类	戈壁荒漠
大杜鹃（*Cuculus canorus*）	夏候鸟	不易归类	草地人工林
灰鹤（*Grus grus*）	旅鸟	古北型	水域湿地
白骨顶（*Fulica atra*）	夏候鸟	不易归类	水域湿地
苍鹭（*Ardea cinerea*）	夏候鸟	古北型	水域湿地
大白鹭（*Ardea alba*）	夏候鸟	不易归类	水域湿地
大麻鳽（*Botaurus stellaris*）	夏候鸟	古北型	水域湿地
黑翅长脚鹬（*Himantopus himantopus*）	夏候鸟	不易归类	水域湿地
凤头麦鸡（*Vanellus vanellus*）	夏候鸟	古北型	水域湿地
金眶鸻（*Charadrius dubius*）	夏候鸟	不易归类	水域湿地
环颈鸻（*Charadrius alexandrinus*）	夏候鸟	不易归类	水域湿地
金鸻（*Pluvialis fulva*）	旅鸟	全北型	水域湿地
扇尾沙锥（*Gallinago gallinago*）	夏候鸟	古北型	水域湿地
红脚鹬（*Tringa totanus*）	夏候鸟	古北型	水域湿地
普通燕鸥（*Sterna hirundo*）	夏候鸟	全北型	水域湿地
纵纹腹小鸮（*Athene noctua*）	留鸟	古北型	农田村庄
长耳鸮（*Asio otus*）	留鸟	全北型	农田村庄
鹗（*Pandion haliaetus*）	夏候鸟	全北型	水域湿地
胡兀鹫（*Gypaetus barbatus* ）	留鸟	不易归类	山地

续表6-10

种	居留型	分布型	分布生境
金雕（*Aquila chrysaetos daphanea*）	留鸟	全北型	山地
大鵟（*Buteo hemilasius*）	留鸟	中亚型	山地
戴胜（*Upupa epops*）	夏候鸟	不易归类	农田村庄
红隼（*Falco tinnunculus*）	留鸟	不易归类	农田村庄
灰伯劳（*Lanius excubitor*）	旅鸟	全北型	农田村庄
喜鹊（*Pica pica*）	留鸟	全北型	农田村庄
小嘴乌鸦（*Corvus corone*）	留鸟	全北型	农田村庄
黑尾地鸦（*Podoces hendersoni*）	留鸟	中亚型	戈壁荒漠
红嘴山鸦（*Pyrrhocorax pyrrhocorax*）	留鸟	不易归类	山地
凤头百灵（*Galerida cristata*）	留鸟	不易归类	农田村庄
角百灵（*Eremophila alpestris*）	留鸟	全北型	戈壁荒漠
崖沙燕（*Riparia riparia*）	夏候鸟	全北型	山地
岩燕（*Hirundo rupestris*）	夏候鸟	不易归类	山地
家燕（*Hirundo rustica*）	夏候鸟	全北型	水域湿地
漠白喉林莺（*Sylvia minula*）	夏候鸟	不易归类	草地人工林
荒漠林莺（*Sylvia nana*）	夏候鸟	中亚型	戈壁荒漠
红翅旋壁雀（*Tichodroma muraria*）	夏候鸟	不易归类	山地
赤颈鹎（*Turdus ruficollis*）	冬候鸟	不易归类	农田村庄
红腹红尾鸲（*Phoenicurus erythrogaster*）	冬候鸟	高地型	农田村庄
赭红尾鸲（*Phoenicurus ochruros*）	夏候鸟	不易归类	山地
漠䳭（*Oenanthe deserti*）	夏候鸟	中亚型	山地
沙䳭（*Oenanthe isabellina*）	夏候鸟	中亚型	山地
白顶䳭（*Oenanthe hispanica*）	夏候鸟	中亚型	山地
褐岩鹨（*Prunella fulvescen*）	夏候鸟	高地型	农田村庄
黑顶麻雀（*Passer ammodendri*）	留鸟	中亚型	农田村庄
（树）麻雀（*Passer montanus*）	留鸟	古北型	农田村庄
黄头鹡鸰（*Motacilla citreola*）	夏候鸟	古北型	水域湿地
白鹡鸰（*Motacilla alba*）	夏候鸟	不易归类	水域湿地
田鹨（*Anthus novaeseelandiae*）	夏候鸟	东北型	农田村庄
黄嘴朱顶雀（*Linaria flavirostris* ）	留鸟	古北型	戈壁荒漠

6.3.3.3 变动的种类

保护区4次综合科学考察分别记录到鸟类108种、101种、115种和183种。4次科学考察中有变动的鸟类117种（表6-11），其中夏候鸟42种（占35.59%），留鸟20种（占16.95%），而发生变化的鸟类中旅鸟比例高（43种，占36.44%）。4次科学考察共记录到的183种鸟类中，留鸟是最稳定的部分，40种留鸟中有20种（50.00%）一直有分布；变动最大的就是旅鸟，只有14.00%（7种）的旅鸟在迁徙时一直选择保护区作为停歇地；夏候鸟有46.84%的种类保持稳定，而8种冬候鸟中也只有2种一直有分布（赤颈鸫和红腹红尾鸲）。

表6-11 保护区3次科学考察鸟类种类变动情况

种	1988年	2002年	2012年	2021年	居留型	国家重点保护级别
豆雁（*Anser fabalis*）	+				旅鸟	
大天鹅（*Cygnus cygnus*）	+			+	冬候鸟	Ⅱ
翘鼻麻鸭（*Tadorna tadorna*）				+	旅鸟	
赤膀鸭（*Anas strepera*）	+			+	旅鸟	
白眉鸭（*Spatula querquedula*）				+	旅鸟	
花脸鸭（*Sibirionetta formosa*）				+	旅鸟	Ⅱ
凤头潜鸭（*Aythya fuligula*）		+	+	+	旅鸟	
赤嘴潜鸭（*Netta rufina*）		+	+	+	夏候鸟	
白眼潜鸭（*Aythya nyroca*）			+	+	旅鸟	
鹊鸭（*Bucephala clangula*）				+	旅鸟	
普通秋沙鸭（*Mergus merganser*）				+	旅鸟	
原鸽（*Columba livia*）	+				留鸟	
欧斑鸠（*Streptopelia turtur*）	+				留鸟	
灰斑鸠（*Streptopelia decaocto* ）		+	+	+	留鸟	
欧夜鹰（*Caprimulgus europaeus*）	+		+	+	夏候鸟	
黑颈鹤（*Grus nigricollis*）				+	夏候鸟	Ⅰ
蓑羽鹤（*Grus virgo*）				+	旅鸟	Ⅱ
黑水鸡（*Gallinula chloropus*）	+			+	夏候鸟	
西秧鸡（*Rallus aquaticus*）	+				夏候鸟	
小鸨（*Tetrax tetrax*）	+				迷鸟	Ⅰ
黑鹳（*Ciconia nigra*）	+		+	+	夏候鸟	Ⅰ
夜鹭（*Nycticorax nycticorax*）				+	夏候鸟	
牛背鹭（*Bubulcus ibis*）				+	夏候鸟	

续表6-11

种	1988年	2002年	2012年	2021年	居留型	国家重点保护级别
黄斑苇鳽（*Ixobrychus sinensis*）		+	+	+	夏候鸟	
白琵鹭（*Platalea leucorodia*）			+	+	旅鸟	Ⅱ
普通鸬鹚（*Phalacrocorax carbo*）		+	+	+	夏候鸟	
反嘴鹬（*Recurvirostra avosetta*）			+	+	旅鸟	
灰鸻（*Pluvialis squatarola*）	+		+		旅鸟	
蒙古沙鸻（*Charadrius mongolus*）	+		+		旅鸟	
丘鹬（*Scolopax rusticola*）	+				旅鸟	
黑尾塍鹬（*Limosa limosa*）			+	+	旅鸟	
白腰杓鹬（*Numenius arquata*）				+	旅鸟	Ⅱ
鹤鹬（*Tringa erythropus*）	+				旅鸟	
白腰草鹬（*Tringa ochropus*）		+		+	夏候鸟	
林鹬（*Tringa glareola* ）	+	+			旅鸟	
矶鹬（*Tringa hypoleucos*）	+		+	+	夏候鸟	
青脚鹬（*Tringa nebularia*）				+	旅鸟	
翻石鹬（*Arenaria interpres*）	+		+		旅鸟	Ⅱ
大滨鹬（*Calidris tenuirostris*）				+	旅鸟	Ⅱ
长趾滨鹬（*Calidris subminuta*）				+	旅鸟	
青脚滨鹬（*Calidris temminckii*）				+	旅鸟	
黑尾鸥（*Larus crassirostris*）	+				迷鸟	
红嘴鸥（*Chroicocephalus ridibundus*）	+		+	+	夏候鸟	
渔鸥（*Larus ichthyaetus*）			+	+	夏候鸟	
白翅浮鸥（*Chlidonias leucopterus*）				+	夏候鸟	
灰翅浮鸥（*Chlidonias hybrida*）			+	+	夏候鸟	
雕鸮（*Bubo bubo hemachalana*）	+	+			留鸟	Ⅱ
短耳鸮（*Asio flammeus*）		+	+	+	夏候鸟	Ⅱ
高山兀鹫（*Gyps himalayensis*）				+	留鸟	Ⅱ
秃鹫（*Aegypius monachus* ）		+	+	+	留鸟	Ⅰ
凤头蜂鹰（*Pernis ptilorhynchus*）				+	旅鸟	Ⅱ
草原雕（*Aquila nipalensis*）		+		+	夏候鸟	Ⅰ

续表6-11

种	1988年	2002年	2012年	2021年	居留型	国家重点保护级别
雀鹰（*Accipiter nisus*）	+				留鸟	Ⅱ
苍鹰（*Accipiter gentilis*）		+	+	+	旅鸟	Ⅱ
白尾鹞（*Circus cyaneus*）			+	+	旅鸟	Ⅱ
黑鸢（*Milvus migrans*）	+		+		旅鸟	Ⅱ
白尾海雕（*Haliaeetus albicilla*）				+	旅鸟	Ⅰ
普通鵟（*Buteo japonicus*）		+	+	+	留鸟	Ⅱ
毛脚鵟（*Buteo lagopus*）		+			迷鸟	Ⅱ
棕尾鵟（*Buteo rufinus*）				+	留鸟	Ⅱ
冠鱼狗（*Megaceryle lugubris*）		+			迷鸟	
普通翠鸟（*Alcedo atthis*）				+	夏候鸟	
大斑啄木鸟（*Dendrocopos major*）				+	留鸟	
黄爪隼（*Falco naumanni*）	+				夏候鸟	Ⅱ
燕隼（*Falco subbuteo*）	+		+	+	夏候鸟	Ⅱ
黑枕黄鹂（*Oriolus chinensis*）				+	迷鸟	
红背伯劳（*Lanius collurio*）	+	+			夏候鸟	
荒漠伯劳（*Lanius isabellinus*）			+	+	夏候鸟	
红尾伯劳（*Lanius cristatus*）	+	+	+		夏候鸟	
楔尾伯劳（*Lanius sphenocercus*）		+	+	+	旅鸟	
黄嘴山鸦（*Pyrrhocorax graculus*）		+	+	+	留鸟	
渡鸦（*Corvus corax*）	+			+	留鸟	
大山雀（*Parus major*）				+	留鸟	
地山雀（*Pseudopodoces humilis*）				+	留鸟	
短趾百灵（*Calandrella cheleensis*）	+		+		旅鸟	
文须雀（*Panurus biarmicus*）				+	冬候鸟	
东方大苇莺（*Acrocephalus orientalis*）	+		+	+	夏候鸟	
小蝗莺（*Locustella certhiola*）	+				夏候鸟	
黄腰柳莺（*Phylloscopus proregulus*）		+			旅鸟	
花彩雀莺（*Leptopoecile sophiae*）				+	夏候鸟	

续表6-11

种	1988年	2002年	2012年	2021年	居留型	国家重点保护级别
横斑林莺（*Sylvia nisoria*）		+			夏候鸟	
白喉林莺（*Sylvia curruca*）				+	夏候鸟	
灰椋鸟（*Sturnus cineraceus*）			+		冬候鸟	
粉红椋鸟（*Sturnus roseus*）			+	+	夏候鸟	
紫翅椋鸟（*Sturnus vulgaris*）	+		+	+	冬候鸟	
虎斑地鸫（*Zoothera dauma*）		+			旅鸟	
红胁蓝尾鸲（*Tarsiger cyanurus*）		+			旅鸟	
北红尾鸲（*Phoenicurus auroreus*）			+		夏候鸟	
欧亚红尾鸲（*Phoenicurus phoenicurus*）		+			旅鸟	
贺兰山红尾鸲（*Phoenicurus alaschanicus*）		+	+		夏候鸟	Ⅱ
蓝额红尾鸲（*Phoenicurus frontalis*）			+	+	夏候鸟	
穗䳭（*Oenanthe oenanthe*）		+			夏候鸟	
白背矶鸫（*Monticola saxatilis*）	+	+			旅鸟	
戴菊（*Regulus regulus*）	+		+	+	冬候鸟	
太平鸟（*Bombycilla garrulus*）	+		+		旅鸟	
鸲岩鹨（*Prunella rubeculoides*）			+	+	旅鸟	
家麻雀（*Passer domesticus*）		+	+	+	留鸟	
白斑翅雪雀（*Montifringilla nivalis*）			+	+	夏候鸟	
山鹡鸰（*Dendronanthus indicus*）		+			夏候鸟	
黄鹡鸰（*Motacilla flava*）	+		+	+	夏候鸟	
灰鹡鸰（*Motacilla cinerea*）	+	+			夏候鸟	
布氏鹨（*Anthus godlewskii*）				+	旅鸟	
水鹨（*Anthus spinoletta*）				+	留鸟	
锡嘴雀（*Coccothraustes coccothraustes*）			+		迷鸟	
蒙古沙雀（*Rhodopechys mongolica* ）	+	+		+	夏候鸟	
高山岭雀（*Leucosticte brandti*）	+				夏候鸟	
沙色朱雀（*Carpodacus stoliczkae*）	+				夏候鸟	
大朱雀（*Carpodacus rubicilla*）	+		+	+	夏候鸟	
金翅雀（*Chloris sinica*）			+	+	留鸟	

续表 6-11

种	1988年	2002年	2012年	2021年	居留型	国家重点保护级别
红额金翅雀（*Carduelis carduelis*）	+				留鸟	
白腰朱顶雀（*Acanthis flammea*）				+	留鸟	
小鹀（*Emberiza pusilla*）			+	+	冬候鸟	
田鹀（*Emberiza rustica*）	+	+			旅鸟	
灰眉岩鹀（*Emberiza godlewskii*）		+	+	+	留鸟	
白头鹀（*Emberiza leucocephalos*）		+	+		旅鸟	
栗耳鹀（*Emberiza fucata*）		+			旅鸟	
芦鹀（*Emberiza schoeniclus*）				+	旅鸟	
合计	42	35	49	75		

2012年科学考察新增的鸟类种类有17种。其中夏候鸟有6种：渔鸥、灰翅浮鸥、荒漠伯劳、粉红椋鸟、蓝额红尾鸲、白斑翅雪雀；迁徙过路鸟有6种：白琵鹭、白眼潜鸭、白腹鹞、黑尾塍鹬、反嘴鹬、鸲岩鹨；冬候鸟有2种：灰椋鸟、小鹀。还有北红尾鸲、金翅雀和锡嘴雀在考察中只见到过1次（1只），应该为迷鸟。

第一次科学考察没有记录，后2次科学考察新增种类有14种。其中夏候鸟有6种：普通鸬鹚、黄斑苇鳽、赤嘴潜鸭、短耳鸮、楔尾伯劳、贺兰山红尾鸲；迁徙过路鸟有3种：凤头潜鸭、苍鹰、白头鹀；留鸟有5种：秃鹫、普通鵟、灰斑鸠、黄嘴山鸦、家麻雀。

前3次科学考察都有分布，本次科学考察没有记录到的种类有1种，为夏候鸟红背伯劳。在第二、第三次科学考察中有分布，本次没有记录的鸟类有3种：红背伯劳、贺兰山红尾鸲为夏候鸟；白头鹀为旅鸟。

第一次科学考察有记录，后2次科学考察没有见到的种类有19种。其中夏候鸟有6种：黄爪隼、黑水鸡、普通秧鸡、小蝗莺、沙色朱雀、高山岭雀；旅鸟有6种：豆雁、赤膀鸭、鸢、鹤鹬、丘鹬、红额金翅雀；冬候鸟1种：大天鹅；留鸟有2种：原鸽、渡鸦；还有4种为迷鸟：雀鹰、小鸮、黑尾鸥、欧斑鸠。

只在第二次科学考察中有记录的鸟类有13种。其中夏候鸟5种：白腰草鹬、山鹡鸰、穗䳭、横斑林莺、蒙古沙雀；旅鸟有5种：欧亚红尾鸲、红胁蓝尾鸲、虎斑地鸫、黄腰柳莺、栗耳鹀；还有3种为迷鸟：毛脚鵟、草原雕、冠鱼狗。

减少的37种鸟类中（除过5种迷鸟），夏候鸟有13种（占减少鸟类的35.14%），旅鸟18种（占减少鸟类的48.65%），留鸟5种（占减少鸟类的13.51%），冬候鸟1种（占减少鸟类的2.70%）。在湿地分布的水禽有10种。

6.3.3.4　鸟类区系组成变化

根据中国的动物地理区划（张荣祖，1978；1999），保护区位于古北界蒙新区西部荒漠亚区河西走廊小区。其南部邻近青藏区。

“在某种意义上，动物分布型亦可视为主要分布于某一地区的动物区系”（张荣祖，1999）。依据《中国动物地理》中对动物分布型的划分方法，确定了保护区陆生脊椎动物的分布型（附录Ⅲ）。区系分析依据保护区繁殖的动物种类，鸟类只包括在这里繁殖的留鸟和夏候鸟。

在保护区鸟类区系特点方面，分析了4次科学考察期间记录到的繁殖鸟类（夏候鸟和留鸟）的分布型（表6-12）。可以看出，保护区鸟类区系组成的基本结构在3次科学考察中没有变化，古北界特征明显，占较大优势（58.97%～69.39%，包括古北型、全北型、中亚型、高地型、东北型、东北-华北型）；广布种（不易归类）也占有一定的比例（26.78%～35.90%）；东洋型所占的比例很小，但东洋型成分有较明显的增加。

表6-12　保护区鸟类区系组成变化

项目		古北型	东洋型	不易归类	全北型	中亚型	高地型	东北型	东北-华北型	合计
1988年	种数	18	2	26	12	10	5	2	1	76
	比例/%	23.68	2.63	34.21	15.79	13.16	6.58	2.63	1.32	
2002年	种数	16	4	28	12	10	3	3	1	78
	比例/%	20.51	5.13	35.90	15.38	12.82	3.85	3.85	1.28	
2012年	种数	18	5	29	12	12	5	2	1	84
	比例/%	21.43	5.95	34.52	14.29	14.29	5.95	2.38	1.19	
2022年	种数	48	7	49	33	21	11	12	2	183
	比例/%	26.23	3.83	26.78	18.03	11.48	6.01	6.56	1.09	

6.3.4　哺乳类物种多样性变化

保护区4次科学考察共记录哺乳纲动物7目15科39种，其中1998年科学考察记录29种，2002年科学考察记录21种，2012年科学考察记录26种，2022年科学考察记录33种（表6-13）。后3次科学考察新增的物种是红耳鼠兔，分布在保护区南片的巴尔峡小石门道，还有1997年引入的普氏野马。2012年科学考察新增物种是小五趾跳鼠，分布在保护区北片柳园附件的砾石戈壁。2022年新增物种有灰长耳蝠、白唇鹿、西藏盘羊、沙狐、豺、石貂和黄鼬。相比于第一次科学考察，本次科学考察没有见到的物种有5种：小犬吻蝠、三趾心颅跳鼠、根田鼠、巨泡五趾跳鼠、野猫。

表6-13　保护区哺乳类物种多样性变化

目	科	种	1988年	2002年	2012年	2022年	国家重点保护级别
兔形目	兔科	中亚兔（*Lepus tibetanus*）	+	+	+	+	
	鼠兔科	红耳鼠兔（*Ochotona erythrotis*）		+	+	+	
啮齿目	跳鼠科	五趾跳鼠（*Orientallactaga sibirica*）	+	+	+	+	
		巨泡五趾跳鼠（*Orientallactaga bullata*）	+	+	+		
		小五趾跳鼠（*Scarturus elater*）			+		
		三趾跳鼠（*Dipus sagitta*）	+	+	+	+	
		三趾心颅跳鼠（*Salpingotus kozlovi*）	+				
		长耳跳鼠（*Euchoreutes naso*）	+	+	+	+	
	仓鼠科	鼹形田鼠（*Ellobius talpinus*）	+		+	+	
		根田鼠（*Alexandromys oeconomus*）	+				
		灰仓鼠（*Cricetulus migratorius*）	+	+	+	+	
		小毛足鼠（*Phodopus roborovskii*）	+	+	+	+	
啮齿目	鼠科	大沙鼠（*Rhombomys opimus*）	+	+	+	+	
		子午沙鼠（*Meriones meridianus*）	+	+	+	+	
		柽柳沙鼠（*Meriones tamariscinus*）	+	+	+	+	
		小家鼠（*Mus musculus*）	+	+	+	+	
	松鼠科	喜马拉雅旱獭（*Marmota himalayana*）	+	+	+	+	
劳亚食虫目	猬科	大耳猬（*Hemiechinus auritus*）	+	+	+	+	
翼手目	犬吻蝠科	小犬吻蝠（*Chaerephon plicatus*）	+				
	蝙蝠科	北棕蝠（*Eptesicus nilssonii*）	+	+	+	+	
		灰长耳蝠（*Plecotus austriacus*）				+	
鲸偶蹄目	鹿科	白唇鹿（*Przewalskium albirostris*）				+	Ⅰ
	牛科	鹅喉羚（*Gazella subgutturosa*）	+	+	+	+	Ⅱ
		北山羊（*Capra sibirica*）	+	+	+	+	Ⅱ
		岩羊（*Pseudois nayaur*）	+	+	+	+	Ⅱ
		戈壁盘羊（*Ovis darwini*）	+	+	+	+	Ⅱ
		西藏盘羊（*Ovis hodgsoni*）				+	Ⅰ
奇蹄目	马科	野马（*Equus ferus*）		+	+	+	Ⅰ
		蒙古野驴（*Equus hemionus*）	+	+	+	+	Ⅰ

续表6-13

目	科	种	1988年	2002年	2012年	2022年	国家重点保护级别
食肉目	猫科	野猫（*Felis silvestris*）	+				Ⅱ
		猞猁（*Lynx lynx*）	+		+	+	Ⅱ
		雪豹（*Panthera uncia*）	+			+	Ⅰ
	犬科	赤狐（*Vulpes vulpes*）	+		+	+	Ⅱ
		沙狐（*Vulpes corsac*）				+	Ⅱ
		狼（*Canis lupus*）	+		+	+	Ⅱ
		豺（*Cuon alpinus*）				+	Ⅰ
	鼬科	虎鼬（*Vormela peregusna*）	+			+	
		石貂（*Martes foina*）				+	Ⅱ
		黄鼬（*Mustela sibirica*）				+	
合计			29	21	26	33	

哺乳类动物的分布是比较稳定的。1998年科学考察时个别物种的具体记录地点是在保护区范围外（犬吻蝠、雪豹），后面的科学考察没有涉及；一些物种是根据收购的皮张来确定分布的（雪豹、草原斑猫、赤狐、虎鼬），之后的十多年由于枪支管制、保护力度加大及民众保护意识加强，这种调查办法已不再适用。2002年第二次科学考察记录的哺乳类种类少是由于调查方法的局限性，尤其是对夜行性食肉动物的调查。第三次科学考察从2009年陆续开始，2013年又集中在不同季节全面开展，并用到了红外触发相机，应该说调查结果是客观、全面的。没有调查到的6种兽类中，虎鼬和草原斑猫主要分布于荒漠中的草甸草原，夜行性，本次科学考察设立的红外触发相机都在山区，因此未能记录到这2种，推测保护区应该有该种分布。三趾心颅跳鼠和根田鼠也许在保护区还有分布，但数量很少。

6.4　野生动物资源及其变化

6.4.1　国家重点保护野生动物及其动态

6.4.1.1　国家法规保护的种类

保护区4次科学考察共记录脊椎动物5纲31目76科249种。列入2021年版《国家重点保护野生动物名录》的种类有54种（一级14种，二级40种，表6-14及附录）。其中国家一级保护的物种有：黑鹳、金雕、胡兀鹫、小鸨、秃鹫、草原雕、黑颈鹤、白尾海雕、白唇鹿、西藏盘羊、普氏野马、蒙古野驴、雪豹、豺。

6.4.1.2 保护物种的动态变化

本次科学考察共记录国家重点保护物种45种，其中黑颈鹤、白尾海雕、西藏盘羊、豺、白唇鹿为保护区新记录的国家一级保护物种，新记录的国家二级保护物种有7种：花脸鸭、蓑羽鹤、白腰杓鹬、大滨鹬、高山兀鹫、凤头蜂鹰、棕尾鵟。

保护物种中，本次科学考察没有观测到的有9种，其中小鸨为国家一级保护物种，其余8种均为国家二级保护物种。在保护区首次科学考察有记录的小鸨、雀鹰、黄爪隼和野猫（也叫草原斑猫），在后面3次科学考察均未观测到，毛脚鵟只在第二次科学考察有记录，这些物种目前是否在保护区有分布，还有待进一步的观测。其余4个物种（翻石鹬、雕鸮、黑鸢、贺兰山红尾鸲）应该还有分布，只是本次调查未能记录到。

表6-14 保护区国家重点保护物种名录

纲	目	科	种	1988年	2002年	2012年	2022年	保护级别	CITES附录
爬行纲	有鳞目	蟒科	红沙蟒（*Eryx miliaris*）	+	+	+	+	二级	Ⅱ
鸟纲	鸡形目	雉科	暗腹雪鸡（*Tetraogallus himalayensis*）	+	+	+	+	二级	
	雁形目	鸭科	大天鹅（*Cygnus cygnus*）	+			+	二级	
			花脸鸭（*Sibirionetta formosa*）				+	二级	Ⅱ
	鹤形目	鹤科	灰鹤（*Grus grus*）	+	+	+	+	二级	Ⅱ
			黑颈鹤（*Grus nigricollis*）				+	一级	Ⅰ
			蓑羽鹤（*Grus virgo*）				+	二级	Ⅱ
	鸨形目	鸨科	小鸨（*Tetrax tetrax*）	+				一级	Ⅱ
	鹳形目	鹳科	黑鹳（*Ciconia nigra*）	+		+	+	一级	Ⅱ
	鹈形目	鹮科	白琵鹭（*Platalea leucorodia*）			+	+	二级	Ⅱ
	鸻形目	鹬科	白腰杓鹬（*Numenius arquata*）				+	二级	
			翻石鹬（*Arenaria interpres*）	+		+		二级	
			大滨鹬（*Calidris tenuirostris*）				+	二级	
	鸮形目	鸱鸮科	雕鸮（*Bubo bubo* ）	+	+			二级	Ⅱ
			纵纹腹小鸮（*Athene noctua*）	+	+	+	+	二级	Ⅱ
			长耳鸮（*Asio otus*）	+	+	+	+	二级	Ⅱ
			短耳鸮（*Asio flammeus*）		+	+	+	二级	Ⅱ
	鹰形目	鹗科	鹗（*Pandion haliaetus*）	+	+	+	+	二级	Ⅱ
		鹰科	胡兀鹫（*Gypaetus barbatus* ）	+	+	+	+	一级	Ⅱ
			高山兀鹫（*Gyps himalayensis*）				+	二级	Ⅱ
			秃鹫（*Aegypius monachus*）		+	+	+	一级	Ⅱ

续表6-14

纲	目	科	种	1988年	2002年	2012年	2022年	保护级别	CITES附录
鸟纲	鹰形目	鹰科	凤头蜂鹰（*Pernis ptilorhynchus*）				+	二级	Ⅱ
			金雕（*Aquila chrysaetos*）	+	+	+	+	一级	Ⅱ
			草原雕（*Aquila nipalensis*）		+		+	一级	Ⅱ
			雀鹰（*Accipiter nisus*）	+				二级	Ⅱ
			苍鹰（*Accipiter gentilis*）		+	+	+	二级	Ⅱ
			白尾鹞（*Circus cyaneus*）			+	+	二级	Ⅱ
			黑鸢（*Milvus migrans*）	+		+		二级	Ⅱ
			白尾海雕（*Haliaeetus albicilla*）				+	一级	Ⅰ
			普通鵟（*Buteo japonicus*）		+	+	+	二级	Ⅱ
			大鵟（*Buteo hemilasius*）	+	+	+	+	二级	Ⅱ
			毛脚鵟（*Buteo lagopus*）		+			二级	Ⅱ
			棕尾鵟（*Buteo rufinus*）				+	二级	Ⅱ
	隼形目	隼科	黄爪隼（*Falco naumanni*）	+				二级	Ⅱ
			红隼（*Falco tinnunculus*）	+	+	+	+	二级	Ⅱ
			燕隼（*Falco subbuteo*）	+		+	+	二级	Ⅱ
	雀形目	鸦科	黑尾地鸦（*Podoces hendersoni*）	+	+	+	+	二级	
		鹟科	贺兰山红尾鸲（*Phoenicurus alaschanicus*）		+	+		二级	
哺乳纲	鲸偶蹄目	鹿科	白唇鹿（*Przewalskium albirostris*）				+	一级	
		牛科	鹅喉羚（*Gazella subgutturosa*）	+	+	+	+	二级	
			北山羊（*Capra sibirica*）	+	+	+	+	二级	
			岩羊（*Pseudois nayaur*）	+	+	+	+	二级	
			戈壁盘羊（*Ovis darwini*）	+	+	+	+	二级	Ⅱ
			西藏盘羊（*Ovis hodgsoni*）				+	一级	Ⅰ
	奇蹄目	马科	野马（*Equus ferus*）		+	+	+	一级	Ⅰ
			蒙古野驴（*Equus hemionus*）	+	+	+	+	一级	Ⅰ
	食肉目	猫科	野猫（*Felis silvestris*）	+				二级	Ⅱ
			猞猁（*Lynx lynx*）	+		+	+	二级	Ⅱ
			雪豹（*Panthera uncia*）	+			+	一级	Ⅰ

续表 6-14

纲	目	科	种	1988年	2002年	2012年	2022年	保护级别	CITES附录
哺乳纲	食肉目	犬科	赤狐（*Vulpes vulpes*）	+		+	+	二级	
			沙狐（*Vulpes corsac*）				+	二级	
			狼（*Canis lupus*）	+		+	+	二级	Ⅱ
			豺（*Cuon alpinus*）				+	一级	Ⅱ
		鼬科	石貂（*Martes foina*）				+	二级	
合计				30	25	31	45		

6.4.1.3　保护物种资源状况

保护区分布的保护物种中，资源量较大的是一些有蹄类（北山羊、盘羊、岩羊、鹅喉羚）和一些鸟类（金雕、普通鵟、红隼、高山雪鸡、纵纹腹小鸮）。保护区北片分布的兽类保护物种有北山羊、盘羊、鹅喉羚、野驴、普氏野马，南片分布的有盘羊、岩羊、鹅喉羚、猞猁、草原斑猫和雪豹。

6.4.2　CITES附录规定的珍稀及濒危种类

保护区列入《濒危野生动植物种国际贸易公约》（CITES）附录的物种有40种，附录Ⅰ的物种有6种（雪豹、普氏野马、蒙古野驴、西藏盘羊、黑颈鹤、白尾海雕），附录Ⅱ的物种有34种（表6-9及附录）。

6.4.3　其他保护物种资源

6.4.3.1　国家保护的“三有”（有重要生态、科学、社会价值的陆生野生动物）物种

保护区分布的国家保护的“三有”野生动物有163种（占保护区脊椎动物总种数的65.46%）。其中哺乳类有7种，鸟类有145种，两栖类有1种，爬行类有10种（见附录Ⅲ）。

6.4.3.2　中国特有种

保护区分布的中国特有种共11种，其中鱼类较多，有5种，爬行类有1种，鸟类有2种，哺乳类有3种（见表6-15）。

表6-15　保护区分布的中国特有种

类群	种
鱼类	短尾高原鳅（*Trilophysa brevviuda*）
	梭形高原鳅（*Triplophysa leptosome*）
	酒泉高原鳅（*Triplophysa hsutschouensis*）
	花斑裸鲤（*Gymnocypris eckloni*）
	波氏栉鰕虎鱼（*Ctenogobius cliffordpopei*）

续表6-15

类群	种
爬行类	高原蝮（*Gloydius strauchii*）
鸟类	地山雀（*Pseudopodoces humilis*）
	贺兰山红尾鸲（*Phoenicurus alaschanicus*）
哺乳类	红耳鼠兔（*Ochotona erythrotis*）
	白唇鹿（*Przewalskium albirostris*）
	西藏盘羊（*Ovis hodgsoni*）

6.4.3.3　甘肃省重点保护脊椎动物

保护区分布的甘肃省重点保护野生动物有7种：花斑裸鲤、大白鹭、灰雁、斑头雁、红嘴潜鸭、渔鸥、渡鸦，其中5种鸟类占甘肃省重点保护鸟类的60%。

6.4.4　主要及新增的保护物种状况

1. 雪豹

雪豹属于食肉目猫科动物，是《国家重点保护野生动物名录》（2021年2月5日）一级保护动物，《世界自然保护联盟濒危物种红色名录》易危等级，《濒危野生动植物种国际贸易公约》（CITES）2019年版附录Ⅰ。其通体毛色灰白，有黑色斑点和黑环；尾长而粗大。喜好干燥凉爽、多裸岩的陡峭山区，常栖于海拔2 500～5 000 m的高山，有“雪山之王”之称。主要捕食岩羊等山地动物。

雪豹的分布记录是在保护区成立之初开展动植物资源本底调查时，在瓜州县原东巴兔乡村民家中发现了雪豹皮，确定保护区有可能存在雪豹。20多年来，前3次综合科学考察，包括2014—2015年开展的保护区红外相机监测，一直没有获得雪豹的影像资料。2018年冬季在1号样地（寒山子—巴尔峡样地）拍到了一只雪豹，随后的一年内，雪豹在该样地出现频次较多，每个月都能拍摄到，且有10个点位的相机均拍摄到雪豹。这是保护区自建立以来首次观测到雪豹的分布，我们认为雪豹是新扩散至此。采集到雪豹照片的点位海拔在2 600 m左右，为祁连山最西北边缘的中低山环境，紧靠山前冲积扇平原荒漠。雪豹在较低海拔的山地出现，此次记录为研究其目前分布状况提供了新的科学依据。雪豹是高原岩石山地栖息的动物，处于高山生态系统食物链的顶端，其在保护区内的食物主要为岩羊。雪豹在本区域的出现，也说明了保护区岩羊等雪豹的食物资源变得丰富（观测到成群的岩羊），人为活动干扰减少，保护区生态环境有明显向好的趋势。2019年冬季在该样地更是拍摄到雪豹一家三口（母豹带着2只幼崽）的影像资料。能将2只幼崽养大，提示该区域雪豹及其所属的生态系统健康稳定。

目前保护区南片雪豹的分布稳定，千米网格法布设的20台红外相机每年都有7台以上的相机能拍到雪豹（网格占有率在35%以上），独立有效照片在20张以上。根据影像分析，出现在观测区域的雪豹数量为3～5只。由于保护区南片高山山地面积较小，只有寒山子、巴尔峡一带，虽然雪豹的主要食物岩羊的数量丰富，但雪豹是领域性较强的物种。Schaller等（1988）估计，青海雪豹的总体密度约在1只/100 km^2，Alexander等（2015）利用红外相机在祁连山国家级自然保护区开展了雪豹种群密度调查，估计祁连山的雪豹密度为3.31只/100 km^2。保护区南片的中高山地面积大概为300 km^2，因此估计保护区雪豹的数量为3～5只。

图6-3　保护区南片的雪豹（红外相机拍摄）

2.豺

豺属于食肉目犬科，外形与狼、狗等相近，但比狼略小；吻较狼短而头较宽，耳朵半圆形，四肢比狼略短；尾比狼略长，尾毛长而密，略似狐尾；背毛红棕色。喜群居，集体猎食，以有蹄类为主食。列入《国家重点保护野生动物名录》（2021年2月5日）一级保护动物，IUCN濒危（EN）等级，CITES附录Ⅱ。

豺在保护区的发现和雪豹类似，以前的科学考察没有豺的记录，2018年10月以前未有观测记录，之后开始频繁出现在1号样地的7个相机位点，2018年冬季记录到3只豺同时出现在一个镜头内；2019年冬季在同一位点拍摄到9只豺同框的照片。千米网格法布设的20台红外相机每年都有4台以上的相机能拍到（网格占有率在20%以上），独立有效照片10张以上。豺喜好群体生活，豺群通常包括5～12只个体，领域范围较大。豺喜好的生境是山地，与狼不同，它们无法适应荒漠。因此保护区豺的分布只局限在南片的中高山地，与雪豹同生境。活动在保护区南片巴尔峡、寒山子一带的豺应该只有一群，数量在10只左右。

图6-4　保护区南片的豺（红外相机拍摄）

3.蒙古野驴

蒙古野驴属奇蹄目马科，大型有蹄类动物。外形似骡，吻部稍细长，耳长而尖；尾细长，尖端毛较长；颈背具短鬃，颈的背侧、肩部、背部为浅黄棕色，背中央有一条棕褐色的背线延伸到尾的基部，颈下、胸部、体侧、腹部黄白色，与背侧毛色无明显的分界线。生活于荒漠或半荒漠地区，有集群活动的习性，耐干旱。为国家一级重点保护野生动物，IUCN近危（NT）等级，CITES附录Ⅰ。

保护区蒙古野驴分布在北片广阔的荒漠戈壁及低山区域，近些年数量有明显增加，以往蒙古野驴在保护区属于难得一见的珍稀物种，目前不管是红外相机观测还是样线调查，均能较容易地观测到。2022年红外相机观测到蒙古野驴的点位数、相对多度与2018年比较都有较大增加。这些结果均说明，保护区加强保护和管理以及全面禁牧后，人为活动干扰明显减少，对人为干扰敏感的物种的分布与数量有了明显增加。

图6-5　保护区北片七个井和野马井的蒙古野驴（红外相机拍摄）

4.盘羊

在2021年公布的《国家重点保护野生动物名录》中，盘羊（*Ovis ammon*）被细分为6种。保护区原来只记录盘羊1种，包括2个亚种，目前这2个亚种都独立为种，即戈壁盘羊（*Ovis darwini*）和西藏盘羊

(*Ovis hodgsoni*)。保护区北片分布的是戈壁盘羊，南片山区与青藏高原相连，分布的是西藏盘羊。西藏盘羊为国家一级重点保护野生动物，IUCN近危（NT）等级，CITES附录Ⅰ物种。戈壁盘羊为国家二级重点保护野生动物，IUCN近危（NT）等级，CITES附录Ⅱ物种。

西藏盘羊在所有亚种中体型最大，成年雄性毛色灰暗，颈胸部前方有发达的白色翎颌（环形项毛），尤其是在冬季；臀斑白色。中国主要分布于青藏高原北部及祁连山脉西段海拔在2 500～5 000 m的高寒草原、高寒荒漠等高山裸岩带。在保护区分布于南片寒山子山地，数量不多，千米网格法布设的20台红外相机每年平均有5台相机能拍到（网格占有率平均25%），独立有效照片数在10张左右。

戈壁盘羊的角是所有亚洲盘羊中最短的，腿比较长；体色随季节、年龄不同变化明显，从淡棕色至白灰色，年龄越大体色越深，夏季成年雄性大部分为黄褐色，冬季一般为黑巧克力色或深棕色；颈部、臀部灰白色。戈壁盘羊是生活在蒙古和中国戈壁地区的盘羊种类。在保护区的北片广泛分布，马场西侧2号样地、冰墩子沟3号样地、大头山4号样地以及玉石山等处的红外相机均拍摄到，而且数量多。2号样地每年的独立有效照片数平均为191张，3号样地平均为157张，2个样地20台相机每年都有80%的位点能拍到戈壁盘羊，而且2021年和2022年其数量和分布均有增加。

图6-6　保护区南片的西藏盘羊（上）和北片的戈壁盘羊（下）（红外相机拍摄）

5.白唇鹿

白唇鹿属于偶蹄目鹿科白唇鹿属，国家一级保护动物，CITES附录Ⅰ物种，IUCN易危等级。体形大，与马鹿相似；雄性有角，角分出6个叉；全身毛发为黄褐色，没有白色斑点，臀部的毛为黄色；唇及周围和下颌为白色，有的个体白斑扩散至鼻部，因此得名白唇鹿。在中国青藏高原及其边缘地带的高山草原地区，一般结群生活；草食性，是中国特有的鹿种。在保护区周边的盐池湾和祁连山国家级自然保护区内都有数量较多的白唇鹿栖息分布。保护区的记录是2017年10月在寒山子样地内，红外相机拍摄到1只白唇鹿个体，之后的观测再没有记录到该物种。

图6-7 保护区南片的白唇鹿（红外相机拍摄）

6.狼

狼属于食肉目犬科，栖息生境广泛，喜群居。为国家二级保护物种，CITES附录Ⅱ物种，IUCN无危等级。在保护区是广泛分布的物种，近些年数量增加。

在保护区1～4号红外相机观测样地中均有分布，1～3号样地中的年平均独立有效照片数为23张，网格占有率为36.8%。

图6-8 保护区南片山地的狼（红外相机拍摄）

7. 赤狐

赤狐属于食肉目犬科狐属，是体型最大、最常见的狐狸。为国家二级保护动物，CITES附录Ⅲ物种，IUCN无危等级。吻尖，耳较大而尖。体色因季节和地区不同变化大，从黄色到褐色再到深红色等。尾粗大而蓬松，尾梢灰白色。食性杂，分布广。

在保护区内也是遍布各个区域，设立的红外相机观测样地均能拍摄到赤狐。4个观测样地的年平均独立有效照片数为89张，网格占有率为69.6%。

图6-9　保护区南片的赤狐（红外相机拍摄）

8. 猞猁

猞猁属于猫科猞猁属，为中型猛兽。为国家二级保护物种，CITES附录Ⅱ物种，IUCN无危等级。四肢长而矫健，耳尖具黑色耸立簇毛，尾短。栖息生境非常多样，从亚寒带针叶林至高寒草原及荒漠等各种环境均有分布。

在保护区南片山地、北片荒漠戈壁均有分布。红外相机观测的网格占有率平均为27.9%，4个观测样地的年平均独立有效照片数为12.4张。

图6-10　保护区南片山地的2只猞猁（红外相机拍摄）

9.石貂

石貂是食肉目鼬科貂属的一种中小型哺乳动物，国家二级重点保护野生动物。栖息生境多样，昼伏夜出，食性广，主要捕食小型鸟兽。在保护区只在南片的中高山地分布，通过红外相机拍到的独立有效照片不多（年平均3张），分布数量少。

图6-11　保护区南片山地的石貂（红外相机拍摄）

10.北山羊

北山羊属于偶蹄目牛科山羊属，俗名野山羊、红羊等。国家二级保护动物，IUCN近危等级。体形较大，雄、雌均有角，但雄性角长、大，向后呈弯刀状，角上多粗糙横嵴；夏季毛棕黄色。栖息于海拔3 000～6 000 m的高原裸岩和山腰碎石嶙峋的地带。善于攀登和跳跃，喜欢成群活动。以禾本科及杂草类植物为食。

北山羊分布于保护区北片，主要集中于冰墩子沟周边低山山地区域，是北片红外相机观测中独立有效照片数最多的有蹄类，种群数量多，多年来资源状况比较稳定。

图6-12　保护区北片冰冻子沟山地的北山羊（红外相机拍摄）

11.岩羊

岩羊属于偶蹄目牛科岩羊属，国家二级保护动物，IUCN无危等级。体色与岩石相像，两性皆具角，雄羊角大而向两侧后方弯曲，雌羊角短小；头较小，眼大，耳小；体背面为棕灰或石板灰色，腹面及四肢内侧为白色，四肢的前面为黑褐色。岩羊主要分布于中国西北及青藏高原，尼泊尔、克什米尔等地区也有分布。栖息于海拔2 500～5 500 m的高原、丘原和高山裸岩与山谷间的草地。善于登高走险，喜群居，往往聚集成几头到数百头的大群，是雪豹、豺、狼、猞猁等食肉动物的主要猎物。

在保护区分布于南片寒山子山地区域，数量多，是红外相机观测中独立有效照片数最多的有蹄类动物。

图6-13　保护区南片小石门道内的岩羊群（红外相机拍摄）

12.鹅喉羚

鹅喉羚属于偶蹄目牛科原羚属物种，国家二级保护动物，IUCN无危等级。体形似黄羊，尾巴比黄羊的长，颈细而长，雄羚在发情的时候喉部肥大，状如鹅喉。上体毛色沙黄或棕黄色，吻鼻部由上唇到眼平线白色，下唇及喉中线也为白色，与胸部、腹部及四肢内侧的白色相连。雄性有角，无分叉，向两侧略伸展，然后向内弯。栖息在海拔300～3 000 m的干燥荒凉的荒漠、半荒漠的开阔生境。

在保护区南片和北片戈壁均有分布，数量多，较为常见。

图6-14　保护区北片七个井的鹅喉羚（红外相机拍摄）

13.黑颈鹤

黑颈鹤为鹤形目鹤科鸟类，国家一级重点保护物种，是生活在青藏高原及其周边的鹤类，为高原旗舰物种。体型高大，头部、喉部及整个颈部为黑色，裸露的头顶为红色。主要栖息在2 500～5 000 m的沼泽地、湖泊边缘、河流滩地。依据迁徙路线，黑颈鹤的繁殖种群分为东线、中部和西线种群。西线种群繁殖于新疆东南部、青海西部和甘肃西部，越冬于西藏南部（雅鲁藏布江流域）和不丹。西线种群主要繁殖地在盐池湾和大小苏干湖，盐池湾是已知的黑颈鹤繁殖最北区域，繁殖种群数量稳定在170只左右。

本次科学考察在保护区的桥子东大泉发现黑颈鹤筑巢孵蛋，8月又在疏勒河中下游葫芦河湿地内观测到黑颈鹤育雏，确定其在保护区开始繁殖栖息。这次在保护区发现的繁殖地点海拔为1 300 m左右，表明黑颈鹤种群在逐渐扩大，繁殖和栖息地逐渐向低海拔地区延伸。黑颈鹤繁殖栖息地主要为有水的沼泽湿地，并且距离人为干扰有一定的距离，对生态环境质量要求较高，这也印证了保护区生态环境和湿地的质量持续向好发展。

图6-15　桥子东大泉筑巢孵卵的黑颈鹤（石佳玉/摄）

图6-16　黑颈鹤夫妇正在带着鹤宝宝觅食（石佳玉/摄）

14. 白尾海雕

白尾海雕属于鹰形目鹰科海雕属，国家一级重点保护物种。体大型，上体暗褐色，背具黑褐色点斑；胸、腹褐色，羽缘浅淡；尾短而全白。嘴大，成年个体嘴黄色。亚成体嘴黑褐色到褐色，尾和体羽褐色，虹膜褐色。栖息于湖泊、河流等水域环境，主要以鱼为食，也捕食野鸭等鸟类。国内繁殖于东北和新疆北部，在我国南方越冬区域广泛。

本次科学考察在保护区缓冲区平头树区域于10月拍到1只白尾海雕亚成体，应该是迁徙路过，在保护区内短暂停留。

15. 蓑羽鹤

蓑羽鹤为鹤形目鹤科鸟类。体羽主要为蓝灰色，白色耳簇羽延长成束状垂于头侧，喉和颈部羽毛黑色，极度延长下垂于胸前。栖息于开阔的草原地区以及沼泽、苇塘、湖泊和河流等湿地周围或农田中，杂食性。国内繁殖于东北、西北北部，在西藏南部越冬。

5月在双塔水库区域观测到7只蓑羽鹤，瓜州县野生动植物资源保护站也曾救助过1只蓑羽鹤。目前看，应该是在保护区迁徙过路并停歇的候鸟。

图6–17　白尾海雕亚成体（石佳玉/摄）

图6–18　保护区内被救助的蓑羽鹤（石佳玉/摄）

16. 凤头蜂鹰

凤头蜂鹰属于鹰形目鹰科，中型猛禽，国家二级重点保护物种。体色变化较大，羽冠或有或无，头部两侧具有短而硬的鳞片状羽毛，尾羽具数条暗色宽带斑；所有色型均具浅色喉斑，并常有黑色喉中线。主食蜂类及其他昆虫和小型动物。国内多繁殖于东北，西南也有夏候鸟，迁徙时可见于山东至新疆的广大地区。

本次科学考察期间，在保护区北片的柳园附近，瓜州县野生动植物资源保护站于2022年9月救助过1只凤头蜂鹰，属于迁徙过路鸟类。

图6-19 在柳园受伤被救助的凤头蜂鹰（石佳玉/摄）

17.高山兀鹫

高山兀鹫属于鹰形目鹰科兀鹫属，大型猛禽动物，国家二级重点保护野生动物。成鸟头颈部裸露，上体暗褐色，具有浅皮黄色羽干纹，飞羽黑褐色；下体棕褐色。主要以尸体和腐肉等为食，栖息于海拔2 000～6 000 m的高原和高山地区。在中国繁殖于西部高原地区，为留鸟。

高山兀鹫在保护区南片的寒山子被观测到，在保护区周边的祁连山国家公园、肃北的山地区域都有分布。

图6-20 保护区南片的高山兀鹫（石佳玉/摄）

18.棕尾鵟

棕尾鵟属于鹰形目鹰科，中型猛禽，国家二级重点保护物种。体色变化比较大，成鸟头、颈通常色浅，上体褐色；翼下部具明显的黑色斑块，尾羽常为棕色，通常没有横带或仅具有窄的暗色横斑。主要捕食野兔、啮齿动物等。喜欢干燥的荒原，栖息于荒漠、半荒漠等开阔生境。在我国西北部的荒漠平原繁殖。

本次科学考察期间，在玉石山、小草湖附近都观测到了棕尾鵟。

图6-21　玉石山的棕尾鵟（包新康/摄）

19. 花脸鸭

花脸鸭属于雁形目鸭科，在《国家重点保护野生动物名录》中被列为国家二级重点保护物种。雄鸟脸部由黄、绿、黑、白等多种颜色组成花纹，翼镜绿色；尾下覆羽黑褐色。栖息于各种淡水或咸水水域，主要以藻类、水草等各类水生植物为食，喜欢集群。分布于东北亚跟东亚，主要繁殖在西伯利亚，迁徙时主要路过中国东北和华北地区。

本次科学考察在3月鸟类迁徙时期，在保护区南片东坝水库观测到2只。

20. 白腰杓鹬

白腰杓鹬为鸻形目鹬科鸟类，目前被列为国家二级重点保护物种。黑色的嘴特别细长，并向下弯曲，长度为头长的3倍以上；脚青灰色，腰背、尾下覆羽白色。栖息于森林和平原中的湖泊、河流岸边、沼泽、草地地带。主要以甲壳类、软体动物、昆虫、小鱼和蛙等为食。在中国繁殖于东北，越冬于中国长江中下游和东南沿海各省。

2022年9月，在东坝水库观测到20只白腰杓鹬停歇，为迁徙过路鸟。

21. 大滨鹬

大滨鹬为鸻形目鹬科鸟类，目前被列为国家二级重点保护物种。滨鹬中个体最大者；嘴较长而直，黑色；脚暗绿色；肩具显著的栗红色斑纹和白色羽缘；下体白色，颈胸部具密集的黑色斑点。主要栖息于海岸、河口沙洲及其附近沼泽地带。主要以甲壳类、软体动物、昆虫和昆虫幼虫为食。迁徙主要经过华北、华东的沿海地带。

2022年6月和7月，在东坝水库观测到10只大滨鹬，是否在保护区内繁殖，有待进一步观测。

图6-22 东坝水库的白腰杓鹬（石佳玉/摄）

6.5 鸟类群落结构及其变化

保护区鸟类生境可以划分为5种：

（1）湿地水域：该生境主要分布在保护区南片，属于疏勒河流域的中下游地带。在保护区南片缓冲区的桥子到双塔，是山前冲积扇平原的最低处，有四五处泉水从地下溢出，形成了一些水道和人工水库，如桥子东坝水库、北桥子水库、葫芦河等。疏勒河中下游的大型水库——双塔水库，也位于保护区边缘。在保护区北片西大泉区域也有很小的一片湿地。

（2）农田村庄：农田村庄生境主要位于保护区南片缓冲区内，从桥子到双塔散布着一些村庄、生产队，在村庄周边都有开垦的农田。村庄内、农田边有高大的乔木，主要树种为杨树、柳树、沙枣树；居民住房以土坯院房为主；农田主要作物有玉米、棉花、甘草等。

（3）戈壁荒漠：这一类生境在保护区所占的比例比较大，保护区北片主要为砾石戈壁、荒漠生境，南片长山子和鹰嘴山之间、长山子周边都是大片的荒漠生境。主要植被有低矮稀疏的黑柴、红砂、泡泡刺、珍珠猪毛菜、膜果麻黄等，盖度低，通常不超过5%。

（4）人工林、草地：位于保护区南片桥子到双塔之间，在公路边、水库边散布着一些大小不一的乔灌林木斑块，主要树种有胡杨、沙枣、杨树、柽柳等。在树林周边分布有长势良好的草地植被或农田，主要草种有芨芨草、甘草、骆驼刺、芦苇、罗布麻等。

（5）山地：保护区境内有许多大小各异的山地，如保护区南片位于核心区的长山子，南面的鹰嘴山、朱家大山，北片的玉石山、独山子等。海拔大多在2 000 m以下，由于气候干燥、降水稀少，这些山体零星分布着一些荒漠植物。南片的鹰嘴山和朱家大山的海拔超过3 000 m，由于海拔升高，植物群落也发生了相应的改变，由荒漠到荒漠化草原、草原，最后到山地草甸。

不同的生境分布着不同的鸟类群落。鸟类的迁移扩散能力很强，随着时间的推移、气候的改变和植被的演替，鸟类群落组成结构又会发生一定的演替变化。2021—2022年系统调查了保护区5种生境、4个季节的鸟类种类组成和数量［用遇见率表示（只/km）］，调查样线依然采用第三期科学考察设立的样线，采用相同的方法。同时分生境和季节整理了第一期科学考察、第二期科学考察、第三期科学考察的鸟类数据，来比较保护区各类生境鸟类群落结构在30年间的变化。其中1988年的调查只有春、夏、秋三个季节的数据，为比较年度间各生境鸟类群落的多样性，只对2002年和2012年春、夏、秋三个季节的数据进行多样性计算。

6.5.1　鸟类群落相似性

依据本次科学考察5种生境的数据，对不同生境群落结构的相似程度进行比较，数据统计见表6-16。

$$S=2C/(A+B)$$

其中，S为相似度指数；C为2个群落共有的种类数；A、B分别为2个群落的物种数。

表6-16　不同生境鸟类群落结构相似度

	湿地水域	村庄农田	戈壁荒漠	人工林、草地	山地
湿地水域		0.11	0.04	0.12	0.02
村庄农田			0.34	0.57	0.10
戈壁荒漠				0.23	0.25
人工林					0.10
山地					

保护区5种鸟类生境中，村庄农田与人工林、草地的鸟类群落结构相似度最大，这是因为这2种生境有着相似的植被群落结构，都分布着杨树、沙枣树等相同的乔木树种，只不过人工林生境的林木更集中，连成片，很少有房舍等人工建筑。湿地水域生境与其他生境的相似度很小，分布的鸟类基本都为适应湿地生活的水禽。保护区山地生境离居民区、人工林比较远，因此鸟类群落结构相似度也很小，山地周边即为荒漠戈壁，因此山地生境和荒漠戈壁生境的鸟类相似度较大。

对各生境类型鸟类群落结构进行比较得出，保护区湿地水域生境包括的鸟类物种数和群落多样性都是最高的，荒漠戈壁生境分布的物种数最低。

6.5.2　水域湿地生境鸟类结构及其变化

水域湿地4次科学考察鸟类群落组成的季节变化如表6-17。1998年记录的湿地水域分布的鸟类有43种，多样性指数为3.091 9；2002年记录的湿地水域分布的鸟类有38种，多样性指数为3.149 1；2012年记录的有51种，多样性指数最高，为3.226 8；2022年记录的有74种，多样性指数为3.300 3。

4次科学考察水域湿地生境鸟类群落中稳定不变的物种有32种，占全部水域湿地分布的鸟类总种类的37.21%。可以看出，本群落结构在24年间还是比较稳定的。新增的种类有34种（后2次都有的新增种类4种，2012年新增种类8种，2022年新增种类22种）。这22种鸟中夏候鸟6种，旅鸟13种。新增的赤嘴潜鸭目前已成为该群落各季节的优势物种（2012年总的遇见率为45.11，群落中最高），甚至在12月份也有分布。普通鸬鹚、凤头潜鸭也已成为群落的常见物种。2012年新增种类主要为鸥类（3种）和涉禽（3种）。水域湿地生境分布减少（第一次或第二次科学考察有分布，2012年没有记录）的种类有5种，其中4种为涉禽。2022年灰雁成为各季节优势物种，四季均有分布，总遇见率为43.18只/km，群落中最高。大白鹭、骨顶鸡和绿头鸭成为群落的常见物种。2022年新增鸭类5种，鹬类5种，鹤类、鹭类和鸥类均为2种。

表6–17　保护区湿地生境鸟类群落结构及其变化　（单位：只/km）

种名	1998年			2002年				2012年				2022年		
	春季	夏季	秋季	春季	夏季	秋季	冬季	春季	夏季	秋季	冬季	春季	夏季	秋季
小鸊鷉	0.50		0.22		0.66	0.35			0.67	0.67			0.40	
凤头鸊鷉		0.22	0.22	1.11	1.00	0.56		3.78	7.56	4.89			1.33	1.65
普通鸬鹚★					0.67	0.28		0.22	1.11	1.11			0.27	0.75
苍鹭			0.33	0.33		1.34	0.67	0.44	0.44	0.44			0.40	
大白鹭	0.33		0.11	0.33		1.34		2.00	0.89	3.33	0.44	0.90	1.20	10.19
大麻鳽			0.11	0.33	0.33			0.22	0.22				0.27	
黄斑苇鳽★					0.67				0.44				0.40	
黑鹳	0.33	0.11	0.22					0.44	0.44	0.44			0.67	
白琵鹭●										1.56		0.45		
灰雁	0.67			1.00				1.11	2.44	8.44		2.70	4.93	32.98
斑头雁			0.33	0.67		4.17		3.33		0.44		1.50		2.25
赤麻鸭	3.50	0.44		0.67	0.33	0.21		2.00	1.33	2.67			1.07	3.75
赤颈鸭	2.20					1.00		1.11						0.30
斑嘴鸭	0.67				3.00	2.34				1.56		0.30	0.80	1.80
琵嘴鸭	2.41				1.00	0.21		6.67		0.89		0.75		
针尾鸭	1.50					2.17		11.11		0.67		2.40		
绿翅鸭			8.44			1.00	15.0	15.56				1.80		
绿头鸭	4.75	3.56	4.00	2.17				17.33	3.11	10.44	7.11	5.10	1.20	2.25
赤嘴潜鸭★				2.67		0.33		18.89	10.0	11.11	5.11		0.80	1.65
凤头潜鸭★				4.33	1.00	1.00	0.33	13.33				0.75		
白眼潜鸭●										1.56			0.27	1.05
红头潜鸭		2.11			1.33	2.64	1.67	9.78	0.89	1.33		1.35	0.27	

续表6-17

种名	1998年			2002年				2012年				2022年		
	春季	夏季	秋季	春季	夏季	秋季	冬季	春季	夏季	秋季	冬季	春季	夏季	秋季
鹗	0.33					0.33	0.67		0.22	0.22			0.13	
白腹鹞●								0.44		0.22				
大鵟		0.14			0.33			0.67	0.67				0.27	0.15
灰鹤			0.22			0.67		0.44				0.30		
黑水鸡▲		0.22											0.67	
骨顶鸡	2.50	1.66		6.33	1.33	9.67	0.44	7.56	3.56	8.89		2.10	4.00	6.45
普通秧鸡▲		0.11												
凤头麦鸡		0.56	3.22	2.00		4.17		0.67	2.00	0.89			0.27	
蒙古沙鸻	0.33									0.22		0.45		
金眶鸻	1.50	0.67	0.33		0.33			0.89	1.56	1.33		0.30	0.67	
环颈鸻			0.22			1.00				4.00				0.45
金斑鸻			1.11		1.33	0.67				1.11				0.60
灰斑鸻			0.33							3.33		0.45		
黑尾塍鹬●										0.44				2.25
白腰草鹬▲						1.33							0.27	0.90
矶鹬		0.57								0.22			0.40	
林鹬▲			0.22			0.33								
红脚鹬	3.88	4.78		0.89				2.00	1.11	2.22		1.65	0.67	0.45
针尾沙锥			0.22			0.33				1.11			0.15	
翻石鹬			0.33							2.44				
黑翅长脚鹬	1.22			1.67				3.56	4.00	2.44		0.60	0.40	1.65
反嘴鹬●								0.89				4.50		
渔鸥●									0.67	0.22			0.53	1.50
红嘴鸥								2.22	3.56	0.44		1.05	0.40	1.05
须浮鸥●									0.44	0.67			0.40	
普通燕鸥		1.33				1.67			2.44	0.89			1.33	2.55
楼燕		0.57			1.67	3.00			0.89				1.07	

续表 6-17

种名	1998年			2002年				2012年				2022年		
	春季	夏季	秋季	春季	夏季	秋季	冬季	春季	夏季	秋季	冬季	春季	夏季	秋季
家燕		1.94			2.28	1.56			2.44	1.33			4.00	
黄鹡鸰	1.00	1.28							2.67	1.56	0.67		0.27	
黄头鹡鸰	1.50	2.28	0.67	0.83	1.67			0.44	1.11			0.15	0.40	
白鹡鸰		0.81	1.70	0.83	0.80	0.44			1.33	1.11			0.93	1.50
田鹨		1.94				0.33				0.67	1.56			0.30
小蝗莺▲		0.22	0.11											
东方大苇莺		0.78							0.67				0.40	
大天鹅	0.33											0.60		0.75
翘鼻麻鸭■												0.30		0.60
白眉鸭■												0.30		
花脸鸭■												0.30		
鹊鸭■												0.75		
普通秋沙鸭■												0.30		
黑颈鹤■													0.40	
蓑羽鹤■														1.05
夜鹭■													2.00	
牛背鹭■													0.13	
白腰杓鹬■														3.00
青脚鹬■														0.60
大滨鹬■														1.50
长趾滨鹬■													1.73	
青脚滨鹬■														0.45
遗鸥■														0.15
白翅浮鸥■													0.40	
白尾海雕■														0.15
普通翠鸟■													0.13	
文须雀■														3.30

续表6-17

种名	1998年			2002年				2012年				2022年		
	春季	夏季	秋季	春季	夏季	秋季	冬季	春季	夏季	秋季	冬季	春季	夏季	秋季
水鹨■														
芦鹀■														0.30
赤膀鸭												2.25		
红腹红尾鸲														
合计	43种			38种（不含冬季）				51种（不含冬季）				74种（不含冬季）		
多样性指数	3.0919			3.1491				3.2268				3.3003		

注：★ 表示2002、2012年新增种类；● 表示2012年新增种类；■表示2022年新增种类；▲ 表示目前已无分布种类。

6.5.3　村庄农田生境鸟类结构及其变化

保护区村庄农田生境共分布45种鸟类，24年间的群落种类数变化不大（30种左右）（见表6-18）。4次调查群落多样性比较结果是：2002年（2.600 1）＞2012年（2.487 8）＞2022年（2.308 1）＞1998年（1.936 3）。

24年间在村庄农田生境稳定分布的物种有20种（占总种数的44.44%），该群落的优势种没有发生变化，都是麻雀和家燕，灰斑鸠有成为优势种的趋势；4个季节都常见的物种为灰斑鸠、环颈雉、凤头百灵、红隼、喜鹊，繁殖季节群落常见的物种还有楼燕、大杜鹃、戴胜、荒漠伯劳，迁徙季节常见的物种还有太平鸟，冬季常见的物种还有赤颈鸫、紫翅椋鸟和红腹红尾鸲。

群落新增物种有13种，后2次科学考察新增6种，其中普通鵟和灰斑鸠已成为群落中的常见种类；2012年新增种类有4种，北红尾鸲、金翅雀和锡嘴雀都只在一年的春季见到1只，其余年份没有见到，应该为迷鸟；2022年新增3种，大山雀与大斑啄木鸟为留鸟，白喉林莺为夏候鸟。

群落减少的种类有5种，其中雀鹰、毛脚鵟、欧斑鸠都记录为迷鸟，雕鸮和红背伯劳在前2次都有分布，但2012年和2013年的科学考察、2009—2011年的监测都没有见到。

表6-18　村庄农田鸟类群落结构及其变化　（单位：只/km）

种名	1988年			2002年				2012年				2022年			
	春	夏	秋	春	夏	秋	冬	春	夏	秋	冬	春	夏	秋	冬
鸢			0.11					0.18						0.31	
雀鹰▲	0.11														
苍鹰★						0.11		0.18				0.16			
普通鵟★						0.33		1.40	1.13	0.64	0.35	0.16	0.24	0.15	
大鵟	0.22				0.33			0.18		0.21				0.15	

续表6-18

种名	1988年			2002年				2012年				2022年			
	春	夏	秋	春	夏	秋	冬	春	夏	秋	冬	春	夏	秋	冬
毛脚鵟▲						0.33									
红隼	0.11			0.33	0.33	0.67	0.47	0.35	0.57	0.43	0.18	0.16	0.24	0.15	0.29
燕隼			0.22					0.18						0.15	
雉鸡	0.67			0.44		5.33	0.33	0.53	0.75	0.64	2.11	0.64	0.24	1.98	0.88
欧斑鸠▲		0.33													
灰斑鸠★				0.44	0.33	0.33	1.00	4.04	2.45	8.94	3.68	3.52	2.07	6.56	6.57
大杜鹃		0.56			0.44				0.94	0.64			1.10	0.46	
雕鸮▲	0.22					0.33									
长耳鸮			0.33		1.00		0.33	0.18							
纵纹腹小鸮		0.56			0.44			0.35		0.43	0.35			0.15	
楼燕		6.00			1.67	1.67		0.88	2.08	1.70					
戴胜	0.33	0.33	0.22	1.00	0.33	0.33		0.35	0.75	0.43		0.16	0.61	0.31	
凤头百灵		0.67		1.00	1.67	1.17		3.51	2.83	3.83	5.79	1.28	0.61	1.98	3.36
家燕		2.56		0.33	4.00	11.50		0.18	6.79	25.53			1.95	3.66	
白鹡鸰		0.22	0.67	0.56	0.80	0.44		0.53	0.75	1.49			0.73	0.31	
黄头鹡鸰			0.56	0.33	0.44			0.35				0.32		0.15	
黄鹡鸰★						1.00		0.35	0.75	0.85					
田鹨		0.56				0.50		0.35	0.57		0.35				0.44
太平鸟	2.67							6.49							
红背伯劳▲	0.56			0.33											
荒漠伯劳●								0.70	4.15	1.49			0.61		
红尾伯劳	0.72			0.33	0.67			0.70		0.85					
楔尾伯劳★							0.33				0.18				0.29
喜鹊	1.63	1.00	1.11			0.33	0.33	0.70	0.38	0.43	0.88	0.64	0.98	2.29	1.46
小嘴乌鸦	0.11		0.22				0.50				0.35			0.15	0.44
北红尾鸲●								0.18					0.24		

续表 6-18

种名	1988年			2002年				2012年				2022年			
	春	夏	秋	春	夏	秋	冬	春	夏	秋	冬	春	夏	秋	冬
红腹红尾鸲	0.22						1.00	0.18		0.43	0.53				0.44
漠䳭	0.72		0.67	1.00		0.33		0.35		0.43	0.88			0.31	0.29
白顶䳭	1.11				0.71			0.35		0.64				0.15	
赤颈鸫			0.33	3.19		0.50	3.08	4.56		3.19	3.33				12.26
黑顶麻雀			2.22	1.00	0.80	2.67	1.50	4.04	3.96	3.40	7.02	1.92	1.10	3.51	4.96
（树）麻雀	7.42	17.44	10.44	4.15	1.33	4.56	11.32	14.04	8.49	17.02	21.05	9.60	4.39	11.91	16.06
家麻雀★						0.43			0.38					1.22	2.04
金翅雀●								0.18					1.22	0.31	
锡嘴雀●								0.18							
大斑啄木鸟■														0.31	
大山雀■													0.24		
白喉林莺■												0.16	0.37		
普通雨燕		6			1.67	1.67		0.88	2.08	1.7			0.85	0.31	
灰伯劳												0.16			0.29
紫翅椋鸟											2.11				5.26
合计	29种			28种（不含冬季）				33种（不含冬季）				35种（不含冬季）			
多样性指数	1.9363			2.6001				2.4878				2.3081			

注：★ 表示2002、2012年新增种类；● 表示2012年新增种类；■表示2022年新增种类；▲ 表示目前已无分布种类。

6.5.4 戈壁荒漠生境鸟类结构及其变化

保护区戈壁荒漠生境鸟类种类数量都很少，4次调查共有24种鸟类分布。该生境鸟类群落在20年间是最稳定的，4次考察记录的群落物种数一致，基本为20种，但多样性指数因为均匀度的变化而有所不同（表6-19）。

表6-19 戈壁荒漠鸟类群落结构及变化 （单位：只/km）

种名	1988年			2002年				2012年				2022年			
	春	夏	秋	春	夏	秋	冬	春	夏	秋	冬	春	夏	秋	冬
大鵟	0.33	0.11	0.22	0.43	0.33	0.33			0.11					0.05	
红隼		0.17			0.22	0.22		0.09	0.11			0.06			
石鸡			1.70			4.17		0.82	1.00	1.36	1.64	0.13	0.20	0.48	0.59

续表6-19

种名	1988年			2002年				2012年				2022年			
	春	夏	秋	春	夏	秋	冬	春	夏	秋	冬	春	夏	秋	冬
雉鸡	0.63					0.67			0.33					0.11	
小鸮▲	0.03														
毛腿沙鸡	8.58	10.33			0.33	1.33	8.56	2.09	2.56	2.00	1.36	0.78	0.30	0.38	
纵纹腹小鸮			0.22		0.22					0.18			0.05		
楼燕		0.56			0.72				0.89						
短趾百灵	0.72	1.94							0.22					0.16	
凤头百灵	1.22	1.28		0.80	0.44	0.80			0.56	1.09	0.27		0.20	0.38	0.11
角百灵	0.33					2.50		1.09	1.00	0.82					0.11
灰伯劳	0.13			0.33				0.18		0.27		0.06			0.05
楔尾伯劳★						0.33			0.22	0.27				0.05	0.11
荒漠伯劳●									0.67				0.10		
红尾伯劳	0.33	1.66		0.33				0.36							
渡鸦▲	0.13		0.11										0.10		
黑尾地鸦			0.56	0.33	0.33	1.67	0.33	0.36	0.56	0.45		0.06	0.20	0.27	
穗䳭▲						1.00									
漠䳭	0.59	0.89	1.67		0.72	0.80		0.82	1.33	1.64	0.18		0.30	0.38	
沙䳭		0.56			1.00			0.18	1.56	0.45			0.15	0.05	
白顶䳭	0.33					0.33		0.36				0.13			
荒漠林莺			0.22		1.67			0.18					0.10		
白背矶鸫▲	0.13					0.33									
蒙古沙雀▲						9.04	18.40							0.81	0.38
白腰朱顶雀■												0.13			
普通雨燕		0.56			0.72				0.89				0.30		
家麻雀												0.32		0.16	
黄嘴朱顶雀												1.17			1.62
合计	20种			20种（不含冬季）				19种（不含冬季）				22种（不含冬季）			
多样性指数	1.8327			2.6334				2.3592				2.6033			

注：★ 表示2002、2012年新增种类；● 表示2012年新增种类；■表示2022年新增种类；▲ 表示目前已无分布种类。

该生境鸟类群落有8种鸟类发生了变动，1998年记录的渡鸦和小鸨（迷鸟）在后2次调查中没有见到，新增的种类有2种伯劳：楔尾伯劳和荒漠伯劳。2002年在该生境记录的穗䳭、白背矶鸫、蒙古沙雀在1998年和2012年都无记录，蒙古沙雀于2022年再度记录，2022年新增物种白腰朱顶雀。

群落结构在20年间没有发生大的变化，基本由留鸟组成群落的主要成分，建群种均为毛腿沙鸡和漠䳭，常见的代表性物种有石鸡、凤头百灵、角百灵、黑尾地鸦和沙䳭。

6.5.5　人工林、草地生境鸟类结构及其变化

此类生境与村庄农田生境相似性很高，分布的鸟类共有43种。4次考察记录到的鸟类物种数逐年增加，分别为24、26、32、37种（表6-20）。

20年间群落基本结构没有大的变化，建群种均为凤头百灵、黑顶麻雀，繁殖期群落常见种有雉鸡、麻雀、大杜鹃、戴胜、漠白喉林莺、荒漠伯劳（第三期科学考察新增种类）；越冬期常见的物种有赤颈鸫、雉鸡、麻雀、灰斑鸠（后2次科学考察新增物种）、小鹀、紫翅椋鸟、灰椋鸟（后3种为第三期科学考察新增物种）；群落中没有旅鸟成分。本次科学考察该生境新增种类还有2013年6月见到的7只粉红椋鸟；后2次科学考察记录到的还有苍鹰、楔尾伯劳、家麻雀、白头鹀。2022年新增棕尾鵟、大斑啄木鸟、黑枕黄鹂和大山雀4种，棕尾鵟、大斑啄木鸟和大山雀为留鸟，黑枕黄鹂是夏候鸟。减少的种类有6种。

表6-20　人工林、草地鸟类群落结构及变化　（数量：只/km）

种名	1988年			2002年				2012年				2022年			
	春	夏	秋	春	夏	秋	冬	春	夏	秋	冬	春	夏	秋	冬
苍鹰★						0.17		0.29				0.14			
普通鵟						1.17		0.86	0.27	0.57			0.29		
大鵟	0.33		0.33							0.29				0.13	
金雕	0.22		0.11					0.29				0.14			
草原雕▲				0.33									0.15		
黄爪隼▲		0.11													
红隼	0.22	0.11	0.22	0.33	0.22	0.18		0.86			0.18		0.29	0.13	0.12
雉鸡		0.67	1.11	0.72	1.89	2.73		2.29	2.97	3.43	2.73	0.41	1.18	1.53	0.61
灰斑鸠★					1.00	2.42		2.57	1.89	3.14	0.91	0.83	2.35	0.38	0.98
大杜鹃		0.72			0.73				1.89				1.47	0.13	
雕鸮▲	0.11				0.67										
长耳鸮	0.22			0.33	0.50			0.29				0.14	0.15		
欧夜鹰		0.11	0.22						0.27				0.29	0.13	
戴胜	0.22				0.50	0.33		0.57	0.81	1.43			0.44	0.13	
凤头百灵	2.20	0.94	2.89	1.28	1.00	2.73		1.43	1.62	3.43	6.91	1.24	4.85	3.18	1.47
家燕		1.28			2.93	1.17			2.43				1.62		

续表6-20

种名	1988年			2002年				2012年				2022年			
	春	夏	秋	春	夏	秋	冬	春	夏	秋	冬	春	夏	秋	冬
黄鹡鸰		0.33						0.35	0.27				0.29		
黄头鹡鸰		1.28			0.33	0.44		0.57					0.44		
白鹡鸰		0.72	0.33		0.50	0.67			0.54				1.32	0.25	
田鹨		0.94	0.11			0.33				0.29				1.27	
荒漠伯劳●									4.05	4.00			3.38		
红尾伯劳	1.39	1.94	1.11		0.33			0.29		0.57					
楔尾伯劳★							0.33			0.29	0.36				0.37
灰椋鸟●											2.91			0.25	
粉红椋鸟●									1.89						
紫翅椋鸟●										1.43	0.91				3.68
喜鹊		0.44					0.67		0.54			0.14	0.74	0.38	0.25
赤颈鸫			2.89	1.94			1.89	4.00		10.00	11.45				6.13
小蝗莺▲		0.44											0.29		
漠白喉林莺		0.22	0.56		0.42	0.67			1.08	1.43			1.18		
黄腰柳莺▲						0.67							0.29		
戴菊	0.44										1.27		0.29		
黑顶麻雀	1.08	1.28	2.89		1.33	1.14	2.00	2.57	7.57	20.00	7.27	3.18	15.88	14.01	5.52
（树）麻雀	2.57	1.11	3.43			2.20	1.17	4.86	3.78	11.43	9.09	4.15	5.88	6.37	12.27
家麻雀★						40.0			1.35				2.21	0.76	1.35
小鹀●											2.00				1.47
白头鹀★					6.67			0.29							
栗耳鹀▲					0.33										
棕尾鵟■												0.14	0.15		
大斑啄木鸟■													0.15		
黑枕黄鹂■													0.15		
大山雀■													0.29	0.25	
白尾鹞															0.37
合计	24种			24种（不含冬季）				29种（不含冬季）				32种（不含冬季）			
多样性指数	2.5613			2.0829				2.4882				2.1867			

注：★ 表示2002、2012年新增种类；● 表示2012年新增种类；■表示2022年新增种类；▲ 表示目前已无分布种类。

6.5.6　山地生境鸟类结构及其变化

保护区山地生境鸟类群落组成与其他生境的差别都较大。建群种有石鸡、岩鸽，常见物种有金雕、暗腹雪鸡、红嘴山鸦、赭红尾鸲、褐岩鹨、黄嘴朱顶雀等，这些均为典型的山地鸟类物种。

4次科学考察山地生境分布的鸟类种类数和多样性指数都很相近（表6–21），群落主要结构没有发生变化。与1998年科学考察比较，新增种类有4种：短耳鸮、黄嘴山鸦、灰眉岩鹀、贺兰山红尾鸲。2012年新增种类有3种：蓝额红尾鸲、白斑翅雪雀、鸲岩鹨。其中贺兰山红尾鸲和鸲岩鹨为迁徙过路鸟，其余均为夏候鸟。2022年新增3种，高山兀鹫和地山雀为留鸟，花彩雀莺为夏候鸟。与前2次科学考察相比，分布消失的种类有7种，其中红额金翅雀、沙色朱雀、高山岭雀在2002年就已无分布，横斑林莺、虎斑地鸫、红胁蓝尾鸲、欧亚红尾鸲这4种只在2002年科学考察中见到过。

表6–21　山地鸟类群落结构及变化　（数量：只/km）

种名	1988年			2002年				2012年				2022年			
	春	夏	秋	春	夏	秋	冬	春	夏	秋	冬	春	夏	秋	冬
大鵟		0.14	0.22											0.09	
金雕			0.17	0.33	0.33	0.42		0.44	0.89	0.73	0.44	0.36	0.63	0.36	0.11
秃鹫			0.17			0.33		0.67	0.67				0.32	0.09	
胡兀鹫	0.13					1.32		0.44				0.12	0.21		0.11
红隼		0.28			0.33			0.22	0.44	0.18		0.12	0.32		0.11
石鸡			2.89	0.75	0.92	5.33	0.67	2.67	4.22	13.64	5.11	1.81	3.16	3.39	0.57
暗腹雪鸡	2.40			0.33	0.67	2.33	0.47	0.89	1.11	3.09	2.89	0.36	0.84	2.05	1.14
岩鸽	3.00	0.78			2.56	8.83		2.00	2.44	7.82	0.89	0.24	0.95	1.34	0.23
短耳鸮★					0.33				0.44				0.21	0.09	
角百灵	1.00				0.33	0.44	7.11		1.11	1.45			0.63	0.80	
崖沙燕		0.94			0.80				0.89	0.91			0.74		
岩燕		0.56				0.33			2.44	4.36			1.26		
黑尾地鸦			0.67		0.33	0.44			1.11	0.36		0.24	0.11	0.27	
红嘴山鸦			2.33		3.33	1.33	0.67	1.78	2.67	0.73	2.00	0.84	1.16	2.05	1.60
黄嘴山鸦★					0.67	0.67	0.67		0.44						
褐岩鹨	0.50			1.00	1.50	3.00	0.67		2.00	3.45		0.36	0.95	1.25	0.23
鸲岩鹨●								0.22							
赭红尾鸲		0.78			1.44	1.00		4.89	6.44	3.82		0.24	1.37	0.71	
欧亚红尾鸲▲						0.67	0.33								
贺兰山红尾鸲★						4.00				0.36			0.21		

续表6-21

种名	1988年			2002年				2012年				2022年			
	春	夏	秋	春	夏	秋	冬	春	夏	秋	冬	春	夏	秋	冬
蓝额红尾鸲●								0.89	0.89	0.73			0.21	0.27	
红胁蓝尾鸲▲						0.33								0.18	
漠鵖		0.56		0.72	0.56	1.14			3.56	1.45		0.48	0.53	0.18	
沙鵖		0.78			1.44	0.67			0.67	1.45			0.74	0.18	
虎斑地鸫▲						0.33									
横斑林莺▲						0.67							0.32		
红翅旋壁雀			0.11		0.67	0.78	0.33		0.67	0.55			0.32	0.18	
白斑翅雪雀●									1.78				0.32	0.98	
高山岭雀▲	1.50												0.21		
沙色朱雀▲			2.89												
大朱雀		0.28							0.89	0.18			0.21	0.09	
红额金翅雀▲			0.22												
黄嘴朱顶雀			3.78			13.33		1.33	5.78	1.82		1.45	2.42	3.93	3.43
灰眉岩鹀★					1.00	1.33		0.67	0.67	0.55		0.48	1.05	0.80	
高山兀鹫■													0.11		0.23
地山雀■													0.32		
花彩雀莺■													0.21		
雕鸮														0.09	
合计	23种			26种（不含冬季）				26种（不含冬季）				32种（不含冬季）			
多样性指数	2.6846			2.6839				2.6990				2.8083			

注：★ 表示2002、2012年新增种类；● 表示2012年新增种类；■表示2022年新增种类；▲ 表示目前已无分布种类。

6.5.7 鸟类群落结构变化分析

分析了保护区1990—2021年主要的气象因子变化（图2-10、图2-13、图2-15），总体来讲，保护区平均气温处于显著线性上升趋势；降水量总体趋势是线性增加，但2020年的降水量下降剧烈；干旱指数20年间上下浮动，干旱程度增加。

4次科学考察中，2022年各生境鸟类群落结构的种类数基本都是最高的，其中2022年水域湿地、戈壁荒漠和山地多样性最高，2012年人工林、草地多样性最高，2002年村庄农田多样性最高。各生境鸟类物种数和群落多样性指数在4次科学考察（20多年）中略有升高的趋势，但是变化不明显。我们认为，鸟类物种丰富度的升高与平均气温的升高是有一定关系的。

鸟类扩散能力强，是生态系统中很活跃的成分，对环境改变、气候变化的响应也非常迅速和灵敏，常作为监测气候与环境变化的指示物种之一。杜寅等（2009）总结了在全球气候变暖背景下，我国鸟类近20年的分布变化情况，列出了120种鸟类受气候变暖影响，分布范围有明显北移或西扩的趋势。

保护区鸟的种类数20多年变化不大，但是组成成分已有大的变动。最为明显的就是水域湿地生境中的赤嘴潜鸭和村庄农田生境中的灰斑鸠。赤嘴潜鸭虽是广布种，但在甘肃省内以前还只是见于兰州的过路鸟（王香亭，1991），《中国动物志》记载该物种常见于新疆和内蒙古中部，繁殖分布有明显向东南扩散的趋势（郑作新等，1979）。灰斑鸠指名亚种有明显的向北向西扩散现象（杜寅等，2009），并且在新疆地区也发现有该亚种的分布（马鸣，2001）。在保护区1988年的科学考察中这2种鸟都没有分布记录，12年之后的第二期科学考察记录已有分布，但数量不多，不常见，目前灰斑鸠已成为村庄农田生境中很常见的留鸟；赤嘴潜鸭成为水域湿地中优势明显的繁殖鸟类。蓝额红尾鸲、楔尾伯劳原分布北限为青海北部、东部，马鸣（2001）报道在新疆已有分布，是受气候变暖而分布西扩的鸟类（杜寅等，2009）。这2种鸟在保护区的新增记录也体现了这种变化。这种因气候变化而分布范围扩大的现象也体现在冬候鸟上，2012年在保护区越冬的新增鸟类中的小鹀、紫翅椋鸟、灰椋鸟已较为常见。

群落中新增的成分还有粉红椋鸟和白斑翅雪雀。粉红椋鸟主要繁殖于新疆西部、北部，2013年6月在保护区人工林生境见到7只的群体。白斑翅雪雀是繁殖于高海拔的高原鸟类，2013年6月下旬在保护区南片的山地生境已经常能见到。

保护区处于河西走廊的西端，是连接西亚和我国东南通道上最靠近新疆的区域，同时保护区也靠近青藏高原的西北边缘，因此，动物因气候变化而产生的扩散使保护区新增鸟类物种中有西扩的成分（灰斑鸠、蓝额红尾鸲、小鹀等），也有东扩的种类（粉红椋鸟），还有高原扩散来的成分（白斑翅雪雀）。

6.6　鼠类群落结构及其变化

本次科学考察在保护区设置17个鼠类调查样地，样地基本情况如表6-22。

表6-22　鼠类调查各生境基本情况

样地号	地点	坐标点	海拔/m	生境类型	备注
01	马场	41°20′58.26″N 95°43′24.19″E	2060	柽柳+白刺荒漠	
02	冰墩子沟	41°21′21.92″N 95°41′58.91″E	2105	珍珠荒漠	
03	马场	41°23′55.40″N 95°41′26.58″E	2030	珍珠+黑柴荒漠	
04	马场	41°24′10.30″N 95°41′29.98″E	2027	芨芨草滩	

续表6-22

样地号	地点	坐标点	海拔/m	生境类型	备注
05	120戈壁	41°31′50.88″N 95°38′49.94″E	1935	黑柴戈壁	
06	西大泉	41°18′28.36″N 95°14′42.70″E	1762	芦苇、红柳草滩	未捕到
07	西大泉	41°18′52.00″N 95°13′21.76″E	1746	梭梭树、白刺戈壁	
08	西大泉	41°19′31.97″N 95°15′4.32″E	1762	珍珠猪毛菜戈壁	
09	锁阳城遗址	40°15′15.05″N 96°11′31.18″E	1346	合头草戈壁	未捕到
10	锁阳城遗址	40°15′14.36″N 96°14′56.43″E	1375	骆驼刺、白刺戈壁	
11	桥子	40°22′50.70″N 96°13′2.089″E	1325	红柳草地	
12	桥子沙丘	40°21′25.15″N 96°13′32.49″E	1332		未捕到
13	桥子沙枣林	40°21′22.65″N 96°13′29.93″E	1333		
14	桥子草地	40°21′19.49″N 96°13′40.03″E	1314		未捕到
15	桥子芦苇地	40°21′20.66″N 96°12′54.77″E	1327		
16	桥子草地	40°21′23.59″N 96°13′27.05″E	1333		未捕到
17	桥子农田	40°21′27.53″N 96°12′18.05″E	1321		

2022年6月，在17个样地中采用铗日法捕获了小型啮齿动物2科5属6种，仓鼠科3种，跳鼠科3种。本次调查涉及的鼠类生境主体为荒漠戈壁生境，其次为人工林、草地。总体来看，荒漠戈壁生境鼠类群体以五趾跳鼠和三趾跳鼠为主，人工林、草地生境鼠类群体以子午沙鼠为主。17个样地中有5个样地未捕获到任何鼠类，多样性最低（Shannon-Wiener指数为0）；17个样地中有4个样地多样性最高(Shannon-Wiener指数分别为0.859、1.044、0.956和0.974)，各捕到3种鼠类（表6-23）。

表6-23　不同样地中啮齿动物捕获情况统计

样地及铗日数 物种	1	2	3	4	5	7	8	10	11	13	15	17	合计
	40	100	30	30	100	100	60	100	50	80	50	50	1060
三趾跳鼠 (*Dipus sagitta*)	0.28 (3)	0.38 (4)	0.09 (1)	0.09 (1)	0.38 (4)	0.28 (3)	0.19 (2)						1.70 (18)
五趾跳鼠 (*Allactaga sibirica*)	0.47 (5)			0.19 (2)	0.75 (8)	0.66 (7)	0.09 (1)		0.19 (2)				2.36 (25)
长耳跳鼠 (*Euchoreutes noso*)						0.47 (5)	0.38 (4)						0.85 (9)
灰仓鼠 (*Cricetulus migratorius*)		0.09 (1)			0.09 (1)			0.28 (3)			0.09 (1)	0.09 (1)	0.66 (7)
子午沙鼠 (*Meriones meridianus*)								0.38 (4)		0.09 (1)	0.09 (1)		0.57 (6)
柽柳沙鼠 (*Meriones tamariscinus*)								0.09 (1)					0.09 (1)
捕获率合计	0.75 (8)	0.47 (5)	0.09 (1)	0.28 (3)	1.23 (13)	1.42 (15)	0.66 (7)	0.75 (8)	0.19 (2)	0.09 (1)	0.19 (2)	0.09 (1)	6.27 (66)
Shannon-Wiener指数	0.662	0.500	0	0.637	0.859	1.044	0.956	0.974	0	0	0.693	0	
均匀度指数	0.954	0.722	—	0.918	0.782	0.950	0.870	0.887	—	—	1	—	

注：每100铗日捕获率，括号内数字为捕获只数。

本次调查结果与1988年和2012年同时间段同类型生境的结果进行比较（如表6-24），从统计结果来看，子午沙鼠的数量有所减少，鼠类的总数量也有所减少；群落多样性指数和均匀性指数差别不大。

表6-24　荒漠戈壁生境夏季鼠类群落结构比较（括号内为捕获只数）

物种	1988年（1195铗日）	2012年（1004铗日）	2022年（1060铗日）
三趾跳鼠	4.69（56）	2.29（23）	1.70（18）
五趾跳鼠	2.51（30）	1.49（15）	2.36（25）
长耳跳鼠	1.67（20）	1.10（11）	0.85（9）
子午沙鼠	2.59（31）	2.69（27）	0.57（6）
柽柳沙鼠	0.17（2）	0.70（7）	0.09（1）
灰仓鼠	0.75（9）	0.60（6）	0.66（7）
捕获率合计	12.38（148）	8.86（89）	6.27（66）

续表6-24

物种	1988年（1195铗日）	2012年（1004铗日）	2022年（1060铗日）
Shannon-Wiener指数	1.5178	1.7577	1.5131
均匀度指数	0.8471	0.8453	0.8452

注：每100铗日捕获率，括号内数字为捕获只数。

6.7 红外相机观测

6.7.1 概述

红外相机观测是野生动物多样性评估的重要途径，为了系统掌握保护区野生动物的种类、数量、分布以及种群动态变化趋势，于2017年8月至2022年9月，在保护区选取4个样地及其他位点，布设99台相机，对保护区兽类和鸟类多样性进行调查。共观测到兽类6目10科18种，鸟类7目16科31种。其中国家一级、二级重点保护野生动物分别有5种和11种。兽类中相对多度较高的物种有草兔（127.49）、岩羊（46.90）、北山羊（43.33）、蒙古野驴（31.63）、赤狐（26.01），分布最普遍的是赤狐和草兔；鸟类中相对多度较高的物种有石鸡（16.78）、岩鸽（11.42）、漠鹏（8.65）、赭红尾鸲（3.74），其中漠鹏和石鸡的分布最广。兽类在6月活动频率最高，鸟类在8月活动频率最高。豺、石貂、黄鼬、白唇鹿为保护区2019年新记录种，雪豹也是保护区建立以来首次观测到，目前分布稳定。保护区人为干扰减少是造成物种新分布、数量增多的主要原因。

甘肃瓜州县安西观测样区位于甘肃省河西走廊及祁连山的西端，属于中亚典型荒漠区，哺乳动物以荒漠及山地有蹄类为主。在“甘肃安西极旱荒漠国家级自然保护区管护中心2021年中央财政林业改革发展资金国家级自然保护区补助项目（保护区专项调查——第四次综合科学考察）”和南京环境科学研究所的“生物多样性调查、观测与评估项目”支持下，从2017年8月开始，兰州大学和甘肃安西极旱荒漠国家级自然保护区在甘肃省瓜州县境内建立了较完善的哺乳动物观测样区，连续开展了相关的观测工作，认真撰写并及时提交了观测报告和数据，取得了一定的观测成果。2022年10月底在野外采集红外相机照片后，整理数据，总结观测报告。

6.7.2 观测目标

结合大中型哺乳动物（含地面活动鸟类）观测的总体目标，甘肃安西样区哺乳动物红外相机观测目标为：

（1）掌握安西样区常见哺乳动物和珍稀濒危哺乳动物的种类、数量、分布，以及种群动态变化趋势；

（2）深入了解安西样区大中型哺乳动物（含地面活动鸟类）多样性面临的威胁因素，分析环境变化及人类活动对野生动物多样性变化的影响；

（3）以观测结果为依据，评估观测样区现有保护措施和政策的有效性，提出相应的对策和建议。

6.7.3　观测方法

6.7.3.1　观测样区及样点布设

安西观测样区位于河西走廊西端的瓜州县境内，该区域南与甘肃玉门市为界，北与新疆维吾尔自治区哈密市相接，东与甘肃肃北蒙古族自治县相交，西与甘肃敦煌市相邻，地处亚洲中部温带荒漠、极旱荒漠和典型荒漠交会处。瓜州县境内有国家级自然保护区一处——安西极旱荒漠国家级自然保护区（以下简称保护区）。保护区分南、北两片，总面积为79.91万 hm^2。南片位于甘肃瓜州县南部，地理坐标为北纬39°49′39.400″～40°34′34.000″，东经95°50′49.600″～96°48′33.800″，面积约为39.96万 hm^2；北片位于瓜州县北部，地理坐标为北纬41°10′28.100″～41°48′02.456″，东经94°41′09.700″～95°47′52.000″，面积约为39.95万 hm^2。保护区南片高北片低，海拔一般为1 300 m，最高3 547 m，地貌自南而北呈现一定的变化特征，包括中高山、低山、丘陵、新老洪积扇、绿洲平原、雅丹地貌、戈壁等。保护区深居内陆，气候属典型大陆干旱区气候，基本特征是降水少，蒸发量大，日照长，昼夜温差大，夏季炎热，冬季严寒，风沙大。保护区南、北片年均气温变化范围为6～11 ℃，年降水量为40～200 mm，年蒸发量为2 754.9 mm。

哺乳类等野生动物在瓜州县内主要分布于保护区内，且保护区内人为干扰少，分布有典型的戈壁荒漠、高山、低山等生境。整个保护区设立了4个长期观测样地以及其他区域零散的相机点位，共99个（图6-23）。4个长期观测样地均以千米网格法布设相机，每个样地20台相机。1号样地（巴尔峡样地）位于保护区南片高山山地生境，分布的主要动物有岩羊、猞猁、金雕、高山雪鸡、石鸡等。2号样地（马场西侧样地）在保护区北片戈壁荒漠，主要分布有蒙古野驴、盘羊、鹅喉羚、狼等；3号样地（冰墩子沟样地）在保护区北片戈壁山地，主要分布有北山羊、盘羊、狼、短耳鸮、石鸡等；4号样地（大头山样地）位于保护区北片戈壁，主要分布有蒙古野驴、盘羊、狼、鹅喉羚等。北片玉石山区域、马场区域也安装了部分红外相机，南片独山子、碱泉子一带以及北桥子树林及草原区域也设立了一些红外相机观测样点。

6.7.3.2　观测团队

成立6人观测小组，小组成员由动物学专业教师、硕士研究生及安西保护区技术人员组成，成员中有3人来自兰州大学生命科学学院（表6-25），王亮、裴鹏祖和邵亚平为保护区技术人员。

表6-25　观测队伍组成

姓名	性别	年龄	单位	职务/职称	电子邮箱
包新康	男	45	兰州大学	副教授	baoxk@lzu.edu.cn
王　亮	男	32	安西保护区	工程师	zp200108@163.com
裴鹏祖	男	32	安西保护区	助理工程师	ppz850417@163.com
孔令望	男	25	兰州大学	研究生	konglw@lzu.edu.cn
袁浩哲	男	25	兰州大学	研究生	

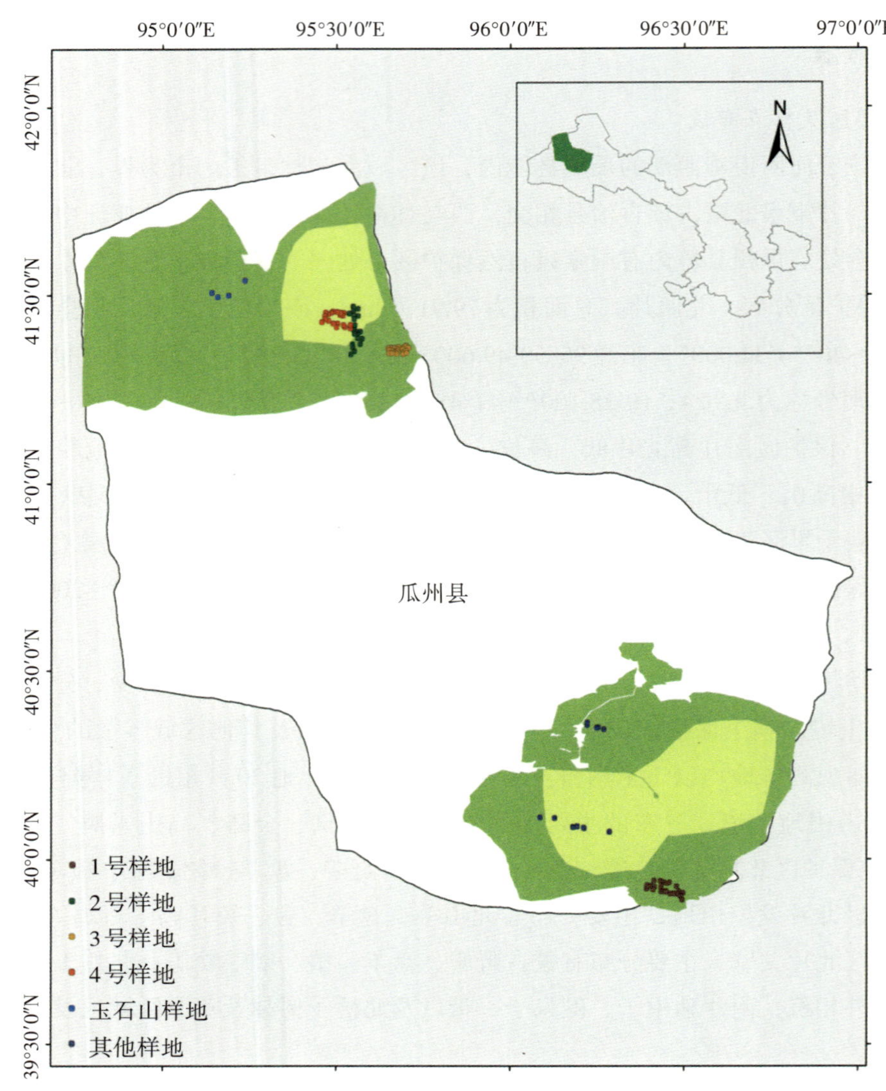

图6-23　保护区红外相机位点概图

6.7.3.3　样点设置

保护区共设置99个红外相机观测位点，包括4个样地，每个样地布设20台相机。1号样地（巴尔峡样地）位于安西保护区南片巴尔峡-寒山山地区域，为高山山地生境。2号样地（马场西侧样地）在保护区北片的缓冲区内，生境为戈壁荒漠；3号样地（冰墩子沟样地）在保护区北片缓冲区内，生境为戈壁山地；4号样地（大头山样地）在保护区北片缓冲区内，生境为戈壁。

99台红外相机布设信息见表6-26。

表6-26　红外相机样点信息汇总表

序号	样地编号	位置区域	相机编号	经度/°E	纬度/°N	海拔/m	生境
1	1号样地	巴尔峡	AJ05	96.412978	39.941661	2493	山地
2	1号样地	巴尔峡	AK05	96.431136	39.941158	2625	山地
3	1号样地	巴尔峡	AL05	96.440611	39.937583	2604	山地

续表6-26

序号	样地编号	位置区域	相机编号	经度/°E	纬度/°N	海拔/m	生境
4	1号样地	巴尔峡	AM05	96.450250	39.934583	2866	山地
5	1号样地	巴尔峡	AN05	96.457306	39.936794	2624	山地
6	1号样地	巴尔峡	AP06	96.478072	39.926436	2855	山地
7	1号样地	巴尔峡	AH06	96.402481	39.928311	2521	水源地
8	1号样地	巴尔峡	AI06	96.414250	39.925083	2580	山地
9	1号样地	巴尔峡	AK06	96.433833	39.925889	2747	山地
10	1号样地	巴尔峡	AP07	96.484750	39.912806	3209	山地
11	1号样地	巴尔峡	AQ08	96.496222	39.908639	3197	山地
12	1号样地	巴尔峡	AG07	96.391889	39.920306	2489	山地
13	1号样地	巴尔峡	AH07	96.410386	39.917683	2599	山地
14	1号样地	巴尔峡	AL07	96.433450	39.912639	2777	山地
15	1号样地	巴尔峡	AM07	96.446817	39.913911	2881	山地
16	1号样地	巴尔峡	AN08	96.459472	39.906819	2835	山地
17	1号样地	巴尔峡	AO08	96.470161	39.906700	2897	山地
18	1号样地	巴尔峡	AP08	96.481000	39.906333	3021	山地
19	1号样地	巴尔峡	AQ09	96.489167	39.900500	2957	山地
20	1号样地	巴尔峡	AR10	96.493667	39.890333	2957	山地
21	2号样地	马场西侧	AAB39	95.560083	41.463250	1942	戈壁荒漠
22	2号样地	马场西侧	AAB41	95.560833	41.443917	1938	水源地
23	2号样地	马场西侧	AAC45	95.566414	41.402911	1964	水源地
24	2号样地	马场西侧	AAC47	95.571572	41.383642	1970	戈壁荒漠
25	2号样地	马场西侧	AAA38	95.546306	41.469306	1909	戈壁荒漠
26	2号样地	马场西侧	AAA39	95.546750	41.455417	1935	戈壁荒漠
27	2号样地	马场西侧	AAA41	95.549111	41.444500	1925	戈壁荒漠
28	2号样地	马场西侧	AAA42	95.549028	41.434972	1965	戈壁荒漠
29	2号样地	马场西侧	AAA43	95.551278	41.419389	1958	戈壁荒漠
30	2号样地	马场西侧	AAB45	95.553444	41.403322	1947	水源地
31	2号样地	马场西侧	AAB46	95.558411	41.394869	1953	戈壁荒漠
32	2号样地	马场西侧	AAB48	95.559128	41.385583	1977	戈壁荒漠
33	2号样地	马场西侧	AZ40	95.566444	41.369694	1994	戈壁荒漠

续表 6-26

序号	样地编号	位置区域	相机编号	经度/°E	纬度/°N	海拔/m	生境
34	2号样地	马场西侧	AAB47	95.535222	41.450333	1920	戈壁荒漠
35	2号样地	马场西侧	AAA46	95.547736	41.406731	1942	戈壁荒漠
36	2号样地	马场西侧	AAA44	95.549522	41.396622	1979	戈壁荒漠
37	2号样地	马场西侧	AAA49	95.543500	41.369194	1973	戈壁荒漠
38	2号样地	马场西侧	AAA50	95.544917	41.360500	1990	戈壁荒漠
39	2号样地	马场西侧	AAA51	95.549583	41.350694	1992	戈壁荒漠
40	2号样地	马场西侧	AZ52	95.540250	41.342556	1997	戈壁荒漠
41	3号样地	冰墩子沟	AAL50	95.647444	41.358556	2139	戈壁山地
42	3号样地	冰墩子沟	AAM50	95.658028	41.359583	2103	戈壁山地
43	3号样地	冰墩子沟	AAN50	95.665206	41.358775	2142	戈壁山地
44	3号样地	冰墩子沟	AAP50	95.675833	41.362028	2157	戈壁山地
45	3号样地	冰墩子沟	AAQ50	95.690667	41.360861	2108	戈壁山地
46	3号样地	冰墩子沟	AAR49	95.698111	41.364889	2118	戈壁山地
47	3号样地	冰墩子沟	AAL51	95.649944	41.353556	2102	戈壁山地
48	3号样地	冰墩子沟	AAM51	95.659139	41.352139	2080	水源地
49	3号样地	冰墩子沟	AAO50	95.673639	41.355722	2117	戈壁山地
50	3号样地	冰墩子沟	AAP51	95.687778	41.356361	2125	戈壁山地
51	3号样地	冰墩子沟	AAR50	95.705500	41.359444	2099	戈壁山地
52	3号样地	冰墩子沟	AAN51	95.666417	41.349167	2063	戈壁山地
53	3号样地	冰墩子沟	AAO51	95.673556	41.351056	2165	戈壁山地
54	3号样地	冰墩子沟	AAQ51	95.691972	41.349111	2095	水源地
55	3号样地	冰墩子沟	AAR51	95.698056	41.352167	2105	戈壁山地
56	3号样地	冰墩子沟	AAL52	95.648944	41.345722	2101	戈壁山地
57	3号样地	冰墩子沟	AAM52	95.659056	41.345389	2086	戈壁山地
58	3号样地	冰墩子沟	AAO52	95.671306	41.344056	2067	戈壁山地
59	3号样地	冰墩子沟	AAQ52	95.689750	41.343583	2059	戈壁山地
60	3号样地	冰墩子沟	AAR52	95.699917	41.346472	2099	戈壁山地
61	4号样地	大头山	401	95.538440	41.411321	1941	戈壁
62	4号样地	大头山	402	95.538182	41.419624	1945	戈壁
63	4号样地	大头山	403	95.522132	41.414346	1930	戈壁

续表6-26

序号	样地编号	位置区域	相机编号	经度/°E	纬度/°N	海拔/m	生境
64	4号样地	大头山	404	95.518516	41.419930	1925	戈壁
65	4号样地	大头山	405	95.501425	41.423281	1919	戈壁
66	4号样地	大头山	416	95.498829	41.414491	1919	戈壁
67	4号样地	大头山	406	95.488637	41.423743	1910	戈壁
68	4号样地	大头山	407	95.475665	41.431289	1911	戈壁
69	4号样地	大头山	408	95.520115	41.451251	1926	戈壁
70	4号样地	大头山	409	95.516768	41.444785	1934	戈壁
71	4号样地	大头山	410	95.508903	41.446603	1942	戈壁
72	4号样地	大头山	411	95.509547	41.452658	1927	戈壁
73	4号样地	大头山	412	95.499558	41.454327	1906	戈壁
74	4号样地	大头山	413	95.487596	41.455207	1900	戈壁
75	4号样地	大头山	414	95.483358	41.452288	1909	戈壁
76	4号样地	大头山	415	95.474635	41.448235	1909	戈壁
77	4号样地	大头山	417	95.467560	41.452590	1907	戈壁
78	4号样地	大头山	418	95.464958	41.444110	1892	戈壁
79	4号样地	大头山	419	95.465591	41.436276	1898	戈壁
80	4号样地	大头山	420	95.457437	41.427926	1888	戈壁
81	其他样地	玉石山	玉石山03	95.156983	41.494855	1765	戈壁
82	其他样地	玉石山	玉石山02	95.139692	41.506347	1811	戈壁山地
83	其他样地	玉石山	玉石山01	95.187895	41.498655	1799	戈壁山地
84	其他样地	小草湖	小草湖	95.235130	41.538619	1722	水源
85	其他样地	独山子	535	96.284734	40.072937	1764	山地
86	其他样地	独山子	535-1	96.285553	40.073917	1763	山地
87	其他样地	碱泉子	531	96.085187	40.112335	1602	水源
88	其他样地	碱泉子	531-1	96.127431	40.110540	1648	水源
89	其他样地	碱泉子	532	96.179482	40.086731	1662	水源
90	其他样地	碱泉子	532-1	96.180131	40.085964	1665	水源
91	其他样地	碱泉子	533	96.191255	40.088596	1657	荒漠
92	其他样地	碱泉子	533-1	96.191595	40.086888	1668	荒漠
93	其他样地	碱泉子	534	96.211154	40.083146	1682	荒漠

续表6-26

序号	样地编号	位置区域	相机编号	经度/°E	纬度/°N	海拔/m	生境
94	其他样地	碱泉子	700	96.210258	40.084885	1676	荒漠
95	其他样地	北桥子林场	292	96.221151	40.356108	1321.06	林地
96	其他样地	北桥子林场	A01-833	96.269270	40.345069	1359.582	林地
97	其他样地	北桥子林场	A02+912	96.252904	40.350075	1342.795	水源
98	其他样地	北桥子林场	A02-912	96.248562	40.349205	1343.634	水源
99	其他样地	北桥子林场	A03-667	96.221413	40.362184	1333.718	林地

6.7.3.4　红外相机的安装与维护

安西样区1号样地编号范围为安西保护区南片巴尔峡–寒山区域。该区域有些地方山高坡陡，不适合架设相机，为了观测更大范围，相机布设成不规则形状。

2号和3号样地的编号范围为安西保护区北片核心区及缓冲区，面积超过12万 hm^2。选取该区域野生动物较丰富的七个井至野马井荒漠戈壁区域（样地2）、低山区域（样地3）和更为平坦的戈壁区域（样地4）作为观测样地。考虑到荒漠戈壁中水源地是野生动物关键的活动点，因此2号样地将戈壁滩上的3个水源地也包括进去，相机布设成纵向长线状。

4个样地均采用千米网格法来布设相机，在网格内选择山脊、垭口、兽径、饮水地等兽类和鸟类活动频繁的地点放置红外相机；2台相机之间的距离不小于500 m。本样区基本生境为荒漠戈壁，山地及戈壁树木稀少，因此将相机安装在铁盒内，用钢管作为支架埋入地下。相机距离地面50～100 cm，镜头保持水平，镜头尽量朝北，避免阳光照射；镜头前的树枝杂草清理干净。

1. 相机型号与参数设置

（1）相机为东方红鹰E1B和Ltl6210型红外触发相机；相机使用前，需要对相机有关参数进行设置；使用16或32G SD存储卡；南孚电池12节。

（2）设置相机时间为24 h制，设置灵敏度为“中”或“低”。

（3）设定为3连拍或者3连拍+10 s视频（每个样地有4台以上相机设置同时拍照和拍视频）。

（4）拍摄间隔时间设定更改为2 s或5 s。

2. 相机安装

2017年8月完成60台相机的安装布设，2020年完成4号样地和独山子、碱泉子的相机布设，2021年完成玉石山、北桥子相机的安装布设。

3. 相机巡护及照片采集

2017年11月12—15日、2018年5月18—21日、2018年9月25—28日以及2019年5月20—25日、2019年9月25—29日、2020年9月、2021年5月、2022年5月及9月对99台相机逐个进行检查，并采集照片数据。巡查发现问题后及时更换电池或者重新设置参数，把相机重新调试合适。

4. 相机检查情况

2019年度红外相机监测共检查相机60台，分3个样地，每个样地各20台。2019年5月检查时发现，

1号样地（寒山-巴尔峡）有4台相机出现故障，1台相机存储卡没有获得完整数据；2号样地（马场西侧）有6台相机损坏，1台相机存储卡出现问题，没有获得完整数据；3号样地（冰洞子沟）有4台相机损坏，没有获得完整数据。3个样地60台相机中问题相机占26.67%，2019年5月将损坏老旧红外相机更换为Ere-E1红外相机。

2019年9月检查相机60台。1号样地（寒山-巴尔峡）共有6台相机出现故障，没有获得有效照片，其中相机本身故障、没有拍到动物的有3台；人为干扰、遮挡损坏相机2台；工作疏忽、未开机的1台。2号样地（马场西侧）有1台相机因工作疏忽未开机。3号样地（冰洞子沟）有2台相机出现故障，存储卡损坏。3个样地60台相机中问题相机占15%，故障率比上半年降低了很多。

2020年9月检查相机，1号样地（寒山-巴尔峡）共有3台相机出现故障，没有获得有效照片；人为遮挡损坏相机2台。2号样地（马场西侧）有1台相机因故障未能工作。3号样地（冰洞子沟）有2台相机卡损坏。4号样地有1台相机故障，4个样地80台相机中问题相机占11.3%，故障率比上半年降低了很多。

2022年5月及9月检查相机，1号样地（寒山-巴尔峡）有近一半的相机未能正常工作，有相机故障、存储卡的问题、人为遮挡等。2号样地（马场西侧）有2台相机故障。3号样地（冰洞子沟）有3台相机出现故障，存储卡损坏。北桥子布设的相机受放牧干扰太大，基本为人和牲畜损坏，也有相机被盗。

通过近2年的观测，发现有些相机由于老旧，相机和存储卡总出问题，需要更新相机设备；有些位点的位置不是太好，需要调整位置。

6.7.3.5 数据处理与分析

使用Bio-Photo V2.1获取每台红外相机数据的文件编号、原始文件编号、文件格式、文件夹编号、相机编号、拍摄日期与时间、相机工作的天数等信息，并分别生成.csv格式文件，统计每一个项目中出现的物种及其数量和性别等信息，以单台相机拍摄到的半小时内的同一物种活动照片和视频作为一次独立有效事件，其中出现某一物种数量最多的照片或视频作为独立探测首张，单台相机野外连续工作24小时为一个相机日。

物种鉴定参考《中国兽类野外手册》（Smith et al，2009）和《中国鸟类野外手册》（约翰·马敬能等，2000）。兽类和鸟类物种分类参考《中国哺乳动物多样性》（蒋志刚等，2015）和《中国鸟类分类与分布名录》（郑光美，2017）。物种保护级别的界定参考《国家重点保护野生动物名录》（http://www.forestry.gov.cn）、CITES［附录以CITES官方网站（http://www.cites.org.cn/）为准］、IUCN濒危等级参考红色名录（IUCN，2016）。

1.物种相对种群数量

使用相对多度指数衡量评估物种相对种群数量（李晟等，2016；陈立军等，2019），计算公式为：

$$R = N_i / T \times 100$$

其中，R代表相对多度指数；T代表所有相机位点的工作日总和；N_i代表第i类物种在所有相机位点拍摄的独立有效照片数。

使用Origin 2021绘制物种数随相机日增加的积累曲线来显示相机工作日与物种积累数的变化关系，以期衡量本次监测在时间尺度上是否充分，能否满足鸟兽多样性调查的强度，以30 d为一次统计单元，统计鸟类和兽类以及总物种数。

2.年活动规律分析

根据统计所得数据，使用下面公式计算月相对多度指数，分析5种荒漠有蹄类动物的年活动规律：

$$M_R = M_{ij}/T_i \times 1000$$

其中，M_R 代表月相对多度指数；T_i代表第 i 月（i=1，…，12）中所有相机位点的工作日总和；M_{ij}代表第 i 月动物 j 出现的独立有效照片数。

3.日活动规律分析

一天按每2 h划分为12个时间段，通过下面公式计算5种荒漠有蹄类动物各个季节的每日各时间段相对多度指数，分析不同季节的日活动规律：

$$T_R = N_{ijs}/T_s \times 1000$$

其中，T_R代表每日各时间段相对多度指数；T_s代表第 s 季节中所有相机位点的工作日总和；N_{ijs}代表第 i 类（i =1，…，5）动物在不同季节 s 中第 j 时间段出现的独立有效照片数。

4.夜间相对多度分析

根据研究区域所处时区，使用北京时间20:00—08:00作为夜间，以2 h为时间间隔，使用下面公式计算夜间相对多度指数（Azlan et al，2006；裴家骐等，1997），依据5种荒漠有蹄类动物的活动时间段分布比例分析其夜间相对多度：

$$N_R = N_i/T' \times 1000$$

其中，N_R 代表夜间相对多度指数；T' 代表所有相机位点的夜间工作时间总和；N_i代表夜间第 i 类（i = 1，…，5）动物在所有相机位点出现的独立有效相片数。

5.网格占有率

网格占有率，也称物种相机位点出现率，指某一调查区域内，某物种被拍到的网格单元数或相机位点数占所有正常工作的网格单元数的百分率（肖治术等，2019）。

所有采集到的数据用Excel、Bio-photoV2.1、Origin2018进行处理。

6.7.4 观测结果

本次观测结果汇总时间段为2018年9月—2022年9月，1、2、3号样地2018年9月—2020年9月的数据较系统全面，2021年、2022年由于疫情影响，部分相机数据采集不太系统。因此，有些内容的分析主要为2018年9月—2022年9月期间的数据。

物种累积曲线结果显示（图6-24），兽类监测物种数在100 d内快速增长，随后变为一渐近线，呈缓慢上升趋势；鸟类监测物种数在200 d内快速增长，之后随着时间而明显增长；鸟兽类总监测物种数在200 d内快速增长，之后也随着时间而明显增长。这表明本次兽类监测均取样充分，在时间尺度上已满足物种多样性调查的强度，而鸟类监测取样还不充分，其物种丰富度要大于监测到的物种丰富度。

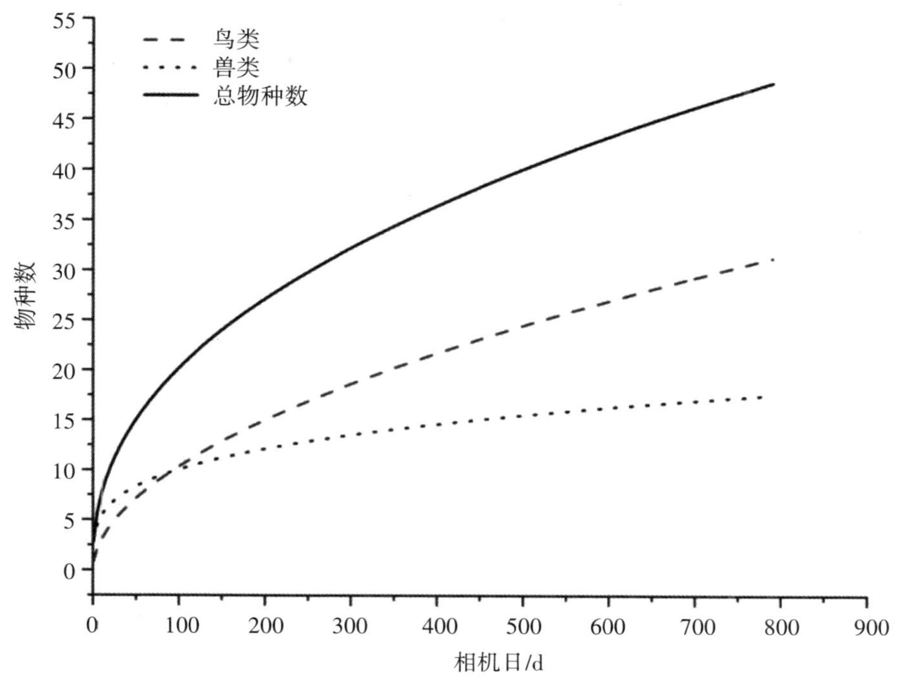

图6-24　鸟兽物种累积曲线

6.7.4.1　各样地观测结果概述

2018年9月26日—2021年9月，1号样地（寒山-巴尔峡）20台相机的总工作日为10 880 d，共拍摄照片84 754张，其中，野生动物照片36 001张（占42.48%），未发现目标动物的空白照片30 596张（36.10%），牲畜和人为干扰等照片16 843张（19.87%），分析后获取有效独立照片4 103张（4.84%）。1号样地拍摄到哺乳动物15种，鸟类16种。其中，国家一级重点保护动物5种（雪豹、白唇鹿、豺、西藏盘羊和金雕），国家二级重点保护动物8种（石貂、岩羊、猞猁、狼、赤狐、暗腹雪鸡、红隼和黑尾地鸦）。

2018年9月26日—2021年9月，2号样地20台相机的总工作日为14 952 d，共拍摄照片50 577张，其中，野生动物照片20 589张（占40.71%），未发现目标动物的空白照片21 262（42.04%），牲畜和人为干扰等照片8 719张（17.24%），分析后获取有效独立照片4 892张（9.67%）。2号样地拍摄到哺乳动物共8种，鸟类15种。其中，国家一级重点保护动物2种（蒙古野驴和金雕），国家二级重点保护动物10种（北山羊、戈壁盘羊、鹅喉羚、猞猁、赤狐、狼以及黑尾地鸦、短耳鸮、红隼、大鵟）。

样地照片拍摄情况见表6-27。

表6-27　观测样地照片拍摄情况汇总

项目	工作日	照片总数	有效照片总数	独立有效照片总数	空拍数	工作人员	其他人员	家畜
2018年9月—2019年5月，240 d								
1号样地	2675	24782	17115	1116	4738	271	6	2652
2号样地	3449	11658	4255	984	6667	306	2	428
3号样地	2800	7265	3101	471	3621	73	7	452

续表6-27

项目	工作日	照片总数	有效照片总数	独立有效照片总数	空拍数	工作人员	其他人员	家畜
总和	8924	43705	24471	2571	15026	650	15	3532
占比			55.99%	5.88%	34.38%	1.49%	0.03%	8.08%
2019年5月—2019年9月，130 d								
1号样地	1413	23256	4434	777	14968	126	15	2399
2号样地	2251	18476	7240	1799	10322	150	1	756
3号样地	2153	15183	2778	705	11668	83	17	275
总和	5817	56915	14452	3281	36958	359	33	3430
占比			25.39%	5.76%	64.94%	0.63%	0.06%	6.03%
2019年10月—2020年9月，386 d								
1号样地	2961	15523	7009	1040	2809	272	55	5378
2号样地	4483	14704	4597	1124	4058	235	0	5814
3号样地	2773	10075	6033	1003	3249	190		603
4号样地	7354	36962	2879	976	33292	220		571
总和	17571	77264	20518	4143	43408	917	55	12366
占比			26.56%	5.36%	56.18%	1.19%	0.07%	16.00%
2020年10月—2021年9月，371 d								
1号样地	3831	21193	7443	1170	8081	285	124	5260
2号样地	4769	5739	4497	985	215	163		864
3号样地	5909	18834	7109	1330	7193	605	44	3883
4号样地	6250	3102	1499	439	670	244	1	688
总和	20759	48868	20548	3924	16159	1297	169	10695
占比			42.05%	8.03%	33.07%	2.65%	0.35%	21.89%
2021年10月—2022年9月，364 d								
3号样地	6272	23099	8533	1619	9731	586	66	4183
4号样地	6706	58037	2431	771	54137	381		1088
5号样地	1709	3656	217	81	2999	95		345
总和	14687	84792	11181	2471	66867	1062	66	5616
占比			13.19%	2.91%	78.86%	1.25%	0.08%	6.62%

2018年9月—2022年9月，3号样地（冰洞子沟）样地20台相机的总工作日为19 907 d，共拍摄照片74 456张，其中，野生动物照片27 554张（37.01%），未发现目标动物的空白照片35 462（47.63%），牲畜和人为干扰等照片11 067张（14.86%），分析后获取有效独立照片5 128张（6.89%）。经鉴定，3号样地共拍摄到哺乳动物共8种，鸟类18种，包括3种国家一级重点保护动物（蒙古野驴、金雕、秃鹫），10种国家二级重点保护动物（戈壁盘羊、北山羊、猞猁、狼、沙狐、赤狐以及胡兀鹫、短耳鸮、红隼、黑尾地鸦）。

4号样地（大头山）从2019年10月开始至2022年9月，20台相机的总工作日为20 310 d，共拍摄照片98 101张，其中，野生动物照片6 809张（6.94%），未发现目标动物的空白照片88 099（89.80%），牲畜和人为干扰等照片3 193张（3.25%），分析后获取有效独立照片2 186张（2.23%）。经鉴定，4号样地共拍摄到15种动物，其中哺乳动物9种，鸟类6种，包括2种国家一级重点保护动物（蒙古野驴、金雕），8种国家二级重点保护动物（戈壁盘羊、北山羊、鹅喉羚、猞猁、狼、赤狐以及短耳鸮、黑尾地鸦）。

从4个样地的红外相机数据来看，1号样地（寒山–巴尔峡）拍摄到的动物种类最多，该区域分布的国家级重点保护物种也最多。同时，1号样地的人为干扰也最大，主要是放牧干扰。

6.7.4.2 物种多样性

共观测到野生动物15目29科61种，其中兽类22种，隶属于7目11科；鸟类39种，隶属于8目18科（表6–28）。兽类主要为食肉目和鲸偶蹄目，分别有8种和6种；鸟类中雀形目最多，有26种，其次是猛禽（鹰形目3种，隼形目、鸮形目各1种），鸡形目和鸽形目各有3种。红外相机观测到国家一级重点保护野生动物有7种：白唇鹿、西藏盘羊、蒙古野驴、雪豹、豺、金雕、秃鹫，国家二级重点保护野生动物有14种：鹅喉羚、戈壁盘羊、北山羊、岩羊、赤狐、沙狐、狼、猞猁、石貂、暗腹雪鸡、大鵟、红隼、短耳鸮和黑尾地鸦。列入CITES附录Ⅰ的野生动物有雪豹、蒙古野驴和西藏盘羊3种，附录Ⅱ的野生动物有9种，附录Ⅲ的野生动物有4种；被IUCN红色名录列为濒危（EN）的有3种，近危（NT）的有3种，易危（VU）的有1种（表6–28）。

对比保护区20多年的科学考察记录（包新康等，2014），本次红外相机观测到的豺、石貂、黄鼬、白唇鹿4种兽类为保护区新记录种。样地1（巴尔峡样地）拍摄到的雪豹，也是保护区自建立以来首次观测到的。中国兽类名录目前将原来的盘羊亚种提升为种，因此保护区北片分布的为戈壁盘羊（国家二级保护动物），南片寒山子分布的为西藏盘羊（国家一级保护动物）。根据《国家重点保护野生动物名录》（2021年），保护区分布的国家重点保护动物也有所变动。

表6–28 物种名录

目	科	种	国家保护等级	IUCN等级	CITES附录
兽类					
兔形目	兔科	中亚兔（*Lepus tibetanus*）		LC	
		红耳鼠兔（*Ochotona erythrotis*）		LC	
啮齿目	松鼠科	喜马拉雅旱獭（*Marmota himalayana*）		LC	
	跳鼠科	跳鼠（*Dipus* spp.）		LC	

续表6-28

目	科	种	国家保护等级	IUCN等级	CITES附录
劳亚食虫目	猬科	大耳猬（*Hemiechinus auritus*）		LC	
翼手目	蝙蝠科	蝙蝠（*Plecotus* spp.）		LC	
		兔耳蝠（*Plecotus auritus*）		LC	
鲸偶蹄目	鹿科	白唇鹿（*Gervus albirostris*）	一级	VU	
	牛科	鹅喉羚（*Gazella subgutturosa*）	二级	EN	
		戈壁盘羊（*Ovis darwini*）	二级	NT	Ⅱ
		西藏盘羊（*Ovis hodgsoni*）	一级	NT	Ⅰ
		岩羊（*Pseudois nayaur*）	二级	LC	Ⅲ
		北山羊（*Capra sibirica*）	二级	LC	Ⅲ
奇蹄目	马科	蒙古野驴（*Equus hemionus*）	一级	NT	Ⅰ
食肉目	犬科	赤狐（*Vulpes vulpes*）	二级	LC	
		沙狐（*Vulpes corsac*）	二级	LC	
		狼（*Canis lupus*）	二级	LC	Ⅱ
		豺（*Cuon alpinus*）	一级	EN	Ⅱ
	猫科	雪豹（*Panthera uncia*）	一级	EN	Ⅰ
		猞猁（*Lynx lynx*）	二级	LC	Ⅱ
	鼬科	石貂（*Martes foina*）	二级	LC	Ⅲ
		黄鼬（*Mustela sibirica*）		LC	Ⅲ
7目	11科	22种			
		鸟类			
鸡形目	雉科	暗腹雪鸡（*Tetraogallus himalayensis*）	二级	LC	
		石鸡（*Alectoris chukar*）		LC	
		雉鸡（*Phasianus colchicus*）		LC	
鸽形目	鸠鸽科	岩鸽（*Columba rupestris*）		LC	
		灰斑鸠（*Streptopelia decaocto*）		LC	
		山斑鸠（*Streptopelia orientalis*）		LC	
鹃形目	杜鹃科	大杜鹃（*Cuculus canorus*）		LC	
沙鸡目	沙鸡科	毛腿沙鸡（*Syrrhaptes paradoxus*）		LC	

续表6-28

目	科	种	国家保护等级	IUCN等级	CITES附录
鸮形目	鸱鸮科	短耳鸮（*Asio flammeus*）	二级	LC	Ⅱ
鹰形目	鹰科	金雕（*Aquila chrysaetos*）	一级	LC	Ⅱ
		秃鹫（*Aegypius monachus*）	一级	LC	Ⅱ
		大鵟（*Buteo hemilasius*）	二级	LC	Ⅱ
隼形目	隼科	红隼（*Falco tinnunculus*）	二级	LC	Ⅱ
雀形目	伯劳科	楔尾伯劳（*Lanius sphenocercus*）		LC	
		荒漠伯劳（*Lanius isabellinus*）		LC	
	鸦科	小嘴乌鸦（*Corvus corone*）		LC	
		红嘴山鸦（*Pyrrhocorax pyrrhocorax*）		LC	
		黄嘴山鸦（*Pyrrhocorax graculus*）		LC	
		喜鹊（*Pica pica*）		LC	
		黑尾地鸦（*Podoces hendersoni*）	二级	LC	
	百灵科	短趾百灵（*Calandrella cheleensis*）		LC	
		凤头百灵（*Galerida cristata*）		LC	
		角百灵（*Eremophila alpestris*）		LC	
	燕科	岩燕（*Ptyonoprogne rupestris*）		LC	
	椋鸟科	粉红椋鸟（*Sturnus roseus*）		LC	
	鹟科	赭红尾鸲（*Phoenicurus ochruros*）		LC	
		北红尾鸲（*Phoenicurus auroreus*）		LC	
		白顶䳭（*Oenanthe hispanica*）		LC	
		沙䳭（*Oenanthe isabellina*）		LC	
		漠䳭（*Oenanthe deserti*）		LC	
	岩鹨科	褐岩鹨（*Prunella fulvescens*）		LC	
		鸲岩鹨（*Prunella rubeculoides*）		LC	
	雀科	白斑翅雪雀（*Montifringillla nivalis*）		LC	
		家麻雀（*Passer domesticus*）		LC	

续表6-28

目	科	种	国家保护等级	IUCN等级	CITES附录
		黑顶麻雀（*Passer ammodendri*）		LC	
雀形目	鹡鸰科	灰鹡鸰（*Motacilla cinerea*）		LC	
		黄鹡鸰（*Motacilla flava*）		LC	
	燕雀科	蒙古沙雀（*Rhodopechys mongolica*）		LC	
	鹀科	灰眉岩鹀（*Emberiza godlewskii* ）		LC	
8目	18科	39种			

注：EN代表濒危；NT代表近危；VU代表易危；LC代表低度关注。

6.7.4.3 物种相对多度

根据2018年和2019年系统采集的数据分析，结果显示，中亚兔、岩羊、北山羊、蒙古野驴、赤狐为相对多度指数最高的5种兽类，多度指数分别为127.49、46.90、43.33、31.63和26.01；鸟类相对多度指数高的前5种为石鸡、岩鸽、漠鹏、赭红尾鸲和沙鹏，多度指数分别为16.78、11.42、8.65、3.74和1.96。

根据月相对多度指数结果，兽类全年活动频率都较高，在6月达到活动最高峰，在8、9月活动也较为频繁，1、2月相对多度指数最低（图6-25）；鸟类在8月相对多度指数最高，与其他月份相比，6月的活动也较频繁，8月及之后相对多度指数逐渐降低，在1月达到最低。

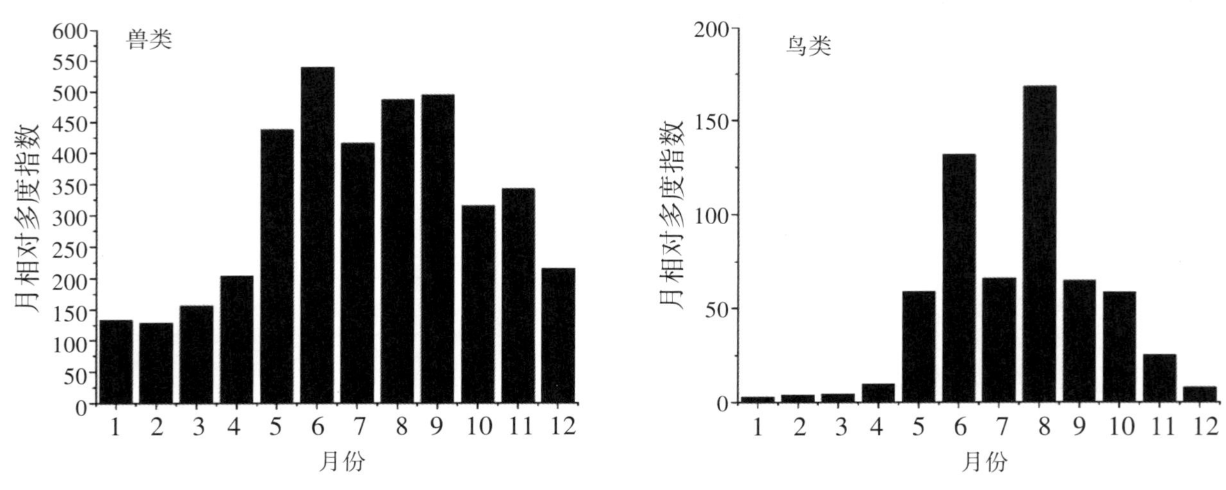

图6-25 物种月相对多度指数分布图

6.7.4.4 物种分布

基于样地1、样地2和样地3几年的数据分析，60个相机点位的出现率（网格占有率），雪豹、豺、石貂、黄鼬、白唇鹿、岩羊、西藏盘羊、红耳鼠兔、喜马拉雅旱獭以及暗腹雪鸡只在保护区南片的高山山地生境（样地1）出现，蒙古野驴、北山羊、戈壁盘羊、短耳鸮只在保护区北片的戈壁及戈壁山地分

续表6–28

布，秃鹫和大鵟也只在样地3和样地2中出现1次。兽类中分布最普遍的是赤狐和中亚兔，分别在60个相机点位中的57个和51个点位上被拍到过。兽类中的狼、猞猁、盘羊，以及鸟类中的漠䳭、石鸡、沙䳭、岩鸽和金雕，也均为广泛分布的种，在3个样地均有分布。

6.7.4.5　年度间的变化

保护区利用传统的调查方法开展过3次综合科学考察，共记录哺乳类32种、鸟类152种（包新康等，2014）。本次观测共记录兽类22种、鸟类39种，分别占保护区记录动物种的68.8%和25.7%，保护区原物种记录中的全部有蹄类、鸡形目鸟类均被观测到，而且通过红外相机又发现了4种保护区新记录种（豺、石貂、黄鼬和白唇鹿），其中食肉目动物都是活动很隐秘的动物，白唇鹿也只在2018年样地1中拍到过1次，数量稀少，可能是偶然进区。这都很好地说明了红外相机装置隐蔽和能够持续工作的特点，适合用于探测活动隐秘、数量稀少的动物，在调查兽类和地栖性鸟类本底资源方面的优势明显（李晟等，2014）。

与之前的观测结果比较，2019—2022年红外相机观测新增动物有23种：雪豹、豺、石貂、黄鼬、跳鼠、大耳猬、兔耳蝠、雉鸡、秃鹫、大鵟、红隼、喜鹊、灰斑鸠、山斑鸠、黄鹡鸰、粉红椋鸟、楔尾伯劳、大杜鹃、褐岩鹨、蒙古沙雀、家麻雀、黑顶麻雀以及灰眉岩鹀。其中豺、石貂、黄鼬为保护区新记录种，以前（20多年来）没有发现过。雪豹在1号样地寒山子—巴尔峡中出现频次多，从2018年9月至2019年9月每个月都能拍摄到；在15台正常工作的相机中，有11个点位的相机均拍摄到雪豹，独立有效照片总数为57张。这是保护区自建立以来首次观测到雪豹的分布，以前的记录是在保护区成立之初通过1987年收购站收自保护区附近东巴兔的豹皮来确定保护区有可能分布的。二十多年来，包括第二次和第三次综合科学考察，一直没有发现雪豹的踪迹。本次采集到雪豹照片的点位的海拔为2 604 m，为祁连山最西北边缘的中低山环境，紧靠山前冲积扇平原荒漠。雪豹能在如此低海拔及山地边缘出现，也为该物种目前的分布状况提供了新的科学数据。

本次在保护区利用红外相机观测到雪豹的分布后，第一时间在包括中央电视台新闻联播、新闻直播间等媒体进行了报道。

秃鹫、楔尾伯劳等其他新观测到的种，多为保护区水源地相机点位以及林地、草地相机点位所拍到的。不过这些动物在保护区以前均有分布记录。

6.7.4.6　通过红外相机数据分析有蹄类动物活动节律

1.物种相对多度

2018年红外相机观测到5种荒漠有蹄类动物的有效照片19 202张，独立有效照片1 892张。研究区域5种荒漠有蹄类动物的相对多度达到了129.08，其中岩羊（43.87）和北山羊（42.98）的相对多度较高，其次是盘羊（25.38）、蒙古野驴（15.62）和鹅喉羚（1.23）（表6–29）。

2.年活动规律

通过计算月相对多度指数，分析4种荒漠有蹄类动物的年活动规律（图6–26）。研究区域4种荒漠有蹄类动物的年活动规律相似。其中1—2月为全年最低，4、5月逐渐上升，6月达到了全年活动的峰值，7月之后开始逐渐降低。盘羊和蒙古野驴在11月出现第二个明显峰值，岩羊在12月出现第二个活动高峰值，北山羊全年只有1个活动峰值。

表6-29　安西保护区5种荒漠有蹄类动物不同季节的独立有效照片数和相对多度

物种	独立有效照片数/张				总和	相对多度指数
	春季	夏季	秋季	冬季		
蒙古野驴	90	116	19	4	229	15.62
鹅喉羚	9	9	0	0	18	1.23
盘羊	115	148	92	17	372	25.38
北山羊	175	228	141	86	630	42.98
岩羊	189	221	82	151	643	43.87
总和	578	722	334	258	1892	

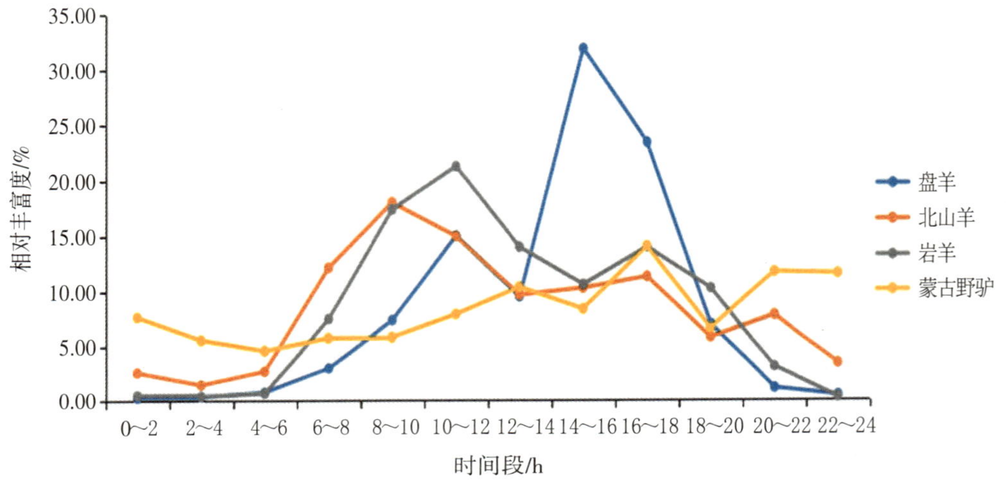

图6-26　保护区4种荒漠有蹄类动物的年活动规律

3.不同季节的日活动规律和夜行性分析

通过计算物种相对多度指数分析5种荒漠有蹄类动物不同季节的日活动规律（图6-27）和夜间相对多度。蒙古野驴和鹅喉羚水源地的独立有效照片占到2种总独立有效照片的80%以上，因此这2种的结果基本可反映2种的饮水规律。蒙古野驴夏季的独立有效照片最多（116张），春季次之（90张），秋季较少（19张）；冬季由于泉眼结冰，没有拍到水源地出现的照片。春、夏、秋季每天的各个时段，蒙古野驴在水源地均有出现，相对多度在22:00—24:00达到一天高峰。鹅喉羚春、夏季在水源地0:00—10:00的照片为零，12:00—14:00达到最大峰值，夏季16:00—18:00出现第二个峰值；秋、冬季在观测的水源地未拍摄到鹅喉羚。

盘羊不同季节0:00—04:00为活动最低值；冬季在12:00—14:00和16:00—18:00，春季在10:00—12:00和14:00—16:00出现2个活动峰值；夏季在08:00—12:00、14:00—16:00和20:00—22:00，秋季在10:00—12:00、14:00—16:00和18:00—20:00有3个高峰。北山羊在春、秋、冬季，第一个活动峰值在08:00—10:00，秋季和冬季在18:00—20:00出现第二个明显的高峰；夏季的第一个活动高峰提前到06:00—08:00，第二个峰值延迟至20:00—22:00。不同季节岩羊的日活动规律也基本呈双峰型分布，春、秋季日活动规律一致，08:00—10:00出现第一个峰值，16:00—18:00出现第二个峰值；夏季第一个活动高峰提前至06:00—08:00，第二个峰值延至18:00—20:00出现；冬季第一个高峰推迟到10:00—12:00，16:00—18:00的峰值不太明显。

北山羊夜间相对多度指数（1.32）较高，其次为岩羊（0.70）、蒙古野驴（0.66）、盘羊（0.37）和鹅喉羚（0）。

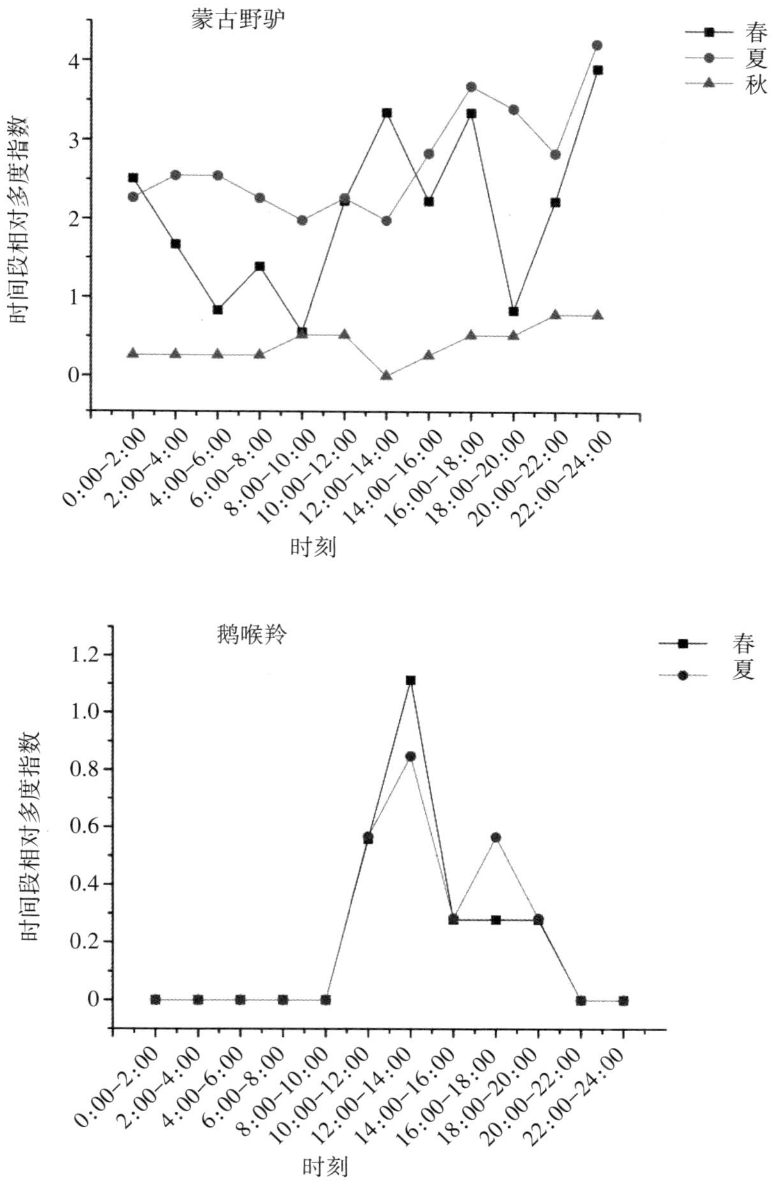

图6-27　保护区5种荒漠有蹄类动物不同季节的日活动规律

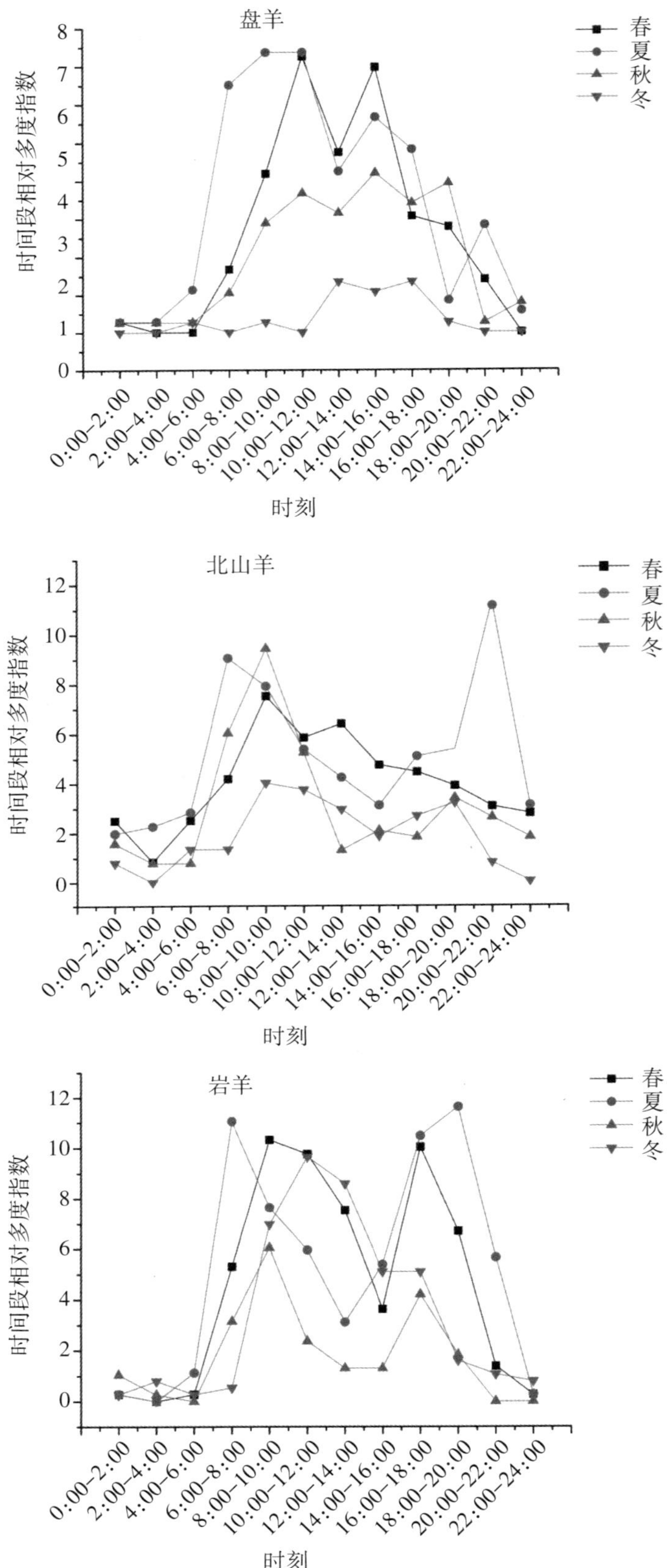

续图6-27　保护区5种荒漠有蹄类动物不同季节的日活动规律

4.有蹄类活动节律

保护区荒漠有蹄类动物中的岩羊（43.87）和北山羊（42.98）的相对多度较高，鹅喉羚（1.23）的最低。岩羊和北山羊是保护区南北片山地生境中的常见种，在保护区的3次综合科学考察中均保持较高的密度，而鹅喉羚种群数量下降显著（包新康等，2014）。鹅喉羚种群数量的减少与栖息地丧失、家畜竞争、过度捕猎及偷猎等因素有关（许可芬等，1997）。另外，红外相机统计的有蹄类动物的相对多度还与相机的布设位置和数量有关。在鹅喉羚分布的戈壁荒漠生境布设的相机数相对较少，也是导致研究结果中鹅喉羚相对多度低的原因之一。

荒漠有蹄类动物的年活动相对多度随季节发生一致性的变化，都是在6月最高，1—2月最低，这与不同季节气候和食物资源的变化及动物的生理或生活史周期、行为规律有关。春季随着气候变暖和植物生长，其活动丰富度逐渐上升；夏季食物资源在一年中最为充足，是许多动物最为活跃的时期，加上幼仔出生，种群数量增加，5种有蹄类动物活动相对多度最高。秋季有蹄类动物幼崽离开母亲在不远处单独活动能力增强，有些雌性寻找自己的幼崽，雄性单独行走寻找配偶及打斗失败独自离去，这些行为会使秋季单独个体出现的概率增大（胡亮等，2016）。同时，有蹄类动物加强采食活动，储备能量准备过冬，以及在秋冬季节进入发情交配期，活动较为频繁，这些变化都使许多有蹄类动物在秋季出现第二个活动高峰期。极旱荒漠环境中的蒙古野驴和盘羊亦如此，11月的相对多度值出现第二个峰值。岩羊12月至翌年1月发情交配（刘迺发，2010），相对于蒙古野驴和盘羊为迟，因此岩羊的第二个相对多度高峰推迟至12月。

卡拉麦里的蒙古野驴在水源地具有稳定的“U”型日活动节律，在0:00—01:00达到高峰，07:00—09:00快速下降，21:00—22:00快速上升；同时蒙古野驴对固定水源地的利用程度因秋季干燥缺水而最高，其次是夏季，春季由于有雪水和降水，对固定水源地的利用程度最低（吴洪潘等，2014）。拍摄到的蒙古野驴和鹅喉羚的相机基本都位于水源地。结果表明，22:00—24:00是一天中蒙古野驴种群到水源地活动的最高时期，即蒙古野驴存在夜间饮水习性，但没有出现“U”型日活动节律。同时保护区蒙古野驴夏季在水源地出现的次数最多，春季次之，而秋季出现的次数更少。我们认为这些变化与栖息环境的降水和水资源分布有关。新疆卡拉麦里保护区蒸发量达2 090.5 mm，全年降水量为159.2 mm，水源地分布较丰富（吴洪潘等，2014），而安西保护区年蒸发量平均为2 754.9 mm，年降水量为40～100 mm，且集中在6、7月，为极旱荒漠（杨增武等，2014）。保护区北片戈壁荒漠很大范围内只有4个泉眼可供观测。少量的降水很快蒸发或渗入土壤，固定的地下水泉眼是该戈壁荒漠有蹄类动物最为依赖的饮水点，水源地的活动相对多度主要体现在有蹄类动物对水的需求变化。夏季炎热干燥，动物对水的需求量最高，白天活动到水源地附近会随时补充水分，无固定规律。冬季水源冰冻之前，蒙古野驴、鹅喉羚等戈壁有蹄类动物会迁至其他区域活动，因此秋季观测到的次数很少，冬季基本没拍到这些有蹄类动物。鹅喉羚和蒙古野驴的栖息环境相同，夏参军等（2011）发现鹅喉羚每天有2～3个采食高峰。观测到鹅喉羚春夏季水源地活动高峰为12:00—14:00，应该是鹅喉羚早晨采食后移动至水源地饮水的反映。

反刍动物的节律通常有2～3个采食高峰，采食集中在清晨和黄昏（Lickliter，1987），它们将大部分白昼时间用于采食和休息，表现为明显的采食-休息-采食的活动模式（Nielsen，1984；Hudson，1985）。

保护区北山羊4个季节的日活动节律体现为双峰型，与新疆阿克苏、阿勒泰北山羊种群（徐峰等，2006；胡亮等，2016）日活动规律一致。岩羊属于晨昏型活动的动物，清晨和黄昏有2个活动高峰（王小明等，1998a；王小明等，1998b；刘振生等，2005；李志军等，2018）。保护区岩羊春、夏、秋季日活动规律也呈双峰型分布，与孙佳欣等（2018）研究四川林地的岩羊日活动规律呈单峰型不同，是因为两地植被类型和气候环境等差异较大。保护区岩羊冬季的日活动规律只在10:00—12:00出现一次活动峰值，和贺兰山岩羊种群（刘振生等，2005）的日活动规律有相似之处。同为山地有蹄类，岩羊的日活动第二个高峰在4个季节均比北山羊提前一些。是因为北山羊生活的山地海拔低，山势较平缓，岩羊冬季多生活在海拔2 500～3 500 m的山区（王香亭，1991），生境的山势更加陡峭，夜晚光线太暗会增加其峭壁活动的危险性。

盘羊日活动节律的4种主要的行为类型包括采食、休息、移动和警戒（站立）（郭方正等，1993；李叶等，2011；吕小静等，2016），其中采食最为主要，日活动高峰主要为采食高峰（郭松涛等，2003）。数据分析发现，保护区盘羊日活动节律在夏、秋季节出现3个高峰，在这2个季节，日活动节律应该有3个采食高峰。天山的盘羊在秋季只有2个采食高峰，而不是3个，这与秋季白昼较短有关（郭松涛等，2003）。保护区盘羊种群在冬、春季的日活动节律只有2个活动高峰，这应该也与白昼短有关；这些季节日出迟，日落早，气温低，盘羊2个活动高峰更向中午集中，而且冬季更推迟一些。这种日照时间和气温的变化对有蹄类日活动节律的影响，在岩羊、盘羊和北山羊日活动节律的季节变化中有明显体现：在白昼长、气温高的夏季，第一个活动高峰提前，第二个高峰推后；白昼短、气温低的冬季，2个高峰则向中午集中。

动物活动节律的形成是动物对环境和各种因子变化所产生的综合适应，受各种内部和外部综合因素的影响。研究保护区5种荒漠有蹄类动物的活动节律，可为保护区的生物多样性研究提供本底资料，为荒漠区珍贵濒危有蹄类动物的保护和管理提供借鉴。

6.7.5 观测样区内物种面临的威胁因素

2019年3个样地60台红外相机，共拍摄照片100 620张，其中动物照片38 923张，占总照片数的38.68%，牲畜等干扰照片7 010张，占总照片数的6.97%；空拍照片51 984张，占总照片数的51.66%。与2018年比较，2022年度上半年红外相机观测受牲畜、人为干扰比以往小（表6-30），这与保护区加强巡护工作、禁止放牧力度加强有关。

表6-30 红外相机拍摄年间统计

年份	工作日	照片总数/张	有效照片总数/张	独立有效照片总数/张	空拍数/张	工作人员/张	家畜及人为干扰/张
2018	13035	111776	33443	3656	62116	2136	14081
2019	14741	100620	38923	5852	51984	1009	7010

2022年度的观测新增了一些物种，一些常见物种的丰富度也有所提高，表明在观测区内物种生存状况正向着更好的方向发展。

设立在保护区边缘的相机记录到大群的家羊放牧情况，3个样地都拍到较多的散放的家马，如图6-28所示。因此，保护区家畜等放牧活动对保护区内物种还是造成了一定的干扰，需要进一步加强管护。

图6-28　保护区观测到的家畜活动（红外相机拍摄）

第7章 自然遗迹

7.1 自然遗迹的形成条件与过程

自然遗迹，是具有若干特殊的自然或文化特征的自然景色区域。自然遗迹一般是具有突出意义的景色，以及与之密切相关的、独特的或有代表性的物种等。由于其具有稀有性、代表性、美学性等特性，或具有显著的文化意义，因此自然遗迹往往具有突出的或独特的价值。

自然保护区自然和人文遗迹的形成与漫长的人类历史关系密切，同时也与自然地理环境关系密切。漫长的人类活动历史是保护区自然遗迹形成的重要条件。保护区所在区域春秋时为古瓜州，秦时大月氏居住，汉为敦煌郡治下渊泉、冥安、广至三县地境，晋改为晋昌郡，隋改常乐郡，唐、宋、元称瓜州，明设罕东卫，清置安西州，1913年改安西直隶州为瓜州县。

保护区位于河西走廊西端，疏勒河、榆林河和古冥水三水汇流处。早在4 000年前的新石器时代这里已有人类沿水而居，历史悠久。古丝绸之路开通后，瓜州又是此路的重镇要塞。从汉唐至宋、元，瓜州经历了长期的繁荣，同时也经历了一次又一次你争我夺的争战。先民们在这里既创建了闪烁中华民族文化的石窟寺，也建造了深壁高垒的城池和蜿蜒曲折的防御长城，现今都是享誉中外的文物古迹。

7.2 自然遗迹的类型与分布

保护区的自然遗迹有古遗址、古城遗址、烽燧、古建筑、古墓葬、摩崖石刻和石窟寺等7种类型，大多分布在保护区的一般控制区内。按照保护区整合优化界范围，区内分布的自然遗迹有锁阳古渠道遗址、潘家庄城遗址、兔葫芦遗址、鹰窝树遗址、马圈古城遗址、双塔堡遗址、冥安城遗址、唐月牙墩、清道德楼、旱湖脑墓群、长沙岭墓群、冥水墓群、锁阳城墓群、踏实墓群、转台庄子遗址、东千佛洞石窟、碱泉子石窟、边墙沟摩崖石刻和旱峡石窟等19处，全部分布在保护区南片。其中：核心保护区分布有碱泉子石窟，剩余19处均分布于保护区一般控制区；全国重点文物保护单位2处（锁阳古渠道遗址、东千佛洞石窟）、省级文物保护单位5处（潘家庄城遗址、兔葫芦遗址、冥安城遗址、碱泉子石窟、鹰窝树遗址），剩余13处为县级文物保护单位。

7.2.1　古遗址

1.锁阳古渠道遗址

位于今瓜州县锁阳城镇桥子村南坝二队正南8 km处的戈壁荒漠，分布于锁阳城城址东南，全国重点文物保护单位。1987年当地文物考古工作者对该遗址进行了调查。从航片上看，各种渠迹如干渠、斗渠、支渠、毛渠等俱全，呈树枝状展布，有各种渠迹100余处。在锁阳城遗址南侧及东侧遗留的古渠遗迹比较清晰，今残存长百余米的古拦水坝址一道，还有一条底宽16 m、口宽20 m的支渠。锁阳城古渠道遗址地面遗存数量较多，对水利史、建筑史、农业史的研究都具有重要价值。

2.兔葫芦遗址

位于今瓜州县布隆吉乡双塔村南4.5 km，省级文物保护单位。“兔葫芦”乃原始吐火罗游牧氏族部落转音。属四坝文化类型，分居住区、制陶区、石器制造场、墓葬区4个部分，总面积4.5 km^2，部分被流沙覆盖。居住区内地面分布有大面积房屋遗迹，房屋墙体已不存在，但有柱洞和大面积圆形灰坑，灰坑内遗存红烧土、灰烬和兽骨，四周散落有大量石器、陶片；制陶区在遗址东侧，可见窑底多处，有圆形和椭圆形2种；石器制造场在遗址北边，地面散落大量石器及成堆未加工的石料，石器有石镰、石斧、尖状器、刮削器等；墓葬区在遗址东北面，因长期遭受风沙切割，墓底裸露地表，人骨、随葬器物大部分破碎，出土有陶器、石器、铜器、骨珠、贝壳等多件文物。该遗址文化内涵丰富，说明游牧氏族部落已由游牧捕猎生产生活方式过渡到定居的从事半农半牧的生产生活方式。该遗址为揭示甘肃西部地区古文化及文化类型编年提供了极为珍贵的实物资料。

3.鹰窝树遗址

位于今瓜州县锁阳城镇北桥子村东北10 km荒漠，省级文物保护单位。遗址坐落在两沙丘之间，因遗址南1 km有成片胡杨林，树上有老鹰窝，故借其名命名。遗址分居住区、制陶区、墓葬区3个部分，面积约30万m^2。居住区在墓葬区西南800 m。制陶区位于居民区西北250 m，制品同兔葫芦。墓葬区位于居住区东北的砾石戈壁滩，面积约35 000 m^2，随葬器物有彩陶双耳和单耳、四耳罐、灰陶单耳、双耳罐、双耳彩陶钵，纹饰为单线、折线、圆点线、旋涡纹；有石刀、石斧、石镰、石锯、石球、石坠等石器工具；有石珠、玛瑙珠、绿松石珠、海贝、蚌环等装饰品。四耳彩陶罐、双耳彩陶钵，堪称火烧沟文化类型的代表精品。其对于全面认识和研究四坝文化的内涵与特点以及文化分期等，具有十分重要的学术价值。同时，其为河西走廊史前考古学文化谱系的建立，为该地区古代民族的构成、民族迁徙以及相关问题的研究，也提供了十分重要的新资料。

4.马圈古城遗址

位于今瓜州县锁阳城镇堡子村六组西1 km处的荒草滩，由大城和小障两部分构成。大城底基平面呈正方形，长宽均为156 m，分布面积24 586 m^2，城墙现已全部倒塌成土梁，宽4～5 m，残高0.2～0.3 m，夯土版筑。小障位于大城内西南侧，底基平面呈正方形，长宽均为56.5 m。据有关专家考证，该城址是唐瓜州城周边的大型畜牧业基地，对研究当时畜牧业的发展和城址构筑形制具有重要价值。另据李正宇先生考证，该城址为唐玉门关遗址。由于雨水冲刷、盐碱侵蚀、年久失修等原因，城址损毁，城址墙体现已全部倒塌成土梁，盐碱腐蚀严重，整体保存差。

7.2.2 古城遗址

1.冥安城遗址

位于今瓜州县锁阳城镇南坝村东南4 km冥水（黑水）古道南600 m南岔大坑，是瓜州县现存规模较大、时代较早的汉代古城之一，属第六批省级重点文物保护单位。据有关专家考证，该城始建于汉代，为敦煌郡冥安县城，是汉代该区域政治、经济、文化中心，也是通往西域交通要道上的重要城址。老城在大坑内，新城在老城西北1.5 km冥水南岸高地。大坑1 km²，为当时筑城取土所致。冥水有水道直通大坑，是古城居民用水线路。老城东北、西南、西北角有烽燧各1座，东与冥水墓群、东南与黑水墓群相望，西南与汉转台庄子、唐瓜州城、开元寺相望，两城周围有烽燧21座，可见两城在当时地理位置的重要程度。城周围风蚀台地连绵起伏，顶部遗存着丰厚的汉唐农耕土层；水系、道路成网；地面散落大量水波纹、垂障纹、附加堆纹、绳纹陶片和夹砂红陶片。新城北距冥水古道80 m，河道干涸，红柳、白刺丛生。城墙夯土版筑，长宽均110 m，面积12 100 m²，正中开门，城门过道进深89 m，在河西发现的历代古城中所仅见。

2.潘家庄城遗址

位于今瓜州县双塔镇月牙墩村西300 m处，遗址呈长方形，南北长约210 m，东西宽约170 m，分布面积约35.7万m²，省级文物保护单位。城墙现已全部倒塌成土梁，残宽4～5 m，残高1.2～1.8 m，夯土版筑，夯层不清；四角筑有角墩，城南正中开一城门，门宽4.5 m。该遗址西侧距潘家庄墓群500 m，根据墓群的发掘情况和城址内散落的青砖，可断定其时代为汉代—魏晋时期，是当时农耕区居民的居住地，对研究早期城址构筑形制及历史文化具有重要价值。

3.转台庄子遗址

位于今瓜州县锁阳城镇南坝村南5 km的风蚀台地。遗址平面呈不规则长方形，四角呈圆弧状。东墙长32.3 m，南墙长33.5 m，西墙长36.3 m，北墙长39 m。遗址基础部分为夯土筑成，夯层以上墙体内外两侧为土坯垒筑，内外土坯墙中间填充黄土，形成“凹”型夹道墙。墙体外围四周挖设壕沟。该遗址根据地面散落遗物，可初判为汉—元时期锁阳城周边的古城址，城址内文化层分布繁杂，历史延续时间长，对研究该区域的历史文化及早期建筑具有重要价值。

4.双塔堡遗址

位于布隆吉乡双塔村北3 km，疏勒河南岸，县级文物保护单位。淹没于双塔水库，春、夏、秋开库放水季节，水位下降露出水面，人可近前。冬季封冻冰下，莫可稽考。唐高祖武德二年（619年），置玉门关于葫芦河（今疏勒河）。是时其水甚急，深不可渡，上置玉门关，即西域之咽喉。玉门关地处疏勒河与大东河交汇地，东南月牙墩、西南乱山顶七星烽、正西苜蓿烽、西大墩、西北北大墩（长城58号烽燧）等12座烽燧居险扼守。东南玉门关—瓜州—石包城古道、西玉门关—沙州古道、西北玉门关—星星峡（汉赤崖驿）—伊吾古道，地势险要。正应了清汪隆咏《双塔堡》诗：塔影参差旧迹荒，营屯卒伍启新疆；雪峰南耸当山阁，红日东来照女墙；草色满郊千骑士，河流双汇一川长；幽情更爱禽鱼盛，闲向溪林钓猎忙。玉门关西疏勒河出口乱山之颠有唐塔2座，南北相对峙，相距200 m，系上圆下方土坯塔，外抹白灰，高5 m。清“双塔堡”因此塔得名。清代列为安西八景之一“双塔凌霄”胜迹。1958年修建水库，双塔拆除，双塔名存实亡。1993年10月，瓜州县水利局在水库大坝南北两端重修双塔。

7.2.3 烽燧

瓜州境内分布着汉（包括长城烽燧）、唐、宋、清代烽燧124处，构成了强大的军事防御体系，对于稳固西部政局、交通、经济、文化发展起了极为重要的历史作用。由于政治、历史的变迁，这些烽燧已失去它的作用，但在历史考古学方面却有着永久的保存价值。保护区内现存各类烽燧多处，其中最为典型的是保护区南片实验区的唐月牙墩。

唐月牙墩位于今瓜州县布隆吉乡双塔村东北8 km疏勒河南岸月牙湾台地，县级文物保护单位。夯土版筑，平面呈正方形，底边长宽均为8.5 m，高9 m。顶部土坯压檐，有圆形掩体，高0.6 m，北面有脚窝。烽南15 m有房屋遗迹，长17 m，宽13 m，残高0.6 m，墙厚0.55 m，为守烽兵士住所。烽燧周围散落夹砂水波纹白陶片、素面灰陶片。烽西3.5 m有大土堆，平面略呈方形，长10.4 m，宽9.5 m，残高1.5 m，下部为夯土，高0.8 m，上部为土坯垒砌，土坯48 cm×20 cm×10 cm，为汉制，周围散落绳纹、水波纹、垂幢纹陶片。由此判明，汉代已在此修筑烽燧，北距长城2.5 km，为长城南部的军防设施，后倒塌。唐为加强玉门关防备，重修烽燧，故汉唐时期军防设施同处一地。

7.2.4 古建筑

瓜州自汉武帝经营河西以来，由游牧民族区域转变为汉民族定居的农业区域，由此发展了汉文化，同时也融合了少数民族文化，达到汉族和少数民族共同发展，共同繁荣。汉、唐、宋（西夏）清，乃至民国各个历史时期，都曾修建过反映地方民族风格的传统古建筑；塔、庙、楼、祠、牌楼等，遍布城镇、乡村，点缀了当地古朴的民族文化氛围。保护区内分布的古建筑有清道德楼。

清道德楼位于今瓜州县锁阳城镇堡子村村委会院内，清嘉庆十三年（公元1808年）建，是本县现存唯一的全木结构建筑。二层四角飞檐歇山式，平面正方形，长宽均7.2 m，面积51.8 m^2，高8.6 m，顶盖筒瓦，贯兽头瓦当。楼内原塑太上老君像一尊，西挑檐下原悬有“道德楼”三金字木匾，四角挂风铃。楼东、南两侧有古树四棵。1985年11月30日由瓜州县人民政府公布为县级文物保护单位。

7.2.5 古墓葬

1. 旱湖脑墓群

位于今瓜州县布隆吉乡双塔村东南10 km旱湖脑荒漠，县级文物保护单位。南北两城相连，平面呈“刀把”形。南城东西长260 m，南北宽160 m，面积约44 200 m^2；北城面积约35 200 m^2。均为夯土版筑。城东、南、西、北有烽燧各1座。西南300 m的高地有窑址，650 m有汉墓群。地面散落有汉陶片、砖块。正南900 m为广袤的风蚀台地，有大规模农田水利遗迹，南缘有东北—西南走向的古道，宽2.6～3.2 m，深0.7～1.4 m，是汉渊泉县—旱湖脑城—草城—冥安县—唐瓜州—汉广至县城的通道。城北1 km有露头泉水，形成小型湖泽，水北流7 km汇流于疏勒河，当地人惯称“湖脑儿”，即“水头”之意。故城借地名命名“旱湖脑城”。

2. 长沙岭墓群

位于今瓜州县锁阳城镇北桥子村东北10 km，是一处汉墓群，县级文物保护单位。面积约1260万m^2。有墓葬781座，其中大墓11座，小墓770座，封土平面多为椭圆形。大墓封土直径12.5～16.5 m，高

1.2～2.5 m，墓道长16～22 m，宽1.2～1.6 m。地表散见绳纹、水波纹灰陶片。墓葬保存较好，对甘肃省汉代考古和河西汉代史的研究有重要价值。

3.冥水墓群

包括南、北2个墓群，省级文物保护单位。南墓群位于锁阳城镇南坝村东南8 km。面积约100 km^2。有砾岩洞室墓768座，大墓多集中于墓群东部。大部分墓地表有砂砾堆积茔圈、神道、封土和墓道。1号墓规模最大，有砂石堆积长方形茔圈，东西宽116，南北长188 m，封土呈方台形，底边长宽均为17.5 m，高3.5 m，地表砂石堆积墓道长30 m，宽1.8 m，高0.75 m。北墓群位于锁阳城镇南坝村东北6 km。面积约100 km^2。有砾岩洞室墓2 460座，大墓多集中于东部。大部分墓地表有砂砾堆积茔圈、神道、封土和墓道。1号墓规模最大，有方形茔圈，长宽均114 m，封土底部呈方形，底边长宽均为17.5 m，高3.85 m，地表砂砾堆积墓道长29.5 m，宽1.75 m，高0.8 m。这2处墓群是甘肃省大型的汉墓集聚区，保存着3 000多座汉墓，对甘肃汉代考古和汉代史研究有重要价值。

4.锁阳城墓群

包括东、西2个墓群，为省级文物保护单位。东墓群位于锁阳城镇南坝村锁阳城东南4 km，面积约130 km^2。有墓葬674座，封土平面多为圆形或椭圆形，均为砾岩洞穴墓，大墓多集中在东南部。1号墓规模最大，封土高3.6 m，墓道长28.5 m，宽2.4 m，土坯封门。曾出土铜带钩、灰陶罐、“开元通宝”等。西墓群位于锁阳城遗址西南6 km，面积约110 km^2。分布墓葬512座，大墓多集中在墓群西北部。大部分墓地表有砂砾堆积茔圈神道、封土和墓道。1号墓茔圈，南有土阙，封土为圆形，周长68.5 m，高2.85 m，墓道长24.5 m，宽2.65 m。两处墓群是甘肃省大型墓群区，保存着汉、晋、唐三代1 200余座古墓，保存状况较好，对甘肃研究汉唐考古和河西汉唐史的研究有重要价值。

5.踏实墓群

位于今瓜州县锁阳城镇镇政府东南7 km处的戈壁滩，墓群分东、西2个墓区。东墓区面积约5000万m^2，有砾岩洞室墓225座，其中大型墓8座，集中于墓群西部。位于墓群中部的1号大墓，俗称“四个墩子”，其地面遗迹有茔圈、神道、墓阙、封土等。茔圈的围墙基本呈方形，东西宽131 m，南北长128 m，高1.3 m；神道也是用砂砾堆积成梁，长234.2 m，宽18 m；有墓阙4座，分别位于神道南北端的东西两侧。其中神道北端东侧单阙通高5.1 m，阙身高3.8 m，台基高1.3 m，茔圈口东侧阙是子母阙，残高5.8 m。封土用砂砾堆积，高4.5 m，呈梯形；墓道同封土一样，用砂砾堆积，长60 m，宽7.4 m，高1.38 m。2号墓和3号墓均出土了精美的画像砖。西墓区面积约4500万m^2。有砾岩洞室墓200多座，其中大墓6座，多集中于墓群东部。大部分墓地表有砂砾堆积茔圈、神道、封土和墓道。3号墓茔圈呈正方形，长宽均为95 m，神道向北，长98 m，宽14.5 m。封土平面呈圆锥形，周长78.6 m，高3.2 m，墓道向东，长36.5 m，宽2.2 m，高1.25 m。

踏实墓群规模大，保存较好，是研究汉、魏、晋、唐时期该地区丧葬制度变化的重要历史资料。踏实1号大墓墓阙是已知国内现存唯一的东汉时期土坯垒筑的子母阙遗存，体量尺度也远大于内地的汉代诸石阙，是研究汉至魏晋建筑史的重要材料。

7.2.6 摩崖石刻和石窟寺

周、春秋、战国、秦、西汉初的河西地区，是羌人、乌孙、月氏、匈奴等游牧部落活动区域，他们没有文字，逐水草而牧猎，在沿山崖上用粗犷的手法留下本氏族部落的原始文化——摩崖石刻岩画。北祁连山西段北麓安西鹰嘴山，肃北大黑沟、马鬃山、玉门、嘉峪关，大黑山南麓等地，均发现游牧部落摩崖石刻岩画，是民族文化遗产的重要组成部分。

1.东千佛洞

位于今瓜州县锁阳城镇南坝村东南28 km长山子北麓干河谷，全国重点文物保护单位。为区别其与敦煌西千佛洞，历代惯称“东千佛洞”；又因7窟前室东、西壁彩绘西夏壁画接引佛各1铺，故又称“接引寺”，是西夏和西夏以后开凿的佛教石窟寺。洞窟开凿于干河床东西两侧的山壁上，山壁高35～55 m，为夹砂岩石结构。洞窟多是单独开凿，没有串洞。现存洞窟23窟，而留有壁画塑像的仅有9窟。以壁画艺术风格和题记判断：西夏5窟，元代1窟，清代3窟。其文化源流与莫高窟、榆林窟一脉相承。尤以内容丰富、技艺精湛的西夏窟见长，其密宗佛教壁画可弥补莫高、榆林2窟之不足，是研究西夏民族文化和民族建筑的珍品。

在具有高度艺术价值的西夏洞窟，可以看到的壁画内容有：“净土变”“药师变”“说法图”“文殊、普贤变”“密宗曼荼罗”“水月观音”“涅盘变”等西夏流行的主要题材，除此以外，还穿插着坛城、藻井、鸟兽花枝花边、双龙团凤、趺坐小佛、伎乐菩萨、火焰、壶门等图案装饰。

从绘画技法上看，这是一座精美的不可多见的西夏艺术宝库。从几个典型的洞窟壁画看，“西夏人远宗唐法，不入宋初人一笔，妙能自创，俨然成一家”的独特艺术情调，在这里得到了完美的体现。在一主室后穿道的南北壁上绘有两幅色彩艳丽、约4 m^{2}大小的水月观音，观音悠然自若地坐在金刚宝石上凝神遐思，身边彩云环绕，山后数竿绿竹更点缀出仙山胜景的清静；金刚宝石座下，绿水荡漾，隔水的岸上唐僧双手合十朝观音膜拜，孙悟空手牵驮着经卷的红马，紧跟在后。这两幅水月观音画，无论从色彩上还是线描上都达到了极为严正工细的程度，榆林窟就因数幅水月观音画称绝于世，这里的精美佳作更又胜之，形成了瓜州西夏壁画观音独具的特色。正如敦煌研究院院长、著名敦煌学家段文杰1990年在其新作《新发现玄奘取经图探讨》中所说：“安西榆林窟和东千佛洞六幅玄奘取经图的发现，是稀世之珍，在研究佛教思想的演变、研究中印文化交流的历史，研究《西游记》成书之前主要人物艺术形象的创造和完善过程，是难得的形象资料。”

2.碱泉子石窟

位于今瓜州县锁阳城遗址南10 km长山子北麓碱泉子峡谷，省级文物保护单位。石窟南8 km有山间露头泉水，土层潮湿重盐碱，当地人惯称“碱泉子”，故石窟借泉名。东距东千佛洞28 km；南距祁连山大雪山80 km；西距旱峡石窟18 km，榆林窟26 km。地势南高北低。

洞窟开凿在河谷东西岩第四纪更新世砾岩层。以现存覆斗顶、穹隆顶过洞式洞窟形制判断，始创于唐，宋、西夏增修。共24窟，西岩23窟，东岩1窟，留有壁画者仅西岩1窟。由于洞窟开凿在直立的河谷岩壁，长期遭受由南向北顺坡而下的洪水冲刷，塌落严重，上窟栈道早已不存，窟室、甬道全部塌落成半边。

3.边墙沟摩崖石刻

位于瓜州县锁阳城镇南85 km鹰嘴山北麓边墙沟，瓜州—肃北界，亦为保护区界，县级文物保护单位。西汉武帝时期，为加强防务，除在北部修筑长城烽燧外，还在祁连山南部因地制宜，在各个山口用石块垒筑的石墙抵御外敌入侵，在鹰嘴山口就有垒筑的石墙，当地汉、藏牧民惯称“边墙沟”，又因石崖有野马、野驴图形，故又称“七个驴大坂”。在12 m^2崖壁上刻有野马、野驴、野骆驼、盘羊、岩羊等动物图形，由凿点连线刻成，画面结构自然，动物形态逼真，保存完好，乃春秋—秦游牧氏族部落所创作。

4. 旱峡石窟

位于今瓜州县锁阳城镇农丰村东南18 km标杆子山旱峡口，县级文物保护单位。此地虽称旱峡，但有清泉流经窟下，水草丰茂，环境幽雅。仅开南北两窟于距地面76 m的陡壁上，两窟相距9.5 m。

南窟圆形穹隆顶，直径4.2 m，高3.5 m。窟壁面积30.5 m^2，壁画保存面积18.5 m^2，彩绘文殊、普贤各1铺，千佛81身，供养人像13身，西夏题记13方，唐、元、清、民国墨书题记26条，为汉文、蒙古文、藏文、维吾尔文。这些壁画成画年代大约在12世纪下半叶至13世纪初叶的西夏。南窟主要反映西夏晚期壁画艺术风格，无论从色彩和线描上都达到了严正工细的程度，尤以左壁《坛城》和正壁《千佛》突出。本幅《坛城》较西夏其他处《坛城》都要复杂，人物形象很生动，各种图形逼真自然，具有很高的艺术价值和资料价值，在西夏佛教石窟艺术史上有极重要的地位；《千佛》表现了西夏千佛图的一般特征，对研究西夏千佛图的构成及艺术成就具有很大价值，是不可多得的珍品。

北窟在南窟东北，规模小，但历代题记多。总计有汉文、西夏文、蒙古文、藏文、维吾尔文题记26条（方），时代为唐、西夏、元、清、民国。

7.3 自然遗迹的价值意义

保护区所在地瓜州历史悠久。春秋时为古瓜州，秦时大月氏居住，汉为敦煌郡治下渊泉、冥安、广至三县地境，晋改为晋昌郡，隋改常乐郡，唐、宋、元称瓜州，明设罕东卫，清置安西州，1913年改安西直隶州为安西县，2006年又复名为瓜州县。通过自然遗迹的分析和研究，可以为认识这些历史过程提供重要依据，也对研究该区域的历史文化及历史考古具有重要价值。大自然的鬼斧神工更造就了瓜州多种类型的千姿百态的自然景观，保护这些大自然的景观对认识自然过程和环境变化，以及保护自然环境、协调人与自然的关系等都具有重要意义。

第8章　旅游资源

8.1　自然旅游资源

自然旅游资源又称自然风景旅游资源，指凡能使人们产生美感或兴趣的、由各种地理环境或生物构成的自然景观，通常是在某种主导因素的作用和其他因素的参与下，经长期的发育演变而形成。自然旅游资源是在亿万年自然地理环境的演变之中形成的。根据《中国旅游资源普查规范》，自然旅游资源分为四大类，即地貌景观类、水域风光类、天气气象类和生物景观类。

保护区所在区域地处蒙古高原南缘与青藏高原北缘交汇地带。由于在祁连山隆起的过程中留下无数道地层断裂沟槽，雪水融化后，沿着沟槽潜流地下，到山北低地涌上地面，形成片片绿洲。瓜州原始先民们便依靠这片片绿洲繁衍生息，发展农牧业，创造了灿烂的史前文化，一直延续到现代。由于地质历史作用和人为作用，在瓜州大地上遗留了大片风蚀黄土台地，荒漠戈壁沙丘和绿洲，形成了独特的自然地理景观。根据调查，保护区内有地貌景观、水域风光和生物景观等3类自然旅游资源，分别为锁阳城雅丹地貌、双塔湖、葫芦河湿地、桥子东坝、北桥子神仙林等。

8.1.1　锁阳城雅丹地貌

雅丹地貌是一种典型的风蚀地貌，又称风蚀垄槽，或者称为风蚀脊。在极干旱地区的一些干涸的湖底，因干缩裂开，风沿着裂隙吹蚀，裂隙愈来愈大，使原来平坦的地面发育成许多不规则的背鳍形垄脊和宽浅沟槽。锁阳城雅丹地貌位于保护区南片实验区、锁阳城遗址城址南侧，东西长近20 km，南北平均宽不到500 m，总面积近10 km^2。这一地区，第四纪冰河时期，古冥水夹带大量泥沙向西北顺坡而下流经此地，地势低平处水流减缓，泥沙沉积成湖泽地层。全新世以来，气候变干，生态变迁。汉唐时期，当地居民在这里大量垦荒，呈田园风光，生态环境远比现代好得多。唐开元以后，冥水断流，瓜州为吐蕃人攻占，农民向北迁移，田地大片荒芜，宋、元时期曾一度恢复该地农业，生态景观有所改观。明清以后，冥水彻底断流，黄土沉积层无水依赖，无植被覆盖，强烈的东风切割地表，带走大量沙土，近300年风蚀作用，使以往的田园风光变成了连绵起伏的风蚀台地——雅丹地貌。

此地雅丹和其他各地略有不同，有流水的作用，水流依附于风力吹蚀，增强和加速了地表的沙漠化过程，暴雨雪形成的地面径流，刻蚀地表，造成了明显的沟谷系统，整个外貌极似凝固的海洋波浪。“波浪线”南北纵走，波浪呈不对称状，陡坡朝着东方，缓坡斜向西边，又似流水下的涟痕，“波峰线”两面的斜坡不是平坦的，同样经过风力的吹蚀，但分割较浅，沟槽没有南北方向深大，东西向条状排列的地面形态仍然非常明显。这里的风蚀过程进行得较和缓。

8.1.2 双塔湖

位于今瓜州县城东50 km，保护区南片实验区北部，是甘肃省最大的农业灌溉水库。该库有效库容1.15亿 m^3，水域面积多于13 km^2，灌溉下游120 km^2耕地。G30高速公路由水库北侧穿过，是通往敦煌—嘉峪关—酒泉这条旅游热线上的必经之地，这里丰富的古文化遗存和独特的旅游资源，为当地发展旅游事业提供了良好的条件。始建于20世纪50年代的双塔堡水库位于疏勒河中游，是新中国成立后甘肃兴建的第一座以灌溉、防洪等综合使用为目的的大Ⅱ型水库，流域面积3.4万 km^2，滋养着瓜州数十万民众，为下游生态建设、农田灌溉、社会经济发展发挥着重要作用。疏勒河水静静流淌了千百年，记忆着历史的更迭变革。唐玄奘西去取经夜渡葫芦河、偷渡玉门关的历史传说，在这里广为流传。双塔水库似疏勒古道上的一颗璀璨明珠吸引着越来越多的游人览胜掠影。2003年，瓜州县政府将双塔水库确定为重点旅游开发区，赋名双塔湖。

8.1.3 葫芦河湿地

主要位于保护区南片实验区，瓜州县布隆吉乡双塔村、双塔水库南侧，距瓜州县城70 km，为疏勒河的支流之一。葫芦河湿地风景优美，生物资源丰富，仅在葫芦河湿地中被《国际湿地公约》收录的水禽达44种，本土鱼类13种，浮游植物6门34属，硅藻类19属，浮游动物22种，底栖动物8属；候鸟、留鸟主要为大白鹭、斑头雁、赤麻鸭等，秀美的自然风光具有较强的观赏性，对游客具有较强的吸引力。下一步，地方政府可依托葫芦河优良的自然环境资源发展旅游产业，带动当地村庄融合发展，提高村民收入。

8.1.4 桥子东坝

位于瓜州县城东南67 km处的锁阳城镇南坝村，这里汇集了上游多个露头泉水，流经数十千米，在这里形成了一个月牙形的湖湾。一年四季，都能领略到这里不同于内地的边塞风光。夏日的东坝更是别有一番景象，棵棵高大古老的柳树盘根错节，像一把巨大的绿伞，站立在碧波潋滟的湖边，青黛色的祁连山和淡黄色的长沙岭连绵起伏，东西横亘。湖边茂密的红柳丛花红欲燃，与明镜般的湖面相映成趣，闪烁耀眼，湖边的绿草给湖面镶嵌了翡翠般的边沿。桥子东坝主要以水库为主，周边的植被景观为辅。水库是一座以灌溉为主的小Ⅰ型水库，始建于1872年，后经多次扩建、改建，才形成现在的规模。水库总库容162万 m^3，现控制灌溉面积9.67 km^2，是水库周边农业生产的主要灌溉水源。1941年夏，范振绪先生携张大千先生同游桥子东坝时写道：“平沙满目尽荒田，蓦地湖光到眼前。溪上牛羊湖畔草，水中鸥鹭镜中天，新芦此地初留影，老柳杈芽不计年，谁道边陲无乐土，结庐于此亦超然。”

8.1.5　北桥子神仙林

位于保护区南片实验区、瓜州县锁阳城镇北桥子村东北10 km处，周边分布有胡杨林，总面积300 hm^2，现有树龄大多为50年以上。胡杨系古地中海成分，是第三世纪残余的古老树种，在6 000多万年前就在地球上生存。胡杨是落叶中型天然乔木，直径可达1.5 m，木质纤细柔软，树叶阔大清香，耐旱耐涝，生命顽强，是干旱大陆性气候条件下的树种，也是自然界稀有的树种之一。其树龄可达200年，树干通直，高10～15 m，稀灌木状。树叶奇特，因生长在极旱荒漠区，为适应干旱环境，生长在幼树嫩枝上的叶片狭长如柳，大树老枝条上的叶却圆润如杨。

胡杨是荒漠地区特有的珍贵森林资源，常生长在沙漠中，它耐寒、耐旱、耐盐碱，抗风沙，有很强的生命力。它的首要作用在于防风固沙，创造适宜的绿洲气候和形成肥沃的土壤，千百年来，胡杨毅然守护在边关大漠，守望着风沙。胡杨也被人们誉为“沙漠守护神”，人们常赞扬胡杨是“生而不死一千年，死而不倒一千年，倒而不朽一千年，三千年的胡杨，一亿年的历史”。胡杨是保护当地农牧业的天然屏障，也是野生动物的重要栖息地，对维护干旱半干旱地区林业生态环境、促进当地经济社会可持续发展具有重要意义。

8.2　人文旅游资源

人文旅游资源又称人文景观旅游资源，指由各种社会环境、人民生活、历史文物、文化艺术、民族风情和物质生产构成的人文景观。其是人类历史文化的结晶，是民族风貌的集中反映，既含有人类历史长河中遗留的精神与物质财富，也包括当今人类社会的各个侧面。与自然风景旅游资源不同，人文景观旅游资源可被人们有意识地创造出来。保护区内有历史遗迹和古建筑两大类人文旅游资源，分别为锁阳城遗址、榆林窟、东千佛洞、蘑菇台红西路军陈列馆、唐玉门关、道德楼等。

8.2.1　锁阳城遗址

位于保护区南片实验区、瓜州县锁阳城镇南坝村南5 km处，亦称“瓜州古城”“苦峪城”，是我国目前保存最为完好的汉唐古城之一，是集古城址、古河道、古寺院、古墓葬、古垦区等多种文化为一体的古文化遗存地，为国家4A级旅游景区，全国重点文物保护单位，2014年6月被列为世界文化遗产。始建于汉，兴于唐，其他各代都不同程度地重修过，其形制保存了典型的唐代古城风格。锁阳城分内外两城，外城总面积80万 m^2，内城总面积28万 m^2。主城长方形，南北长470 m，东西宽430 m。除主城外，还有4个瓮城，城的四周还筑有若干用以加固城郭的马面。此城久已废弃，但城垣仍然存在，高约9 m，宽约5 m，全为黄土夯筑而成，十分坚固。一条南北走向的墙把全城分成东西两部分。东城较小，约1.7万 m^2，据说是当年驻军将领及其家属的住地。西城较大，约16.5万 m^2，据说是驻扎士兵的地方。全城东西长565 m，南北宽468.72 m，总面积27.49万 m^2。城周围建有关厢，关厢前面地带宽阔，是养马、练兵的场所。关厢外西北角有小土堡2个，很可能是用以关押战俘和处罚士卒的地方。

城外东面，有塔儿寺遗址1处，是少数民族祭祖的祠庙。塔儿寺现存大小塔11座，寺门南向，东西两侧分置鼓楼及钟楼各一座、僧房数间，院墙正方形，面积10 000 m。寺院中心有大型庙宇建筑台基，其北面有一座高14.5 m的大塔，用土坯砌成，白灰抹面。塔顶为覆钵式结构。塔形庄严雄浑，十分壮观。

锁阳城地处大漠深处，登城远眺：南面，荒漠一片，远处祁连山峰洁白明净；北边，田野中大大小小的水泊湖池闪闪发光；西面，广阔的草原绿草如茵。城周围天阔地广，苍茫幽远，塞外风光尽收眼底。

8.2.2 榆林窟

榆林窟，又名万佛峡、榆林寺 、上洞子，位于保护区南片实验区，瓜州县城南70 km处，属于敦煌研究院管辖，为敦煌莫高窟的姊妹窟，1961年被国务院公布为第一批全国重点文物保护单位。洞窟开凿在榆林河峡谷两岸直立的东西峭壁上，因河岸榆树成林而得名。

榆林窟始建年代无文字可考，从洞窟形式和有关题记推断，当开创于隋唐以前的北魏时期。从壁画风格和游人题记来看，唐、五代、宋、西夏、元、清各代均有开凿和绘塑，进行过大规模的兴建。榆林窟洞窟存在43窟，分布面积112 850 m^2，壁画总面积4 200 m^2。彩绘佛、道图10 856铺，彩塑佛、道造像244身。洞窟当中唐3窟，五代8窟，宋13窟，西夏、元各4窟，清9窟。从洞窟形式、表现内容和艺术风格看，与莫高窟相似度高，是莫高窟艺术系统的一个分支。

榆林窟的塑像虽有不少佳作，但它还不能代表榆林窟的价值。榆林窟的价值主要表现在精美的壁画。榆林窟的壁画内容十分丰富，有精美的佛和菩萨画像，有场面宏大的佛教故事画，有种类繁多的花卉禽兽，有极为精致的装饰图案。自唐至元，历代留有不少佳作，其中25窟盛唐壁画，是世存罕见的珍品。

8.2.3 蘑菇台红西路军陈列馆

蘑菇台红西路军陈列馆是一处红色遗产，见证了中国工农红军西路军在异常艰难困苦的条件和环境下进行“最后一次军事会议”的历史，位于保护区南片实验区，瓜州县城南65 km处。蘑菇台陈列馆展出了中国工农红军西征时血战临泽、高台，攻打安西县城取得给养等内容，已成为传承红军革命精神的爱国主义教育基地。

8.2.4 唐玉门关

位于保护区南片实验区，瓜州县城东50 km处。六朝、隋唐之际，中原通往西域的伊吾大道（今瓜州通哈密一道）畅通。玉门关由敦煌东迁至瓜州晋昌县境（今瓜州双塔水库一带）。这里截山横卧，山势险峻，碧水中流，是天然隘口。东临绿洲，西接荒漠，俨然铁关雄视。据有关专家考证，唐代玉门关就设在这里。这处千古名关的关城淹没在碧波荡漾的双塔水库之中，这里山峦起伏，烽燧林立，关内的沃野草原和关外的大漠戈壁形成了鲜明的对比。唐玄奘过玉门关、夜渡葫芦河的历史故事就发生在这里。自唐玉门关设置以来，这里成为将士出征的誓师之地、亲人送别的离散之所。也是唐代诗歌长河中最悲壮、最苍凉的千古绝唱“长风几万里，吹度玉门关”，其豪迈壮阔之气，回荡在中国诗歌不朽的无限时空之中。“羌笛何须怨杨柳，春风不度玉门关”，道不尽将士的思乡之情和塞外苍凉的景象。关以诗名，诗以关扬。千百年来，唐玉门关已成为中国西部文化的重要组成部分。

8.3 旅游资源变化与保护建议

由于自然环境变化、人类活动影响，一些旅游资源发生了负面的改变，包括自然旅游资源组成改变，如雅丹地貌资源改变、生物景观改变等。同时，一些人文旅游资源也发生了改变等，主要是不合理的开发活动导致景观破坏。建议结合保护区的保护工作，运用原生态理念，坚持“重在保护、生态优先、合理利用、良性发展”的原则，科学编制保护区生态旅游规划。

对于保护区正在开展的旅游项目，建议加强对旅游资源的监管，因地制宜地建立旅游资源和生态环境保护管理制度。由于保护区内的旅游资源所处的生态系统十分脆弱，必须实行严格的保护性开发；对时机和条件不成熟，科学规划、保护管理措施不到位的，推后开发或不予开发，严禁盲目性开发和掠夺性开发；对破坏旅游资源和生态环境的行为，要及时制止，并严厉打击，全面维护好区域生态平衡和基本功能不衰退，实现人与自然和谐共生。

第9章　社会经济状况

保护区的建立，是自然资源和自然环境以及生物多样性保护的重要手段。人类活动对自然生态环境的干扰是造成保护与发展矛盾冲突的最根本原因。保护区的社区是指在保护区规划范围内的由地方政府管辖的社会部分。保护区与社区居民之间为争夺土地、草原、水资源及其他资源的利用权而常常引发一系列冲突，影响了保护区的持续健康发展，进而影响到生物多样性保护的成效。虽然保护区建设与管理有效保护了周边生物多样性，但社区居民对保护区内的资源还存有相当的依赖程度，周边社区的一些生产活动对保护区的生物资源、生物多样性构成了威胁，自然保护区与周边社区存在着严重的矛盾与冲突。

保护区采取分区管理，把保护区分为核心区、缓冲区和实验区，整合优化后保护区分为一般控制区和核心保护区。核心区禁止任何单位和个人进入，除依照条例规定经批准外，也不允许进入其中从事科学研究活动；缓冲区只准进入其中从事科学研究观测活动；实验区可以进入其中从事科学实验、教学实习、参观考察、生态旅游以及驯化、繁殖珍稀濒危野生动植物以及部分民生、基础设施项目建设的活动。但在实际中，大多数保护区内居住着大量的居民，不仅在实验区和缓冲区内，而且在核心区内都有用于农、牧、渔业生产的集体所有土地。安西保护区一般控制区内无永久居住群众，但是周边居住着大量群众，且分布有大面积的耕地和草原，区内居民的生产、生活与自然保护区的管理及自然保护区的进一步发展息息相关。

9.1　保护区社会经济状况

9.1.1　社区乡（镇）和村

保护区南、北两片均无社区，但南片一般控制区周边涉及“两镇一乡”，即锁阳城镇、双塔镇和布隆吉乡，涉及建制行政村6个，自然村1个，农场分场1个，分别为锁阳城镇堡子村、南坝村、北桥子村、农丰村（自然村）和小宛农场踏实分场，双塔镇古城村、福泉村，布隆吉乡双塔村。与第三期科学考察相比，区内无任何乡镇、村组，此前涉及的6个乡镇18个村全部调出了保护区。其减少的原因为三期科学考察时，保护区范围为实际管理界线，而本次科学考察保护区调查范围为生态环境部备案界线，所用保护区界线为整合优化界，在保护区整合优化时将所有村庄和耕地调出了保护区。

9.1.2 人口情况

保护区内无常住人口，但是保护区周边分布的两镇一乡共1 548户6 501人（表9-1），其中劳动力占比60%以上。较第三期科学考察相比，减少4 767户22 671人。其主要原因是保护区范围的变化，导致社区乡镇、村组数量大幅减少。

表9-1　保护区周边人口和耕地统计表

乡（镇）	村庄	户数/户	人口/人	耕地面积/km^2
锁阳城镇	南坝村	116	804	1.372
	北桥子村	123	350	1.491
	堡子村	262	804	2.391
	农丰村（自然村）	76	300	1.847
	踏实分场	38	157	3
双塔镇	古城村	524	2472	7.509
	福泉村	223	1027	2.943
布隆吉乡	双塔村	186	587	1.76
合计		1548	6501	22.313

9.1.3 社会经济

保护区一般控制区周边有耕地22.31 km^2，较第三期科学考察74.28 km^2减少了69.96%，其主要原因仍为保护区范围的变化，社区乡镇、村组数量减少。农耕地主要种植小麦、玉米、孜然、茴香、食用葵、西甜瓜、甘草、枸杞等农作物，种植结构基本上与第三期科学考察一致。牲畜有牛、羊、马、驴和骆驼等。

保护区周边乡镇人均可支配收入较县域内其他乡镇低，但差距已逐步缩小。2020年，保护区周边“两镇一乡”平均农民可支配收入为14 576元。其中锁阳城镇人均可支配收入17 920元，较2012年翻了一番；双塔镇人均可支配收入11 293元，较2012年增长了386%；布隆吉乡人均可支配收入达到了20 390元，较2012年增长了107%。

9.1.4 文化教育

近年来，保护区周边各级组织始终把教育摆在优先发展的战略地位，不断加大教育投入，教育基础设施与办学条件得到明显改善，教育质量不断提高，教育事业呈现“巩固、深化、提高、发展”的良好态势。坚持“县办中学、乡办小学”的总体思路，按照“先调整中学后调整小学，先调整小学高年级，后调整小学低年级，分步实施，稳步推进”的原则，顺利完成了中小学布局结构调整。调整后，保护区周边现有小学1所（保护区周边有集镇1个，为双塔镇，目前瓜州县农村小学均设在集镇），适龄儿童入学率达100%，全面普及九年制义务教育。农民拥有高中文化程度的比例逐年提高。

保护区周边“两镇一乡”都建起了文化站，配齐配强了文化专干，6个行政村均建立了“农家书屋”，以乡文化站为龙头，以村组文化室、农家书屋为依托的乡村公共文化服务网络全面建立。以春节社火、秧歌队、文艺演出为代表的传统文化活动常办常新，三八、五一、五四、七一等重大节庆活动丰富多彩，村组“文化站、室经常有活动，节庆期间掀高潮”的文化氛围日趋浓厚。

9.2 周边地区社会经济状况

9.2.1 社会结构

瓜州县锁渊泉镇、柳园镇、三道沟镇、南岔镇、锁阳城镇、西湖镇、瓜州镇、河东镇、腰站子东乡族镇、双塔镇及布隆吉乡、七墩回族东乡族乡、沙河回族乡、梁湖乡、广至藏族乡等10镇5乡75个村。其中6个移民乡镇，33个移民村。少数民族乡镇4个。全县常住人口14万人，其中移民人口8.2万人，占全县总人口的58.57%，占全县农村人口的80.3%；有汉、回、蒙、藏、土、满、东乡、保安、裕固、撒拉族等21个民族，少数民族人口2.5万人，占全县总人口的17.7%。

9.2.2 资源概况

1. 气候

瓜州属中温带干旱气候，日照时间长，光资源丰富，相对湿度低，冬冷夏热，风大沙多，昼夜温差大。1986—2005年20年中，年均降水量49.2 mm，年均蒸发量2 577.4 mm，年均相对湿度39%；年平均气温9.2 ℃，≥10 ℃年积温 3 582.9 ℃，平均无霜期146 d。

2. 矿产资源

瓜州矿产资源居全国前列，境内探明矿藏42种，140个产地，矿产地密度为5.63个/km²，矿产资源潜在经济价值1000亿元，资源丰度417万元/km²，开发利用度较高的矿产有铅、锌、金、铁及花岗岩、石英石等。主要矿冶产品有黄金、白银、贵金属、电解铅、锌精粉、铁矿石、铁精粉、铁球团、花岗石板材、大理石板材、高纯硅等。

3. 风能资源

瓜州风能资源丰富，素有“世界风库”之称。风能密度174 W/m²，日平均风速不低于3 m/s，可利用天数年均百天以上，年有限风能时间6 000 h以上，风能资源利用前景广阔。国家看好瓜州风力资源，2005年100万kW风电场项目列入国家发展计划。2007年，建成10万kW风电场。2008年，国家规划建设酒泉千万千瓦级风电基地，瓜州作为主要布局区域，掀起风电开发建设的高潮。2010年底，风电装机规模达到380万kW，成为全国风电装机第一县、新能源产业百强县。2019年，全县发电装机662.7万kW，其中，风电649.9万kW，太阳能发电12.8万kW。

9.2.3 国民经济与社会发展

近年来，瓜州县深入实施“生态立县、工业强县、人才兴县”战略，立足农业优先型、工业主导型功能定位，围绕强县域总体思路，坚持以融合促发展，以创新谋发展，积极主动抓项目、育产业、夯基础、保民生，县域经济发展呈现量质齐升、赶超进位的良好态势。

2022年，瓜州县实现地区生产总值128亿元，较上年增长5.4%，经济总量迈过120亿元关口，财政总收入15.2亿元，较上年增长47.4%，实现了两年接近翻一番的历史性突破。全县固定资产投资增长18.8%，增速位居酒泉市第一。2022年城镇居民人均可支配收入39 469元，较上年增长4.0%；农村居民人均可支配收入22 825元，较上年增长6.8%。

1.农业和农村经济

瓜州是中国西北地区典型的荒漠绿洲灌溉农业区，已实现由传统农业向特色农业的转变。棉花、蜜瓜、枸杞、中药材成为农村重点产业。有肉牛、肉羊、猪、鸡、兔等养殖业。瓜州蜜瓜久负盛名，远销海内外。土特产品有枸杞、甘草、锁阳等。瓜州县已被命名为“中国蜜瓜之乡”“中国锁阳之乡”。2022年，全县农作物播种面积470.53 km^2，比上年增加52 km^2。其中，粮食种植面积48.67 km^2，减少22.67 km^2。粮食总产量3.77万t。经济作物播种面积305.93 km^2，其中，棉花118 km^2，油料30.6 km^2，中药材144.4 km^2。其他农作物115.87 km^2，其中，蔬菜25.07 km^2，瓜类47.93 km^2，制种15.47 km^2，青饲料27.4 km^2。

2.工业和招商引资

2022年，全县全年开工建设各类项目198个。常乐电厂二期、柳红铁路等23个省市列重大项目完成年度计划，榆林河水库清淤、柳沟危废处理二期、城市饮用第二水源等项目建成投用，投资200亿元的宝丰多晶硅项目和全国首个全钒液流储能全产业链项目破土动工。精心谋划重点招商项目134个，91批次400余名客商来瓜州考察，对接洽谈项目283个，引进项目103个，落实到位资金120亿元。建立了定期赴省市汇报对接机制，争取到位资金29.5亿元，同比增加6.6亿元，较上年增长23.1%。

3.水利、电力和交通

全省最大的农业灌溉水库——双塔水库有效库容1.3亿 m^3，保灌面积280 km^2。形成以昌马、双塔、榆林河、桥子4个灌区干支斗农渠配套的农业灌溉体系。全县电网实现电力全方位覆盖，在甘肃省率先实现农村电气化县目标。兰新铁路复线、兰新第二铁路双线、敦煌铁路、G30连（云港）霍（尔果斯）高速公路、瓜（州）敦（煌）高速公路、国道215线、省道314线贯穿县境，实现乡村通油路，通班车。

4.旅游业

瓜州县是甘肃旅游资源大县。境内有文物古迹465处，其中，世界文化遗产点2处（汉长城遗址、锁阳城遗址），国家级重点文物保护单位10处。著名的有榆林窟、锁阳城遗址、东千佛洞、桥湾城等。瓜州又是汉代大书法家草圣张芝的故乡，是唐玄奘西行求经九死一生之地，是红西路军最后征战的地方。1988年建成“西路军最后一战纪念塔”，李先念主席、徐向前元帅分别题词和题写塔名。瓜州县全力打造张芝文化、玄奘文化、红色文化、石窟文化、边关文化品牌，建成草圣故里文化产业园、玄奘取经博物馆，锁阳城遗址成为世界文化遗产。积极打造中国“书法之乡”和西部文化重镇，张芝书法艺术节、“玄奘之路”戈壁挑战赛等全国有影响力的文化活动在瓜州连续举办，瓜州县被命名为“全省书法家创作基地”。

5.教育、文化和卫生

教育事业健康持续发展。全县普通中学7所（含高中、职中），其中，职业中学1所。九年义务教育巩固率99.55%。高中阶段教育毛入学率96.12%。初中毕业生升学率95.85%。普通高中考生本科上线率

77.26%，普通高校录取学生总数673人，总录取率86.95%。学龄儿童入学率100%，巩固率100%。小学毕业生升学率达100%。全县有卫生医疗机构126所，其中，医院2所，妇幼保健计划生育机构1所，疾控中心1所，乡镇卫生院14所，社区卫生服务中心（站）2所。先后被评为全国文化先进县、全国科普示范县、全国计划生育优质服务先进县、省级文明县、全省体育先进县。

9.3 保护区土地资源与利用

9.3.1 土地资源权属及管理情况

按照保护区整合优化预案界线核算，保护区总面积为78.5653×10⁴ hm²，全部位于瓜州县境内。针对保护区归属及管理权限，第三次全国国土调查数据显示，保护区内土地权属为国家所有和集体所有2种形式，其中国有土地78.5505×10⁴ hm²，占保护区总面积的99.98%；集体土地148 hm²，占保护区总面积的0.02%。集体土地均位于一般控制区，主要涉及保护区南片成建制的乡镇农村集体土地，不涉及保护区的核心保护区。保护区目前没有土地所有权，但同地方政府自然资源部门联合对保护区内国有土地行使管理权力。

9.3.2 土地利用现状

依据保护区整合优化预案界线及国土三调数据，保护区总面积795652.81hm²，全部位于瓜州县境内。其中：湿地11041.59 hm²，占总面积的1.39%；耕地35.83 hm²，占总面积的0.0045%；种植园用地1.37 hm²，占总面积的0.0002%；林地26550.48 hm²，占总面积的3.34%；草地433137.59 hm²，占总面积的54.44%；商业服务业用地0.08 hm²，占总面积的0.00001%；工矿用地26.16 hm²，占总面积的0.0033%；住宅用地0.34 hm²，占总面积的0.00005%；公共管理与公共服务用地1.45 hm²，占总面积的0.0002%；特殊用地1264.41 hm²，占总面积的0.16%；交通运输用地1275.37hm²，占总面积的0.16%；水域及水利设施用地1491.91hm²，占总面积的0.19%；其他土地318903.86 hm²，占总面积的40.08%。

表9-2 保护区土地利用现状表

（单位：hm²）

地类	总计	国有	集体	个人使用
一、湿地	11041.59	11010.39	27.11	4.09
灌丛沼泽	455.99	455.99		
沼泽草地	9300.12	9287.17	9.65	3.3
内陆滩涂	773.59	755.34	17.46	0.79
沼泽地	511.89	511.89		
二、耕地	35.83	35.24		0.59
水浇地	35.83	35.24		0.59

续表9-2

地类	总计	国有	集体	个人使用
三、种植园用地	1.37	1.37		
其他园地	1.37	1.37		
四、林地	26550.48	26529.09	8.78	12.61
乔木林地	79.60	72.87		6.73
灌木林地	26398.00	26383.34	8.78	5.88
其他林地	72.88	72.88		
五、草地	433137.59	432995.77	131.96	9.86
天然牧草地	289623.00	289482.07	131.96	8.97
人工牧草地	170.60	170.6		
其他草地	143343.99	143343.1		0.89
六、商业服务业用地	0.08	0.08		
商业服务业设施用地	0.08	0.08		
七、工矿用地	26.16	26.16		
采矿用地	26.16	26.16		
八、住宅用地	0.34	0.34		
农村宅基地	0.34	0.34		
九、公共管理与公共服务用地	1.45	1.45		
机关团体新闻出版用地	0.43	0.43		
公用设施用地	1.02	1.02		
十、特殊用地	1264.41	1264.41		
特殊用地	1264.41	1264.41		
十一、交通运输用地	1275.37	1275.2		0.17
铁路用地	404.51	404.51		
公路用地	402.24	402.24		
农村道路	451.37	451.2		0.17
管道运输用地	17.25	17.25		
十二、水域及水利设施用地	1491.91	1438.65	53.26	
河流水面	1311.35	1311.35		
水库水面	1922.38	1869.12	53.26	
坑塘水面	23.82	23.82		

续表 9–2

地类	总计	国有	集体	个人使用
沟渠	83.58	83.58		
干渠	16.16	16.16		
水工建筑用地	57.00	57		
十三、其他土地	318903.86	318787.74	113.53	2.59
设施农用地	20.90	20.9		
盐碱地	405.90	405.9		
沙地	2642.00	2642		
裸土地	11343.11	11320.73	22.38	
裸岩石砾地	304491.95	304398.21	91.15	2.59

9.4 保护区管理与社区发展的矛盾与对策

保护区的建设与管理虽然有效保护了生物多样性，但也限制了周边群众对保护区自然资源的依赖，使得保护与发展的矛盾更加突出。由于历史原因，保护区周边地区目前仍保留居民的生产活动，并在一定程度上与保护区的管理形成冲突。保护区的管理与周边群众的发展两者应该相互统一，相互促进，和谐发展，正确处理好保护区同当地经济的协调发展以及和周边群众的关系，才能实现保护区的科学管理。

近年来，保护区针对周边社区人口多、保护与发展矛盾突出等实际，通过与周边乡镇签订共同管理协议，确定共管目标，并依据共管协议，适时引导群众参与保护区管理，建立联防共管组织，持续开展联防共管活动；配合地方政府部门扎实开展精准扶贫和乡村振兴工作，从周边乡镇群众中择优录取保护区管护员，鼓励剩余劳动力参与保护区管理，带动保护区周边劳务产业发展，拓宽农民增收渠道，达到了周边经济发展与资源保护双赢的目标。保护区周边群众生产、生活条件有了极大改善，经济收入有了显著提高，人均纯收入与全县人均纯收入的差距明显缩小，精准扶贫和新农村建设取得了长足发展。

9.4.1 保护区管理与社区发展的矛盾

1.保护区对周边发展的影响

保护区的建立可以为珍稀野生动植物提供安全的栖息地和繁衍场所，对自然环境和自然资源的保护发挥着重要作用。虽然保护区的建立对国家生态保护有利，从长远来说，对地方经济的发展也有利，但是保护区的建立在一定程度上制约了当地群众对资源的利用，缩小了其发展空间，使当地居民失去了管理和使用资源的权利，失去或减少了发展的机会，从而减少了保护区周边群众的经济收入。在安西自然保护区未建立前，周边居民可以到保护区内采薪柴和放牧等。放牧是他们经济收入的重要来源。保护区建立后，自然资源的利用权属发生了重大变化。保护区管理机构要求对自然资源进行严格保护，实现其自身的可持续发展，追求长远的全局利益，周边居民的农业用地规模、牲畜数量和放牧范围等受到自然保护区管理规定的限制和制约。这在很大程度上改变了村民的资源利用方式，使保护区与周边社区在自然资源开发利用与保护之间产生了冲突。因此，周边群众并没有真正自觉地参与到保护区的资源环境保护工作之中。

2.周边发展对保护区的影响

目前，保护区周边居民的经济收入主要来源于农作物种植和牲畜养殖，保护区内存在的大量生产活动对保护区的可持续发展带来了较大的压力。主要表现为：大面积的农业开垦，破坏了天然植被，势必造成物种资源的减少和丧失；居民的生产活动增加了保护区内的人为活动数量，严重干扰了珍稀野生动物的栖息地和繁衍地，导致生物多样性逐年降低；此外，也给保护区的保护与管理增加了隐患。（1）对保护对象和栖息地的影响：过度放牧对保护区植被造成严重的破坏，牲畜过度采食、反复践踏，使土壤板结和冲沟密布，造成保护区草甸生态系统恶化以及草地牧草生物产量降低，畜牧业的快速发展给保护区生态环境保护带来很大压力。村民的活动严重干扰了野生动物的生存环境。（2）对生态系统的影响：由于地理位置等原因，安西自然保护区周边居民的经济收入基本上都处在当地平均经济收入水平以下，他们对自然资源的依赖度很高。大量的人类活动既对资源保护产生影响，又对植被与物种资源产生影响，导致荒漠植被退化，物种资源减少或丧失。（3）对保护区管理的影响：保护区与周边社区鱼水相连，自然保护区的各项工作与周边发展紧密相连。如何处理好生态、社会、经济三大效益的关系，保护与利用的关系，是保护区科学管理的关键问题。

3.周边居民保护意识对保护区的影响

保护意识是保护野生动植物及生态环境所必需的条件，保护或破坏行为都是基于一定的思想目的和心理动机出现的，只有具备了充分的环保意识，具有爱护和改善生态环境的目的和动机，周边居民才会积极配合保护区的工作。通过调查分析，当地居民对生态资源的保护意识还不够，村民们更关心的是他们如何从中得到更多的经济利益，这对生态保护工作的有效开展带来了一定的困难。

9.4.2　解决保护区管理与周边发展间矛盾的对策

1.夯实共管机制，推进保护区科学管理

社区参与管理是自然保护区协调自然资源保护与区域经济发展的有效途径。保护区与当地社区相互依存，保护区的建设离不开当地群众，在生态保护中应充分发挥当地群众的作用，以便建立有效的管理机制。虽然保护区的管理机构与周边乡镇建立了社区共管体系，但是收效甚微，未能全面落实相关措施。下一步，应结合全面推行林长制工作，有效落实乡级、村级两级林长的森林资源保护主体责任。同时，邀请地方公安、环保、林业、农牧等相关部门成立共管领导小组，负责监督共管工作的进展，协调保护区管护与周边发展的利益关系。同时，要建立共管委员会，保护区林长与保护区周边所涉及的3个乡镇分别成立共管委员会，保护区林长分别与保护区周边所涉及的8个村委会主任签订联管协议，制订与保护区发展相适应的“村规民约”，并负责对周边居民进行宣传教育，动员居民参与保护区的管理工作，帮助社区因地制宜地调整产业结构、发展社区经济，进而促进自然保护区和周边社区的可持续发展。

2.开展技术培训，调整居民收入结构

保护区周边社区因地域及历史等原因，村民文化素质普遍较低，缺乏实用的养殖、种植技术。可在周边乡镇开展农村实用致富技术培训，帮助社区发展经济。一是加强对社区村民的文化教育。利用村民农闲时间，对村民进行科学文化教育、信息交流，提高村民的文化水平；对村民进行有关农业技术、种植养殖技术培训。二是调整土地利用方式，建立优质、高产、高效的循环生态农业模式。根据社区资源现状，发展秸秆养牛、种草养羊等产业。三是依托当地自然资源优势，大力发展多种经营。仅靠农业，难以提高社区居民生活水平，只有大力发展多种经营，多渠道增加村民收入，才能使村民摆脱贫困。在种植业和养殖业项目选择上，要统筹兼顾，精心筹划，以短为主，长短结合，以短养长，滚动发展。同时要增加上述项目的科技含量和规模，提高产品的质量，为市场发展创造条件。

3.开展科学研究，推行合理的养殖模式

保护区要实现保护与利用相结合的目的，就必须进行科学技术研究。必须站在系统学的高度进行全面而深入的分析，处理好各种矛盾和可能出现的保护与利用冲突。开展保护区草原承载力研究，科学确定社区周围合理的载畜量，为保护区生物资源的可持续利用提供科技支撑。同时，要在社区推行合理的养殖模式。一是严格控制放牧地点，放牧规模和范围不能扩大。根据植被生长现状，科学划分放牧范围，在一定范围和时期内实行禁牧、休牧和轮牧。二是加强与畜牧部门的联系合作，在社区推广科学养殖和大田种植牧草，实行牲畜圈养，以逐渐减少保护区内的放牧活动。

4.建立生态补偿机制，退耕退牧、还林还草

根据保护区生态环境的脆弱性，加强天然草原保护和退耕退牧、还林还草成效的巩固，实行草原沙化和荒漠化治理工作。根据植被自然更新的规律，实行适度放牧，减少水土流失，维持生态平衡。在保护区内，要加强执法监督力度，严禁破坏地表植被，还应采取各种优惠政策，通过国家财政补贴（如草原基本划定与补偿制度），建立生态补偿机制，鼓励群众植树种草，进行生态恢复和重建工作，改变传统生活方式和对生物资源的依赖，从根本上消除社区及周边群众对保护区构成的威胁。保护区要积极向上级争取扶持政策，尽量解决社区需求，对区内的自然资源给予相应的生态效益补偿金。

5.加强宣传教育，提高居民的保护意识

宣传教育是保护区管理的一项主要任务，是让社区群众了解保护区的重要手段。特别是在周边居民较多的安西自然保护区，当地干部和群众要充分认识这座生态屏障的重要价值，改变无视自然环境保护的错误倾向。保护区的管理和建设工作的价值尚未被当地群众充分认识和理解，尤其在某些短期利益受到影响的时候，群众更容易产生抵触情绪，给自然保护区的管理工作带来许多困难。保护区要想得到群众的配合和社会的支持，要采取多种形式的宣传、教育手段，使周边群众乃至全社会逐渐认识到建立自然保护区的作用和意义，增强公众的自然保护意识。提高民众的保护积极性，并对其保护行为进行适当鼓励，变被动保护为主动保护，从而促进社区经济与资源保护的协调和可持续发展。

6.有序发展生态旅游，重视社区居民参与

社区参与是一种发展方式，可以鼓励既定受益者亲自参与，利用社区拥有的资源发展社区，明确社区的需求，并由此作出决策。社区参与是自然资源保护和持续利用的关键。与社区居民赖以生存的耕种、养殖等传统生产方式相比，生态旅游无疑是一种对环境相对友好的资源利用方式。然而，只有当社区居民真正参与进来，如开展农家乐餐饮、民宿以及建立打卡景点，使其从生态旅游中获得真正的经济收益，生态旅游才能代替那些不可持续利用自然资源的方式，从而达到生态资源的可持续保护。

第10章　自然保护区管理

10.1　基础设施

近十年来，在甘肃省生态环境厅、甘肃省林业和草原局的坚强领导和大力支持下，保护区管理机构始终以保护野生动植物资源和荒漠生态系统为重点，切实加大项目建设力度，不断完善基础设施条件。保护区基础设施已基本能满足日常管理的需要，但在全省国家级自然保护区中处于中等偏下的水平，亟需提升保护区基础设施建设能力。保护区先后投入资金近5 000万元，续建了荒漠生物物种储存基地（植物园）1.6 km^2、移栽培育荒漠珍稀濒危植物7科18种5万多株，维修综合办公楼1 278.7 m^2、宣传教育中心1 777 m^2，新建荒漠生态系统综合监测站798 m^2、锁阳城和柳园2个保护站2 100 m^2，维护野马半放养场4 666.67 hm^2，扩建野马半放养场2 000 hm^2，新建基层管护站卡4个，修缮基层管护站2个，制作栽设界桩30 000余根、永久性花岗岩界碑100余块，设置各类宣传牌和警示牌80块、瞭望塔（台）3座，架设光缆55 km，建成视频监控中心1处，在主要卡口及敏感区域安装实时监控摄像头16处，购置无人机3台，信息化管理水平得到有效提升。

10.2　机构设置

1987年，酒泉地区行政公署根据甘肃省人民政府批复精神决定，成立“甘肃省安西荒漠戈壁草地自然保护区管理处”，为副县级事业单位，行政上受原安西县人民政府管理，业务上由原甘肃省环保局和原甘肃省农牧厅指导。2010年甘肃省机构编制委员会办公室批准管理局为原甘肃省环境保护厅下属事业单位，正处级建制，属全额财政拨款事业单位。2019年1月，按照《中共甘肃省委机构编制委员会办公室关于印发〈甘肃省省直涉改部门所属事业单位机构编制调整方案〉的通知》（甘编办发〔2018〕8号）要求，管理局整体划至甘肃省林业和草原局。2021年，管理局更名为“甘肃安西极旱荒漠国家级自然保护区管护中心”。管护中心现内设办公室、计划财务科、资源保护科、科研宣教科，下设柳园、锁阳城2个保护站。

按照《关于调整甘肃安西极旱荒漠国家级自然保护区管理处隶属关系的通知》（甘机编办通字

〔2010〕25号）及《关于调整机构编制的通知》（甘机编办通字〔2014〕93号）文件，保护区管护中心核定全额事业编制26名，其中处级领导职数3人，科级领导职数10人，副高级职称职数2人，中级职称职数5人。中心现有在岗在编人员22人，其中管理岗位人员13人，包括处级干部2人，科级干部9人，一般干部2人；专业技术人员9人，包括工程师5人，助理工程师4人。工作人员均为专科及以上学历，其中大学本科以上学历占比达86%，45岁以下人员占比达73%。另外，保护区派出所（隶属瓜州县公安局）派有1名所长和1名协警。现聘用40名护林护草员，从事保护区巡护管理，确保保护区的资源安全。

10.3 保护管理

保护区管护中心始终全面贯彻落实习近平生态文明思想，提高政治站位，深刻认识做好资源保护工作的极端重要性和紧迫性，先后在甘肃省生态环境厅、甘肃省林业和草原局的有力保障下，始终坚持“核心区管死，缓冲区管严，实验区科学合理利用”的原则，保护区日常管理工作取得了有效进展，区内人为活动对野生动植物的扰动大幅度减少，生态环境得到不断改善。一是以林长制为总抓手，统筹推进资源保护各项工作。初步探索建立了“林长+”机制，明确了责任分工，细化了工作安排，狠抓责任落实，形成了一级抓一级、层层抓落实的工作格局，同步推进日常巡护、生态环境问题整改、森林草原防火、行政执法、宣传教育等各项工作，使得林长制与资源保护工作高度融合。二是加强监管，源头治理。建立了“管护中心-保护站-管护站-管护员”四级管理体系，明确了各级职责，做到护林员重点时期（含节假日）、重点部位每天巡查，保护站每周或节假日不定期抽查，利用钉钉APP实现无纸化巡查记录，同时严格落实保护区准入制度，时限长、规模大的入区活动须经中心领导办公会审查通过后方可办理准入手续。三是规范行政许可，加强建设项目监管及生态环境问题整改督查。强化对区内开发建设项目的核查及准入手续的审查，对《中华人民共和国自然保护区条例》允许的项目，依法依规要求业主单位办理环评、生物多样性评价等手续后进行备案管理，并按建设项目环评等要求落实日常监管职能，同时针对生态环境排查整治发现的问题，及时移交地方政府进行整改，并适时下发督办通知，切实履行监管职能。四是共建共管，互联互通。与县公安局、县人民法院、县人民检察院建立了案件协调联动机制，定期沟通交流案件查办经验；与县自然资源、生态环境等部门召开联席会议，通报分析保护区内破坏环境和自然资源案件的发展趋势及应对措施；同时与保护区内乡镇、企业单位签订了共管协议，共同承担生态资源保护责任，做到信息互通。五是从重从快，严厉查处。不断加大保护区盗采矿违法案件的查处力度，成立了由中心分管领导任大队长，保护科、保护站负责人任副大队长，有关执法人员任队员的中心林政稽查大队，具体负责保护区所有资源破坏等违法案件的查处等工作，使得巡查发现的所有违法行为都能得到有效查处。六是部门联动，严厉打击。先后多次联合县公安局、自然资源、生态环境、水务等部门，开展打击保护区盗采矿产资源和污染环境违法行为的专项行动，有效震慑和查处了盗采矿产资源等违法犯罪行为。七是加强制度建设，规范执法行为。2021年以来，中心先后制定出台了《安西自然保护区管护中心行政执法三项制度》《关于规范行政处罚自由裁量权的实施办法》《行政处罚自由裁量权基准》等，建立了重大案件会商和案卷评查机制，并对中心行政执法有关信息进行了公开公示，进一步推进了中心行政执法工作科学化、规范化、流程化。八是广泛征集线索，接受社会监督。中心通过散发材料、张贴海报、播放公告等形式，向社会公开保护区内采矿、采石、采砂及污染环境违法行为举报监督举报电话，广泛征集区内各类采矿、采石、采砂及污染环境违法案件线索。同时，聘请行政执法工作社会监督员10名，接受全社会对破坏自然资源和生态环境行为，以及管护中心及其工作人员在行政执法过程中依法行政、廉洁自律等情况的监督。

据科学估算，保护区生态系统服务功能价值量为239.46亿元/年。建区以来，通过严格管护及生态修复，特别是近年来全面开展生态环境问题整改，严格落实保护区准入制度，加强管理车辆及人员入区，加大执法力度，严厉打击违法入区及各类破坏资源、污染环境等违法行为，聘用专职管护员及社会监督员，加大巡查管护力度，维护野生动物饮水点，严打偷猎和全面禁牧等，区内人为活动对野生动植物的扰动大幅度减少，生态环境得到不断改善，雪豹等食物链的顶端动物在保护区内的遇见率明显增加，保护区逐渐成为雪豹、豺、蒙古野驴、北山羊、岩羊等国家重点保护野生动物的重要栖息地。区内高等植物种类从建区时的345种增加至484种，脊椎动物从160种增加至249种，物种的分布与数量有了明显增加，生态系统正逐步向着良好的方向发展。

10.4　科学研究

近年来，保护区管护中心始终坚持“保护立区，科技兴区”战略，充分发挥“地利”优势，开展了系列科学研究工作，并取得了多项科研成果。一是先后在保护区内设置100 m×100 m的荒漠植物监测大样地2个，建设植物固定长期监测样方10个、小型自动气象站2处、CAWS600-S基本型野外气象观测站1处，坚持每年开展季度观测，分析典型荒漠植物群落的组成结构和动态变化。二是在保护区内重点野生动物活动区域建立了4个标准化的红外相机监测样地，布设红外自动触发相机100部。目前已收集红外相机照片10万余张，视频1万余份，共拍摄到49种动物，其中兽类6目10科18种，鸟类7目16科31种，包括白唇鹿、蒙古野驴、雪豹、金雕、豺等5种国家一级重点保护动物，北山羊、盘羊、猞猁、鹅喉羚、岩羊、暗腹雪鸡、短耳鸮等多种国家二级重点保护动物。利用红外相机首次在区内记录到雪豹、蒙古野驴的活动影像，并在区内发现了白唇鹿、豺、石貂、黄鼬等4种新分布种，充实了保护区的动物名录。三是承担国家重点科研项目“普氏野马回归自然”项目，2005年成功实施普氏野马半放养，截至目前，普氏野马种群形成5个繁殖群、1个全雄群，种群数量增加至45匹。四是先后与中国科学院、武汉大学、兰州大学、北京林业大学等18所高校、科研机构合作建立了科研教学实习基地和研究生工作站；与兰州大学合作在保护区建立了省级科研平台——甘肃省荒漠生态系统野外科学观测研究站，成立了由20名林学、动植物、湿地、生态学研究方向的国内知名专家教授组成的保护区专家咨询委员会，开展了多项科研项目（课题）。五是先后争取各类科研资金123万元，开展了甘肃省环保科技项目和甘肃省林业和草原局自列项目4项，同时合作开展了国家自然科学基金项目、国家科技支撑计划、国家行业专项、横向合作等多个项目。有6项科研课题通过省、市科技部门组织的成果鉴定和验收，并分别荣获省环境科学技术奖和酒泉市科技进步一、二、三等奖；围绕生物多样性调查、普氏野马回归自然试验、森林资源调查、荒漠生态系统服务、裸果木种群结构与动态变化等课题累计发表论文50多篇，其中在《生态学报》《生物多样性》《兽类学报》《野生动物学报》《中国沙漠》《干旱区研究》等CSCD和中文核心期刊发表论文21篇，同时编制了《甘肃安西极旱荒漠国家级自然保护区动物图册》和《甘肃安西极旱荒漠国家级自然保护区植物图鉴》。保护区被中国科学院和国家自然科学基金委分别批准为“中国生物圈保护区红外相机监测示范保护区”和“国家自然科学基金项目依托单位”。

表10-1 保护区1997—2022年承担或合作的科研项目（课题）

序号	时间	项目（课题）名称	项目来源或合作单位	经费/万元
1	1997年至今	普氏野马回归自然项目	原国家环保总局	
2	2012—2014年	安西自然生态补偿标准与类比研究	省环保厅	3
3	2012—2015年	极旱荒漠区两种雀形目鸟类繁殖策略研究	国家自然基金委、兰州大学	4
4	2013—2014年	安西自然保护区宣教体系建设研究	甘肃省环保厅	3
5	2014—2015年	安西自然保护区裸果木保护现状调查与研究	甘肃省环保厅	9
6	2016—2019年	黑顶麻雀的扩散行为与种群遗传结构研究	国家自然基金委、兰州大学	4
7	2016年	甘肃省疏勒河双塔水库除险加固工程陆生生态调查专项	中国水利水电科学研究院	3
8	2016—2018年	极旱荒漠区受损生态系统植被恢复及重建技术研究与示范	甘肃省治沙研究所	20
9	2016—2017年	疏勒河下游地区雅丹地貌现代侵蚀过程与发育模式对比研究	中国科学院旱寒所	1
10	2016—2018年	安西自然保护区植被资源的遥感调查、监测与评价	中国科学院遥感与数字地球研究所	25
11	2016—2018年	安西自然保护区生物多样性监测	环保部南京所	30
12	2017—2018年	环保部生物多样性专项“瓜州县生物多样性观测项目（哺乳类）”	环保部南京所	6
13	2019—2020年	安西极旱荒漠国家级自然保护区生物多样性观测项目	中国环境科学研究院	15
14	2020—2021年	基于采食斑块选择和3S技术的重引入普氏野马放归生境适宜性研究	省级林业草原科技项目	
15	2019—2022年	极旱荒漠区土基材料辅助裸果木保护、繁育及风沙防控机理研究	国家自然基金委、西北师大	
合 计				123

表10-2　保护区2013—2022年获得的科技奖励

序号	时间	项目（课题）名称	科技奖励
1	2013年	安西自然保护区珍稀濒危生物适应气候变化的关键技术研究与试验	甘肃省环境科学技术奖二等奖
2	2013年	安西自然保护区管理与社区经济发展的矛盾与对策研究	甘肃省环境科学技术奖三等奖
3	2015年	甘肃河西走廊农业灌溉暨移民安置综合开发项目陆生生态现状调查专题研究	酒泉市科技进步二等奖
4	2016年	安西自然保护区生态补偿标准与类比研究	酒泉市科技进步三等奖
5	2016年	安西自然保护区裸果木保护现状调查与研究	甘肃省环境科学技术奖二等奖
6	2017年	甘肃安西极旱荒漠国家级自然保护区第三期科学综合考察	酒泉市科技进步一等奖、甘肃省环境科学技术奖三等奖
7	2021年	甘肃安西极旱荒漠国家级自然保护区生物多样性观测与价值评估	甘肃省环境科学技术奖一等奖
8	2022年	红外触发相机在荒漠区野生动物监测中的应用	甘肃省环境科学技术奖二等奖

第11章　自然保护区评价

11.1　保护区管理历史沿革

1984年9月，国家环保局和农业部在呼和浩特联合召开了全国草地类自然保护区调查规划会议。同年12月，为落实呼和浩特会议精神，省环保局和省畜牧厅邀请了有关专家和部分县市领导，在兰州召开了草地类自然保护区建设项目论证会。与会人员均认为，在安西建立戈壁荒漠草地自然保护区十分必要。

1985年，西北五省（区）有关专家又在安西进行了实地专题论证，并提出了建立安西戈壁草地自然保护区的建议书。随后，国家环保局、农业部和甘肃省部分领导先后到安西进行了现场考察，均对在安西建立自然保护区做出了明确指示。

1987年6月22日，《甘肃省人民政府关于建立安西荒漠戈壁草地自然保护区的批复》（甘政发〔1987〕89号）确定成立省级自然保护区，定名为“甘肃省安西荒漠戈壁草地自然保护区”。

1988年6月24日，经甘肃省酒泉地区行政公署批准，甘肃省安西荒漠戈壁草地自然保护区管理处成立，为副县级事业单位，行政上由安西县人民政府管理，业务上受甘肃省环保局和甘肃省农牧厅指导。

1990年7月11日，经甘肃省人民政府批准，同意甘肃省安西荒漠戈壁草地自然保护区管理处设置办公室和业务科，管理处和草原站在业务上受甘肃省环保局和甘肃省农牧厅领导，并受酒泉地区环保局指导，在行政上受县人民政府领导。

1992年10月，《国务院关于同意天津古海岸与湿地等十六处自然保护区为国家级自然保护区的批复》（国函〔1992〕166号）批准保护区为国家级自然保护区，更名为“甘肃安西极旱荒漠国家级自然保护区”。

1993年7月15日，保护区被“中国人与生物圈国家委员会”接纳为首批国际人与生物圈自然保护区网络成员。

2010年6月，经甘肃省机构编制委员会批准，“甘肃安西极旱荒漠国家级自然保护区管理处”更名为“甘肃安西极旱荒漠国家级自然保护区管理局”，隶属甘肃省环境保护厅下属事业单位，正处级建制，核定事业编制21名，核定处级领导职数2名。

2011年7月5日，经中共甘肃省环境保护厅党组批准，甘肃安西极旱荒漠国家级自然保护区管理局内设办公室、资源保护科、科研开发科、宣传教育科4个科室，下设柳园、锁阳城2个保护总站。

2014年，甘肃省机构编制委员会办公室印发《关于调整机构编制的通知》（甘机编办通字〔2014〕93号），确定增加甘肃安西极旱荒漠国家级自然保护区管理局副处级领导职数1名，增加事业编制5名。

2020年，按照省林业和草原局党组《关于调整甘肃安西极旱荒漠国家级自然保护区管理局主要职责、内设机构和科级领导职数的批复》（甘林党发〔2020〕127号），甘肃安西极旱荒漠国家级自然保护区管理局设置6个正科级科室（站），核定科级领导职数12名。

2021年，按照《中共甘肃省委机构编制委员会办公室关于甘肃省林业和草原局所属部分事业单位更名的批复》《中共甘肃省林业和草原局党组关于所属部分事业单位更名的通知》，“甘肃安西极旱荒漠国家级自然保护区管理局”更名为“甘肃安西极旱荒漠国家级自然保护区管护中心”。

目前，甘肃安西极旱荒漠国家级自然保护区管护中心为财政全额拨款正县级事业单位（管理型），内设办公室、计划财务科、资源保护科、科研宣教科、柳园保护站、锁阳城保护站，均为正科级建制。核定事业编制26名，现实在编在岗人员22名。

11.2　保护区范围及功能区划评价

11.2.1　保护区范围

保护区位于河西走廊西端的瓜州县境内，地处亚洲中部温带荒漠、极旱荒漠和典型荒漠的交会处，是青藏高原和蒙新荒漠的结合部。保护区南与甘肃玉门市为界，北与新疆维吾尔自治区哈密市相接，东与甘肃肃北蒙古族自治县相交，西与甘肃敦煌市相邻。保护区分南、北两片，申报国家级保护区总面积80.00万 hm^2。

根据保护区整合优化预案界线，保护区总面积79.57万 hm^2，分为南、北两部分。南片面积为39.29万 hm^2，位于东经95°25′13.21 "～96°50′38.37"，北纬39°53′15.49″～40°26′43.75″；北片面积为40.28万 hm^2，位于东经94°46′07.55″～95°45′22.22″，北纬41°10′39.66″～41°48′02.66″。

11.2.2　保护区功能区划

根据保护区整合优化预案界，保护区划分为核心保护区和一般控制区2个功能分区。其中，核心保护区面积22.98万 hm^2，占保护区总面积的28.88%；一般控制区面积56.59万 hm^2，占保护区总面积的71.12%（见表11-1）。

表11-1　生态环境部备案整合优化保护区范围统计表

分区	片区面积/hm^2		合计/hm^2	占比/%
	南片	北片		
核心	16.01×10^4	6.97×10^4	22.98×10^4	28.88
一般控制区	23.28×10^4	33.31×10^4	56.59×10^4	71.12
总计	39.29×10^4	40.28×10^4	79.57×10^4	100

11.3 主要保护对象动态变化评价

保护区主要保护对象动态变化情况，从国家重点保护野生动植物种数和物种丰富度两个方面来进行评价。

11.3.1 国家重点保护野生动植物种数

根据《甘肃安西极旱荒漠国家级自然保护区三期科学考察报告》（2014年），保护区境内国家一级重点保护野生植物有裸果木1种，国家二级重点保护野生植物有中麻黄、膜果麻黄、胡杨、梭梭、白梭梭、沙拐枣（蒙古沙拐枣）、肉苁蓉（苁蓉）、甘草（甜甘草）、胀果甘草、锁阳、蒙古冰草和乌苏里狐尾藻等12种。

列入《国家重点保护野生动植物名录》的动物有34种，其中国家一级保护动物有黑鹳、金雕、胡兀鹫、小鸨、雪豹、普氏野马、野驴、北山羊等8种，国家二级保护动物有白琵鹭、大天鹅、鹗、鸢、雀鹰、苍鹰、白腹鹞、普通鵟、大鵟、毛脚鵟、草原雕、秃鹫、红隼、燕隼、黄爪隼、灰鹤、高山雪鸡、雕鸮、短耳鸮、纵纹腹小鸮、长耳鸮、草原斑猫、猞猁、鹅喉羚、盘羊、岩羊等26种。

根据第四期科学考察以及2021年修订的《国家重点保护野生植物名录》，保护区内分布有国家重点保护野生植物9种，其中国家一级重点保护植物有发菜，国家二级重点保护植物有肉苁蓉、甘草、胀果甘草、乌苏里狐尾藻、唐古红景天、锁阳、蒙古冰草、黑果枸杞等8种。

通过近年红外触发相机的连续监测及保护区第四期科学考察，依据2021年修订的《国家重点保护野生动物名录》，保护区内分布有国家重点保护野生动物54种，包括国家一级重点保护野生动物14种，国家二级重点保护野生动物40种，其中新增一级重点保护物种西藏盘羊、白唇鹿、豺、草原雕、黑颈鹤、白尾海雕、秃鹫等7种，把北山羊从一级调整到二级重点保护物种；新增二级重点保护物种花脸鸭、蓑羽鹤、白腰杓鹬、大滨鹬、高山兀鹫、凤头蜂鹰、棕尾鵟等13种。

保护区内国家重点保护野生动植物种数变化见表11-3。

表11-3 保护区国家重点保护野生动植物种数变化统计表

重点保护物种	2014年/种			2023年/种			变化率/%
	一级	二级	合计	一级	二级	合计	
植物物种	1	12	13	1	8	9	-30.8
动物物种	8	26	34	14	40	54	58.8
合计	9	38	47	15	48	63	28.0

11.3.2 物种丰富度

物种丰富度是指一个特定区域或生态系统中物种的总数。根据《甘肃安西极旱荒漠国家级自然保护区三期综合科学考察报告》（2014年），保护区内有野生植物63科455种，野生脊椎动物65科211种。根据第四期科学考察调查结果，保护区内有野生植物65科484种，野生动物76科249种。保护区野生生物物种数变化情况见表11-4。

表11-4　保护区内野生生物物种数变化统计表

物种	2014年/种	2023年/种	变化率/%
野生动物	211	249	18.01
野生植物	455	484	6.37
合计	666	733	10.06

11.4　管理有效性评价

11.4.1　管理措施

1.管理体系

一是保护区管护中心现隶属于甘肃省林业和草原局，正县级建制；核定全额事业编制26名，目前在岗在编22名；中心内设办公室、计划财务科、资源保护科、科研宣教科4个科室，下设柳园保护站、锁阳城保护站2个保护站，均为正科级建制；管理级别与全省其他国家级自然保护区处于同类水平，但是人员编制及内设机构数量在全省处于偏下水平。二是管护中心同地方政府自然资源部门联合对保护区内国有土地行使管理权力，同时与保护区社区乡镇人民政府签订了社区共管协议，建立了协同共管机制。三是管护中心始终坚持把规章制度和机制建设摆在工作的重要位置，定期组织开展研讨、座谈及意见征求工作，不断修订完善保护区相关制度规定。截至目前，管护中心累计修订完善“三重一大”事项决策、财务管理、车辆运行、考勤考核、资源保护、科研监测等各类制度40项，对监管、巡查巡护、科研监测、财务、资源保护等多个方面的具体工作做了翔实、明确的规定。

2.本底调查

在国家专项资金支持下，一是与中国环科院、中国科学院、兰州大学生命科学院等单位合作，相继完成了安西保护区一、二、三期综合科学考察，对区内气候、水文地质、文物古迹、动植物演变等内容进行了全面调查，分析对比了建区以来保护区动植物资源动态演替规律，编写了3期《甘肃安西极旱荒漠国家级自然保护区资源综合科学考察报告》和《甘肃安西极旱荒漠国家级自然保护区宣传画册》等。二是与华中师范大学合作开展了“安西自然保护区国家级自然保护区生物标本数字化建设”项目，补充完善了保护区动植物标本和动植物本底调查数据，建立了保护区生物标本数据库，编制了《甘肃安西极旱荒漠国家级自然保护区动物图册》和《甘肃安西极旱荒漠国家级自然保护区植物图鉴》。三是开展了森林资源规划设计调查、公益林区划落界以及国土“三调”、自然资源确权登记工作。通过上述本底调查，真实全面地反映了建区30多年来保护区本底资源和保护区资源演变规律，客观公正地再现了保护区自然地理、物种资源、人文景观等方面的情况，使保护区的本底更加清楚，区内本底调查数据不断充实。

3.日常巡护

一是根据保护区实际情况，建立完善了“管护中心—保护站—管护站（卡）”三级管理体系，2个保护站严格落实“零报告”制度，定期对敏感区域和生态恢复区域进行巡查管护，实时掌握区内动态；二是不断完善资源保护工作制度和基层管护站卡管理考核制度，立足保护区林业和草原防火工作实际，安排40名专职护林护草员，划定巡查范围，确定巡护路线，确保各自的巡查区域每日巡护不少于1次，同时2个保护站每周不定期入区检查，将各类违法违规行为制止在萌芽状态，有效维护了保护区生态安全。三是经常性组织开展专项巡查督查工作，每月坚持由局领导带队，对区内各管护站卡、生态环境资源保护情况进行现场检查，形成了常态化、制度化、全覆盖的巡护机制。

4.科研监测

一是设置100 m×100 m荒漠植物监测大样地2个，建立野生动物红外相机固定监测样地4个，共布设100台红外触发相机（每个样地布设20台），固定长期监测样方10个（10 m×10 m），建立2处小型自动气象站、1处CAWS600-S基本型野外气象观测站（归兰州大学所有）；坚持每年完成4次监测工作，对国家重点生态工程建设进行前、中、后期全程监测；每年编制保护区资源监测专题报告，积累了原始监测数据。二是与中国科学院、兰州大学、武汉大学、北京林业大学等18个科研院所、院校合作建立了科研教学实习基地和研究生工作站；成立了由20名高等院校、科研院所专家教授组成的保护区专家咨询委员会，科研合作空间不断拓展。三是承担国家重点科研项目“普氏野马回归自然”项目，2005年成功实施普氏野马半放养，截至目前，普氏野马种群形成3个繁殖群、1个全雄群，种群数量由最初的10匹增加至45匹。四是积极与科研院所合作，先后完成国家科技支撑计划、国家行业专项、国家自然科学基金等科研课题30余项，有5项科研课题通过省科技厅成果鉴定或验收，获得地厅级科技奖励9项，县级科技奖励6项，先后发表学术论文50余篇。保护区被中国科学院和国家自然科学基金委分别评为“中国生物圈保护区红外相机监测示范单位”和“国家自然科学基金项目依托单位”，被中国人与生物圈国家委员会和国际动物学会列为首批野生动物红外相机监测示范试点保护区，被中国科学院生物多样性委员会授予“全国野生动物监测优秀奖”。

5.生态修复

一是认真贯彻中央和省市县有关保护区生态环境问题整改精神，积极落实中央环保督察、“绿盾”、“绿卫”森林草原执法专项行动等工作要求，以自然资源保护为中心，特别是对保护区内的探采矿项目按照“三不留、一毁闭”的要求采取人工恢复与自然恢复相结合的方式全部进行了恢复，有效落实了生态环境问题整改和重点工作任务，全面完成了90个自查生态环境问题的整改并通过市县级验收。二是对国道312线、兰新高铁、西气东输三线、±1 100千伏特高压直流输电、±800千伏高压直流输电等多个国家重点工程项目影响区域开展实验性生态恢复工作，通过栽植梭梭、柠条等多年旱生植物，完成生态修复工程总面积约0.73 km^2。通过3年的人工抚育和自然生长，栽植成活率超过70%。三是建成保护区荒漠生物物种储存基地（植物园）1.6 km^2，布设了植物引种繁育实验、砾漠植被等6个植物专类园，移栽、繁育荒漠旱生沙生植物36科160余种60多万株。四是在保护区南片实验区兔葫芦至锁阳城一带桥子东吴家沙窝易侵蚀区建设HDPE新型阻沙固沙网沙障进行压沙，以固定流沙表面，阻滞沙丘前移，减轻了对区域湿地草原的沙压沙埋威胁，减少了受灾面积。

6.科普宣传

一是建成了建筑面积为1 777 m²的集科学实验、资源展览和多媒体教室为一体的保护区宣教中心，建成动物标本展厅、植物标本展厅、成果展厅等，面积600 m²，共有图书5 000本，标本采集制作2 000件，陈列植物标本132件（包括罐装植物标本68罐，植物图片标本32张），动物标本273件（包括昆虫标本92件），制作安装保护区电子沙盘20 m²。二是注重发挥宣传教育中心窗口作用，以保护区宣传教育“六进”活动为抓手，接待参观标本的中外游客近10万人次。近两年深入4个乡镇、5个县城社区及机关单位、学校等区域，组织开展保护区相关法律法规、动植物资源保护和森林草原防火宣传教育活动，累计发放宣传资料1.2万余册、宣传品3.3万余份。借助宣传教育中心和普氏野马半放养场，积极对中小学生进行科普和爱国主义教育，组织开展科普教育主题研学活动，2020年管护中心被省科协评为科普教育基地优秀组织单位。三是利用广播、电视、报刊等大众媒体，积极开展《中华人民共和国环境保护法》《中华人民共和国自然保护区条例》等相关法律法规宣传活动；建立保护区门户网站、保护区微信公众号，实时更新内容，及时反映管护中心各项工作进展成效；先后在国内知名刊物进行保护区专题宣传，连续多年在地方电视台开办专题宣传栏；利用“地球日”“环境日”“爱鸟周”等节日，在县城、社区广泛开展宣传活动，印发宣传材料近10万份，发放保护区科普专集500余册。

7.社区发展

保护区社区居民收入来源普遍由种植业和养殖业组成，其中，农作物种植收入最高，养殖业收入次之，外出打工收入位居第三，经商收入最低。多年来，保护区针对社区范围大、保护矛盾突出等实际，通过帮资金、帮农资、帮技术、引项目，保护区社区群众生产生活条件有了极大改善，精准扶贫和新农村建设取得了长足发展，经济收入有了显著提高，社区居民人均纯收入与全县平均水平差距进一步缩小。

8.生态旅游

保护区内文物遗址主要有锁阳城遗址、东千佛洞石窟、榆林窟以及锁阳城墓群等。近年来，按照中央生态环境保护督察、“绿盾”、“绿卫”森林草原执法专项行动等要求，仅对文物遗址进行了必要的管护、监管及科研活动。2019年，中央生态环境保护督察反馈，保护区缓冲区东千佛洞存在旅游活动，管护中心积极开展专项整改工作，现已完成整改任务。

9.综合执法

一是严格落实《中华人民共和国环境保护法》《中华人民共和国森林法》《中华人民共和国野生动物保护法》《中华人民共和国自然保护区条例》《甘肃省自然保护区条例》《全国人民代表大会常务委员会关于全面禁止非法野生动物交易、革除滥食野生动物陋习、切实保障人民群众生命健康安全的决定》等相关法律法规，不断强化执法力度，严格落实执法程序，多次开展联合突击执法检查，坚决打击违规进入保护区活动的行为。二是建立健全卫星遥感监测、主要卡口摄像头监控和管护人员巡查“三重监管网络”，在重点区域、重要入口安装摄像头6处，对进出人员及车辆进行实时监控；逐步购置执法设备，不断增强执法力量。三是针对保护区行政执法证过期的实际，2019年积极衔接办理新的执法主体资格证书，管护中心22名干部获得了行政执法资格，有效解决了旧证过期无法执法的难题。四是积极协调地方公安、生态环境、自然资源、文旅等部门开展联合执法，共同打击区内非法活动，形成了多部门联动共管的工作机制，这种参与式方法的引入，减轻了保护区管理压力，缓解了保护与利用的矛盾，得到了社会各界的认同。2020年以来，共办结行政执法案件60多起，有效震慑了违法分子。

10.信息化建设

为切实做好保护区的监测与管理工作，不断提升保护区生态环境监测、管理信息化水平，管护中心不断加大监测管理基础设施建设力度，积极推进智慧保护区建设，正在逐步建立以移动互联网、物联网、云计算为核心，主要包含生态综合监测站、无人机监测系统、太阳能光伏发电系统、风能发电系统、资源管理、资源监测、防火防疫等模块在内的管理平台，将逐步把保护区打造成综合办公自动化、业务管理一体化、生态环境监管可视化、绩效评估规范化、环境决策科学化的现代化保护区。截至目前，保护区内安装枪机、球机摄像头16处，租用移动公司数据专线7条、互联网专线6条，埋设、铺设专线光缆50 km，建成实况传输电子显示大屏2处，接通基层管护站互联网5处。

11.4.2 管理成效

1.保护对象

近年来，管护中心通过严格管护，持续加强制度建设和巡查管护工作力度，强化禁牧成果，保护区内的人类活动干扰已逐渐减少，野生动物栖息地环境得到有效改善，破坏的植被逐步得到自然恢复。自2016年开展保护区生态环境问题整改工作以来，区内所有的探采矿项目均已退出保护区，涉及的所有生态环境问题已得到整改。2018年以来，多年未在保护区出现的雪豹、豺等动物现已频繁出现在保护区。以往蒙古野驴在保护区属于难得一见的珍稀物种，目前不管是红外相机观测还是样线调查，均能较容易地观测到。这些结果均说明了保护区加强保护和管理，人为干扰敏感的物种的分布与数量有了明显增加，生态系统向着良好的方向发展。

2.人类干扰

保护区内人类干扰活动由强到弱依次为：国家重点工程项目建设、民生工程项目建设、社区居民群众活动、旅游活动以及正常的巡查巡护等，所有人类活动均在实验区内。针对以上活动，管护中心严格按照保护区准入审查制度逐一进行审查。一是对涉及保护区的建设项目，无相关手续或手续不全的，均坚决禁止施工建设，允许建设的，加强全过程监管，监督其履行生态环境保护义务和职责；二是加强建设项目运营期的监督管理，与运营单位签订共管协议，并加强相互沟通，做到权责明确；三是通过多措并举，积极教育引导社区居民禁牧、禁猎、禁火等破坏自然生态环境的行为和活动；四是积极开展区内巡查执法工作，坚决打击各类破坏自然资源的违法活动。通过“绿盾”“绿卫”专项整治以及近年持续不断的强化管理，保护区内人类干扰强度明显下降，中大型野生动物遇见率大幅上升。

3.社区关系

与周边社区居民建立伙伴关系，扶持社区发展经济及公益事业，引导社区主动参与保护区资源管理，是保护区追求的目标。管护中心同社区乡镇签订了社区共管协议，确定了社区共管目标，并依据共管协议，适时引导群众参与保护区管理，建立了联防共管组织，持续开展了一系列联防共管活动；从社区群众中择优录取保护区护林护草员，鼓励社区剩余劳动力参与保护区项目建设，带动了保护区社区劳务产业发展，拓宽了农民增收渠道，达到了社区经济发展与资源保护双赢的目标。这种参与式方法的引入，减轻了保护区管理压力，缓解了保护与利用的矛盾，得到了社会各界的认同。

11.5　效益评价

11.5.1　社会效益评价

由于保护区周边地区农业基础条件差，生态环境脆弱，建立保护区不但有利于生物多样性保护，丰富物种资源，而且提高了荒漠植被覆盖率，减少了沙尘暴对周边地区的危害，保护了周边地区的工农业生产，改善了地区投资环境。保护区的建设与管理，将产生巨大的社会效益。一是通过监测保护区自然生态环境的演替过程，可准确地认识荒漠的发生、发展规律，认识物种间相互依存、相互制约的关系，为人类长期、高效、科学地利用资源和保护、改善生存环境提供科学依据。二是保护区生物多样性所面临的环境问题在干旱地区十分普遍，尤其是河西走廊地区，具有典型性和代表性。保护区的建设将为其他区域生物多样性保护项目的实施提供许多可以借鉴的经验，也为其他自然保护区起到示范作用。三是随着生物多样性的保护和恢复事业的发展，相关专家、学者、记者、实习学生、游客将纷至沓来，通过科学考察、旅游、交流、宣传等活动，保护区的知名度将得到提高，科学研究将不断深入，对外交流和合作将会扩大，有利于引进人才和技术，推动科研与管理，促进科研、技术、管理等方面的进步，随之而来的效益将不可估量。四是提高全民生态环保意识。保护区独特的生态系统、珍稀的自然资源、严酷的生存环境等，都是对人们进行自然保护教育的良好素材，有利于提高人们的环保意识，激发大家热爱自然、善待自然的心灵感悟。五是加大保护区资源保护力度，随着整个保护区生态环境的改善，当地的农业和牧业生产条件将发生较大的改观，可增加可持续生产能力。六是保护区是向广大公众普及自然知识的重要场所，是开展科普宣教和科研教学的理想基地，可向人们普及生物学、自然地理等知识，并提供直接的感性教育。这将有利于提高人们对保护自然环境、保护珍稀濒危动植物的认识，进一步推动自然保护事业的发展。

11.5.2　经济效益评价

保护区的建设是一项公益性事业，不会产生很高的直接经济效益，但其蕴含的间接经济价值和潜在经济效益是无法估量的。保护区文物古迹众多，地质类型特殊，文化底蕴丰厚，通过保护区的建设，特别是生态旅游、社区共建等项目，可提升保护区的自养能力，并为周边社区居民提供大量的就业机会，增加居民的经济收入，有效地促进第三产业和其他相关产业的发展。另外，基于目前资源有价的思想，保护区建设带来的间接经济效益巨大。这种间接经济效益虽不能直接以货币的形式体现出来，但它是确实存在的，如生物多样性和野生动植物种群的增加，种质资源和基因库的保护，荒漠生态系统的恢复和发展，自然环境的整体改善等，对整个环境的影响都有着潜在的经济效益，这种经济效益将对社会、历史、文化的发展起到巨大的推动作用。而且保护区的建设与管理，对维持区域农牧业和其他经济的可持续发展及维护生态安全等方面均有积极作用。

11.5.3　生态效益评价

安西自然保护区是我国目前唯一以保护极旱荒漠生态系统及其多样性为目的的多功能综合性保护

区，它的建立，填补了我国该类型自然保护区的空白。保护区的建设，将最大限度地减少人为因素对生态系统的破坏，更有力地促进保护区内珍稀动植物资源的保护，增加野生动植物种群数量，促进植被恢复，为野生动植物创造良好的栖息环境和生存条件，最大限度地保护物种基因库和生物多样性。另外，通过保护区建设，也将有利于加强保护区生态系统的保护，保持其生态系统的完整性、稳定性和连续性，使区内各类资源按自然规律稳定地进行演替、发展，发挥最大的生态功能，对于改善当地的自然环境、维护生态平衡、促进生态系统良性循环、减少自然灾害发生、遏制荒漠化进程等将起到不可估量的作用，同时对保护周边地区乃至甘肃省的生态安全，改善本地区的生态环境，具有迫切的现实意义和深远的历史意义。

11.6 保护区综合价值评价

按照中华人民共和国国家环境保护标准《区域生物多样性评价标准》（HJ 623—2011）的指标和方法，对保护区的生物多样性指数进行了量化和评价。按照中华人民共和国林业行业标准《自然保护区生物多样性保护价值评估技术规程》（LY/T 2649—2016）的指标和方法，对保护区的野生动植物、珍稀濒危野生动植物多样性保护价值指数进行量化和评价。按照中华人民共和国林业行业标准《荒漠生态系统服务评估规范》（LY/T 2006—2012），根据6个类别10个评估指标对保护区生态系统服务价值进行定量估算。结果表明，保护区生物多样性指数为21.01，野生植物多样性保护价值指数为25.26，珍稀濒危野生植物多样性保护价值指数为10.58，野生动物多样性保护价值指数为33.82，珍稀濒危野生动物多样性保护价值指数为28。保护区生态系统服务功能价值量为239.46亿元/年。其中，固碳释氧功能价值量为7.84 亿元/年，水文调节功能价值量为22.33 亿元/年；防风固沙价值量为111.20 亿元/年，土壤保育价值量为70.45亿元/年，生物多样性保育价值量为25.64 亿元/年，生态旅游价值量为2.00 亿元/年。

11.7 存在的主要问题

虽然近年来社区周边群众的生态环保意识不断增强，保护区在保护与管理工作上的成效明显，但保护区资源保护与地方经济发展的矛盾依然存在，尤其是社区居民生产生活与保护区日常管理的矛盾和冲突，以及保护区内建设项目、旅游发展与保护区管理的矛盾和冲突等，是保护区当前面临的巨大考验和挑战。

11.7.1 保护区边界不清问题突出

保护区建区较早，因当时技术手段落后，基础性勘查经费不足，一直沿用建区初期的手工绘制范围和功能区划图，范围及功能区控制点坐标较少，加之两次省级、县级民政划界调整时未及时优化保护区范围，造成跨区域管理，跨界区域面积24 356 hm^2，其中新疆维吾尔自治区涉及哈密市星星峡镇约1 277 hm^2，肃北县约23 079 hm^2，跨区域管理难度大，亟需合理优化区界及各功能区范围。

11.7.2 人员编制少，管护力量依旧薄弱

保护区实有编制26人，在岗仅22人。保护区派出所（隶属瓜州县公安局）仅有1名所长和1名协警，人均管护面积超过3万hm^2。现聘用39名管护人员仅能基本保障站卡的值班。因基层站点没有专用、完善的巡查防护装备和交通工具，区内巡查管护工作仍存在短板。

11.7.3 保护区无土地权属

目前，保护区土地权属为国家所有和集体所有两种形式，但保护区建区较早，加之此前很长一段时间都属环保部门管理，无土地使用权限或林权证明。

11.7.4 保护区资源保护与地方经济发展间的矛盾依然突出

保护区的建立虽然对国家环境保护有利，从长远来说，对地方经济发展也有利，但是，保护区的建立在一定程度上制约了当地社区对资源的利用，缩小了社区发展空间，当地居民失去了管理和使用资源的权利，失去或减少了发展的机会，从而减少了社区群众的经济收入，比如对社区群众农作物种植和牲畜养殖有明显的制约和影响。另外，行业部门监管和属地管理的责任未能有效落实，尤其是地方政府对环保问题整改主体责任认识还不到位，呈现管护中心“唱独角戏”的局面，出现问题后行业部门、属地政府相互推诿扯皮。

11.7.5 科研力量薄弱，经费投入不足

保护区专业技术人员仅9人，且个别技术人员因岗位原因未从事专业技术工作；科研队伍结构不合理，专业技术人员中5人为中级职称，4人为初级职称，没有高级职称人员，且年龄普遍年轻，专业技术队伍发展缓慢，形不成梯队，科技人员严重不足。在职专业技术人员仅能从事一些常规性的、基础性的调查监测工作，许多微观的和深层次的科研工作无法独立开展，得依靠与有关高校、科研机构合作完成，不能适应保护区科技发展的要求，成果水平需要进一步提高。同时，受经费限制，高端前沿的科研设备严重短缺，科研课题没有资金保障，自列课题无法开展，没有正常的科技经费投入渠道，仅能开展常规的资源监测工作。

11.7.6 自然因素导致局地生物多样性退化

近些年来，由于气候变化、干旱少雨、地下水位下降等诸多自然因素的影响，保护区局地的植被发生了一定的变化，保护区生物资源的可持续发展受到了严重威胁，主要表现在植被盖度下降，地上生物量减少，造成土壤沙化，草场退化，局地生态环境恶化。同时，保护区的动物种群数量也发生了一些变化，因水源干涸或减少，部分区域动物种群数量有所下降，种类有所减少。

11.8 工作建议

11.8.1 充实队伍力量，强化管护工作

进一步完善保护区管理机制，根据管理职能对内设部门进行合理优化，设置职能科室8～10个；根据资源管护及执法需要，积极争取设置公安分局，配强配齐警务力量，同时根据资源分布实际，设置保护站4～5个、资源管护站10～15个。积极协调增加编制至50人，招聘或引进专业技术人员，包括保护区管理、自然地理、生态学、环境保护与监测、植物学、动物学、林学、新闻传播、法律、地理信息系统、草业科学等专业人员。同时，增加基层管护力量，聘用护林护草员60～80名，以有效保护区内自然资源。

11.8.2 持续推进保护区整合优化，明晰自然资源权属

积极做好保护区整合优化预案的衔接和审批，推进保护区勘界立标和整合优化工作，合理核定保护区范围和功能分区。根据国土“三调”成果，持续推进保护区自然资源确权登记，有效解决一些因权属争议而困扰保护区多年的历史问题。另外，待整合优化工作完成后，按照相关调整和要求进一步修改和完善总体规划，确保总体规划编制成果与后续批复后的整合优化预案顺畅衔接。

11.8.3 加强保护区生态及生物多样性监测研究

充分发挥和用好“甘肃省荒漠生态系统野外科学观测研究站”省级平台，利用无人机、红外相机等设备，使用遥感解译判读等手段，掌握区内生态及生物多样性的演变规律。重点开展荒漠区戈壁、沙地、盐碱地气象、物候、植被动态变化观测研究，保护区荒漠植被的防风固沙效益及其演变趋势观测研究，保护区受损生态系统稳定性与修复关键技术研究，气候变化对荒漠生态系统组成、结构与功能的影响研究等。

11.8.4 健全社区共管机制，推进保护区科学管理

探索建立社区共管委员会。保护区锁阳城保护站站长与保护区社区所涉及的4个乡镇10个村委会干部分别联合成立4个社区共管委员会，办公室设在各乡镇政府，负责协调内外关系，解决保护区与社区发展之间的矛盾和冲突。另外，共管委员会负责对社区居民进行宣传教育，动员居民参与保护区管理工作，增强公众的保护意识，使其认识到保护区提供的价值和服务，并对其保护行为实施适当的鼓励政策，变被动保护为主动保护，促进社区经济与资源保护的协调和可持续发展。

11.8.5 加强科研队伍建设，加大科研经费的争取和投入力度

保护区的科研监测工作有长期性和系统性，保持监测工作的连续性是最基本的要求，科研人员必须稳定，而且水平要相对较高。通过半脱产系统性地学习专业知识，尽快培训出一批结构合理的科研骨干力量和学科带头人，同时通过提高优惠条件等途径，吸引重点高校毕业生，引进有经验的专业人员，逐

步壮大科研队伍。依托科研院所和保护区建立的合作关系平台，发挥专家咨询委员会优势；建立相对稳定、长期的科研经费投入体系，多方面、多渠道争取科研项目；另外，也可开展保护区自列课题研究工作，从各类建设项目中安排一定资金开展相关科研课题，来解决当前资源保护中的技术难题。

11.8.6　依法强化保护区管理，科学推进保护区生物多样性保护

严格禁止破坏自然植被和植物群落，针对保护区境内生长的国家重点保护植物、濒危珍稀物种以及退化严重区域建立保护小区，加以保护和管理，用人工抚育等方法扩大种群数量，使其自然群落得以恢复；强化保护区水源和湿地的保护与管理，禁止开采地下水，防止水体污染和富营养化，以维持地下水位，保证湿地的水源和湿地动植物资源的可持续发展。

参考文献

[1] 安争夕，1999. 新疆植物志（第二卷）[M]. 乌鲁木齐：新疆科技卫生出版社.

[2] 车晋滇，2010. 中国外来杂草原色图鉴[M]. 北京：化学工业出版社，生物·医药出版分社.

[3] 陈昌笃，张立远，1987. 中国的极旱荒漠[J]. 干旱区资源环境，1（3–4）：1–12.

[4] 陈西仓，2005. 甘肃省国家级珍稀濒危保护植物和国家级重点保护野生植物资源[J]. 中国林副特产，6（79）：47–49.

[5] 陈叶，高海宁，郑天翔，等，2013. 甘肃河西地区农田外来杂草调查和危害评价[J]. 作物杂志（1）：29.

[6] 陈叶，罗光宏，2004. 甘肃河西地区盐碱地野生药用植物资源[J]. 干旱地区农业研究，22（3）：160 –163.

[7] 崔治家，2006. 甘肃被子植物中国特有类群的区系研究[D]. 兰州：西北师范大学.

[8] 大连水产学院，1982. 淡水生物学（上册　分类学部分）[M]. 北京：农业出版社.

[9] 刁正俗，1990. 中部水生杂草[M]. 重庆：重庆出版社.

[10] 傅坤俊，傅竞秋，陈彦生，等，2000. 黄土高原植物志（第一卷）[M]. 北京：科学出版社.

[11] 傅立国，1992. 中国植物红皮书（第一册）[M]. 北京：科学出版社.

[12] 甘肃林业厅，1987. 甘肃珍贵稀有树种[M]. 兰州：甘肃科学出版社.

[13] 甘肃植物志编辑委员会，2005. 甘肃植物志（第二卷）[M]. 兰州：甘肃科学技术出版社.

[14] 黄大桑，1997. 甘肃植被[M]. 兰州：甘肃科学技术出版社.

[15] 李鹏，李彩霞，1992. 甘肃河西的稀有珍贵植物[J]. 植物杂志，19（6）：18–19.

[16] 李鹏，张勇，李彩霞，等，1997. 甘肃河西野生经济植物资源及其利用的研究[J]. 西北植物学报，17（6）：100–106.

[17] 刘迺发，郝耀明，武宏斌，2005. 宁夏沙坡头国家级自然保护区综合科学考察[M]. 兰州：兰州大学出版社.

[18] 刘迺发，宁瑞东，1998. 甘肃安西极旱荒漠国家自然保护区[M]. 北京：中国林业出版社.

[19] 刘迺发，杨增武，2006. 甘肃安西极旱荒漠国家级自然保护区二期综合科学考察[M]. 兰州：兰州大学出版社：49–52.

[20] 刘迺发，张惠昌，窦志刚，2010. 甘肃盐池湾国家级自然保护区综合科学考察[M]. 兰州：兰州

大学出版社：143-147.

［21］刘迺发，2001. 甘肃敦煌自然保护区科学考察[M]. 北京：中国林业出版社.

［22］刘媖心，1985. 中国沙漠植物志（1～3卷）[M]. 北京：科学出版社.

［23］刘媖心，1988. 甘肃锦鸡儿属植物的分类及分布[J]. 西北师范学院学报（专辑1）：17-22.

［24］刘媖心，1995. 试论我国沙漠地区植物区系的发生与形成[J]. 植物分类学报，33（2）：131-143.

［25］罗光宏，陈叶，2001. 甘肃河西沙区野生可食植物及利用价值[J]. 甘肃农业科技（12）：41-44.

［26］内蒙古植物志编写组，1985. 内蒙古植物志（第一卷）[M]. 呼和浩特：内蒙古人民出版社.

［27］内蒙古植物志编写组，1979. 内蒙古植物志（第四卷）[M]. 呼和浩特：内蒙古人民出版社.

［28］内蒙古植物志编写组，1980. 内蒙古植物志（第五卷）[M]. 呼和浩特：内蒙古人民出版社.

［29］内蒙古植物志编写组，1985. 内蒙古植物志（第八卷）[M]. 呼和浩特：内蒙古人民出版社.

［30］内蒙古植物志编写组，1993. 内蒙古植物志（第四卷）[M]. 2版. 呼和浩特：内蒙古人民出版社.

［31］内蒙古植物志编写组，1994. 内蒙古植物志（第五卷）[M]. 2版. 呼和浩特：内蒙古人民出版社.

［32］任继文，1996. 甘肃珍稀濒危保护植物[M]. 兰州：甘肃科学出版社.

［33］宋朝枢，徐荣章，张清华，1989. 中国珍稀濒危保护植物[M]. 北京：中国林业出版社.

［34］孙淑先，1986. 甘肃河西地区荒漠植被[J]. 江西师范大学学报（4）：77-83.

［35］唐小平，2001. 甘肃民勤连古城自然保护区科学考察集[M]. 北京：中国林业出版社.

［36］王荷生，1992. 植物区系地理[M]. 北京：科学出版社.

［37］王继和，2008. 库姆塔格沙漠综合科学考察[M]. 兰州：甘肃科学技术出版社.

［38］王立，1999. 甘肃河西沙区野生观赏植物资源的研究[J]. 甘肃林业科技，24（2）：24-26.

［39］吴征镒，孙航，周浙昆，等，2010. 中国种子植物区系地理[M]. 北京：科学出版社.

［40］吴征镒，王荷生，1983. 中国自然地理——植物地理（上册）[M]. 北京：科学出版社.

［41］吴征镒，周浙昆，李德铢，等，2003. 世界种子植物科的分布区类型系统[J]. 云南植物研究，25（3）：245-257.

［42］吴征镒，1979. 论中国植物区系的分区问题[J]. 云南植物研究，1（1）：1-22.

［43］吴征镒，1980. 中国植被[M]. 北京：科学出版社.

［44］吴征镒，1991. 中国种子植物属的分布区类型[J]. 云南植物研究（增刊Ⅳ）：1-139.

［45］吴征镒，2003. 世界种子植物科的分布区类型系统的修订[J]. 云南植物研究，25（5）：535-538.

［46］新疆植物志编辑委员会，1992. 新疆植物志（第一卷）[M]. 乌鲁木齐：新疆科技卫生出版社.

［47］新疆植物志编辑委员会，1996. 新疆植物志（第六卷）[M]. 乌鲁木齐：新疆科技卫生出版社.

［48］晏民生，杨喜林，1992. 甘肃十字花科新植物[J]. 西北师范大学学报，28（4）：84-86.

［49］杨喜林，1988. 甘肃十字花科植物初步研究[J]. 西北师范学院学报（专辑1）：34-41.

［50］应俊龙，张玉龙，1994. 中国种子植物特有属[M]. 北京：科学出版社.

［51］雍世鹏，1992. 论戈壁荒漠生态植被的若干特征[J]. 内蒙古大学学报，23（2）：235 -244.

［52］张勇，李鹏，李彩霞，等，2003. 甘肃河西地区盐生植物区系研究[J]. 西北植物学报，23（1）：115-119.

［53］张勇，刘贤德，李鹏，等，2001. 甘肃河西地区维管植物检索表[M]. 兰州：兰州大学出版社.

[54] 张勇，王一峰，王俊龙，2005. 甘肃黎科植物区系地理研究[J]. 兰州大学学报，41（2）：44.

[55] 赵可夫，李发曾，1999. 中国盐生植物[M]. 北京：科学出版社.

[56] 赵培洁，肖建中，2006. 中国野菜资源学[M]. 北京：中国环境科学出版社.

[57] 中国植物志编委会. 1961—1999 中国植物志（1～80卷）[M]. 北京：科学出版社.

[58] 朱太平，刘亮，朱明，2007. 中国植物资源[M]. 北京：科学出版社.

[59] 朱长山，彭泽祥，1988. 甘肃委陵菜属植物小志[J]. 西北师范学院学报（专辑1）：23-28.

[60] 甘肃安西极旱荒漠国家级自然保护区管理局，2014. 甘肃安西极旱荒漠国家级自然保护区三期综合科学考察报告[M]. 兰州：甘肃人民出版社.

[61] 徐世健，潘建斌，安黎哲，2019. 河西走廊常见植物图谱[M]. 北京：科学出版社.

[62] 王博，王亮，徐世健，等，2017. 濒危植物裸果木与其伴生种种间联结性及群落稳定性[J]. 中国沙漠，37：86-92.

[63] 王立龙，张丽芳，徐世健，等，2015. 不同生境下濒危植物裸果木种群结构及动态特征[J]. 植物生态学报，39：980-989.

[64] 贾恢先，孙学刚，安黎哲，等，2005. 中国西北内陆盐地植物图谱[M]. 北京：中国林业出版社.

[65] 张海鹏，姜志德，2004. 自然保护的生态矛盾分析[J]. 林业经济问题（24）：306-308.

[66] 张志，亢新刚，华朝朗，等，2003. 自然保护区及周边社区的可持续发展[J]. 中国林业（4）：33-35.

[67] 段军让，2006. 自然保护区管理与社区经济发展存在的问题及对策[J]. 绿色财会（6）:46-47.

[68] 侯晓蕾，樊恩源，黄瑛，等，2010. 经济发展与生态保护的冲突与协调——以三门峡黄河湿地自然保护区为例[J]. 湖南农业科学（9）:152-156.

[69] 傅之屏，杨远兵，吕植，等，1998. 人类生态环境意识对大熊猫栖息地影响的研究[J]. 四川大学学报：自然科学版，35（6）:952-956.

[70] 裴鹏祖，王亮，杨永伟，等，2022. 甘肃安西极旱荒漠国家级自然保护区生物多样性及生态服务功能价值评估[J]. 生态科学，41（4）：120-128.

[71] 包新康，王 亮，卢梦洁，等，2020. 利用红外相机监测甘肃安西极旱荒漠国家级自然保护区鸟兽物种多样性[J]. 生物多样性，28（9）：1141-1146.

[72] 辛利娟，靳勇超，朱彦鹏，等，2015. 中国荒漠类自然保护区保护成效评估指标及其应用[J]. 中国沙漠，35（6）：1693-1699.

[73] 王亮，杨增武，杨永伟，2013. 安西自然保护区管理与社区经济发展的矛盾与对策[J]. 甘肃科技，29（15）:1-5.

附　录

甘肃安西极旱荒漠国家级自然保护区昆虫名录

（12目65科184属262种）

一、衣鱼目 Zygentoma

（一）衣鱼科 Lepismatidae

1.多毛栉衣鱼 *Ctenolepsima villosa*（Fabricius，1775）

采集记录：甘肃（瓜州桥子）1329 m，王洪建采3♀1♂，2022.VI.24.

分布：甘肃及全国各地；日本。

二、蜻蜓目 Odonata

（一）蟌科 Coenagrionidae

1.心斑绿蟌 *Enallagma cyathiferus*（Charpentier，1840）

采集记录：甘肃（瓜州西大泉），17600 m，王洪建采5♀3♂，2022.VI.28.

分布：甘肃（瓜州）、黑龙江、吉林、河北、内蒙古、新疆、西藏、宁夏；俄罗斯（远东），亚洲大部，欧洲。

2.长叶异痣蟌 *Ischnura elegans*（Vander Linden，1820）

采集记录：甘肃（瓜州西大泉），1760 m，王洪建采5♀3♂，2022.VI.28.

分布：甘肃（瓜州）及华北、东北地区；从欧洲西部至朝鲜半岛和日本广布。

3.蓝壮异痣蟌 *Ischnura pumilio*（Charpentier，1825）

采集记录：甘肃（瓜州西大泉），1760 m，李丹春采2♀2♂，齐昊采5♀3♂，2022.VI.28.

分布：甘肃（瓜州）、内蒙古、新疆、中国西部；蒙古，欧洲西部。

4.黑背尾蟌 *Paracercion melanotum*（Selys，1878）

采集记录：甘肃（瓜州西大泉），1760 m，王洪建采1♀1♂，2022.VI.28；王洪建采5♀3♂，2016.VI.28.

分布：甘肃（瓜州）及全国广布；朝鲜半岛，日本，越南。

三、螳螂目 Mantodea

（一）螳螂科 Mantidae

1.薄翅螳 *Mantis religiosa*（Linnaeus，1758）

采集记录：甘肃（瓜州西大泉），1800 m，李丹春采3♀1♂，2022.VI.22；李丹春采2♀3♂，2022.VI.22.

分布：甘肃（瓜州）及全国分布；世界广布。

四、直翅目 Orthoptera

（一）癞蝗科 Pamphagidae

1.准噶尔贝蝗 *Beybienkia songorica*（Tzyplenkov，1956）

采集记录：甘肃（瓜州马场），2023 m，王洪建采2♀3♂，2022.VI.22.

2.八纹束颈蝗 *Sphingonotus octofasciatus*（Serville，1839）

采集记录：甘肃（瓜州马场），2023 m，王洪建采2♀3♂，2022.VI.22.

分布：甘肃、陕西、青海、新疆；俄罗斯、北非到阿尔及利亚。

（二）斑翅蝗科 Oedipodidae

3.蒙古痂蝗 *Bryodema mongolicum*（Zubowskiy，1900）

采集记录：甘肃（瓜州马场），2023 m，王洪建采3♀3♂，2022.VI.22.

分布：甘肃、新疆。

（三）蚱科 Tetrigidae

4.日本蚱 *Tetrix japonica*（I.Bolívar，1887）

采集记录：甘肃（瓜州桥子），1329 m，王洪建采3♀3♂，2022.VI.22.

分布：甘肃、内蒙古、河北、山西、山东、河南、陕西、宁夏、青海、新疆、江苏、安徽、浙江、湖北、湖南、福建、台湾、广东、广西、重庆、贵州、云南、西藏及东北地区；日本、朝鲜、俄罗斯。

5.长翅长背蚱 *Paratettix uvarovi*（Somenov，1915）

采集记录：甘肃（瓜州桥子），1329 m，王洪建采3♀3♂，2022.VI.22.

分布：甘肃、山东、广西、云南；俄罗斯、伊朗、哈萨克斯坦。

（四）锥头蝗科 Pyrgomorphidae

6.锥头蝗 *Pyergomorpha conica deserti*（Bey-Bienko，1951）

采集记录：甘肃（瓜州桥子），1329 m，王洪建采3♀3♂，2022.VI.22.

寄主：麦类、禾本科植物。

分布：甘肃、新疆；蒙古、阿富汗、伊朗，欧洲南部、非洲北部。

(五) 螽蟖科 Tettigoniidae

7.戈壁灰硕螽 *Damalacantha vacca*（Fischer-Waldheim，1846）

采集记录：甘肃（瓜州西大泉），1760 m，李丹春、齐昊采2♀1♂，2022.VI.22.

分布：甘肃、新疆。

五、革翅目 Dermaptera

(一) 球螋科 Forficulidae

1.蠼螋 *Labidura riparia*（Pallas，1773）

采集记录：甘肃（瓜州锁阳城），1319 m，王洪建采3♀，2022.VI.22.

分布：甘肃、河北、山西、陕西、山东、河南、江苏、湖北、湖南、江西、四川、宁夏及东北地区；世界广布。

六、缨翅目 Thysanoptera

(一) 蓟马科 Thripidae

1.花蓟马 *Frankliniella intonsa*（Trybom，1895）

采集记录：甘肃（瓜州桥子），1329 m，王洪建采3♀3♂，2022.VI.22.

寄主：苜蓿、紫云英、苕子、野豌豆、刀豆、蚕豆、绣线菊、刺儿菜、白菜、油菜、萝卜、甘蓝、玉米、小麦、葱、南瓜、西瓜、刺梅、苹果、梨、杜梨、忍冬、胡麻、茜草、漏斗菜、委陵菜、九里香、灰菜、茄、西红柿、牵牛花、土豆、辣椒、菠菜、香菜。

分布：甘肃及西北、东北、华北、华中、华东、华南、西南；朝鲜、日本、蒙古、俄罗斯（西伯利亚）、印度，欧洲。

2.烟蓟马 *Thrips tabaci*（Lindema，1889）

采集记录：甘肃（瓜州桥子），1329 m，王洪建采3♀3♂，2022.VI.22.

寄主：水稻、小麦、玉米、毛竹、大豆、豆角、苜蓿、草木樨、苦豆子、豌豆、蚕豆、珍珠梅、黄刺梅、月季、苹果、李、梅、甘蓝、白菜、油菜、萝卜、葱、蒜、洋葱、韭菜、土豆、茄、西红柿、苦荬菜、向日葵、苦蒿、田蓟、小蓟、蒲公英、小旋花、南瓜、西瓜、西葫芦、芹菜、香菜、菠菜、蓖麻、亚麻、核桃、黄瓜、柴胡、茴香、灰菜、车前、蓬草、蔓陀萝、蓼科、苍耳、夏枯草、荠、甜甘草、独行菜。

分布：甘肃、河北、山西、山东、河南、陕西、宁夏、新疆、江苏、台湾、湖北、湖南、广东、海南、广西及西南、东北地区；朝鲜、日本、蒙古、印度、菲律宾等地，世界广分。

七、半翅目 Hemiptera

(一) 蚜科 Aphidoidea

1.冰草麦蚜 *Diuraphis*（*Hocaphis*）*agropyronophaga*（Zhang，1992）

采集记录：甘肃（瓜州马场），2023 m，王洪建采8♀6♂，2022.VI.18.

寄主：麦类、赖草。

分布：甘肃、宁夏。

（二）叶蝉科 Cicadellidae

2.大青叶蝉 *Cicadella viridis*（Linnaeus，1758）

采集记录：甘肃（瓜州马场），2023 m，王洪建采5♀3♂，2022.VII.2.

寄主：多种农作物和果树。

分布：甘肃及全国广布；世界广布。

3.六点叶蝉 *Macrosteles sexnotatus*（Fallén，1806）

采集记录：甘肃（瓜州桥子），1329 m，王洪建采5♀3♂，2022.VII.2.

寄生：多种草本植物。

分布：甘肃。

4.条纹二室叶蝉 *Balclutha tiaowenae*（Kuoh，1981）

采集记录：甘肃（瓜州桥子），1329 m，王洪建、齐昊采5♀3♂，2022.VII.2.

分布：甘肃（安南坝乌什喀特管护站）。

（三）飞虱科 Delphacidae

5.灰飞虱 *Laodelphax striatellus*（Fallén，1826）

采集记录：甘肃（瓜州桥子），1329 m，王洪建、齐昊、李丹春采6♀9♂，2022.VI.24.

寄主：水稻、小麦、谷子、高粱、稗、早熟禾、马唐、鹅冠草、看麦娘、狼尾草、千金子等。

分布：甘肃及全国各地；欧洲，中亚细亚，北非，东亚至菲律宾北部和印度尼西亚（北苏门答腊）。

6.芦苇长突飞虱 *Stenocraus matsumurai*（Metcalf，1943）

采集记录：甘肃（瓜州桥子），1329 m，王洪建采6♀9♂，2022.VII.2.

寄生：芦苇、麦类作物。

分布：甘肃、吉林、北京、河北、河南、山西、四川、台湾、福建；日本、朝鲜、俄罗斯。

（四）角蝉科 Membracidae

7.黑圆角蝉 *Gargara genistae*（Fabricius，1775）

采集记录：甘肃（瓜州桥子），1329 m，王洪建、齐昊、李丹春采2♀3♂，2022.VII.2.

寄生：苜蓿、大豆、枸杞、桑、三叶锦鸡儿、沙达旺、枣、杨、柳、槐。

分布：除青海外的全国各省市区。

（五）划蝽科 Corixidae

8.迁烁划蝽 *Sigara bellula*（Horvath，1897），甘肃省新记录种

采集记录：甘肃（瓜州双塔水库），1340 m，王洪建采3♀3♂，2022.VI.20.

分布：甘肃、河南、陕西、山西、湖北、贵州、台湾；朝鲜、日本、俄罗斯。

（六）异蝽科 Urostylidae

9.短壮异蝽 *Urochela falloui*（Reuter，1888）

采集记录：甘肃（瓜州锁阳城），1319 m，王洪建、李丹春、齐昊采1♀1♂，2022.VII.2.

分布：甘肃、河北、北京、天津、山西、山东、青海。

（七）缘蝽科 Coreidae

10.点伊缘蝽 *Rhopalus latus*（Jakovlev，1883）

采集记录：甘肃（瓜州西大泉），1760 m，李丹春、齐昊采2♀1♂，2022.VI.22.

分布：甘肃、山西、浙江、江西、四川、云南、西藏。

11.闭环缘蝽 *Stictopleurus viridicatus*（Uhler，1872）

采集记录：甘肃（瓜州锁阳城），1319 m，李丹春、齐昊采2♀1♂，2022.VI.27.

分布：甘肃（安南坝冬格列克管护站）、辽宁、吉林、内蒙古、北京、河北、山西、陕西、新疆。

（八）盲蝽科 Miridae

12.苜蓿盲蝽 *Adelphocoris lineolatus*（Goeze，1778）

采集记录：甘肃（瓜州桥子），1329 m，王洪建采4♀2♂，2022.VI.15.

分布：甘肃、黑龙江、吉林、辽宁、内蒙古、河北、山西、山东、河南、陕西、宁夏、青海、新疆、安徽、江苏、湖北、四川、江西、贵州、云南、西藏；古北界广布，美国。

13.榆毛翅盲蝽 *Blepharidopterus ulmicola*（Kerzhner，1977）

采集记录：甘肃（瓜州柳园镇），1797 m，王洪建采2♀1♂，2022.VI.27.

分布：甘肃、内蒙古、宁夏；蒙古、俄罗斯。

14.杂毛合垫盲蝽 *Orthotylus*（*Melanotrichus*）*flavosparsus*（Sahlberg，1842）

采集记录：甘肃（瓜州桥子），1329 m，王洪建采2♀1♂，2022.VI.22.

分布：甘肃、陕西、北京、天津、河北、内蒙古、黑龙江、浙江、江西、山东、河南、湖北、四川、新疆；俄罗斯，欧洲。

15.绿狭盲蝽 *Stenodema virens*（Linnaeus，1768）

采集记录：甘肃（桥子），1329 m，王洪建采1♀1♂，2022.VI.22.

分布：甘肃、内蒙古；蒙古，中亚、西亚，西伯利亚，欧洲，北美。

（九）蝽科 Pentatomidae

16.东亚果蝽 *Carpocoris seidenstueckeri*（Tamanini，1959）

采集记录：甘肃（瓜州桥子），1329 m，王洪建采1♂，2022.VI.22.

分布：甘肃、吉林、辽宁、内蒙古、北京、河北、山东、陕西；欧洲，俄罗斯、蒙古、日本。

17.西北麦蝽 *Aelia sibirica*（Reuter，1884）

采集记录：甘肃（瓜州桥子），1329 m，王洪建采1♂3♀，2022.VI.22.

寄主：麦类、水稻等禾本科植物。

分布：甘肃、内蒙古、河北、山西、陕西、山东、江苏、浙江、湖北、江西及东北地区；俄罗斯、蒙古，古北界、东洋界。

18.斑须蝽（细毛蝽） *Dolycoris baccarum*（Linnaeus，1758）

采集记录：甘肃（瓜州桥子），1329 m，王洪建采1♂3♀，2022.VI.22.

寄主：多种禾谷类、豆类、蔬菜、亚麻、桃、梨、柳等。

分布：甘肃、河北、内蒙古、山东、河南、江苏、浙江、福建、江西、湖北、广东、广西、云南、四川、西藏、陕西、新疆及东北地区；日本、印度北部，古北界。

19.巴楚菜蝽 *Eurydema wilkinsi*（Distant，1879）

采集记录：甘肃（瓜州桥子），1329 m，王洪建采1♂1♀，2022.VI.22.

寄主：油菜等十字花科植物、宽叶独行菜、胡麻、小麦。

分布：甘肃、内蒙古、宁夏、新疆；俄罗斯。

20.紫翅果蝽 *Carpocoris purpureipennis*（De Geer，1773）

采集记录：甘肃（瓜州桥子），1329 m，王洪建采2♂，2022.VI.22.

寄主：梨、马铃薯、萝卜、胡萝卜、小麦、沙枣。

分布：甘肃、河北、北京、黑龙江、吉林、辽宁、陕西、山西、内蒙古、山东、青海、宁夏、新疆；蒙古、俄罗斯、朝鲜、日本、印度、土耳其、伊朗。

（十）花蝽科 Anthocoridae

21.邻小花蝽 *Orius*（*Heterorius*）*vicinus*（Ribaut，1923）

采集记录：甘肃（瓜州锁阳城），1319 m，王洪建采6♂3♀，2022.VI.23.

寄主：合头草。

分布：甘肃、内蒙古、新疆、宁夏；蒙古，中亚、西亚。

八、脉翅目 Neuroptera

（一）粉蛉科 Coniopterygidae

1.直胫啮粉蛉 *Conwentzia orthotibia*（Yang，1974）

采集记录：甘肃（瓜州桥子），1329 m，王洪建采3♀1♂，2022.VI.22.

分布：甘肃、吉林、黑龙江、河北、山西、河南、陕西、青海、宁夏、新疆、湖北、四川、重庆、云南、西藏。

2.广重粉蛉 *Semidalis aleyrodiformis*（Stephens，1836）

甘肃（瓜州桥子），1329 m，王洪建采3♀1♂，2022.VI.22.

分布：甘肃、辽宁、吉林及华东、华中、华南、西南、华北、西北；日本、印度、泰国、尼泊尔、哈萨克斯坦，欧洲。

（二）草蛉科 Chrysopidae

3.丽草蛉 *Chrysopa formosa*（Brauer，1851）

采集记录：甘肃（瓜州桥子），1329 m，王洪建采1♀1♂，2022.VI.22.

分布：甘肃、广东及华北、东北、华东、华中、西南、西北；蒙古、俄罗斯、朝鲜、日本，欧洲。

九、鞘翅目 Coleoptera

（一）瓢甲科 Coccinellidae

1.二星瓢虫 *Adalia bipunctata*（Linaeus，1758）

采集记录：甘肃（瓜州桥子），1329 m，王洪建采3♀2♂，2022.VI.22.

分布：甘肃、河南、陕西、宁夏、新疆、四川、云南、西藏及东北、华北、华东；亚洲、非洲、北美洲。

2.红点唇瓢虫 *Chilocorus kuwanae*（Silvestri，1909）

采集记录：甘肃（瓜州桥子），1329 m，王洪建采3♀1♂，2022.VI.22.

捕食对象：杨牡蛎蚧、杏球蚧、桑白蚧。

分布：甘肃、四川、贵州、云南及东北、华北、华中、华东、华南；朝鲜、日本、印度，欧洲、北美洲。

3.七星瓢虫 *Coccinella septempunctata*（Linnaeus，1758）

采集记录：甘肃（瓜州桥子），1329 m，王洪建采5♀5♂，2022.VI.22.

捕食对象：枸杞蚜、枸杞木虱、槐蚜、松蚜、麦蚜、豆蚜。

分布：甘肃及东北、华北、华中、西北、华东、华南、西南；俄罗斯（远东）、蒙古、朝鲜、日本、印度、尼泊尔、不丹、巴基斯坦、阿富汗、伊朗，中亚、西亚、欧洲、非洲。

4.华日瓢虫 *Coccinella ainu*（Lewis，1896）

采集记录：甘肃（瓜州桥子），1329 m，王洪建采1♀1♂，2022.VI.22.

分布：甘肃、河北、陕西、新疆；日本、越南。

5.横斑瓢虫 *Coccinella transversoguttata transversoguttata*（Faldermann，1835）

采集记录：甘肃（瓜州桥子），1329 m，王洪建采2♀1♂，2022.VI.22.

捕食对象：柳蚜、艾蒿蚜、麦蚜、棉蚜。

分布：甘肃、陕西、青海、新疆、四川、云南、西藏。

6.双七瓢虫 *Coccinula quatuordecimpustulata*（Linnaeus，1758）

采集记录：甘肃（瓜州西大泉），1760 m，王洪建采2♀1♂，2022.VI.17.

捕食对象：麦蚜、棉蚜、艾蒿蚜等。

分布：甘肃、山东、河南、江西、四川、宁夏、新疆及东北、华北；俄罗斯（东西伯利亚）、日本、伊朗、乌兹别克斯坦、吉尔吉斯斯坦、土耳其、叙利亚，欧洲，非洲界。

7.四斑毛瓢虫 *Scymnus frontalis*（Fabricius，1787）

采集记录：甘肃（瓜州马场），2023 m，王洪建采2♀1♂，2022.VI.24.

捕食对象：棉蚜及槐蚜。

分布：甘肃、河北、山东、新疆。

8.十四星裸瓢虫 *Calvia quatuordecimguttata*（Linnaeus，1758）

采集记录：甘肃（瓜州桥子），1329 m，王洪建采2♀2♂，2022.VI.23.

捕食对象：蚜虫。

分布：甘肃、吉林、黑龙江、河北、陕西、宁夏、新疆、贵州、四川、西藏；俄罗斯、日本、印度、斯里兰卡，北美洲。

9.菱斑巧瓢虫 *Oenopia conglobata conglobata*（Linnaeus，1758）

采集记录：甘肃（瓜州桥子），1329 m，王洪建采2♀1♂，2022.VI.26.

捕食对象：麦蚜、棉蚜、玉米蚜、棉铃虫、叶螨。

分布：甘肃、黑龙江、内蒙古、北京、河北、山西、山东、河南、陕西、甘肃、青海、宁夏、新疆、江苏、浙江、安徽、福建、四川、西藏；古北界。

10.十二斑巧瓢虫 *Oenopia bissexnotata*（Mulsant，1850）

采集记录：甘肃（瓜州桥子），1329 m，王洪建采2♀1♂，2022.VI.26.

捕食对象：榆四麦棉蚜、苹果蚜、杨缘纹蚜。

分布：甘肃、河北、四川、贵州、云南及西北、东北、华中；俄罗斯、蒙古、朝鲜、韩国。

11.多异瓢虫 *Hippodamia variegata*（Goeze，1777）

采集记录：甘肃（瓜州桥子），1329 m，王洪建采3♀1♂，2022.VI.26.

捕食对象：棉蚜、豆蚜、玉米蚜、槐蚜。

分布：甘肃、福建、四川、云南、西藏及西北、东北、华北、华中；蒙古、俄罗斯（远东、东西伯利亚）、朝鲜、日本、印度、尼泊尔、不丹、巴基斯坦、阿富汗、伊朗、伊拉克、吉尔吉斯斯坦、哈萨克斯坦、黎巴嫩、以色列、约旦，欧洲，非洲界、新北界。

12.异色瓢虫 *Harmonia axyridis*（Pallas，1773）

采集记录：甘肃（瓜州桥子），1329 m，王洪建采6♀3♂，2022.VI.22.

捕食对象：紫榆叶甲卵、粉蚧、木虱、豆蚜、棉蚜。

分布：甘肃、黑龙江、吉林、内蒙古、河北、河南、宁夏、浙江、湖北、江西、湖南、福建、台湾、广东、海南、广西、四川、云南、西藏；蒙古、俄罗斯、朝鲜、日本、美国。

（二）叶甲科 Chrysomelidae

13.杨蓝叶甲 *Agelastica alni orientalis*（Baly，1878）

采集记录：甘肃（瓜州桥子），1329 m，王洪建采2♀1♂，2022.VI.22.

寄主：榆树、杨树、柳树、苹果。

分布：甘肃、北京、陕西、青海、新疆；蒙古、克什米尔、哈萨克斯坦、土库曼斯坦。

14.蒿金叶甲 *Chrysolina*（*Anopachys*）*aurichalcea*（Mannerheim，1825）

采集记录：甘肃（瓜州桥子），1329 m，王洪建采2♀1♂，2022.VI.22.

分布：甘肃、新疆、北京、河北、山东、陕西、河南、安徽、浙江、湖北、湖南、福建、台湾、四川、贵州、云南及东北；俄罗斯（西伯利亚）、朝鲜、日本、越南、缅甸。

寄主：蒿属。

15.柳圆叶甲 *Plagiodera versicolora*（Laicharting，1781）

采集记录：甘肃（瓜州桥子），1329 m，王洪建采2♀1♂，2022.VI.22.

寄主：柳。

分布：甘肃、台湾、贵州、四川、云南、陕西、宁夏及东北、华北、华东、华中；日本、俄罗斯（西伯利亚）、印度，欧洲、非洲。

16.杨叶甲 *Chrysomela populi*（Linnaeus，1758）

采集记录：甘肃（瓜州桥子），1329 m，王洪建采2♀1♂，2022.VI.22.

寄主：杨、柳。

分布：甘肃、内蒙古、广西及华北、华东、华中、西南、西北；俄罗斯（西伯利亚）、朝鲜、日本、印度，亚洲（西部、北部）及欧洲、非洲北部。

17.红柳粗角萤叶甲 *Diorhabda elongata deserticola*（Chen，1961）

采集记录：甘肃（瓜州桥子），1329 m，王洪建采3♀1♂，2022.VI.23.

寄主：柽柳。

分布：甘肃、内蒙古、宁夏、新疆。

18. 跗粗角萤叶甲 *Diorhabda tarsalis*（Weise，1889）

采集记录：甘肃（瓜州桥子），1329 m，王洪建采1♀1♂，2022.VI.23.

寄主：甘草。

分布：甘肃、辽宁、宁夏、青海、新疆、河北、山西、云南；蒙古、俄罗斯（西伯利亚）。

19. 大绿叶甲 *Chrysochares asiaticus*（Pallas）

采集记录：甘肃（瓜州桥子），1329 m，王洪建采4♀2♂，2022.VI.23.

寄主：鹅绒藤属，芦苇。

分布：甘肃、内蒙古、新疆、河北、陕西及华东、华中、华南、西南、东北；俄罗斯（西伯利亚）、日本、朝鲜、越南、老挝、印度、尼泊尔、印度尼西亚、阿富汗。

20. 榆绿毛萤叶甲 *Pyrhalta aenescens*（Fairmaire ，1878）

采集记录：甘肃（瓜州桥子），1329 m，王洪建采2♀1♂，2022.VI.23.

寄主：榆、杨。

分布：甘肃、吉林、内蒙古、河北、山东、山西、陕西、河南、江苏、台湾。

21. 榆黄毛萤叶甲 *Pyrrhalta maculcollis*（Motschulsky，1853）

采集记录：甘肃（瓜州桥子），1329 m，王洪建采2♀1♂，2022.VI.23.

寄主：榆树。

分布：甘肃、内蒙古、陕西、河北、山西、山东、河南、江苏、浙江、江西、湖南、福建、台湾、广东、广西及东北；俄罗斯（远东）、朝鲜、日本。

22. 细毛萤叶甲 *Galerucella*（*Neogalerucella*）*tenella*（Linnaeus，1760）

采集记录：甘肃（瓜州城关），1329 m，王洪建采2♀1♂，2022.VI.19.

寄主：绣线菊。

分布：甘肃、内蒙古、青海、河北；蒙古，中亚，欧洲。

23. 多脊萤叶甲 *Galeruca vicina*（Solsky，1872）

采集记录：甘肃（瓜州锁阳城），1319 m，王洪建、李丹春、齐昊采3♀1♂，2022.VI.23.

寄主：车前草科。

分布：甘肃、黑龙江、吉林、内蒙古、新疆、河北、山西、湖南、贵州；蒙古、俄罗斯（西伯利亚，远东）、朝鲜、日本。

24. 阔胫萤叶甲 *Pallasiola absinthii*（Pallas，1773）

采集记录：甘肃（瓜州锁阳城），1319 m，王洪建、李丹春、齐昊采2♀1♂，2022.VI.23.

寄主：榆、蒿。

分布：甘肃、内蒙古、青海、新疆、河北、山西、陕西、四川、云南、西藏及东北；俄罗斯（西伯利亚）、蒙古、吉尔吉斯斯坦。

25.八斑隶萤叶甲 *Liroetis octopunctata*（Weise，1889）

采集记录：甘肃（瓜州桥子），1329 m，王洪建、李丹春采1♀1♂，2022.VI.22.

寄主：大叶龙胆、刺毛忍冬。

分布：甘肃、青海、四川、西藏。

26.胡枝子克萤叶甲 *Cneorane violaceipennis*（Allard，1889）

采集记录：甘肃（瓜州桥子），1329 m，王洪建采2♀1♂，2022.VI.23.

分布：甘肃、内蒙古、宁夏、新疆、河北、山西、陕西、河北、山东、河南、江苏、安徽、浙江、湖北、江西、湖南、福建、台湾、广东、广西、四川、贵州及东北；俄罗斯（西比利亚）、朝鲜。

27.隐头蚤跳甲 *Pyliodes eullala*（Liger，1807）

采集记录：甘肃（瓜州锁阳城），1319 m，王洪建、李丹春、齐昊采2♀2♂，2022.VI.23.

分布：甘肃、内蒙古、新疆；蒙古、俄罗斯（西伯利亚），中亚，欧洲。

28.枸杞毛跳甲 *Epitix abeillei*（Bauduer，1874）

采集记录：甘肃（瓜州桥子），1329 m，王洪建采1♀1♂，2022.VI.22.

寄主：枸杞。

分布：甘肃、新疆、河北、山西；中亚、西亚、欧洲、非洲北部。

29.柳沟胸跳甲 *Crepidodera pluta*（Latreille，1804）

采集记录：甘肃（瓜州城关），1319 m，王洪建采3♀1♂，2022.VI.26.

寄主：柳属、杨属。

分布：甘肃、黑龙江、吉林、河北、山西、湖北、云南、西藏；俄罗斯（西伯利亚）、朝鲜、日本，中亚、欧洲。

30.黄宽条菜跳甲 *Phyllotreta humilis*（Weise，1887）

采集记录：甘肃（瓜州桥子），1329 m，王洪建、李丹春、齐昊采2♀1♂，2022.VI.22.

寄主：十字花科蔬菜，禾本科、葫芦科植物。

分布：甘肃、黑龙江、吉林、内蒙古、新疆、河北、山西、陕西、山东、江苏；蒙古，俄罗斯（西伯利亚）。

31.蓟跳甲 *Altica cirsicola*（Ohno，1960）

采集记录：甘肃（瓜州桥子），1329 m，王洪建采2♀1♂，2022.VI.23.

寄主：蓟属。

分布：甘肃、内蒙古、青海、新疆、河北、山西、山东、安徽、湖北、湖南、福建、四川、贵州、云南及东北；日本。

32.月见草跳甲 *Altica oleracea*（Linnaeus，1758）

采集记录：甘肃（瓜州桥子），1329 m，王洪建采2♀1♂，2022.VI.22.

寄主：月见草、败酱属、柳叶菜。

分布：甘肃、新疆、广西、四川、云南；日本，亚洲中部、欧洲。

33.柳苗跳甲 *Altica tweisei*（Jacobson，1892）

采集记录：甘肃（瓜州桥子），1329 m，王洪建采3♀2♂，2022.VI.22.

寄主：柳苗。

分布：甘肃、黑龙江、吉林、新疆、河北、山西、四川；蒙古、朝鲜。

（三）步甲科 Carabidae

34.黏虫步甲 *Carabus granulatus telluris*（Bates，1883）

采集记录：甘肃（瓜州桥子），1329 m，王洪建采3♀1♂，2022.VI.22.

捕食对象：黏虫、银纹夜蛾等幼虫和蛹。

分布：甘肃、河北、辽宁、吉林、黑龙江、宁夏、新疆；蒙古、俄罗斯（西伯利亚）、朝鲜、日本。

35.大塔步甲 *Taphoxenus gigas*（Fischer von Waldheim，1823）

采集记录：甘肃（瓜州桥子），1329 m，王洪建采1♀2♂，2022.VI.22.

分布：甘肃；蒙古、乌兹别克斯坦、吉尔吉斯斯坦、哈萨克斯坦、乌克兰、俄罗斯（欧洲部分）。

36.花猛步甲 *Cymindis lineata*（Quensel，1806）

采集记录：甘肃（瓜州桥子），1329 m，王洪建采2♀2♂，2022.VI.22.

分布：甘肃、新疆；哈萨克斯坦、土库曼斯坦、以色列、土耳其、阿尔巴尼亚、阿塞拜疆、保加利亚、亚美尼亚、格鲁吉亚、希腊、匈牙利、马其顿、摩尔达维亚、俄罗斯（欧洲部分）、南斯拉夫。

37.谷婪步甲 *Harpalus calceatus*（Duftschmid，1812）

采集记录：甘肃（瓜州桥子），1329 m，王洪建采4♀2♂，2022.VI.22.

分布：甘肃、黑龙江、辽宁、北京、河北、山西、内蒙古、四川、云南、陕西、青海、宁夏、新疆；俄罗斯（远东、东西伯利亚）、蒙古、朝鲜、韩国、日本、印度、阿富汗、塔吉克斯坦、乌兹别克斯坦、土库曼斯坦、吉尔吉斯斯坦、哈萨克斯坦、土耳其，欧洲。

38.红缘婪步甲 *Harpalus froelichii*（Sturm，1818）

采集记录：甘肃（瓜州桥子），1329 m，王洪建采3♀3♂，2022.VI.22.

捕食对象：鳞翅目幼虫及蛴螬。

分布：甘肃、黑龙江、辽宁、内蒙古、北京、河北、山西、四川、云南、陕西、青海、宁夏、新疆；俄罗斯（远东、东西伯利亚）、蒙古、朝鲜、韩国、日本、印度、阿富汗、塔吉克斯坦、乌兹别克斯坦、土库曼斯坦、吉尔吉斯斯坦、哈萨克斯坦、土耳其，欧洲。

39.点翅暗步甲 *Amara majuscula*（Chaudoir，1850）

采集记录：甘肃（瓜州锁阳城），1319 m，王洪建采1♀1♂，2022.VI.26.

捕食对象：地表或地下活动的鳞翅目幼虫和蛴螬。

分布：甘肃、宁夏、北京、河北、内蒙古、辽宁、黑龙江、四川、青海、新疆；蒙古、俄罗斯（西伯利亚、远东）、朝鲜、日本、伊朗、乌兹别克斯坦、吉尔吉斯斯坦、哈萨克斯坦、土耳其，欧洲。

40.麦穗斑步甲 *Anisodactylus signatus*（Panzer，1796）

采集记录：甘肃（瓜州城关），1319 m，王洪建采3♀3♂，2022.VI.24.

捕食对象：黏虫。

分布：甘肃及全国性；蒙古、俄罗斯、朝鲜、韩国、日本、巴基斯坦、塔吉克斯坦、乌兹别克斯坦、哈萨克斯坦、伊朗，欧洲。

41.月斑虎甲 *Calomera lunulata*（Fabricius，1781）

采集记录：甘肃（瓜州桥子），1329 m，王洪建采3♀3♂，2022.VI.22.

捕食对象：小型昆虫。

分布：甘肃、辽宁、内蒙古、河北、北京、山西、宁夏、新疆、河南、贵州；俄罗斯、伊朗、叙利亚、埃及，欧洲，非洲界。

（四）龙虱科 Geotrupidae

42.圆眼粒龙虱 *Laccophilus difficilis*（Sharop，1873）

采集记录：甘肃（瓜州双塔水库），1340 m，王洪建、李丹春采3♀3♂，2022.VI.20.

分布：甘肃、陕西、黑龙江、吉林、辽宁、北京、山东、江苏、上海、浙江、湖北、湖南、福建、广东、海南、四川、贵州、云南；日本。

（五）隐翅甲科 Staphylinidae

43.西里塔隐翅甲 *Tasgius praetorius*（Bemhauer，1915）

采集记录：甘肃（瓜州桥子），1329 m，王洪建采2♀3♂，2022.VI.26.

分布：甘肃、宁夏、北京、河北、内蒙古、青海；蒙古国、韩国。

（六）葬甲科 Silphinae

44.皱亡葬甲 *Thanatophilus rugosus*（Linnaeus，1758）

采集记录：甘肃（瓜州城关），1319 m，王洪建采2♀2♂，2022.VI.26.

取食对象：动物尸体。

分布：甘肃、河北、北京、黑龙江、辽宁、陕西、宁夏、青海、新疆、四川、云南、西藏；蒙古、俄罗斯（远东）、朝鲜、韩国、日本、塔吉克斯坦、土库曼斯坦、乌兹别克斯坦、吉尔吉斯斯坦、哈萨克斯坦、阿富汗、伊朗、伊拉克，欧洲。

45.滨尸葬甲 *Necrodes littoralis*（Linnaeus，1758）

采集记录：甘肃（瓜州桥子），1329 m，王洪建采2♀3♂，2022.VI.26.

取食对象：动物尸体。

分布：甘肃、内蒙古、北京、天津、河北、陕西、青海、宁夏、新疆、安徽、福建、江西、湖北、湖南、广东、广西、四川、云南、西藏及东北；蒙古、俄罗斯（远东、东西伯利亚）、朝鲜、韩国、日本、印度、阿富汗、伊朗、塔吉克斯坦、乌兹别克斯坦、土库曼斯坦、吉尔吉斯斯坦、哈萨克斯坦、土耳其、巴基斯坦，欧洲。

46.墨黑覆葬甲 *Necroborus morio*（Gebler，1817）

采集记录：甘肃（瓜州城关），1319 m，王洪建采2♀3♂，2022.VI.28.

分布：甘肃、河北、内蒙古、江西、广西、青海、宁夏、新疆；蒙古、俄罗斯（欧洲部分、东西伯利亚）、阿富汗、伊朗、乌兹别克斯坦、吉尔吉斯斯坦、土库曼斯坦、哈萨克斯坦。

47.黑缶葬甲 *Phosphuga atrata atrata*（Linnaeus，1758）

采集记录：甘肃（瓜州柳园镇），1797 m，王洪建采3♀1♂，2022.VI.27.

分布：甘肃、宁夏、河北、北京、内蒙古、黑龙江、河南、四川、陕西、青海、新疆；蒙古、俄罗斯、朝鲜、日本、印度、阿富汗、吉尔吉斯斯坦、哈萨克斯坦、塔吉克斯坦、土库曼斯坦、乌兹别克斯坦、伊朗、土耳其，欧洲，东洋界。

（七）阎甲科 Histeridae

48.宽卵阎甲 *Dendrophilus xavieri*（Marseul，1873）

采集记录：甘肃（瓜州西大泉），1760 m，王洪建、齐昊采3♀3♂，2022.VI.17.

分布：甘肃、河北、内蒙古、山东、上海、浙江、江西、湖北、广东、广西、海南、贵州、云南、陕西、宁夏、新疆、台湾；俄罗斯、韩国、日本。

49.谢氏阎甲 *Saprinus sedakovii*（Motschulsky，1860）

采集记录：甘肃（瓜州桥子），1760 m，王洪建、齐昊采3♀3♂，2022.VI.17.

分布：甘肃、黑龙江、内蒙古、河北、山西、西藏；俄罗斯（西西伯利亚、东西伯利亚）、韩国。

（八）拟步甲科 Tenebrionidae

50.光滑卵漠甲 *Ocnera sublaevigata sublaevigata*（Bates，1879）

采集记录：甘肃（瓜州西大泉），1760 m，王洪建、齐昊采3♀3♂，2022.VI.17.

分布：甘肃、新疆；哈萨克斯坦。

51.何氏胖漠甲 *Trigonoscelis*（*Chinotrigon*）*holdereri*（Reitter，1990）

采集记录：甘肃（瓜州西大泉），1760 m，王洪建、李丹春、齐昊采5♀3♂，2022.VI.17.

分布：甘肃、宁夏、新疆。

52.莱氏脊漠甲 *Pterocoma*（*Mongolopterocoma*）*reittert*（Frivaldszky，1889）

采集记录：甘肃（瓜州西大泉），1760 m，王洪建、李丹春、齐昊采2♀3♂，2022.VI.15.

取食对象：幼虫取食白刺等沙生植物根部。

分布：甘肃、内蒙古、宁夏；蒙古。

53.半脊漠甲 *Pterocoma*（*Mesopterocoma*）*semicarinata*（Bates，1879）

采集记录：甘肃（瓜州西大泉），1760 m，王洪建、李丹春、齐昊采5♀3♂，2022.VI.17.

分布：甘肃、新疆（喀什）；克什米尔。

54.细长琵甲 *Blaps*（*Blaps*）*oblonga*（Kraatz，1883）

采集记录：甘肃（瓜州锁阳城），1319 m，王洪建、李丹春、齐昊采9♀7♂，2022.VI.26.

分布：甘肃、新疆；乌兹别克斯坦。

55.戈壁琵甲 *Blaps*（*Blaps*）*gobiensis*（Frivaldszky，1889）

采集记录：甘肃（瓜州锁阳城），1319 m，王洪建、李丹春、齐昊采9♀7♂，2022.VI.26.

分布：甘肃及除新疆外的其他西北地区；蒙古。

56.狭窄琵甲 *Blaps*（*Blaps*）*virgo*（Seidlitz，1893）

采集记录：甘肃（瓜州西大泉），1760 m，王洪建、李丹春、齐昊采5♀3♂，2022.VI.17.

分布：甘肃。

57.大型琵甲 *Blaps lethifera*（Marshamann，1802）

采集记录：甘肃（瓜州西大泉），1760 m，王洪建、李丹春、齐昊采5♀3♂，2022.VI.17.

分布：甘肃、内蒙古（百灵庙）、新疆（乌鲁木齐、若羌、木垒、奎屯）。

58.尖尾琵甲 *Blaps acuminate*（Fischer-Waldheim，1822）

采集记录：甘肃（瓜州西大泉），1760 m，王洪建、李丹春、齐昊采3♀3♂，2022.VI.17.

分布：甘肃、青海西部、新疆、内蒙古西部；蒙古。

59.隆胸鳖甲 *Colposcelis*（*Scelocolpis*）*montivaga*（Bates，1879）

采集记录：甘肃（瓜州锁阳城），1319 m，王洪建、李丹春、齐昊采2♀3♂，2022.VI.26.

分布：甘肃、新疆。

60.中亚杯鳖甲 *Scythis intermedia intemedia*（Ballion，1878），甘肃省新记录种

采集记录：甘肃（瓜州锁阳城），1319 m，王洪建、李丹春、齐昊采4♀1♂，2022.VI.28.

分布：甘肃、内蒙古。

61.宽颈小鳖甲 *Microdera*（*Microdera*）*laticollis laticollis*（Bates，1879）

采集记录：甘肃（瓜州锁阳城），1319 m，王洪建、李丹春、齐昊采5♀3♂，2022.VI.28.

分布：甘肃、新疆；哈萨克斯坦。

62.巴小鳖甲 *Microdera balchaschensis*（Skopin，1960）

甘肃省新记录种采集记录：甘肃（瓜州锁阳城），1319 m，王洪建、李丹春、齐昊采2♀2♂，2022.VI.26.

取食对象：粮仓储粮，沙地茅草，落叶、落花，麸皮、饲料等。

分布：甘肃、宁夏、山西、内蒙古、辽宁、陕西、青海、新疆。

63.鄂小鳖甲 *Microdera*（*Dordanea*）*ordossica*（Schuster，1940），甘肃省新记录种

采集记录：甘肃（瓜州西大泉），1765 m，王洪建采1♀1♂，2022.VI.18.

分布：甘肃、宁夏、内蒙古。

64.小栉甲 *Cteniopinus parvus*（Yu et Ren，1997），甘肃省新记录

采集记录：甘肃（瓜州马莲井），1745 m，王洪建、李丹春、齐昊采2♀1♂，2022.VI.21.

分布：甘肃、宁夏。

65.网目土甲 *Gonocephalum reticulatum*（Motschulsky，1854）

采集记录：甘肃（瓜州马场），2023 m，王洪建、李丹春、齐昊采1♀2♂，2022.VI.19.

取食对象：小麦、苜蓿、瓜类、麻、大豆、花生、高粱、谷、糜、草籽、仓库碎粮。

分布：甘肃、北京、河北、山西、内蒙古、吉林、黑龙江、江苏、山东、河南、陕西、青海、宁夏、台湾；蒙古、俄罗斯（东西伯利亚）、朝鲜。

66.沙土甲 *Opatrum sabulosum*（Linnaeus，1760）

采集记录：甘肃（瓜州锁阳城），1319 m，王洪建、李丹春、齐昊采9♀7♂，2022.VI.26.

取食对象：沙生植物根部或腐物。

分布：甘肃、内蒙古、河南、西藏、青海、宁夏、新疆；蒙古、俄罗斯（东西伯利亚）、塔吉克斯坦、土库曼斯坦、哈萨克斯坦、土耳其。

67.蒙古伪坚土甲 *Scleropatrum mongolicum*（Kaszab，1967）

采集记录：甘肃（瓜州马场），1319 m，王洪建、李丹春、齐昊采1♀1♂，2022.VI.19.

分布：甘肃、宁夏；蒙古。

68.阿笨土甲 *Penthicus*（*Myladion*）*alashanicus*（Reichardt，1936）

采集记录：甘肃（瓜州马场），1319 m，王洪建、李丹春、齐昊采2♀2♂，2022.VI.20.

分布：甘肃、宁夏中北部、内蒙古阿拉善高原。

69.中华砚甲 *Cyphogenia chinensis*（Faldermann，1835）

采集记录：甘肃（瓜州锁阳城），1319 m，王洪建、李丹春、齐昊采4♀2♂，2022.VI.28.

取食对象：沙生植物种子、嫩皮、干叶及麸皮、玉米、黄米、饲料等。

分布：甘肃、宁夏、北京、内蒙古、辽宁、陕西、新疆；蒙古、哈萨克斯坦。

（九）叩甲科 Elateridae

70.细胸叩头甲 *Agriotes subvittatus fuscicollis*（Miwa，1928）

采集记录：甘肃（瓜州桥子），1329 m，王洪建、李丹春、齐昊采2♀2♂，2022.VI.26.

取食对象：玉米、小麦、白菜、萝卜、马铃薯、甜菜等根部及杨树等多种树木。

分布：甘肃、黑龙江、辽宁、吉林、内蒙古、河北、山西、山东、河南、陕西、宁夏、青海、新疆、江苏、浙江、安徽、福建、湖北、广西、四川；俄罗斯（西伯利亚）、日本。

（十）粪金龟科 Geotrupidae

71.粪堆粪金龟 *Geotrupes*（*Geotrupes*）*stercorarius*（Linnaeus，1758）

采集记录：甘肃（瓜州柳园镇），1797 m，王洪建、李丹春、齐昊采3♀1♂，2022.VI.26.

取食对象：牛粪、马粪。

分布：甘肃、宁夏、北京、河北、山西、内蒙古、辽宁、吉林、黑龙江、山东、河南；蒙古、伊朗、塔吉克斯坦、土库曼斯坦，欧洲，新北界。

（十一）皮金龟科 Trogidae

72.尸体皮金龟 *Trox cadaverinus cadaverinus*（Illiger，1802）

采集记录：甘肃（瓜州锁阳城），1319 m，王洪建、李丹春、齐昊采2♀2♂，2022.VI.26.

取食对象：动物尸体。

分布：甘肃、宁夏、内蒙古、青海；蒙古、俄罗斯（远东、东西伯利亚）、土库曼斯坦、吉尔吉斯斯坦，欧洲。

（十二）金龟科 Scarabaeidae

73.迟钝蜉金龟 *Aphodius*（*Accmthobodilus*）*languidulus*（Schmidt，1916）

采集记录：甘肃（瓜州柳园镇），1797 m，王洪建、李丹春、齐昊采3♀1♂，2022.VI.27.

取食对象：牛粪。

分布：甘肃、宁夏、北京、上海、四川、云南、西藏、青海、新疆、台湾；俄罗斯（远东、东西伯利亚）、朝鲜、韩国、日本。

74.血斑蜉金龟 *Aphodius*（*Otophorus*）*haemorrhoidalis*（Linnaeus，1758）

采集记录：甘肃（瓜州柳园镇），1797 m，王洪建、李丹春、齐昊采1♀，2022.VI.27.

取食对象：成虫、幼虫均食牲畜粪便。

分布：甘肃、宁夏、河北、山西、内蒙古、江苏、四川、西藏、新疆；蒙古、俄罗斯（远东、东西伯利亚）、朝鲜、日本、塔吉克斯坦、吉尔吉斯斯坦、哈萨克斯坦、土耳其，高加索山脉、喜马拉雅山脉，欧洲。

75.后蜉金龟 *Aphodius*（*Teuchestes*）*analis*（Fabricius，1787）

采集记录：甘肃（瓜州柳园镇），1797 m，王洪建、李丹春、齐昊采2♀1♂，2022.VI.27.

取食对象：牲畜粪便。

分布：甘肃、江苏、上海、浙江、福建、广东、广西、海南、台湾、安徽、江西、湖北、湖北、贵州、云南、四川；朝鲜、韩国、日本、尼泊尔，东洋界、澳洲界。

76.福婆鳃金龟 *Brahmina*（*Brahminella*）*faldermanni*（Kraatz，1892）

采集记录：甘肃（瓜州柳园镇），1797 m，王洪建、李丹春、齐昊采2♀1♂，2022.VI.27.

取食对象：幼虫取食禾草、灌木地下部分，成虫取食山枣、苹果、刺槐、杏树等叶片。

分布：甘肃、河北、北京、山西、内蒙古、辽宁、宁夏、山东、河南、陕西、甘肃；俄罗斯（远东）。

77.黑绒金龟 *Maladera*（*Omaladera*）*orientalis*（Motschulsky，1858）

采集记录：甘肃（瓜州桥子），1329 m，王洪建、李丹春、齐昊采4♀2♂，2022.VI.27.

取食对象：农作物、多种果树、林木、蔬菜、杂草。

分布：甘肃、内蒙古、北京、河北、山西、山东、河南、陕西、青海、宁夏、新疆、江苏、安徽、浙江、湖北、江西、福建、台湾、广东、海南、贵州及东北；蒙古、俄罗斯（远东）、朝鲜、韩国、日本。

（十三）小蠹科 Scolytus

78.脐腹小蠹 *Scolytus schevyrewi*（Semenov，1902）

采集记录：甘肃（瓜州桥子），1329 m，王洪建、李丹春、齐昊采2♀2♂，2022.VI.27.

取食对象：榆、柳、杏、李、桃、樱桃、柠条、锦鸡儿。

分布：甘肃、内蒙古、北京、河北、山西、山东、河南、陕西、青海、宁夏、新疆、江苏、四川、贵州及东北；蒙古、俄罗斯（东西伯利亚）、朝鲜、韩国、印度、塔吉克斯坦、吉尔吉斯斯坦、哈萨克斯坦、土耳其，欧洲。

（十四）象甲科 Curculionidae

79.甘肃齿足象 *Deracanthus potanini*（Faust，1890）

采集记录：甘肃（瓜州桥子），1329 m，王洪建、李丹春、齐昊采2♀1♂，2022.VI.26.

取食对象：沙蒿、骆驼蓬。

分布：甘肃、宁夏、青海、新疆。

（十五）卷象科 Attelabidae

80.杨卷叶象 *Byctiscus populi*（Linnaeus，1758）

采集记录：甘肃（瓜州桥子），1329 m，王洪建、李丹春、齐昊采2♀1♂，2022.VI.27.

取食对象：山杨。

分布：甘肃、河北、北京、内蒙古、黑龙江、山西、青海、宁夏、四川；俄罗斯，蒙古至欧洲。

81.金绿树叶象 *Phyllobius virideaeris virideaeris*（Laicharting，1781）

采集记录：甘肃（瓜州桥子），1329 m，王洪建、李丹春、齐昊采2♀，2022.VI.26.

取食对象：李树、杨树。

分布：甘肃、黑龙江、吉林、内蒙古、北京、河北、山西、陕西、宁夏、新疆、湖北、四川；蒙古、俄罗斯（远东、东西伯利亚）、塔吉克斯坦、乌兹别克斯坦、吉尔吉斯斯坦、哈萨克斯坦、土耳其，欧洲，非洲界。

82. 西伯利亚绿象 *Chlorophanus sibiricus* （Gyllenhal，1834）

采集记录：甘肃（瓜州桥子），1329 m，王洪建、李丹春、齐昊采3♀2♂，2022.VI.26.

取食对象：杨、柳。

分布：甘肃、宁夏、东北、内蒙古、北京、河北、山西、陕西、青海、新疆、浙江、湖北、湖南、四川及东北；朝鲜、蒙古、俄罗斯（远东、东西伯利亚）、塔吉克斯坦、哈萨克斯坦。

83. 红背绿象 *Chlorophanus solaria*（Zumpt，1937）

采集记录：甘肃（瓜州桥子），1329 m，王洪建、李丹春、齐昊采2♀2♂，2022.VI.26.

取食对象：杨、柳、云杉、枸杞。

分布：甘肃、吉林、辽宁、内蒙古、河北、山西、陕西、宁夏、青海、新疆；蒙古、俄罗斯。

84. 黑斜纹象 *Bothynoderes declivis*（Olivier，1807）

采集记录：甘肃（瓜州西大泉），1760 m，王洪建、李丹春、齐昊采1♀2♂，2022.VI.17.

取食对象：刺蓬、骆驼蓬、蜀葵、甜菜。

分布：甘肃、黑龙江、辽宁、内蒙古、北京、河北、宁夏、青海、新疆；蒙古、俄罗斯（远东、东西伯利亚）、朝鲜、韩国、日本、阿富汗、土库曼斯坦、吉尔吉斯斯坦、哈萨克斯坦，欧洲。

85. 二斑尖眼象 *Chromonotus*（*Chevrolatius*）*bipunctatus*（Zoubkoff，1829）

采集记录：甘肃（瓜州西大泉），1760 m，王洪建、李丹春、齐昊采1♀2♂，2022.VI.17.

分布：甘肃、内蒙古、北京、河北、山西、宁夏、青海、新疆及东北；蒙古、俄罗斯（西伯利亚）、乌兹别克斯坦、吉尔吉斯斯坦、哈萨克斯坦，欧洲。

86. 欧洲方喙象 *Cleonus pigra*（Scopoli，1763）

采集记录：甘肃（瓜州西大泉），1760 m，王洪建、李丹春、齐昊采2♀2♂，2022.VI.17.

取食对象：蓟属植物。

分布：甘肃、黑龙江、辽宁、内蒙古、北京、河北、山西、河南、陕西、宁夏、青海、新疆、四川；蒙古、俄罗斯（远东、东西伯利亚）、韩国、孟加拉国、巴基斯坦、阿富汗、塔吉克斯坦、乌兹别克斯坦、土库曼斯坦、吉尔吉斯斯坦、哈萨克斯坦、土耳其、阿尔及利亚、伊拉克、以色列，欧洲，非洲界、东洋界。

87. 黑长体锥喙象 *Temnorhinus verecundus*（Faust，1883）

采集记录：甘肃（瓜州西大泉），1760 m，王洪建、李丹春、齐昊采1♀1♂，2022.VI.17.

分布：甘肃。

88. 粉红锥喙象 *Conorhynchus pulverulentus*（Zoubkoff，1829）

采集记录：甘肃（瓜州西大泉），1760 m，王洪建、李丹春、齐昊采3♀1♂，2022.VI.16.

寄主：白刺、沙蒿、甘草。

分布：甘肃、宁夏、内蒙古、陕西、青海、新疆；蒙古、俄罗斯（东西伯利亚）、阿富汗、伊朗、乌兹别克斯坦、土库曼斯坦、吉尔吉斯斯坦、哈萨克斯坦、土耳其，欧洲。

89.英德齿足象 *Deracanthus*（*Deracanthus*）*inderiensis*（Pallas，1771）

采集记录：甘肃（瓜州西大泉），1760 m，王洪建、李丹春、齐昊采1♀1♂，2022.VI.16.

分布：甘肃、内蒙古；俄罗斯（阿尔泰地区）、哈萨克斯坦。

90.甜菜象 *Asproparthenis punctiventris*（Germar，1824）

采集记录：甘肃（瓜州西大泉），1760 m，王洪建、李丹春、齐昊采1♀2♂，2022.VI.17.

寄主：甜菜、菠菜、灰条等藜科植物。

分布：甘肃、宁夏、北京、河北、山西、内蒙古、黑龙江、山东、陕西、新疆；俄罗斯、土耳其，欧洲（中部、东部）。

十、鳞翅目　Lepidoptera

（一）凤蝶科 Palilonidae

1.金凤蝶 *Papilio machaon*（Hemming 1933）

采集记录：甘肃（瓜州城关），1329 m，王洪建采1♀2♂，2022.VI.14

分布：甘肃、陕西、河南、山西、河北、宁夏、新疆、云南、四川、台湾；朝鲜、日本。

（二）粉蝶科 Pieridae

2.箭纹绢粉蝶 *Aporia procris*（Leech，1890）

采集记录：甘肃（瓜州城关），1329 m，王洪建采1♀1♂，2022.VI.14

分布：甘肃、河南、陕西、新疆、云南、四川、西藏。

3.红襟粉蝶 *Anthocharis Cardamines*（Linnaeus，1758）

采集记录：甘肃（瓜州桥子），1329 m，王洪建、李丹春、齐昊采2♀2♂，2022.VI.26.

分布：甘肃、黑龙江、吉林、山西、河南、陕西、青海、宁夏、新疆、江苏、浙江、湖北、福建、四川、西藏；日本、朝鲜、俄罗斯、叙利亚、伊朗，西欧。

4.皮氏尖襟粉蝶 *Anthocharis bieti*（Oberthür，1884）

采集记录：甘肃（瓜州桥子），1329 m，王洪建、李丹春、齐昊采3♀1♂，2022.VI.26.

分布：甘肃、青海、新疆、四川、云南、贵州、西藏。

5.曙红豆粉蝶 *Colias eogene*（Felder & Felder，1865）

采集记录：甘肃（瓜州桥子），1329 m，王洪建、李丹春、齐昊采2♀2♂，2022.VI.26.

分布：甘肃、青海、新疆、西藏；阿富汗、巴基斯坦、蒙古、克什米尔、吉尔吉斯斯坦、塔吉克斯坦。

6.斑缘豆粉蝶 *Colias erate*（Esper，1805）

采集记录：甘肃（瓜州桥子），1329 m，王洪建、李丹春、齐昊采1♀2♂，2022.VI.26.

分布：甘肃、西藏、新疆分布较多，其他各省都有分布；东欧，日本等。

7.橙黄豆粉蝶 *Colias fieldi*（Ménétriès，1855）

采集记录：甘肃（瓜州桥子），1329 m，王洪建、李丹春、齐昊采2♀2♂，2022.VI.26.

分布：甘肃、山西、山东、青海、陕西、湖北、广西、四川、云南；印度、尼泊尔、缅甸、泰国。

8.迷黄粉蝶 *Colias hyale*（Linnaeus，1758）

采集记录：甘肃（瓜州桥子），1329 m，王洪建、李丹春、齐昊采1♀2♂，2022.VI.26.

寄主：车轴草、野豌豆、小冠花、苜蓿等。

分布：甘肃、青海、新疆；欧洲中部及南部，俄罗斯。

9.豆黄纹粉蝶 *Colias erate poliographus*（Motschulsky，1860）

采集记录：甘肃（瓜州桥子），1329 m，王洪建、李丹春、齐昊采1♀1♂，2022.VI.26.

寄主：大豆、苜蓿、紫花苜蓿、紫云英、野豌豆、红车轴草、列当等。

分布：甘肃、北京、山西、内蒙古及东北、华东、华中、华南、西南、西北。

10.妹粉蝶 *Mesapia peloria*（Hewitson，1853）

采集记录：甘肃（瓜州桥子），1329 m，王洪建、李丹春、齐昊采1♀，2022.VI.28.

分布：甘肃、四川、青海、新疆。

11.菜粉蝶 *Pieris rapae*（Linnaeus，1758）

采集记录：甘肃（瓜州桥子），1329 m，王洪建、李丹春、齐昊采6♀4♂，2022.VI.27.

寄主：芥蓝、甘蓝、花椰菜等十字花科植物及菊科和旋花科等植物。

分布：甘肃及其他各省区市均有分布；世界性。

12.东方菜粉蝶 *Pieris canidia*（Sparrman，1768）

采集记录：甘肃（瓜州桥子），1329 m，王洪建、李丹春、齐昊采5♀6♂，2022.VI.27.

寄主：十字花科植物。

分布：甘肃及其他各省区市均有分布；朝鲜、日本、菲律宾、越南、老挝、柬埔寨、泰国、缅甸、印度、孟加拉国、新加坡、巴基斯坦、阿富汗。

13.欧洲粉蝶 *Pieris brassicae*（Linnaeus，1758）

采集记录：甘肃（瓜州桥子），1329 m，王洪建、李丹春、齐昊采4♀2♂，2022.VI.28.

分布：甘肃、吉林、新疆、四川、云南、西藏；印度、俄罗斯、尼泊尔、哈萨克斯坦，欧洲，中亚各国。

14.云斑粉蝶 *Pontia daplidce*（Linnaeus，1758）

采集记录：甘肃（瓜州桥子），1329 m，王洪建、李丹春、齐昊采4♀2♂，2022.VI.28.

寄主：甘蓝、花椰菜、白菜、甜菜等。

分布：甘肃及中国北方。

15.云粉蝶 *Pontia edusa*（Fabricius，1777）

采集记录：甘肃（瓜州桥子），1329 m，王洪建、李丹春、齐昊采2♀2♂，2022.VI.26.

分布：甘肃、内蒙古、北京、河北、山东、河南、陕西、宁夏、新疆、江苏、上海、广西、四川、云南、西藏及东北；欧洲、非洲北部，西伯利亚，中亚细亚等地。

（三）眼蝶科 Safyridae

16.光珍眼蝶 *Coenoaympha amaryilis*（Stoll，1782）

采集记录：甘肃（瓜州马场），2023 m，王洪建、李丹春、齐昊采1♀1♂，2022.VI.21.

分布：甘肃、中国北部和东北广布；俄罗斯（乌拉尔-东西伯利亚）、蒙古、韩国。

（四）蛱蝶科 Nymohlidae

17.柳紫闪蛱蝶 *Apatura ilia*（Denis & Schiffermuller，1775）

采集记录：甘肃（瓜州桥子），1329 m，王洪建、李丹春、齐昊采3♀1♂，2022.VI.28.

分布：甘肃及东北、华北、西南；朝鲜，欧洲。

18.荨麻蛱蝶 *Vanessa urficae*（Linnaeus，1758）

采集记录：甘肃（瓜州桥子），1329 m，王洪建、李丹春、齐昊采2♀2♂，2022.VI.27.

分布：甘肃、北京、青海、新疆及东北等。

19.小红蛱蝶 *Pyrameis cardui*（Linnaeus，1758）

采集记录：甘肃（瓜州桥子），1329 m，王洪建、李丹春、齐昊采1♀2♂，2022.VI.27.

寄主：堇菜科、忍冬科、杨柳科、桑科、榆科、麻类、大戟科、茜草科等。

分布：甘肃及温带、热带地区。

20.老豹蛱蝶 *Argynnis laodlce*（Pallas，1771）

采集记录：甘肃（瓜州桥子），1329 m，王洪建、李丹春、齐昊采1♀，2022.VI.26.

分布：甘肃及其他各省区市均有分布；印度，马来西亚半岛。

21.灿豹蝶 *Argynnis adippe*（Denis & Schiffermuller，1775）

采集记录：甘肃（瓜州桥子），1329 m，王洪建、李丹春、齐昊采2♀2♂，2022.VI.26.

分布：甘肃。

（五）灰蝶科 Lycacnidae

22.蓝灰蝶 *Everes argiades*（Pallas，1771）

采集记录：甘肃（瓜州西大泉），1760 m，王洪建、李丹春、齐昊采2♀2♂，2022.VI.20.

取食对象：大豆、豌豆、豇豆、苜蓿、紫云英等豆科植物。

分布：甘肃、台湾；日本、印度、巴基斯坦、菲律宾。

23.豆灰蝶 *Plebejus argus*（Linnaeus，1758）

采集记录：甘肃（瓜州桥子），1329 m，王洪建、李丹春、齐昊采2♀2♂，2022.VI.26.

分布：甘肃及我国北方大部分地区；朝鲜半岛、日本、蒙古、俄罗斯等地。

24.甘肃豆灰蝶 *Plebejus ganaauensis*（Grum-Grshimailo，1891）

采集记录：甘肃（瓜州桥子），1329 m，王洪建、李丹春、齐昊采3♀1♂，2022.VI.26.

分布：甘肃、青海。

25.傲灿灰蝶 *Agriadea orbona*（Grum-Grshimailo，1891）

采集记录：甘肃（瓜州桥子），1329 m，王洪建、李丹春、齐昊采1♀2♂，2022.VI.26.

分布：甘肃、青海等地。

26.灿灰蝶 *Agriades pheretiades*（Eversmann，1843）

采集记录：甘肃（瓜州桥子），1329 m，王洪建、李丹春、齐昊采2♀2♂，2022.VI.26.

分布：甘肃、青海等地。

（六）天蛾科 Sphingidae

27. 白薯天蛾 *Herse convolvuli*（Linnaeus，1758）

采集记录：甘肃（瓜州桥子东坝），1316 m，王洪建采2♀2♂，2022.VI.26.

寄主：甘薯等。

分布：甘肃、北京、天津、山东、江苏、安徽、浙江、湖北、福建、台湾、广东、海南、四川等。

28. 蓝目天蛾 *Smerithus planus planus*（Walker，1856）

采集记录：甘肃（瓜州桥子东坝），1316 m，王洪建采1♀1♂，2022.VI.26.

寄主：杨、柳、梅花、桃花、樱花等多种绿地植物。

分布：甘肃、内蒙古、河北、河南、山东、陕西、宁夏、江苏、上海、浙江、安徽、江西及东北等地。

（七）尺蛾科 Geometridae

29. 沙枣尺蠖 *Apochemia cinerarius*（Ershoff，1874）

采集记录：甘肃（瓜州双塔水库），1340 m，王洪建采2♀3♂，2022.VI.27.

寄主：杨树、柳树、榆树、桑树、沙枣及多种果树。

分布：甘肃、河南及华北、西北。

（八）毒蛾科 Lymantriidae

30. 沙枣台毒蛾 *Teia prisca*（Staudinger，1887）

采集记录：甘肃（瓜州双塔水库），1340 m，王洪建采1♀1♂，2022.VI.27.

寄主：沙枣。

分布：甘肃、新疆；蒙古、俄罗斯、塔吉克斯坦、土库曼斯坦、土耳其。

31. 棉田柳毒娥 *Stilpnotia salicis*（Linnaeus，1758）

采集记录：甘肃（瓜州双塔水库），1340 m，王洪建采2♀3♂，2022.VI.27.

寄主：棉花、茶树、杨、柳、栎树、栗、樱桃、梨、梅、杏、桃等。

分布：甘肃、山东、河南、陕西、宁夏、新疆、江苏、上海、安徽、浙江、江西、湖北、湖南、贵州、云南及东北、华北等。

（九）木蠹蛾科 Cossidae

32. 白斑木蠹蛾 *Catopta albonubilus*（Graeser，1888）

采集记录：甘肃（瓜州桥子东坝），1316 m，王洪建采1♀1♂，2022.VI.26.

分布：甘肃、黑龙江、内蒙古、北京、山西、陕西、青海、新疆；俄罗斯（远东）、朝鲜、蒙古、缅甸。

33. 杨木蠹蛾 *Cossus cossus orientalis*（Gade，1929）

采集记录：甘肃（瓜州桥子东坝），1316 m，王洪建采1♀1♂，2022.VI.26.

分布：甘肃、辽宁、内蒙古、河北、河南、山东、陕西、青海、宁夏；东西伯利亚，朝鲜、日本。

34. 胡杨木蠹蛾 *Holeocerus consobrinus*（Püngeler，1898）

采集记录：甘肃（瓜州双塔水库），1340 m，王洪建采1♀1♂，2022.VI.27.

寄主：胡杨。

分布：甘肃、青海、新疆。

35.榆木蠹蛾 *Holcocerus vicarius*（Walker，1856）

采集记录：甘肃（瓜州祁家坝），1335 m，王洪建采1♀1♂，2022.VI.27.

寄主：白榆、刺槐、杨、麻栎、栎、柳、丁香、银杏、稠李、苹果、花椒、金银花等。

分布：甘肃、内蒙古、河北、北京、天津、山西、山东、河南、陕西、宁夏、安徽、江苏、上海、四川、云南、广西、台湾等及东北。

（十）草蛾科 Ethmiidae

36.青海草蛾 *Ethmia nigripedella*（Erschoff，1877）

采集记录：甘肃（瓜州双塔水库），1340 m，王洪建采2♀1♂，2022.VI.27.

分布：甘肃、北京、黑龙江、吉林、宁夏、青海、新疆、西藏；蒙古、俄罗斯（东西伯利亚）、日本、土耳其等。

（十一）菜蛾科 Plutellidae

37.小菜蛾 *Plutella xylostella*（Linnaeus，1758）

采集记录：甘肃（瓜州桥子），1324 m，王洪建采2♀3♂，2022.VI.26.

寄主：十字花科植物。

分布：甘肃及世界性。

（十二）卷蛾科 Tortricidae

38.亚洲窄纹卷蛾 *Stenodes asiana*（Kennel，1899）

采集记录：甘肃（瓜州桥子），1324 m，王洪建采2♀3♂，2022.VI.26.

分布：甘肃、吉林、山东、山西、陕西、青海；俄罗斯，欧洲。

39.尖瓣灰纹卷蛾 *Cochylidia richteriana*（Fischer von Röslerstamm，1837）

采集记录：甘肃（瓜州桥子），1324 m，王洪建采2♀，2022.VI.26.

分布：甘肃及东北、华北、华东、华中、西北；俄罗斯，欧洲。

40.菊云卷蛾 *Cnephasia chrysantheana*（Duponchel，1843）

采集记录：甘肃（瓜州桥子），1324 m，王洪建采2♀1♂，2022.VI.26.

寄主：小蓟、矢车菊、山柳菊、薄荷、大戟。

分布：甘肃及东北、中国西部；欧洲。

41.雅山卷蛾 *Eana osseana*（Scopoli，1763）

采集记录：甘肃（瓜州桥子祁家坝），1335 m，王洪建采1♀1♂，2022.VII.2.

分布：甘肃、青海、新疆、西藏。

42.香草小卷蛾 *Celypha cespitana*（Hübner，1817）

采集记录：甘肃（瓜州桥子祁家坝），1335 m，王洪建采1♀1♂，2022.VII.2.

寄主：百里香、野蔷薇。

分布：甘肃及我国西部、东北、华东；俄罗斯、日本，欧洲，北美。

43.杨叶小卷蛾 *Epinotia nisella*（Clerck，1759）

采集记录：甘肃（瓜州桥子东坝），1316 m，王洪建采2♀，2022.VII.2.

寄主：杨树、柳树、桦树等。

分布：甘肃、青海、黑龙江；俄罗斯、日本，欧洲，北美等地。

44.杨柳小卷蛾 *Gypsonoma minutana*（Hübner，1799）

采集记录：甘肃（瓜州桥子堡子村），1324 m，王洪建采1♀1♂，2022.VI.26.

寄主：杨、柳。

分布：甘肃、青海、北京、河北、河南、山东、山西、陕西；俄罗斯、日本，欧洲、北非。

45.伪柳小卷蛾 *Gypsonoma oppressana*（Treitschke，1835）

采集记录：甘肃（瓜州桥子祁家坝），1335 m，王洪建采1♀1♂，2022.VI.27.

寄主：杨、柳。

分布：甘肃、青海、新疆；俄罗斯，欧洲。

46.米缟螟 *Aglossa dimidiata*（Haworth，1809）

采集记录：甘肃（瓜州桥子堡子村），1324 m，王洪建采3♀1♂，2022.VI.27.

分布：甘肃、青海、黑龙江、河北、山东、山西、江苏、浙江、福建、湖南、湖北、安徽、贵州、四川、广东、云南、新疆、内蒙古；日本、印度、缅甸。

（十三）夜蛾科 Noctuidae

47.麦穗夜蛾 *Apamea sordens*（Hufnagel，1766）

采集记录：甘肃（瓜州桥子堡子村），1324 m，王洪建采3♀2♂，2022.VI.27.

寄主：小麦、青稞、大麦、燕麦、黑麦、冰草、芨芨草等禾本科杂草。

分布：甘肃、黑龙江、内蒙古、河北、陕西、青海、新疆、海南、四川、西藏等；日本、俄罗斯（西伯利亚）、加拿大，欧洲等。

48.黏虫 *Pseudaletia separata*（Walker，1865）

采集记录：甘肃（瓜州桥子堡子村），1324 m，王洪建采2♀1♂，2022.VI.27.

寄主：麦、稻、粟、玉米、豆类、蔬菜等。

分布：甘肃、河北、山西、内蒙古、黑龙江、河南、湖北、湖南、云南、青海、宁夏、新疆；日本。

49.草地螟 *Loxostege sticticalis*（Linnaeus，1761）

采集记录：甘肃（瓜州桥子堡子村），1324 m，王洪建采3♀1♂，2022.VI.27.

寄主：甜菜、大豆、向日葵、马铃薯、麻类、蔬菜、药材等多种作物。

分布：甘肃及东北、华北、西北地区；朝鲜、日本、俄罗斯，东欧、北美。

十一、膜翅目 Hymenoptera

（一）蜜蜂科 Apidae

1.黑尾熊蜂 *Bombus*（*Subterraneobombus*）*melanurus*（Lepeletier，1835）

采集记录：甘肃（瓜州桥子堡子村），1324 m，王洪建采1♀1♂，2022.VI.27.

分布：甘肃、北京、河北、山西、内蒙古、陕西、青海、宁夏、新疆；东洋界、古北界共有种。

2.昆仑熊蜂 *Bombus*（*Melanobombus*）*keriensis*（Morawitz，1887）

采集记录：甘肃（瓜州葫芦河），1338 m，王洪建、李丹春、齐昊采3♀1♂，2022.VI.24.

分布：甘肃、四川、西藏、青海、新疆；东洋界、古北界。

3.亚西伯熊蜂 *Bombus*（*Sibiricobombus*）*asiaticus*（Morawitz，1875）

采集记录：甘肃（瓜州葫芦河），1338 m，王洪建、李丹春、齐昊采2♀1♂，2022.VI.24.

分布：甘肃。

4.颂杰熊蜂 *Bombus*（*Alpigenobombus*）*nobilis*（Friese，1905）

采集记录：甘肃（瓜州桥子东坝），1316 m，王洪建采2♀，2022.VI.21.

分布：甘肃、青海、四川、云南、西藏；印度、缅甸、尼泊尔、美国。

5.红束熊蜂 *Bombus*（*Melanobombus*）*rufofasciatus*（Smith，1852）

采集记录：甘肃（瓜州平头村），1348 m，王洪建采1♀1♂，2022.VI.27.

分布：甘肃、青海、西藏、云南、四川；印度、巴基斯坦、尼泊尔。

6.中华条蜂 *Anthophora*（*Clisodon*）*sinensis*（Wu，1982）

采集记录：甘肃（瓜州青山子牧场），1324 m，王洪建、齐昊采2♀2♂，2022.VII.2.

分布：甘肃、内蒙古、青海、西藏。

7.盗条蜂 *Anthophora*（*Melea*）*plagiata*（Illiger，1806）

采集记录：甘肃（瓜州双塔水库），1340 m，王洪建、采1♀1♂，2022.VI.24.

分布：甘肃、吉林、内蒙古、河北、北京、青海、新疆、江苏、浙江、四川、云南、西藏；中亚，欧洲。

（二）姬蜂科 Ichneumonidae

8.双点曲脊姬蜂 *Apophua bipunctoria*（Thunberg，1822）

采集记录：甘肃（瓜州碱泉子），1305 m，李丹春、齐昊采4♀2♂，2022.VI.24.

分布：甘肃、青海、陕西、新疆、辽宁、吉林、黑龙江、河南；蒙古、朝鲜、日本、俄罗斯、乌克兰，欧洲。

9.喀美姬蜂 *Meringopus calescens calescens*（Gravenhorst，1829）

采集记录：甘肃（瓜州碱泉子），1305 m，李丹春、齐昊采2♀2♂，2022.VI.24.

分布：甘肃、山西、青海；印度、蒙古、俄罗斯，欧洲、北美洲等。

10.坡美姬蜂 *Meringopus calescens persicus*（Heinrich，1937）

采集记录：甘肃（瓜州碱泉子），1305 m，李丹春、齐昊采1♀2♂，2022.VI.24.

分布：甘肃；蒙古、吉尔吉斯斯坦、伊朗、阿塞拜疆。

11.杨蛀姬蜂 *Schreineria populnea*（Giraud，1872）

采集记录：甘肃（瓜州碱泉子），1305 m，李丹春、齐昊采1♀1♂，2022.VI.24.

分布：甘肃、内蒙古、河北、陕西、宁夏、新疆及东北；俄罗斯，欧洲。

12.矛木卫姬蜂 *Xylophrurus lancifer*（Gravenhorst，1829）

采集记录：甘肃（瓜州碱泉子），1305 m，李丹春、齐昊采4♀2♂，2022.VI.24.

分布：甘肃、辽宁、吉林、内蒙古、河北、山西、宁夏、新疆；俄罗斯、塔吉克斯坦，欧洲。

13.杨兜姬蜂 *Dolichomitus populneus*（Ratzeburg，1848）

采集记录：甘肃（瓜州碱泉子），1305 m，李丹春、齐昊采4♀2♂，2022.VI.24.

分布；甘肃、新疆、河北、山西、河南、宁夏、青海及东北；俄罗斯、拉脱维亚，欧洲北美。

14.具瘤爱姬蜂 *Exeristes roborator*（Fabricius，1793）

采集记录：甘肃（瓜州蘑菇台），1665 m，李丹春、齐昊采4♀2♂，2022.VI.21.

分布：甘肃、辽宁、吉林、黑龙江、内蒙古、宁夏、天津、山西、河南、新疆、台湾；朝鲜、日本、蒙古、俄罗斯、印度、巴基斯坦，欧洲等。

15.舞毒蛾瘤姬蜂 *Pimpla disparis*（Viereck，1911）

采集记录：甘肃（瓜州蘑菇台），1665 m，李丹春、齐昊采4♀2♂，2022.VI.21.

分布：甘肃、云南、西藏及东北、华北、西北、长江流域等；蒙古、朝鲜、日本、俄罗斯、印度等。

16.红足瘤姬蜂 *Pimpla rufipes*（Miller，1759）

采集记录：甘肃（瓜州蘑菇台），1665 m，李丹春、齐昊采4♀2♂，2022.VI.21.

分布：甘肃、黑龙江、辽宁、内蒙古、北京、河北、河南、宁夏、青海、新疆、湖南、台湾；朝鲜、日本、蒙古、俄罗斯、印度，欧洲等。

（三）茧蜂科 Braconidae

17.赤腹深沟茧蜂 *Iphiaulax impostor*（Scopoli，1763）

采集记录：甘肃（瓜州蘑菇台），1665 m，李丹春、齐昊采4♀2♂，2022.VI.21.

分布：甘肃、黑龙江、辽宁、吉林、内蒙古、山西、山东、河南、陕西、宁夏、新疆、江苏、湖北、浙江、江西、云南；俄罗斯、蒙古、朝鲜、日本、伊朗、以色列，欧洲。

18.长尾深沟茧蜂 *Iphiaulax mactator*（Klug，1817）

采集记录：甘肃（瓜州蘑菇台），1665 m，李丹春、齐昊采4♀2♂，2022.VI.21.

分布：甘肃、辽宁、吉林、内蒙古、山西、山东、河南、宁夏、陕西、新疆、江苏、湖北、浙江、江西、云南；蒙古、朝鲜、日本、伊朗、以色列，欧洲。

19.长尾皱腰茧蜂 *Rhysipolis longicaudatus*（Belokobylskij，1994）

采集记录：甘肃（瓜州桥子堡子村），1324 m，王洪建采1♀1♂，2022.VI.27.

分布：甘肃、内蒙古、青海；蒙古、俄罗斯。

20.双色刺足茧蜂 *Zombrus bicolor*（Enderlein，1912）

采集记录：甘肃（瓜州桥子堡子村），1324 m，王洪建采1♀1♂，2022.VI.27.

分布：甘肃、山东、河南、江苏、湖北、浙江、安徽、湖南、福建、广东、广西、贵州、海南、四川、台湾、云南及东北、西北、华北；俄罗斯、朝鲜、蒙古、日本、哈萨克斯坦。

（四）小蜂科 Chalcididea

21.古毒蛾长尾啮小蜂 *Aprostocetus orgyiae*（Yang & Yao，2015）

采集记录：甘肃（瓜州桥子堡子村），1324 m，王洪建采1♀1♂，2022.VI.27.

寄主：古毒蛾等。

分布：甘肃、内蒙古、宁夏。

（五）切叶蜂科 Megachilidae

22.双斑切叶蜂 *Megachile*（*Eutricharaea*）*argentata*（Fabricius，1793）

采集记录：甘肃（瓜州桥子），1324 m，王洪建采2♀2♂，2022.VII.2.

分布：甘肃、内蒙古、新疆、西藏；欧洲、北非、北美，俄罗斯（西伯利亚地区、远东地区）。

23.苜蓿切叶蜂 *Megachile*（*Eutricharaea*）*rotundata*（Fabricius，1787），甘肃省新记录种

采集记录：甘肃（瓜州桥子），1324 m，王洪建、李丹春、齐昊采2♀，2022.VII.2.

分布：甘肃、北京、吉林、新疆、西藏；欧洲、北美。

24.丽切叶蜂 *Megachile*（*Xanthosarus*）*habropodoides*（Meade-Waldo，1912），甘肃省新记录种

采集记录：甘肃（瓜州桥子东坝），1316 m，王洪建、齐昊采2♀♂，2022.VI.27.

分布：甘肃、新疆、西藏；印度。

25.小足切叶蜂 *Megachile*（*Xanthosarus*）*lagopoda*（Linnaeus，1761）

采集记录：甘肃（瓜州锁阳城），1324 m，王洪建采1♀1♂，2022.VI.27.

分布：甘肃、北京、河北、内蒙古、黑龙江、上海、江苏、江西、山东、新疆、四川、西藏；欧洲、北非、中非，日本、俄罗斯（远东地区）。

26.尘绒毛隧蜂 *Halictus*（*Vestitohalictus*）*pulverous*（Morawitz，1874）

采集记录：甘肃（瓜州祁家坝），1335 m，王洪建、齐昊采1♂，2022.VII.2.

分布：甘肃、新疆、西藏；伊朗、土耳其、阿富汗、乌兹别克斯坦、土库曼斯坦、蒙古、塞浦路斯、俄罗斯。

27.甘肃淡脉随蜂 *Lasioglossum*（*Leuchalictus*）*kansuense*（BlÜthgen，1934）

采集记录：甘肃（瓜州双塔水库），1340 m，王洪建、李丹春、齐昊采2♀1♂，2022.VI.27.

分布：甘肃、北京、河北、黑龙江、吉林、山西、河南、陕西、江苏、江西、湖北、四川、云南、贵州、新疆、西藏；朝鲜、韩国、日本、俄罗斯（西伯利亚地区、远东地区）。

（六）地蜂科 Andrenidae

28.岸田地蜂 *Andrena*（*Cnemidandrena*）*krishidai*（Yasumatus，1935）

采集记录：甘肃（瓜州野马放养场），2024 m，王洪建采2♀1♂，2022.VI.17.

分布：甘肃、北京、河北、西藏、云南。

（七）叶蜂科 Tenthredinidae

29.东方壮并叶蜂 *Jermakia sibirica*（Kriechb，1869）

采集记录：甘肃（瓜州桥子堡子村），1324 m，王洪建采1♀1♂，2022.VI.27.

分布：甘肃、黑龙江、吉林、辽宁、内蒙古、新疆、河北、北京、山东、河南、陕西、上海、浙江、湖北、四川；东北亚。

30.方项白端叶蜂 *Tenthredo ferruginea*（Schrank，1776）

采集记录：甘肃（瓜州桥子堡子村），1324 m，王洪建采1♀1♂，2022.VI.27.

分布：甘肃、吉林、河南、陕西、辽宁、内蒙古、新疆、青海、河北、广东、湖北、四川、云南、西藏；俄罗斯（西伯利亚），西亚，欧洲。

十二、双翅目　Diptera

（一）蚊科 Culicidae

1.淡色库蚊 *Culex pipiens pallens*（Coquillett，1898）

采集记录：甘肃（瓜州蘑菇台），1665 m，李丹春、齐昊采4♀2♂，2022.VI.21.

分布：甘肃及全国广布；全北界。

2. 迷走库蚊 *Culex vagans*（Wiedemann，1828）

采集记录：甘肃（瓜州蘑菇台），1665 m，李丹春、齐昊采2♀2♂，2022.VI.21.

分布：甘肃及全国广布。

3. 三带喙库蚊 *Culex tritaeniorhynchus*（Giles，1901）

采集记录：甘肃（瓜州野马场），2024 m，李丹春、齐昊采4♀2♂，2022.VI.18.

宿主：人、猪、牛等哺乳动物血液。

分布：甘肃，除新疆、西藏外全国广布。

4. 凶小库蚊 *Culex modestus*（Ficalbi，1889）

采集记录：甘肃（瓜州野马场），2024 m，李丹春、齐昊采1♀2♂，2022.VI.18.

分布：甘肃、河北、东北、内蒙古、宁夏、青海、新疆、山东、山西、浙江、江苏、安徽、河南、湖南、四川；俄罗斯（西伯利亚）、日本、巴基斯坦、伊朗，欧洲南部、西亚。

5. 背点伊蚊 *Aedes dorsalis*（Meigen，1830）

采集记录：甘肃（瓜州冰洞子沟），2095 m，李丹春、齐昊采3♀1♂，2022.VI.17.

分布：甘肃、江苏、安徽、浙江、台湾及东北、华北、西北；俄罗斯、蒙古、日本，北美、中欧、北欧、北非。

6. 刺扰伊蚊 *Aedes vexans*（Meigen，1830）

采集记录：甘肃（瓜州冰洞子沟），2095 m，李丹春、齐昊采3♀1♂，2022.VI.17.

分布：甘肃及全国广布。

7. 里海伊蚊 *Aedes caspius*（Pallas，1771）

采集记录：甘肃（瓜州冰洞子沟），2095 m，李丹春、齐昊采2♀1♂，2022.VI.17.

分布：甘肃、内蒙古、宁夏、青海、新疆。

8. 黄背伊蚊 *Aedes flavidorsalis* Luh &（Lee，1975）

采集记录：甘肃（瓜州冰洞子沟），2095 m，李丹春、齐昊采3♀1♂，2022.VI.17.

分布：甘肃、内蒙古、宁夏、青海、新疆。

9. 刺螫伊蚊 *Aedes punctor*（Kirby，1837）

采集记录：甘肃（瓜州冰洞子沟），2095 m，李丹春、齐昊采2♀2♂，2022.VI.17.

分布：甘肃、黑龙江、辽宁、吉林、内蒙古；俄罗斯、日本、美国、加拿大，西欧、北欧。

9. 屑皮伊蚊 *Aedes detritus*（Haliday，1833）

采集记录：甘肃（瓜州马莲井），1745 m，李丹春、齐昊采3♀1♂，2022.VI.15.

分布：甘肃、青海、新疆、内蒙古；俄罗斯、蒙古、英国等。

10. 丛林伊蚊 *Aedes cataphylla*（Dyar，1916）

分布：甘肃、黑龙江、吉林、内蒙古；俄罗斯、蒙古，中欧、北欧、北美。

11. 阿拉斯加脉毛蚊 *Culiseta alaskaensis*（Ludlow，1906）

采集记录：甘肃（瓜州马莲井），1745 m，李丹春、齐昊采2♀2♂，2022.VI.15.

分布：甘肃、青海、宁夏、新疆、内蒙古及东北；古北界、新北界。

12.银带脉毛蚊 *Culiseta niveitaeniata*（Theobald，1907）

采集记录：甘肃（瓜州马莲井），1745 m，李丹春、齐昊采3♀1♂，2022.VI.15.

分布：甘肃、河北、四川、云南、陕西、山东、台湾、贵州、西藏；印度、巴基斯坦。

（二）花蝇科 Anthomyiidae

13.骚花蝇 *Anthomyia procellaris*（Rondani，1866）

采集记录：甘肃（瓜州西大泉），1760 m，王洪建、李丹春、齐昊采2♀3♂，2022.VI.15.

分布：甘肃、黑龙江、辽宁、山西；朝鲜、日本、意大利、英国，北美及非洲。

14.葱地种蝇 *Delia antiqua*（Meigen，1826）

采集记录：甘肃（瓜州桥子平头村），1348 m，王洪建、李丹春、齐昊采2♀3♂，2022.VI.15.

寄主: 大葱、小葱、洋葱、大蒜、青蒜、韭菜等百合科蔬菜。

分布：甘肃及全国广布。

15.灰地种蝇 *Delia platura*（Meigen）

采集记录：甘肃（瓜州西大泉），1760 m，王洪建、李丹春、齐昊采2♀1♂，2022.VI.15.

寄主：十字花科、禾本科、葫芦科植物。

分布：甘肃及全国各地。

16.灰宽颊叉泉蝇 *Eutrichota*（*Arctopegomyia*）*pallidoldtigena*（Fan & Wu，1987）

采集记录：甘肃（瓜州西大泉），1760 m，王洪建、李丹春、齐昊采4♀3♂，2022.VI.15.

分布：甘肃。

17.粉腹阴蝇 *Hydrophoria divisa*（Meigen，1826）

采集记录：甘肃（瓜州120戈壁），1910 m，王洪建、李丹春、齐昊采1♀1♂，2022.VI.21.

分布：甘肃。

18.白头阴蝇 *Hydrophoria albiceps*（Meigen，1826）

采集记录：甘肃（瓜州120戈壁），1910 m，王洪建、李丹春、齐昊采1♀1♂，2022.VI.21.

分布：甘肃。

19.阿克赛泉蝇 *Pegomya aksayensis*（Fan & Wu，1987）

甘肃（瓜州西大泉），1760 m，王洪建、李丹春、齐昊采4♀3♂，2022.VI.15.

分布：甘肃。

20.双色泉蝇 *Pegomya bicolor*（Wiedemann，1817）

采集记录：甘肃（瓜州野马场），2024 m，李丹春、齐昊采1♀2♂，2022.VI.18.

分布：甘肃。

21.社栖植蝇 *Leucophora sociata*（Meigen，1826）

采集记录：甘肃（瓜州野马场），2024 m，李丹春、齐昊采1♀2♂，2022.VI.18.

分布：甘肃。

22.绿麦秆蝇 *Meromyza saltatrix*（Linneus，1761）

采集记录：甘肃（瓜州野马场），2024 m，李丹春、齐昊采1♀1♂，2022.VI.18.

分布：甘肃。

23. 细茎潜叶蝇 *Agromyza cinerascens*（Mecquart，1835）

采集记录：甘肃（瓜州野马场），2024 m，李丹春、齐昊采1♀2♂，2022.VI.18.

分布：甘肃。

（三）蝇科 Muscidae

24. 家蝇 *Musca domestica*（Linnaeus，1758）

采集记录：甘肃（瓜州野马场），2024 m，李丹春、齐昊采1♀2♂，2022.VI.18.

取食食物：人粪、猪粪、鸡粪等腐败食物。

分布：甘肃及全国广布；世界广布。

25. 中亚家蝇 *Musca vitripennis*（Meigen，1826）

采集记录：甘肃（瓜州双塔水库），1340 m，王洪建采3♀3♂，2022.VI.27.

分布：甘肃、山西、内蒙古、宁夏、新疆；蒙古、俄罗斯、吉尔吉斯斯坦、塔吉克斯坦、乌兹别克斯坦、土库曼斯坦、印度、克什米尔地区、巴基斯坦、阿富汗、伊朗、土耳其、伊拉克、巴勒斯坦、以色列、黎巴嫩、沙特阿拉伯、埃及、摩洛哥、阿尔及利亚、马德拉群岛、加那利群岛、罗马尼亚、保加利亚、法国、西班牙、葡萄牙。

26. 秋家蝇 *Musca autumnalis*（DeGeer，1776）

采集记录：甘肃（瓜州双塔水库），1340 m，王洪建采2♀3♂，2022.VI.27.

分布：甘肃、河北、山西、青海、宁夏、新疆；俄罗斯、吉尔吉斯斯坦、塔吉克斯坦、乌兹别克斯坦、哈萨克斯坦、土库曼斯坦、阿塞拜疆、芬兰、瑞典、英国、印度、巴基斯坦、土耳其、以色列、叙利亚、埃及、利比亚、突尼斯、摩洛哥，非洲。

27. 牧场腐蝇 *Muscina pascuorum*（Meigen，1826）

采集记录：甘肃（瓜州葫芦河），1338 m，王洪建采3♀3♂，2022.VI.26.

分布：甘肃、河北、山西、内蒙古、辽宁、吉林、黑龙江、浙江、安徽、山东、广东、四川、云南、西藏、陕西、青海、新疆；朝鲜、韩国、日本、蒙古、印度、巴基斯坦、以色列、乌兹别克斯坦、哈萨克斯坦、俄罗斯、拉脱维亚，欧洲。

28. 厩腐蝇 *Muscina stabulans*（Fallén，1817）

采集记录：甘肃（瓜州野马放养场），2024 m，王洪建采2♀3♂，2022.VI.24.

分布：甘肃、北京、天津、河北、山西、内蒙古、辽宁、吉林、黑龙江、上海、江苏、浙江、福建、山东、河南、湖北、湖南、广东、重庆、云南、西藏、陕西、青海、宁夏、新疆、台湾；朝鲜、韩国、日本、蒙古、俄罗斯、吉尔吉斯斯坦、哈萨克斯坦、乌兹别克斯坦、塔吉克斯坦、土库曼斯坦、阿富汗、印度、巴基斯坦、土耳其、叙利亚、伊拉克、以色列，欧洲、北非。

（四）胃蝇科 Gasterophilidae

29. 肠胃蝇 *Gasterophilis intestinalis*（De Geer）

采集记录：甘肃（瓜州黄草滩），2024 m，王洪建采1♀1♂，2022.VI.18.

分布：甘肃、黑龙江、内蒙古、青海、山西、陕西、四川、云南、西藏；世界各地。

30. 黑腹胃蝇 *Gasterophilis pecorum*（Fabricius），甘肃省新记录种

采集记录：甘肃（瓜州黄草滩），2024 m，王洪建采2♀1♂，2022.VI.18.

分布：甘肃、黑龙江、内蒙古、新疆、陕西；古北区，印度，非洲区。

（五）丽蝇科 Calliphoridae

31.大头金蝇 *Chrysomya megacephala*（Fabricius，1794）

采集记录：甘肃（瓜州野马场），2024 m，李丹春、齐昊采3♀2♂，2022.VI.18.

食物：动物粪便、腐烂尸体。

分布：甘肃及全国广布；朝鲜、日本、越南、马来西亚、印度尼西亚、阿富汗、伊朗，欧洲、非洲、澳洲，东洋界。

32.丝光绿蝇 *Lucilia sericata*（Meigen，1826）

采集记录：甘肃（瓜州野马场），2024 m，李丹春、齐昊采1♀2♂，2022.VI.18.

分布：甘肃及全国广布；世界广布。

（六）麻蝇科 Sarcophagidae

33.肥须亚麻蝇 *Parasarcophaga crassipalpis*（Macquart，1838）

采集记录：甘肃（瓜州照东），1652 m，李丹春、齐昊采3♀2♂，2022.VI.15.

分布：甘肃、河北、内蒙古、江苏、山东、河南、湖北、四川、西藏、陕西、青海、宁夏、新疆及东北；蒙古、俄罗斯、朝鲜、日本，中亚、欧洲、非洲、北美洲、南美洲。

34.红尾拉麻蝇 *Ravinia striata*（Fabricius，1794）

采集记录：甘肃（瓜州双塔水库），1340 m，王洪建采 1♀1♂，2022.VI.18.

分布：甘肃、江苏、山东、河南、湖北、湖南、四川、云南、贵州、西藏、陕西、青海、宁夏、新疆及华北、东北；俄罗斯、蒙古、朝鲜、日本、印度、尼泊尔，中亚、西亚、欧洲、非洲。

（七）寄蝇科 Tachinidae

35.迷追寄蝇 *Exorista mimula*（Meigen，1824）

采集记录：甘肃（瓜州野马场），2024 m，李丹春、齐昊采1♀2♂，2022.VI.18.

分布：甘肃、北京、山西、内蒙古、辽宁、吉林、黑龙江、福建、河南、四川、云南、西藏、陕西、青海、宁夏、新疆；蒙古、俄罗斯、日本，中亚，中东，外高加索，欧洲。

（八）虻科 Tabanidae

36.广斑虻 *Chrysops vanderwulpi*（Krober，1929）

采集记录：甘肃（瓜州桥子堡子村），1324 m，王洪建采1♀1♂，2022.VI.26.

分布：甘肃、黑龙江以南的全国各省市区；俄罗斯、朝鲜、日本、越南。

37.玛斑虻 *Chrysops makerovi*（Pleske，1910)

采集记录：甘肃（瓜州桥子堡子村），1324 m，王洪建采1♀1♂，2022.VI.26.

分布：甘肃、黑龙江；日本、俄罗斯。

38.娌斑虻 *Chrysops ricardoae*（Pleske，1910）

采集记录：甘肃（瓜州桥子堡子村），1324 m，王洪建采2♀1♂，2022.VI.26.

分布：甘肃、内蒙古、黑龙江、新疆；蒙古、俄罗斯。

39.土麻虻 *Haematopota turkestanica*（Krober，1922）

采集记录：甘肃（瓜州桥子堡子村），1324 m，王洪建采1♀1♂，2022.VI.26.

分布：甘肃、北京、河北、山西、宁夏、青海、新疆及东北；朝鲜、俄罗斯、蒙古，欧洲。

40.苍白麻虻 *Haematopota pallens*（Loew，1871）

采集记录：甘肃（瓜州桥子堡子村），1324 m，王洪建采2♀2♂，2022.VI.26.

分布：甘肃、新疆。

41.斜纹黄虻 *Atylotus karybenthinus*（Szilady）

采集记录：甘肃（瓜州青山子牧场），1324 m，王洪建采1♀1♂，2022.VI.26.

分布：甘肃、北京、内蒙古、新疆及东北；欧洲-俄罗斯（西伯利亚、萨哈林岛）。

42.黑带瘤虻 *Hybomitra expollicata*（Pandalle，1883）

采集记录：甘肃（瓜州青山子牧场），1324 m，王洪建采1♀1♂，2022.VI.26.

分布：甘肃、内蒙古、湖北、四川、陕西、黑龙江、青海、宁夏、新疆；土耳其、蒙古、俄罗斯、哈萨克斯坦，欧洲。

43.灰股瘤虻 *Hybomitra zaitzevi*（Olsufjev）

采集记录：甘肃（瓜州青山子牧场），1324 m，王洪建采2♀1♂，2022.VI.26.

分布：甘肃、内蒙古、新疆；蒙古。

44.哈什瘤虻 *Hybomitra kashgarica*（Olsufjev，1970）

采集记录：甘肃（瓜州青山子牧场），1324 m，王洪建采1♀1♂，2022.VI.26.

分布：甘肃、新疆；俄罗斯。

45.副菌虻 *Tabanus parabactrianus*（Liu，1960）

采集记录：甘肃（瓜州青山子牧场），1324 m，王洪建采1♀1♂，2022.VI.26.

分布：甘肃、北京、辽宁、内蒙古、河南、四川、陕西。

46.里虻 *Tabanus leleani*（Austen，1920）

采集记录：甘肃（瓜州青山子牧场），1324 m，王洪建采1♀1♂，2022.VI.26.

分布：甘肃、新疆、内蒙古；蒙古、俄罗斯、哈萨克斯坦、阿富汗、土耳其、伊朗，欧洲、北非。

47.基虻 *Tabanus zimini*（Olsufjev，1937）

采集记录：甘肃（瓜州大石门道），2660 m，王洪建采2♀1♂，2022.VI.27.

分布：甘肃、青海、新疆；俄罗斯、伊拉克、伊朗、阿富汗。

48.阔雏蜂虻 *Anastoechus asiaticus*（Becker，1916）

采集记录：甘肃（瓜州马莲井），1745 m，王洪建采2♀2♂，2022.VI.24.

分布：甘肃、河北、北京、天津、陕西、内蒙古、青海；哈萨克斯坦、吉尔吉斯斯坦、蒙古、俄罗斯、乌兹别克斯坦。

49.中华雏蜂虻 *Anastoechus chinensis*（Paramonov，1930）

采集记录：甘肃（瓜州马莲井），1745 m，王洪建采3♀1♂，2022.VI.24.

分布：甘肃、河北、北京、天津、山东、内蒙古、新疆、青海；蒙古。

50.甘肃姬蜂虻 *Systropus gansuanus*（Du，Yang，Yao et Yang，2008）

采集记录：甘肃（瓜州照东），1652 m，王洪建采2♀，2022.VI.21.

分布：甘肃、北京、云南、湖北。

51.康县姬蜂虻 *Systropus kangxianus*（Du，Yang，Yao et Yang，2008）
采集记录：甘肃（瓜州照东），1652 m，王洪建采3♀1♂，2022.VI.21.
分布：甘肃、北京、河南、四川、云南、湖北。
52.黄缘锐蜂虻 *Apolysis galba*（Yao，Yang et Evenhuis，2010）
采集记录：甘肃（瓜州寒山），1675 m，王洪建采2♀，2022.VI.18.
分布：甘肃、宁夏。

附　表

附表1　甘肃安西极旱荒漠国家级自然保护区维管植物名录及其信息表

科	种	观察或采集地点
蕨类植物		
1.木贼科 Equisetaceae	1.节节草 *Hippochaete remosissimum*	双塔村（沟边）
2.蹄盖蕨科 Athyriaceae	2.冷蕨 *Cystopteris fragilis*	巴尔峡（山沟）
裸子植物		
3.柏科 Cupressaceae	3.祁连圆柏 *Sabina przewalskii*	巴尔峡（山沟）
	4.叉子圆柏 *S. vulgaris*	巴尔峡小石门道
4.麻黄科 Ephedraceae	5.木贼麻黄 *Ephedra equisetina*	保护区
	6.中麻黄 *E. intermedia*	巴尔峡（山沟）
	7.膜果麻黄 *E. przewalskii*	南片、北片
被子植物		
5.杨柳科 Salicaceae	8.胡杨 *Populus euphratica*	榆林河（河谷），望杆子，蘑菇台，长山子，桥子以北大塘泉
	9.二白杨 *P. gansuensis*	植物园，双塔水库，桥子堡村，锁阳城镇
	10.小叶杨 *P. simonii*	桥子堡村
	11.白柳 *Salix alba*	北干渠
	12.旱柳 *S. matsudana*	桥子，桥子东坝，双塔
	13.线叶柳 *S. wilhelmsiana*	榆林河（河谷），双塔水库，蘑菇台
6.榆科 Ulmaceae	14.榆 *Ulmus pumila*	北干渠
7.桑科 Moraceae	15.葎草 *Humulus scandens*	保护区
8.荨麻科 Urtucaceae	16.高原荨麻 *Urtica hyperborea*	保护区
9.蓼科 Polygonaceae	17.沙木蓼 *Atraphaxis bracteata*	保护区
	18.木蓼 *A. frutescens*	瓜州县城南，南片
	19.锐枝木蓼（针枝木蓼）*A. pungens*	北干渠，北片，七个井附近，长山子
	20.甘肃沙拐枣 *Calligonum chinense*	大石门道，阴凹大泉，塔实，东千佛洞（戈壁滩）
	21.沙拐枣 *C. mongolicum*	保护区（砾石戈壁滩）

续附表 1

科	种	观察或采集地点
9. 蓼科 Polygonaceae	22. 塔里木沙拐枣 *C. roborowskii*	保护区
	23. 柴达木沙拐枣 *C. zaidanmense*	保护区
	24. 扁蓄 *Polygonum aviculare*	保护区（田边）
	25. 水蓼 *P. hydropiper*	桥子乡黑水河
	26. 酸模叶蓼 *P. lapathifolium*	桥子（水沟内），双塔
	27. 西伯利亚蓼 *P. sibiricum*	东巴兔（田间）
	28. 矮大黄 *Rheum nanum*	柳园北（山坡），北片
	29. 歧穗大黄 *R. scaberrimum*	滴水山，小石门道
	30. 皱叶酸模 *Rumex crispus*	布隆吉河滩
	31. 巴天酸模 *R. patientia*	桥子河滩
	32. 中亚酸模 *R. popovii*	保护区
10. 藜科 Chenopodiaceae	33. 沙蓬 *Agriophyllum squarrosum*	城郊，榆林河，芦草沟，三道沟河
	34. 无叶假木贼 *Anabasis aphylla*	马双公路，稿油桩
	35. 短叶假木贼 *A. brevifolia*	小泉，大泉，星星峡，120 戈壁
	36. 中亚滨藜 *Atriplex centralasiatica*	巴尔峡（山坡）
	37. 大苞滨藜 *A. centralasiatica*	芨芨沟
	38. 野滨藜 *A. fera*	青山子（田间）
	39. 滨藜 *A. patens*	城西北，东巴兔
	40. 西伯利亚滨藜 *A. sibirica*	南戈壁
	41. 鞑靼滨藜 *A. tatarica*	东巴兔，芦草沟，青石峡，青山子（田间）
	42. 雾冰黎 *Bassia dasyphylla*	榆林河（山坡），三道沟河
	43. 钩刺雾冰藜 *B. hyssopifolia*	芦草沟
	44. 驼绒藜 *Ceratoides latens Reveal et Holmgren*	横巴拉沟，梧桐井附近，红柳河河滩
	45. 尖头叶藜 *Chenopodiumacuminatum*	安西
	46. 藜 *C. album*	老师兔，锁阳城镇，双塔镇
	47. 球花藜 *C. foliosum*	巴尔峡（山坡）
	48. 菊叶香藜 *C. foetidum*	县城周边，锁阳城镇

续附表 1

科	种	观察或采集地点
10. 藜科 Chenopodiaceae	49. 灰绿藜 *C. glaucum*	桥子，锁阳城镇
	50. 杂配藜 *C. hybridum*	芨芨沟，锁阳城镇，东巴兔
	51. 小白藜 *C. iljinii*	南片
	52. 平卧藜 *C. prostratum*	安西
	53. 小藜 *C. serotinum*	安西
	54. 圆头藜 *C. strictum*	青山子（田间）
	55. 毛果兴安虫实 *Corispermumchinganicum* var. *stellipile*	城东教场沟
	56. 绳虫实 *C. declinatum*	城东、榆林沟
	57. 毛果绳虫实 *C. declinatum* var. *tylocarpum*	城区附近
	58. 中亚虫实 *C. heptapotamicum*	城东教场沟
	59. 倒披针叶虫实 *C. lehmannianum*	安西
	60. 蒙古虫实 *C. mongolicum*	榆林河（山坡）
	61. 碟果虫石 *C. patelliforme*	安西
	62. 盐节木 *Halocnemum strobilaceum*	东巴兔，踏实山口，西湖村
	63. 白茎盐生草 *Halogeton arachnoideus*	瓜州县城西北，双峰山
	64. 盐生草 *H. glomeraius*	青石峡，布隆吉，巴尔峡，植物园、甘新公路及柳敦高速两侧冲沟，黄草滩野马场
	65. 盐穗木 *Halostachys caspica*	县城西，碱泉子，西湖村
	66. 梭梭 *Haloxylon ammodendron*	榆林河，稿油桩，西大泉，星星峡，120 戈壁
	67. 白梭梭 *H. persicum*	安西
	68. 戈壁藜 *Iljinia regelii*	安西
	69. 里海盐爪爪 *Kalidium caspicum*	南泉，砾石戈壁滩，西湖村
	70. 尖叶盐爪爪 *K. cuspidatum*	巴尔峡，南泉，黄草滩野马养殖场东南，炕面子井，冰墩子沟，长山子，双塔水库，西湖村，县城西、七个井
	71. 黄毛头 *K. cuspidatum*	巴尔峡、南泉，梧桐井附近，黄草滩周围，西湖村
	72. 盐爪爪 *K. foliatum*	碱泉子，西湖村，城西，黄草滩，炕面子井
	73. 细枝盐爪爪 *K. gracile*	巴尔峡，南泉，稿油桩，星星峡

续附表1

科	种	观察或采集地点
	74. 圆叶盐爪爪 *K. schrenkianum*	安西
	75. 伊朗地肤 *Kochia iranica*	芨芨沟，榆林河（山坡）
	76. 宽翅地肤 *K. macroptera*	安西
	77. 黑翅地肤 *K. melanoptera*	榆林河
	78. 地肤 *K. scoparia*	城西，榆林河（山坡）
	79. 碱地肤 *K. scoparia* var. *sieversiana*	瓜州县城附近
	80. 木地肤 *K. prostrata*	安西
	81. 灰白木地肤 *K. prostrata* var. *sieversiana*	安西
	82. 盐角草 *Salicornia europaea*	南泉东戈壁，踏实，碱泉子，西大泉，西湖村
	83. 蒿叶猪毛菜 *Salsola abrotanoides*	巴尔峡，大泉，黄草滩附近，冰墩子沟，红柳河
	84. 木本猪毛菜 *S. arbuscula*	巴尔峡，榆林河水库，星星峡，梧桐井，小红泉，炕面子井，120戈壁，东大泉
	85. 猪毛菜 *S. collina*	城区附近，榆林河
10. 藜科 Chenopodiaceae	86. 蒙古猪毛菜 *S. ikonnikovii*	布隆吉，桥子
	87. 松叶猪毛菜 *S. laricifolia*	炕面子井以东，小红泉
	88. 珍珠猪毛菜（珍珠）*S. passerina*	城区附近，榆林河水库东，水库观测点，碱泉子、长山子等
	89. 薄翅猪毛菜 *S. pellucida*	东千佛洞戈壁，四道沟
	90. 刺沙蓬 *S. ruthenica*	小泉东，横巴拉沟，榆林河，桥子，植物园，东大泉周围
	91. 细叶猪毛菜 *S. ruthenica* var. *filifolia*	芨芨沟
	92. 柴达木猪毛菜 *S. zaidamica*	东千佛洞戈壁，榆林河，水库东
	93. 高碱蓬 *Suaeda altissima*	桥子
	94. 角果碱蓬 *S. corniculata*	青石峡，120戈壁
	95. 镰叶碱蓬 *S. crassifolia*	安西
	96. 碱蓬 *S. glauca*	东巴兔，瓜州，城郊
	97. 盘果碱蓬 *S. heterophylla*	城区附近，桥子，东巴兔
	98. 亚麻叶碱蓬 *S. linifolia*	芦草沟

续附表1

科	种	观察或采集地点
10.藜科 Chenopodiaceae	99.平卧碱蓬 *S. prostrata*	桥子
	100.盐地碱蓬 *S. salsa*	城区附近，西湖村，小草湖
	101.星花碱蓬 *S. stellatiflora*	安西
	102.合头藜 *Sympegma regelii*	荒漠地带常见，城区附近
	103.刺藜 *Teloxys aristatum*（*Chenopodium aristatum*）	安西
11.苋科 Amaranthaceae	104.反枝苋 *Amaranthus retroflexus*	草原站，村庄周边
12.马齿苋科 Portulaceae	105.马齿苋 *Portulaca oleracea*	保护区（农田中）
13.石竹科 Caryophyllaceae	106.裸果木（瘦果石竹）*Gymnocarpos przewalskii*	南戈壁，踏实各种冲沟区
	107.紫萼石头花 *Gypsophila patrinii* ▲	巴尔峡，小石门道
	108.隐瓣蝇子草 *Silene gonosperma*	巴尔峡（山坡）
	109.牛漆姑 *Spergularia salina*	桥子，马圈（围栏内）
	110.披针叶叉繁缕 *Stellaria dichotoma* var. *lanceolata*	巴尔峡，保护区
	111.王不留行 *Vaccaria segetalis*	树沟，小石门道
14.毛茛科 Ranunculaceae	112.灰叶铁线莲 *Clematis canescens*	柳园，红柳河河滩
	113.灌木铁线莲 *C. fruticosa*	保护区
	114.东方铁线莲 *C. orientalis*	榆林沟，小石门道
	115.准噶尔铁线莲 *C. songarica*	双峰山
	116.甘青铁线莲 *C. tangutica*	巴尔峡（山谷）
	117.碱毛茛 *Halerpestes cymbalaria*	保护区
	118.长叶碱毛茛 *H. ruthenica*	东巴兔（水边），东大泉
	119.乳突拟耧斗菜 *Paraquilegia anemonoides*	滴水山（高山石缝中）
	120.腺毛唐松草 *Thalictrum foetidum*	巴尔峡（山坡），小石门道，南片
	121.欧亚唐松草 *T. minus*	兔葫芦（草场）
	122.短梗箭头唐松草 *T. simplex* var. *breviper*	东巴兔（水边）
15.小檗科 Berberidaceae	123.鄂尔多斯小檗 *Berberis coroli*	巴尔峡，布隆吉，九道沟
	124.置疑小檗 *B. dubia*	南片

续附表1

科	种	观察或采集地点
16.罂粟科 Papaveraceae	125.灰绿黄堇 *Corydalis adunca*	巴尔峡小石门
	126.地丁草 *C. bungeana*	大石门道（高山草甸）
	127.红花紫堇 *C. rosea*	巴尔峡（山坡）
	128.直茎黄堇 *C. stricta*	巴尔峡山谷，南片，巴尔峡小石门道
	129.野罂粟 *Papaver nudicaule*	大石门道
17.白花菜科 Capparidaceae	130.刺山柑 *Capparis spinosa*	西湖，桥子南（风蚀区固定沙丘上）
18.十字花科 Cruciferae	131.芥菜 *Brassica juncea*	兔葫芦（农田边）
	132.荠菜 *Capsella bursa-pastoris*	桥子（农田）
	133.球果群心菜 *Cardaria chalepense*	东巴兔
	134.群心菜 *C. draba*	东巴兔
	135.毛果群心菜 *C. pubescens*	东巴兔草场
	136.播娘蒿 *Descurainia sophia*	巴尔峡
	137.扭果花旗杆 *Dontostemon elegans*	巴尔峡，双塔水库周边山地
	138.抱茎花旗杆 *D. elegans* var. *semiamplexicaulis*（*Dontostemon semiamplexicaulis*）	东大泉周围、双峰山
	139.球序葶苈 *Draba glomerata*	滴水山
	140.老锥果葶苈 *D. lanceolata* var. *leiocarpa*	南片
	141.小花糖芥 *Erysimum cheiranthoides*	柳园（戈壁），干滩
	142.四棱荠 *Goldbachia laevigata*	巴尔峡
	143.垂果四棱荠 *G. pendula*	滴水山
	144.独行菜（腺独行菜）*Lepidium apetalum*	巴尔峡，东巴兔（草场），东大泉，阴凹大泉
	145.心叶独行菜 *L. cordatum*	东巴兔，双塔水库
	146.宽叶独行菜 *L. latifolium*	桥子（草场）
	147.光果宽叶独行菜 *L. latifolium* var. *affine*	老师兔
	148.钝叶独行菜 *L. obtusum*	桥子，小红泉，黄草滩，双塔水库，塔石
	149.柱毛独行菜 *L. ruderale*	巴尔峡
	150.无腺爪花芥 *Oreoloma eglandulosus*	滴水山

续附表 1

科	种	观察或采集地点
18.十字花科 Cruciferae	151.沙芥 *Pugionium cornutum*	保护区（沙地）
	152.全叶大蒜芥 *Sisymbrium luteum*	巴尔峡
	153.柔毛连蕊芥 *Synstemon petrovii* var. *pilosus* ▲	大石门道
	154.菥蓂 *Thlaspi arvense*	保护区（田埂、渠边）
	155.蚓果芥 *Torularia humilis* var. *maximowiczii*	小石门道
19.景天科 Crassulaceae	156.小苞瓦松 *Orostachys thyrsiflorus*	横巴拉沟、南戈壁，西大泉
	157.唐古红景天 *Rhodiola algida* var. *tangutica*	滴水山（石质山坡）
	158.小丛红景天 *R. dumulosa*	南片
20.蔷薇科 Rosaceae	159.西北沼委陵菜 *Comarum salesovianum*	巴尔峡，南片，小石门道，桥子东坝
	160.黑果栒子 *Cotoneaster melanocarpus*	双峰山
	161.毛叶水栒子 *C. submultiflorus*	小石门道
	162.蕨麻 *Potentilla anserina*	桥子（东坝）
	163.白萼委陵菜 *P. betonicifolia*	小石门道
	164.二裂委陵菜 *P. bifurca*	保护区
	165.矮二裂委陵菜 *P. bifurca* var. *humilior*	巴尔峡，南片
	166.荒漠委陵菜 *P. desertorum*	巴尔峡，小石门道
	167.多茎委陵菜 *P. multicaulis*	桥子
	168.小叶金露梅 *P. parvifolia*（*Dasiphora parvifolia*）	大石门道（高山草甸）
	169.白毛小叶金露梅 *P. parvifolia* var. *hypoleuca*	巴尔峡，大石门道（高山草甸）
	170.密枝委陵菜 *P. virgata*	巴尔峡
	171.羽裂密枝委陵菜 *P. virgata* var. *pinnatifida*	保护区
	172.弯刺蔷薇 *Rosa beggeriana*	冰墩子沟，双峰山
21.豆科 Leguminosae	173.骆驼刺 *Alhagi maurorum* var. *sparsifolium*	桥子，锁阳城，农场
	174.阿拉善黄芪 *Astragalus alaschanus*	长山子

续附表1

科	种	观察或采集地点
21.豆科 Leguminosae	175.草珠黄芪 *A. capillipes*	炕面子井，南片
	176.荒漠黄芪 *A. dengkouensis*	柳园
	177.淡黄芪 *A. dilutus*	稿油桩
	178.哈密黄芪 *A. hamiensis*	柳园西
	179.柴达木黄芪 *A. kronenburgii* var. *chaidamuensis*	巴尔峡
	180.了墩黄芪 *A. lioui*	草原站
	181.草木樨状黄芪 *A. melilotoides*	桥子
	182.长毛荚黄芪 *A. monophyllus*	柳园火车站
	183.狭荚黄芪 *A. stenoceras*	东大泉周围，梧桐井
	184.变异黄芪 *A. varibilis*	柳园
	185.柠条锦鸡儿 *Caragana korshinskii*	保护区
	186.白皮锦鸡儿 *C. leucophloea*	柳园，冰墩子沟
	187.白刺锦鸡儿 *C. leucospina*	南片
	188.荒漠锦鸡儿 *C. roborvskyi*	巴尔峡
	189.西藏锦鸡儿 *C. spinifera*	东大泉周围
	190.毛刺锦鸡儿 *C. tibetica*	双峰山，南片
	191.蒙古雀儿豆 *Chesnya mongolica*	双塔道班北
	192.光果甘草 *Glycyrrhiza glabra*	四工滩，双塔水库
	193.胀果甘草 *G. inflata*（*G. eurycarpa*）	桥子，布隆吉
	194.甘草 *G. uralensis*	北桥子，黄草滩，小红泉
	195.盐豆木 *Halimodendron holodendron*	锁阳城
	196.红花岩黄芪 *Hedysarum multijugum*	鹰嘴山，小石门道，
	197.细枝岩黄芪 *H. scopaiium*	三道沟南戈壁，榆林石窟东戈壁
	198.天蓝苜蓿 *Medicago lupulina*	布隆吉（草场）
	199.苜蓿 *M. sativa*	瓜州县城郊
	200.华西棘豆 *Oxytropis giraldii*	滴水山
	201.小花棘豆 *O. glabra*（*O. glabra* var. *tannis*）	双峰山，北桥子祁家坝（湿地），黄草滩

续附表1

科	种	观察或采集地点
21. 豆科 Leguminosae	202. 胶黄芪状棘豆 *O. tragacanthoides*	鹰嘴山
	203. 苦豆子 *Sophora alopecuroides*	植物园，锁阳城镇，桥子
	204. 苦马豆 *Sphaerophysa salsula*	桥子（草滩）
	205. 披针叶黄华 *Thermopsis lanceolata*	布隆吉上坝
	206. 救荒野豌豆 *Vicia sativa*	桥子
22. 牻牛儿苗科 Geraniaceae	207. 西藏牻牛儿苗 *Erodium tibetanum*	柳园西，野马场
23. 茄科 Solanaceae	208. 曼陀罗 *Datura stramonium*	植物园
	209. 天仙子 *Hyoscyamus niger*	巴尔峡
	210. 宁夏枸杞 *Lycium barbarum*	植物园，炕面子井东，破城子，锁阳城镇、双塔
	211. 黄果枸杞 *L. barbarum* var. *auranticarpum*	三工、四工滩
	212. 枸杞 *L. chincnse*	阴凹大泉
	213. 北方枸杞 *L. chinense* var. *potaninii*	北桥子（湿地）
	214. 黑果枸杞 *L. ruthenicum*	锁阳城，桥子
	215. 截萼枸杞 *L. truncatum*	保护区
	216. 红果龙葵 *Solanum alatum*	植物园
	217. 龙葵 *S. nigrum*	中沟
	218. 青杞 *S. septemlobum*	保护区
24. 蒺藜科 Zygophyllaceae	219. 大白刺 *Nitraria roborowskii*	锁阳城，保护区
	220. 小果白刺 *N. sibirica*	北桥子
	221. 泡泡刺 *N. sphaerocarpa*	榆林河两边，阴凹大泉，120戈壁，东大泉，小红泉
	222. 白刺 *N. tangutorum*	榆林河（河谷），小红泉，红口子，野马场
	223. 骆驼蓬 *Peganum harmala*	疏勒河边
	224. 细叶骆驼蓬 *P. naganumnigellastum*	保护区
	225. 蒺藜 *Tribulus terrestris*	榆林河（山坡）
	226. 骆驼蹄瓣 *Zygophyllum fabago*	保护区
	227. 短果骆驼蹄瓣 *Z. fabago* ssp. *orientale*	植物园

续附表1

科	种	观察或采集地点
24.蒺藜科 Zygophyllaceae	228.拟豆叶霸王 *Z. fabagoides*	柳园
	229.戈壁霸王 *Z. gobicum*	植物园
	230.粗茎霸王 *Z. loczyi*	辉铜矿山
	231.石生霸王 *Z. rosovii*	榆林河（山坡），黄草滩
	232.宽叶石生霸王 *Z. rosovii* var. *latifolium*	炕面子井，东大泉
	233.大花霸王 *Z. potaninii*	塔实，双塔水库，梧桐井
	234.翼果霸王 *Z. ptreocarpum*	柳西，东大泉周围
	235.霸王 *Z. xanthoxylum*	农场南（戈壁风蚀地），梧桐井附近
25.大戟科 Euphorbiaceae	236.青海大戟 *Euphorbia kozlovii*	安西
	237.准噶尔大戟 *E. soongorica*	兔葫芦（草场）
26.锦葵科 Malvaceae	238.蜀葵 *Althaea rosea*	瓜州
27.柽柳科 Tamaricaceae	239.宽苞水柏枝 *Myricaria bracteata*	青石峡
	240.红砂 *Reaumuria soongorica*	柳园火车站，保护区
	241.白花柽柳 *Tamarix androssowii*	黄草滩
	242.密花柽柳 *T. arceuthoides*	桥子南岔大坑，西大泉
	243.长穗柽柳 *T. elogata*	四工滩（荒滩），保护区
	244.甘肃柽柳 *T. gansuensis*	桥子南岔大坑
	245.刚毛柽柳 *T. hispida*	西湖
	246.盐地柽柳 *T. karelinii* ▲	旱峡口
	247.短穗柽柳 *T. laxa*	踏实，破城子
	248.细穗柽柳 *T. leptostachys*	东巴兔（草场）
	249.多枝柽柳 *T. remosissima*	锁阳城，西大泉，碱泉子，平头树至桥子之间围栏中，双塔水库，炕面子井的盐碱化湿地
28.瑞香科 Thymelaeaceae	250.草瑞香 *Diarthron linifolium*	巴尔峡
	251.狼毒 *Stellera chamaejasme*	桥子东坝
29.胡颓子科 Elaeagnaceae	252.沙枣 *Elaeagnus angusifolia*	桥子等地
30.千屈菜科 Lythraceae	253.千屈菜 *Lythrum salicaria*	桥子
31.柳叶菜科 Onagracaee	254.小花柳叶菜 *Epilobium parviflorum*	桥子（水沟边）

续附表1

科	种	观察或采集地点
32.小二仙草科 Haloragidaceae	255.乌苏里狐尾藻 *Myriophyllum ussuriense*	双塔水库
33.杉叶藻科 Hippuridaceae	256.杉叶藻 *Hippuris vulgaris*	桥子南河，保护区（水滩地）
34.锁阳科 Cynomoriaceae	257.锁阳 *Cynomorium songaricum*	锁阳城，黄草滩
35.伞形科 Umbelliferae	258.碱蛇床 *Cnidium salinum*	胡葱泉边
	259.硬阿魏 *Ferula bungeana*	保护区
	260.沙生阿魏 *F. dubjianskyi*	双峰山
	261.岩风 *Libanotis buchtormensis*	巴尔峡（山谷）
	262.长茎藁本 *Ligusticum thomsonii*	南片
36.报春花科 Primulaceae	263.海乳草 *Glaux maritima*	东巴兔（水边），平头村，西大泉
	264.阿拉善点地梅 *Androsace alaschanica*	南片
	265.玉门点地梅 *A. brachystegia*	南片
	266.北点地梅 *A. septentrionalis*	南片
37.白花丹科 Plumbaginaceae	267.黄花补血草 *Limonium aureum*	保护区，柳园火车站
	268.耳叶补血草 *L. otolepis*	榆林河（河谷），兔葫芦河
38.木樨科 Oleaceae	269.小叶丁香 *Syringa microphylla*	巴尔峡小石门道
39.龙胆科 Gentianaceae	270.百金花 *Centaurium meyeri*	保护区
	271.黑边假龙胆 *Gentianella azurea*	小石门道
	272.管花龙胆 *Gentiana siphonantha*	南片
40.夹竹桃科 Apocynaceae	273.罗布麻 *Apocynum venetum*	布隆吉、九道沟，浪柴冲（田边），梧桐井
	274.大叶白麻 *Poacynum hendersonii*	保护区，桥子草场
	275.白麻 *P. pictum*	瓜州县城郊，十工农场
41.萝藦科 Asclepiadaceae	276.牛皮消 *Cynanchum auriculatum*	保护区
	277.鹅绒藤 *C. chinense*	保护区
	278.羊角子草 *C. cathayensa*	截山子山谷，头工，桥子，双塔水库
	279.华北白前 *C. hancochianum*	保护区
	280.戟叶鹅绒藤 *C. sibiricum*	胡杨林场
	281.地稍瓜 *C. thesioides*	保护区

续附表1

科	种	观察或采集地点
42.旋花科 Convolvulaceae	282.打碗花 *Calystegia hederacea* ▲	锁阳城镇、双塔
	283.银灰旋花 *Convolvulus ammannii*	保护区
	284.鹰爪柴 *C. gortschakovii*	保护区
	285.刺旋花 *C. tragacanthoides*	保护区
	286.菟丝子 *Cuscuta chinensis* ▲	锁阳城镇，桥子，县城周边
43.紫草科 Boraginaceae	287.灰毛假紫草 *Arnebia fimbriata*	东巴兔，青石峡
	288.黄花软紫草 *A. guttata*	南戈壁
	289.颅果草 *Craniospermum echioides*	南片
	290.腹脐草 *Gastrocotyle hispida*	南戈壁
	291.沙生鹤虱 *Lappula deserticola*	柳园火车站西南
	292.异刺鹤虱 *L. heteracantha*	南片，东大泉周围
	293.狭果鹤虱 *L. semiglabra*	瓜州县城西北汽车站附近，草原站，柳园站西南
	294.异形狭果鹤虱 *L. semiglabra* var. *heterocaryoides*	柳园站西南
	295.砂引草 *Tournefortia sibirica* ▲	二道沟河，三道沟河
44.马鞭草科 Verbenaceae	296.蒙古莸 *Caryopteris mongolica*	峡口，青石峡口，巴尔峡，南片，滴水山
45.唇形科 Labiatae	297.薄荷 *Mentha haplocalyx*	桥子（水边）
	298.蒜味香科科 *Teucrium scordium*	东巴兔（草场）
46.玄参科 Scrophulariaceae	299.野胡麻 *Dodartia orientalis*	布隆吉，小石门道
	300.疗齿草 *Odentites serotina*	保护区
	301.黄花马先蒿 *Pedicularia flava*	保护区
	302.甘肃马先蒿 *P. kansuensis*	巴尔峡
	303.砾玄参 *Scrophularia indisa*	巴尔峡，小石门道
	304.北水苦卖 *Veronica anagallis-aqualica*	桥子，东巴兔
	305.长果水苦卖 *V. anagalloides*	桥子
47.列当科 Orobanchaceae	306.盐生肉苁蓉 *Cistanche salsa*	保护区
	307.欧亚列当 *Orobanche cumana*	植物园

续附表1

科	种	观察或采集地点
48.狸藻科 Lentibulariaceae	308.南方狸藻 *Utricularia australis*	北桥子（湿地）
	309.狸藻 *U. vulgaris*	东巴兔
49.车前科 Plantaginaceae	310.平车前 *Plantago depressa*	桥子
	311.条叶车前 *P. lessingii*	巴尔峡
	312.大车前 *P. major*	布隆吉
	313.盐生车前 *P. salsa* ▲	青山子牧场
50.茜草科 Rubiaceae	314.拉拉藤 *Galium aparine* var. *tenerum*	巴尔峡小石门道
	315.沼拉拉藤 *G. uliginisum*	巴尔峡
51.忍冬科 Caprifoliaceae	316.小叶忍冬 *Lonicera microphylla*	巴尔峡
	317.红花岩生忍冬 *L. rupicola* var. *syringantha*	巴尔峡
	318.陇塞忍冬 *L. langutica*	小石门道
52.败酱科 Valerianaceae	319.毛果缬草 *Valeriana hirticalyx*	滴水山（海拔3500*m*，石质山坡）
53.桔梗科 Campanulaceae	320.紫沙参 *Adenophora paniculata*	保护区
	321.长柱沙参 *A. stenanthina*	保护区
54.菊科 Compositae	322.顶羽菊 *Acroptilon repens*	东巴兔
	323.蓍状亚菊 *Ajania achilloides*	保护区
	324.灌木亚菊 *A. fruticulosa*	小泉东，青石峡，东巴兔，水峡口，峡口西，炕面子，梧桐井
	325.细裂亚菊 *A. przewalskii*	马场
	326.铃铃香青 *Anaphalis hancockii*	小石门道
	327.黄花蒿 *Artemisia annua*	保护区
	328.沙蒿 *A. arenaria*	小泉东，四道沟
	329.茵陈蒿 *A. capillaries*	小石门道，阴凹大泉，红柳河河滩
	330.狭叶青蒿 *A. dracunculus*	红柳河干涸河滩
	331.无毛牛尾蒿 *A. dubia* var. *subdigitata*	巴尔峡，青石峡，红柳河，七个井
	332.冷蒿 *A. frigida*	巴尔峡
	333.野艾蒿 *A. lavandulaefolia*	双塔水库
	334.大花蒿 *A. macrocephala*	巴尔峡

续附表1

科	种	观察或采集地点
54. 菊科 Compositae	335. 蒙古蒿 *A. mongolica*	东巴兔
	336. 黑沙蒿 *A. ordosica*	小红泉，黄草滩
	337. 香叶蒿 *A. rutifolia*	东大泉周围
	338. 猪毛蒿 *A. scoparia*	巴尔峡
	339. 大籽蒿 *A. sieversiana*	水峡口
	340. 圆头蒿 *A. sphaerocephala*	四道沟
	341. 伊犁蒿 *A. transilunsis*	南片，小石门道
	342. 毛莲蒿 *A. vestita*	横巴拉沟，南截山口，巴尔峡，青石峡，南片
	343. 内蒙古旱蒿 *A. xerophytica*	小泉东，东巴兔，东大泉，黄草滩
	344. 阿尔泰狗娃花 *Aster altaicus* ▲	布隆吉，二道沟河，三道沟河
	345. 中亚紫菀木 *Asterothamnus centrali-asiaticus*	小泉东，横巴拉沟，榆林河，炕面子井
	346. 狼把草 *Bidens tripartita*	桥子
	347. 星毛短舌菊 *Brachanthemum pulvinatum*	南戈壁，横巴拉沟，南片
	348. 小甘菊 *Cancrinia discoidea*	榆林河
	349. 毛果小甘菊 *C. lasiocarpa*	安西
	350. 短喙粉苞菊 *Chondrilla brevirostris*	南片
	351. 丝路蓟 *Cirsium arvense*	瓜州县城郊
	352. 藏蓟 *C. lanatum*	小石门道
	353. 弯茎还阳参 *Crepis flexuosa*	草原站，芨芨沟，青石峡
	354. 砂蓝刺头 *Echinops gmelinii*	城郊，北干沟林场，三道沟河
	355. 紊蒿 *Elachanthemum intricatum*	水峡口
	356. 河西菊 *Hexinia polydichotema*	瓜州县城郊，双塔水库
	357. 欧亚旋覆花 *Inula britanica*	南片
	358. 里海旋覆花 *I. caspica*	桥子
	359. 旋覆花 *I. japonica*	巴尔峡
	360. 蓼子朴 *I. salsoloides*	瓜州县草场
	361. 蒙新苓菊 *Jurinea mongolica*	柳园，小红泉，东大泉，南片

续附表1

科	种	观察或采集地点
54. 菊科 Compositae	362. 花花柴 *Karelinia caspica*	碱泉子，西湖，红柳园
	363. 密枝喀什菊 *Kaschgaria brachanthemoides*	星星峡
	364. 蔬苞美头火绒草 *Leontopodium calocephalum* var. *depauporatum*	巴尔峡
	365. 矮生火绒草 *L. nanum*	巴尔峡小石门道
	366. 乳苣 *Mulgedium tataricum*	桥子，青石峡
	367. 蓖叶蒿 *Neopallasia pectinata*	巴尔峡
	368. 假小喙菊 *Paramicrorhynchus procumbens*	保护区
	369. 灰白风毛菊 *Saussurea cana*	南片
	370. 达乌里风毛菊 *Saussurea daurica* ▲	青山子，西湖
	371. 风毛菊 *S. japonica*	保护区
	372. 裂叶风毛菊 *S. laciniata*	星星峡，小红泉，红柳河河滩
	373. 尖头风毛菊 *S. malitiosa*	巴尔峡
	374. 垫风毛菊 *S. pulvinata*	滴水山
	375. 青海碱地风毛菊 *S. runcinata* var. *pinnatidentata*	双塔村草场，青石峡
	376. 盐地风毛菊 *S. salsa*	布隆吉，芦草沟
	377. 鸦葱 *Scorzonera austriaca*	桥子
	378. 拐轴鸦葱 *S. divaricata*	峡口，柳园
	379. 蒙古鸦葱 *S. mongolica*	东巴兔，头工，三工，四更滩，长山子
	380. 帚状鸦葱 *S. pseudodivaricata*	横巴拉沟，柳园，四工滩地，东大泉周围，冰墩子沟
	381. 细梗千里光 *Senecio krascheninnikovii*	巴尔峡
	382. 博洛塔绢蒿 *Seriphidiumborotalense*	南片
	383. 聚头绢蒿 *S. compactum*	巴尔峡
	384. 民勤绢蒿 *S. minchunense*	布隆吉，芨芨沟，巴尔峡、青石峡
	385. 伊塞克绢蒿 *S. issykkulense*	南片
	386. 西北绢蒿 *S. nitrosum*	巴尔峡，横巴拉沟，布隆吉，农丰南戈壁
	387. 苣荬菜 *Sonchus brachyotus*	桥子

续附表1

科	种	观察或采集地点
54.菊科 Compositae	388.苦苣菜 *S. oleraceus*	植物园
	389.多裂蒲公英 *Taraxacum dissectum*	桥子
	390.蒲公英 *T. mongolicum*	东巴兔
	391.碱苑 *Tripolium vulgare*	桥子，芦草沟
	392.苍耳 *Xanthium sibiricum*	桥子
	393.细裂黄鹌菊 *Youngia diversifolia*	小石门道
	394.碱黄鹌菜 *Y. stenoma*	桥子，南片
55.香蒲科 Typhaceae	395.水烛 *Typha angustifolia*	桥子
	396.小香蒲 *T. minima*	桥子
56.黑三棱科 Spargaiaceae	397.黑三棱 *Sparganium stoloniferum*	桥子
57.眼子菜科 Potamogetonaceae	398.菹草 *Potamogeton crispus*	双塔水库，东大泉
	399.眼子菜 *P. distinctus*	桥子
	400.光叶眼子菜 *P. lucens*	桥子
	401.篦齿眼子菜 *P. pectinatus*	桥子，双塔水库，东大泉
	402.穿叶眼子菜 *P. perfoliatus*	北桥子
	403.内蒙眼子菜 *P. pectinatus* var. *interruptus* (*P. interruptus*，*P. intramongolica*)	西大泉
	404.小眼子菜 *P. pusillus*	东巴兔，桥子，双塔，溪水中
58.水麦冬科 Juncaginaceae	405.海韭菜 *Triglochin maritimum*	东巴兔草场，平头村（围栏内），黄草滩，西大泉，双塔
	406.水麦冬 *T. palustre*	布隆吉，芦草沟
59.泽泻科 Alismataceae	407.泽泻 *Alisma orientale*	桥子
60.禾本科 Gramineae	408.醉马草 *Achnatherum inebrians*	鹰嘴山
	409.芨芨草 *A. splendens*	瓜州县城郊，桥子，塔实，保护区
	410.小獐毛 *Aeluropus litteralis*	芦草沟
	411.獐毛 *A. litteralis* var. *sinensis*	马圈围栏内
	412.冰草 *Agropyron cristatum*	巴尔峡，保护区
	413.沙生冰草 *A. desertorum*	保护区
	414.蒙古冰草 *A. mongolicum*	保护区

续附表1

科	种	观察或采集地点
60.禾本科 Gramineae	415.三芒草 *Aristida adscensionis*	沙山
	416.大颖三芒草 *A. grandiglumis*	瓜州县西南部沙区
	417.野燕麦 *Avena fatua*	保护区（田间杂草）
	418.拂子茅 *Calamagrostis epigejos*	桥子草场，东巴兔
	419.假苇拂子茅 *C. pseudophragmites*	疏勒河沿岸，桥子，双塔水库
	420.虎尾草 *Chloris virgata*	保护区（田间杂草）
	421.隐花草 *Crypsis aculeata*	桥子
	422.圆柱披碱草 *Elymus cylindricus*	桥子
	423.披碱草 *E. dahuricus*	保护区
	424.冠芒草 *Enneapogon borealis*	东千佛洞北戈壁，野马场
	425.小画眉草 *Eragrostis poaeoides*	保护区（田间杂草）
	426.羊茅 *Festuca ovina*	保护区
	427.大麦草 *Hordeum bogdanii*	桥子，东巴兔，芦草沟
	428.紫大麦草 *H. violaceum*	堡子村委会院内，桥子东坝
	429.落草 *Koeleria cristata*	冰墩子沟
	430.窄颖赖草 *Leymus angustatus*	东巴兔
	431.羊草 *L. chinensis*	小石门道，双塔水库，桥子（盐渍化土壤，东坝湿地草甸）
	432.毛穗赖草 *L. paboanus*	桥子东坝，黄草滩
	433.赖草 *L. secalinus*	青山子，黄草滩
	434.白草 *Pennisetum centrasiaticum*	环城
	435.芦苇 *Phragmites australis*	双塔村，青石峡，双塔水库，黄草滩，西大泉、桥子、双石公路一带
	436.早熟禾 *Poa annua*	巴尔峡小石门道
	437.少叶早熟禾 *P. paucifolia*	巴尔峡
	438.硬质早熟禾 *P. sphondylodes*	小石门道
	439.长芒棒头草 *Polypogon monspeliensis*	桥子（围栏内）
	440.中亚细柄茅 *Ptilagrostis poliotii*	柳园，水峡口，青石峡，榆林河，巴尔峡，梧桐井

续附表1

科	种	观察或采集地点
60.禾本科 Gramineae	441.碱茅 *Puccinellia distans*	疏勒河边
	442.微药碱茅 *P. micrandra*（*P. hauptiana*）	阴凹大泉
	443.中间鹅观草 *Roegneria sinica* var. *media*	巴尔峡
	444.金色狗尾草 *Setaria glauca*	保护区（田间杂草）
	445.狗尾草 *S. vitidis*	保护区（田间杂草）
	446.冠毛草 *Stephanchne pappophorea*	横巴拉沟，青石峡，巴尔峡
	447.短花针茅 *Stipa breviflora*	巴尔峡（戈壁）
	448.镰芒针茅 *S. caucasica*	南片
	449.沙生针茅 *S. glareosa*	水峡（戈壁），野马场，120戈壁
	450.甘青针茅 *S. przewalskyi*	巴尔峡小石门道
	451.戈壁针茅 *S. tianshanica* var. *gobica*	马莲井，冰墩子沟
	452.钝基草 *Timouria saposhnikowii*	小石门道，桥子东坝，冰墩子沟
	453.锋芒草 *Tragus mongolorum*	环城
61.莎草科 Cyporaceae	454.内蒙古扁穗草 *Blysmus rufus*	北桥子祁家坝（湿地）
	455.扁秆荆三棱 *Bolboschoenus planiculmis*	东巴兔、桥子，梧桐井
	456.球穗藨草 *B. popovii*	芦草沟
	457.北疆苔草 *Carex arcatica*	芦草沟
	458.细叶薹草 *C. duriuscula* ssp.	保护区
	459.无脉苔草 *C. enervis*	桥子，桥子乡堡子村委会院内
	460.箭叶苔草 *C. ensifolia*	北桥子祁家坝、东坝（湿地）
	461.大花嵩草 *C. nudicarpa*	阴凹大泉
	462.圆囊苔草 *C. orbicularis*	桥子
	463.粗脉苔草 *C. rugulosa*	北桥子（湿地）
	464.准噶尔苔草 *C. songorica*	保护区
	465.头穗莎草 *Cyperus glomeratus*	保护区
	466.中间型荸荠 *Heleocharis intersita*	黄草滩东泉，北桥子祁家坝（湿地）
	467.南方荸荠 *H. meridionalis*	兔葫芦
	468.沼针蔺 *H. palustris*	保护区

续附表1

科	种	观察或采集地点
61.莎草科 Cyporaceae	469.单鳞苞荸荠 *H. uniglumis*	平头村（围栏内）
	470.水葱 *Schoenoplectus tabernaemontani*	布隆吉，北桥子祁家坝（湿地），阴凹大泉
	471.矮藨草 *Scirpus pumilus*	黄草滩东泉，北桥子祁家坝、东坝（湿地），梧桐井附近
62.浮萍科 Lemnaceae	472.浮萍 *Lemna minor*	桥子
63.灯心草科 Juncaceae	473.小灯心草 *Juncus bufonius*	胡葱泉边，桥子
	474.扁茎灯心草 *J. Compressus*	桥子，东巴兔
	475.细灯心草 *J. gracillimus*	桥子东坝下
	476.新甘灯心草 *J. soranthus*	东大泉，黄草滩东
64.百合科 Liliaceae	477.镰叶韭 *Allium carolinianum*	滴水山，南片
	478.蒙古韭 *A. mongolicum*	双峰山，梧桐井
	479.碱韭 *A. polyrhizum*	横巴拉沟，南片，梧桐井
	480.青甘韭 *A. przewalskianum*	南片
	481.戈壁天门冬 *Asparagus gobicus*	柳园
	482.西北天门冬 *A. persicus*	芦草沟
65.鸢尾科 Iridaceae	483.马蔺 *Iris lactea* var. *chinensis*	布隆吉
	484.细叶鸢尾 *I. tenuifolia* ▲	小石门道

注：▲表示保护区四期科学考察新增野生植物种。

附表2 调查样方、样线、样点信息

样方编号	植被类型	主要植物	位置信息	东经	北纬	海拔/m
1	含柽柳骆驼刺的芦苇盐生草甸	骆驼刺、柽柳、芦苇	锁阳城镇东北水溢滩	96°02′22.83″	40°15′37.76″	1296
2	拂子茅水麦冬沼泽化草甸	拂子茅、水麦冬、苔草、蒲公英	锁阳城镇东北西湖槽子	96°02′23.10″	40°18′19.58″	1291
3	芨芨草盐生草甸	芨芨草	锁阳城镇东北	96°02′56.17″	40°20′04.92″	1292
4	含柽柳黑果枸杞的芨芨草盐生草甸	黑果枸杞、柽柳、芨芨草	锁阳城镇东北	96°02′54.10″	40°20′08.06″	1292
5	胡杨疏林	胡杨、黑果枸杞、芦苇	桥子以北大塘泉	96°08′27.58″	40°23′57.34″	1309
6	珍珠猪毛菜泡泡刺荒漠	珍珠猪毛菜、泡泡刺、红砂	榆林窟以南10 km双石公路以东	95°59′23.33″	40°00′28.66″	1831
7	合头藜泡泡刺荒漠	合头藜、泡泡刺、红砂	长山子	96°15′53.40″	40°03′55.68″	1772
8	珍珠猪毛菜合头藜荒漠	珍珠猪毛菜、合头藜、红砂、膜果麻黄、泡泡刺	长山子西头	96°17′09.32″	40°03′57.24″	1780
9	膜果麻黄合头藜荒漠	合头藜、膜果麻黄、红砂、珍珠猪毛菜	独山子南	96°15′56.90″	40°03′58.83″	1770
10	合头藜红砂荒漠	合头藜、红砂、泡泡刺、膜果麻黄	南片	96°14′31.28″	40°04′10.48″	1736
11	裸果木膜果麻黄荒漠	裸果木、合头藜、膜果麻黄、红砂	长山子东南	96°14′32.36″	40°04′13.17″	1734
12	珍珠猪毛菜泡泡刺荒漠	珍珠猪毛菜、红砂、泡泡刺	榆林窟以东	95°58′57.08″	40°04′39.60″	1801
13	胡杨疏林	胡杨、沙拐枣、骆驼刺、合头藜、黑果枸杞、膜果麻黄、红砂	碱泉子西	96°09′53.53″	40°04′40.78″	1708
14	泡泡刺红砂荒漠	红砂、泡泡刺	南边样地	96°10′58.75″	40°04′48.40″	1721
15	珍珠猪毛菜红砂荒漠	珍珠猪毛菜、红砂、泡泡刺	榆林窟以东	95°56′30.85″	40°04′50.71″	1731
16	细枝岩黄芪裸果木膜果麻黄荒漠	细枝岩黄芪、裸果木、膜果麻黄、中亚紫菀木、泡泡刺	榆林窟以东	95°55′19.18″	40°04′55.64″	1679

续附表2

样方编号	植被类型	主要植物	位置信息	东经	北纬	海拔/m
17	膜果麻黄荒漠	膜果麻黄、红砂、裸果木、合头藜、中亚紫菀木、黄花补血草、裸果木、泡泡刺	碱泉子西	96°02′50.86″	40°05′03.98″	1751
18	芦苇黑果枸杞盐生草甸	芦苇、黑果枸杞	碱泉子	96°11′27.25″	40°05′04.26″	1679
19	骆驼刺盐生草甸	骆驼刺、红砂、大白刺、合头藜	祁家坝水库上游	96°16′45.32″	40°20′13.33″	1378
20	黑果枸杞骆驼刺盐生草甸	黑果枸杞、骆驼刺	祁家坝水库上游	96°14′52.04″	40°20′57.80″	1358
21	含柽柳的芦苇盐生草甸	柽柳、芦苇	双塔-桥子路以北	96°14′26.54″	40°25′57.87″	1345
22	芦苇沼泽	芦苇	双塔-桥子路以北，北桥1队、双塔水库	96°19′36.99″	40°27′01.28″	1353
23	含柽柳的芦苇盐生草甸	柽柳、芦苇、甘草	双塔2号水库	96°22′57.73″	40°27′4.70″	1356
24	芨芨草芦苇盐生草甸	芨芨草、芦苇、骆驼刺、冰草	双塔乡	96°26′17.32″	40°28′01.52″	1360
25	苔草杂类草沼泽化草甸	苔草、水毛茛、苔草、水毛茛	疏勒河	96°22′44.39″	40°30′17.34″	1320
26	芨芨草马蔺盐生草甸	芦苇、马蔺、芨芨草、甘草、盐爪爪、柽柳、耳叶补血草、苦豆子、黑果枸杞、蒲公英	双塔水库南端	96°21′36.66″	40°31′24.41″	1309
27	膜果麻黄荒漠	膜果麻黄、泡泡刺、沙拐枣	双塔水库南侧	96°20′41.53″	40°31′43.19″	1314
28	胡杨疏林	芦苇、胡杨、罗布麻、沙枣	双塔水库西端	96°18′52.61″	40°33′03.01″	1281
29	红砂泡泡刺荒漠	红砂、泡泡刺	双塔水库西端丘陵	96°18′44.40″	40°33′46.08″	1301
30	芨芨草冷蒿草原	芨芨草、冷蒿、针茅、苔草	大石门道	96°29′24.15″	39°55′15.89″	2925
31	芨芨草冷蒿草原	芨芨草、冷蒿、苔草	大石门道	96°29′38.21″	39°55′17.18″	2920

续附表2

样方编号	植被类型	主要植物	位置信息	东经	北纬	海拔/m
32	芨芨草小叶金露梅山地灌丛草原	芨芨草、禾本科、针茅、小叶金露梅	大石门道	96°27′54.75″	39°55′57.08″	2731
33	荒漠锦鸡儿荒漠	荒漠锦鸡儿、中亚紫菀木、芨芨草、膜果麻黄、针茅、驼绒藜	巴尔峡小石门道	96°26′43.32″	39°56′39.50″	2561
34	珍珠猪毛菜红砂荒漠	珍珠猪毛菜、红砂、针茅	小石门道	96°26′43.33″	39°56′39.52″	2442
35	合头藜荒漠	合头藜、针茅、灌木亚菊、冷蒿、中亚紫菀木、膜果麻黄、瓦松、蒿属	小石门道外	96°24′38.62″	39°57′20.60″	2400
36	灌木亚菊膜果麻黄荒漠	灌木亚菊、膜果麻黄、中亚紫菀木、针茅、驼绒藜	阴凹大泉	96°31′08.48″	39°57′19.45″	2530
37	珍珠猪毛菜红砂荒漠	珍珠猪毛菜、香叶蒿、红砂、针茅、冷蒿、合头藜、沙葱、瓦松、驼绒藜	红口子	96°28′44.57″	39°57′34.57″	2492
38	驼绒藜芨芨草荒漠草原	驼绒藜、芨芨草、珍珠猪毛菜、合头藜、膜果麻黄、针茅	阴凹大泉	96°31′57.28″	39°57′48.01″	2451
39	灌木亚菊荒漠	灌木亚菊、蒿属、中亚紫菀木、针茅、芨芨草、瓦松	阴凹大泉	96°32′20.69″	39°58′07.69″	2472
40	灌木亚菊荒漠	灌木亚菊、合头藜、甘青铁线莲、中亚紫菀木、针茅	阴凹大泉	96°34′15.60″	39°58′09.74″	2455
41	珍珠猪毛菜红砂荒漠	珍珠猪毛菜、红砂、蒿属、中亚紫菀木、灌木亚菊、合头藜、针茅、膜果麻黄、冰草	阴凹大泉	96°34′36.79″	39°58′32.24″	2418
42	珍珠猪毛菜红砂荒漠	珍珠猪毛菜、红砂、灌木亚菊、合头藜、针茅、冷蒿	红口子	96°28′49.15″	39°58′44.50″	2336
43	灌木亚菊荒漠	灌木亚菊、珍珠猪毛菜、合头藜、膜果麻黄、中亚紫菀木、甘青铁线莲、针茅	阴凹大泉	96°31′04.86″	39°58′56.49″	2324
44	膜果麻黄裸果木荒漠	膜果麻黄、裸果木、细枝岩黄芪、蒿	三道沟河	96°48′49.94″	40°18′07.14″	1627

续附表2

样方编号	植被类型	主要植物	位置信息	东经	北纬	海拔/m
45	红砂荒漠	红砂、膜果麻黄	四道沟河	96°49′39.43″	40°21′51.71″	1499
46	骆驼刺杂类草盐生草甸	骆驼刺、红砂、白刺	锁阳城	96°12′02.56″	40°15′43.67″	1349
47	骆驼刺黑果枸杞盐生草甸	骆驼刺、黑果枸杞、柽柳	锁阳城镇-锁阳城路以北	96°05′53.33″	40°16′04.99″	1288
48	胀果甘草盐生草甸	芨芨草、甘草、柽柳、芦苇、盐爪爪、耳叶补血草、骆驼刺	锁阳城镇-锁阳城路以北	96°18′40.29″	40°16′53.22″	1320
49	骆驼刺芨芨草盐生草甸	骆驼刺、芨芨草	锁阳城镇-锁阳城路以北	96°08′23.59″	40°16′56.61″	1299
50	柽柳灌丛	柽柳、芨芨草、黑果枸杞、鸡爪芦	锁阳城马路边	96°12′05.92″	40°17′25.27″	1335
51	旱柳杨树林	旱柳、罗布麻、大叶白麻、甘草、杨树、芨芨草、水麦冬、沙枣、芦苇、鸡爪芦、骆驼刺	东坝水库	96°12′54.28″	40°18′23.43″	1330
52	黑果枸杞甘草盐生草甸	黑果枸杞、甘草、芨芨草、骆驼刺、苦豆子	东坝北岸	96°13′06.84″	40°18′25.96″	1335
53	含柽柳的芨芨草盐生草甸	芨芨草、柽柳、鸡爪芦	锁阳城镇-锁阳城路以北马圈西	96°06′58.88″	40°19′38.30″	1305
54	沙枣疏林	沙枣、赖草、芨芨草	祁家坝水库	96°13′13.86″	40°21′20.51″	1324
55	大叶白麻芦苇盐生草甸	大叶白麻、芦苇	北桥子北面，双石公路东侧	96°12′50.29″	40°22′17.38″	1332
56	胡杨疏林	胡杨、柽柳、芦苇、冰草、乳苣、花花柴、枸杞、蒙古鸦葱、戟叶鹅绒藤	北桥子北面双石公路西侧	96°15′06.98″	40°24′08.87″	1332
57	芦苇芨芨草盐生草甸	芦苇、芨芨草	锁阳镇，青山子	96°19′49.28″	40°25′55.75″	1345
58	白皮锦鸡儿荒漠	白皮锦鸡儿、合头藜、膜果麻黄、霸王	东大泉一带	95°43′09.93″	41°15′10.10″	1932
59	合头藜红砂荒漠	红砂、合头藜、珍珠猪毛菜、霸王、泡泡刺、膜果麻黄、黄毛头盐爪爪、松叶猪毛菜	炕面子井	95°33′33.79″	41°15′33.79″	1934

续附表 2

样方编号	植被类型	主要植物	位置信息	东经	北纬	海拔/m
60	白皮锦鸡儿荒漠	白皮锦鸡儿、合头藜、膜果麻黄、霸王、针茅	东大泉	95°42′07.50″	41°17′12.73″	1982
61	膜果麻黄荒漠	膜果麻黄、合头藜、白皮锦鸡儿、霸王、裸果木、针茅、蒿	马场以西	95°32′34.51″	41°19′16.47″	1977
62	白皮锦鸡儿荒漠	白皮锦鸡儿、泡泡刺、合头藜、红砂、针茅、多根葱、膜果麻黄	马场以西	95°33′43.16″	41°20′40.63″	2006
63	白皮锦鸡儿芨芨草荒漠	芨芨草、白皮锦鸡儿、合头藜、膜果麻黄、冷蒿、多根葱、针茅	冰墩子沟	95°41′56.69″	41°21′23.70″	2096
64	白皮锦鸡儿合头藜荒漠	合头藜、白皮锦鸡儿、红砂、泡泡刺、针茅、多根葱、蒿	马场以西	95°35′43.46″	41°21′41.77″	1997
65	白皮锦鸡儿松叶猪毛菜荒漠	合头藜、白皮锦鸡儿、松叶猪毛菜、红砂、沙葱、针茅、碱韭	东大泉往东300m	95°42′56.40″	41°21′46.65″	2067
66	合头藜红砂荒漠	珍珠猪毛菜、红砂、合头藜、霸王、黄毛头盐爪爪	荒草滩西（北边样地）	95°38′54.11″	41°22′54.11″	2015
67	白皮锦鸡儿芨芨草荒漠	芨芨草、白皮锦鸡儿、合头藜、膜果麻黄	马场南侧	95°39′53.86″	41°23′53.86″	2023
68	霸王白皮锦鸡儿荒漠	合头藜、泡泡刺、霸王、白皮锦鸡儿、沙拐枣、裸果木、红砂	七个井以西	95°24′38.70″	41°24′14.26″	1860
69	膜果麻黄荒漠	膜果麻黄、合头藜、准噶尔铁线莲、霸王、荒漠锦鸡儿、红砂、针茅、多根葱、驼绒藜、准噶尔铁线莲、荒漠锦鸡儿、中麻黄、松叶猪毛菜、蒙古韭	梧桐井附近	95°35′46.73″	41°27′38.07″	1992
70	霸王荒漠	合头藜、霸王、红砂、泡泡刺、白皮锦鸡儿、膜果麻黄、裸果木、针茅、短叶假木贼	七个井	95°30′58.16″	41°27′45.30″	1901
71	尖叶盐爪爪红砂荒漠	尖叶盐爪爪、红砂	七个井	95°32′52.37″	41°28′15.66″	1912
72	膜果麻黄荒漠	膜果麻黄、合头藜、霸王	梧桐井以北	95°39′26.32″	41°29′39.00″	1979

续附表2

样方编号	植被类型	主要植物	位置信息	东经	北纬	海拔/m
73	梭梭荒漠（梭梭砾漠）	梭梭、泡泡刺、红砂、膜果麻黄	120戈壁	95°38′53.81″	41°31′44.87″	1944
74	合头藜红砂荒漠	合头藜、红砂、泡泡刺、针茅、短叶假木贼	120戈壁	95°37′45.79″	41°35′42.80″	1903
75	合头藜红砂荒漠	合头藜、红砂、泡泡刺、盐爪爪、松叶猪毛菜		95°20′22.87″	41°38′58.46″	1762
76	梭梭荒漠（梭梭砾漠）	梭梭、红砂、泡泡刺、松叶猪毛菜、合头藜、蒙古韭、针茅	120戈壁去马莲井途中	95°36′05.61″	41°40′08.48″	1884
77	膜果麻黄沙拐枣荒漠	合头藜、膜果麻黄、沙拐枣、霸王、蒿	红柳河沿岸	95°28′55.89″	41°40′55.27″	1829
78	梭梭荒漠（梭梭砾漠）	梭梭、泡泡刺、红砂	120戈壁	95°26′00.33″	41°42′43.80″	1811
79	柽柳灌丛	柽柳、芦苇、盐爪爪、白刺、细枝盐爪爪、蒙古鸦葱	小草湖	95°14′00.83″	41°32′14.90″	1720
80	柽柳灌丛	柽柳、芦苇、小果白刺、黑果枸杞、细致盐爪爪、黄花补血草、盐爪爪	马莲井	95°18′39.82″	41°32′45.16″	1750
81	柽柳灌丛	柽柳、细枝盐爪爪、红砂		94°57′54.23″	41°33′25.22″	1623
82	合头藜红砂荒漠	合头藜、泡泡刺、红砂	大泉西	95°06′43.75″	41°33′43.92″	1677
83	梭梭荒漠（梭梭砾漠）	梭梭、红砂、泡泡刺		94°55′45.89″	41°37′55.68″	1644
84	泡泡刺红砂荒漠	泡泡刺、红砂、合头藜		94°54′15.52″	41°41′10.45″	1698
85	合头藜泡泡刺荒漠	合头藜、泡泡刺、膜果麻黄、猪毛菜、蒿、沙蒿		95°00′6.29″	41°42′03.25″	1718
86	梭梭荒漠（梭梭砾漠）	梭梭、红砂、膜果麻黄、泡泡刺、细枝盐爪爪、合头藜		95°09′55.00″	41°43′19.93″	1735
87	红砂合头藜荒漠	红砂、合头藜、泡泡刺、霸王	小泉东南侧	95°20′35.65″	41°12′32.32″	1854
88	黑果枸杞禾草盐生草甸	赖草、黑果枸杞、芦苇、红砂、小果白刺	小泉	95°18′47.31″	41°13′45.98″	1833

续附表2

样方编号	植被类型	主要植物	位置信息	东经	北纬	海拔/m
89	芦苇杂类草盐生草甸	芦苇、白刺、乳苣、黑果枸杞、锁阳、柽柳、水麦冬、盐地碱蓬	西大泉	95°14′42.15″	41°18′32.50″	1770
90	膜果麻黄合头藜荒漠	膜果麻黄、合头藜、红砂、泡泡刺、细枝盐爪爪	大泉西黑山东黑山下2～3电杆间	95°07′06.03″	41°20′28.85″	1700
91	梭梭荒漠(梭梭砾漠)	梭梭、泡泡刺、红砂、合头藜		94°58′28.61″	41°21′14.05″	1668
92	梭梭荒漠(梭梭砾漠)	红砂、梭梭、泡泡刺、细枝盐爪爪	大泉西	95°05′27.56″	41°21′18.10″	1685
93	柽柳盐爪爪盐生草甸	柽柳、盐爪爪		94°59′38.46″	41°24′26.42″	1643
94	梭梭荒漠(梭梭砾漠)	梭梭、泡泡刺、合头藜		94°51′15.19″	41°25′07.28″	1596
95	合头藜泡泡刺荒漠	合头藜、泡泡刺、膜果麻黄		95°00′01.46″	41°26′14.53″	1656
96	裸果木泡泡刺荒漠	泡泡刺、红砂、裸果木	照西	94°47′44.93″	41°26′51.80″	1604
97	霸王合头藜荒漠	合头藜、霸王、泡泡刺、红砂、短叶假木贼		94°58′59.91″	41°29′21.03″	1661
98	梭梭荒漠(梭梭砾漠)	合头藜、泡泡刺、梭梭		94°54′04.33″	41°29′25.92″	1632
99	膜果麻黄荒漠	膜果麻黄、合头藜、泡泡刺、蒿	拾金坡北	94°56′46.85″	41°11′46.67″	1845
100	膜果麻黄合头藜荒漠	合头藜、泡泡刺、膜果麻黄	拾金坡北	94°53′31.31″	41°13′54.34″	1760
101	霸王裸果木荒漠	合头藜、泡泡刺、红砂、霸王、裸果木	芙蓉山北	95°02′18.71″	41°15′07.10″	1815
102	膜果麻黄荒漠	膜果麻黄、霸王、合头藜	芙蓉山北	95°07′53.01″	41°17′10.28″	1776
103	红砂泡泡刺荒漠	红砂、泡泡刺、细枝盐爪爪、合头藜	照西	95°12′07.51″	41°17′17.83″	1772
104	梭梭荒漠(梭梭砾漠)	梭梭、红砂、泡泡刺	照西	95°06′28.11″	41°18′32.73″	1734
105	梭梭荒漠(梭梭砾漠)	梭梭、红砂、短叶假木贼	照西	95°03′41.89″	41°19′30.06″	1708

续附表2

样方编号	植被类型	主要植物	位置信息	东经	北纬	海拔/m
106	合头藜红砂荒漠	合头藜、红砂、泡泡刺	西大泉以北	95°15′30.40″	41°20′24.77″	1764
107	膜果麻黄合头藜荒漠	合头藜、膜果麻黄、红砂、泡泡刺、小果白刺、针茅、裸果木	西大泉以北	95°17′00.79″	41°23′44.08″	1746
108	沙地柏灌丛	沙地柏	大石门道			
109	小叶金露梅灌丛	小叶金露梅	大石门道			
110	三裂碱毛茛沼泽	三裂叶碱毛茛	东巴兔			
111	香蒲沼泽	小香蒲等	双塔水库、北桥子2队及祁家坝水库			
112	眼子菜沼泽	菹草、内蒙眼子菜	西大泉			
113	禾草杂类草沼泽化草甸	微药碱茅三裂碱毛茛	阴凹大泉			
114	苔草杂类草沼泽化草甸	新甘灯心草	东大泉			
115	戈壁针茅荒漠草原	戈壁针茅	朱家大山			

附表3　甘肃安西极旱荒漠国家级自然保护区脊椎动物名录

目	科	中名	学名	调查年份				分布型	居留型	国家重点保护级别	CITES附录	IUCN等级	国家保护的三有动物	中国特有种
				1988	2002	2012	2022							
鱼纲 *Pisces*														
鲤形目	花鳅科	泥鳅	*Misgurnus anguillicaudatus*			+	+	O				LC		
	条鳅科	短尾高原鳅	*Trilophysa brevviuda*	+		+	+	O				DD		√
		长体高原鳅	*Triplophysa tenuis*	+		+	+	D				DD		
		梭形高原鳅	*Triplophysa leptosoma*	+				D				LC		√
		酒泉高原鳅	*Triplophysa hsutschouensis*	+				D				DD		√
		背斑高原鳅	*Triplophysa dorsonotata*	+		+	+	D				DD		
		大鳍鼓鳔鳅	*Hedinichthys yarkandensis*	+		+	+	D				VU		
	鲤科	鲤	*Cyprinus carpio*	+	+	+	+	O				LC		
		花斑裸鲤	*Gymnocypris eckloni*	+				D				VU		√
		鲫鱼	*Carassius auratus*	+	+	+	+	O				LC		
		鲢	*Hypophthalmichthys molitrix*	+	+	+	+	O				LC		
		草鱼	*Ctenopharyngodon idellus*	+	+	+	+	O				LC		
		麦穗鱼	*Pseudorasbora parva*	+	+	+	+	O				LC		
		棒花鱼	*Abbottina rivularis*			+	+	U				LC		
鲈形目	虾虎鱼科	波氏栉鰕虎鱼	*Ctenogobius cliffordpopei*	+	+	+	+	O				LC		√

续附表3

目	科	中名	学名	调查年份				分布型	居留型	国家重点保护级别	CITES附录	IUCN等级	国家保护的三有动物	中国特有种
				1988	2002	2012	2022							
两栖纲 *Amphibia*														
无尾目	蟾蜍科	花背蟾蜍	*Bufo raddei*	+	+	+	+	X					√	
爬行纲 *Reptilia*														
蜥蜴亚目	壁虎科	隐耳漠虎	*Alsophylax pipiens*	+		+	+	D				LC	√	
		新疆漠虎	*Alsophylax przewalskii*				+	D				VU	√	
	球趾虎科	新疆沙虎	*Teratoscincus przewalskii*	+		+	+	D				NT	√	
	鬣蜥科	叶城沙蜥	*Phrynocephalus axillaris*	+		+	+	D				LC	√	
		变色沙蜥	*Phrynocephalus versicolor*	+	+	+	+	D				LC	√	
	蜥蜴科	密点麻蜥	*Eremias multiocellata*	+	+	+	+	D				LC	√	
		虫纹麻蜥	*Eremias vermiculata*	+	+	+	+	D				LC	√	
蛇亚目	蟒科	红沙蟒	*Eryx miliaris*	+	+	+	+	D		Ⅱ	Ⅱ	VU		
	蝰科	中介蝮	*Gloydius intermedius*	+		+	+	D				NT	√	
		高原蝮	*Gloydius strauchii*	+			+	H				NT	√	√
	鳗形蛇科	花条蛇	*Psammophis lineolatus*	+	+	+	+	D				NT	√	
哺乳纲 *Mammalia*														
兔形目	兔科	中亚兔	*Lepus tibetanus*	+	+	+	+	D				LC	√	
	鼠兔科	红耳鼠兔	*Ochotona erythrotis*		+	+	+	P				LC		√
啮齿目	跳鼠科	五趾跳鼠	*Orientallactaga sibirica*	+	+	+	+	D				LC		
		巨泡五趾跳鼠	*Orientallactaga bullata*	+	+	+		D				LC		
		小五趾跳鼠	*Scarturus elater*			+		D				LC		

续附表3

目	科	中名	学名	调查年份				分布型	居留型	国家重点保护级别	CITES附录	IUCN等级	国家保护的三有动物	中国特有种
				1988	2002	2012	2022							
啮齿目	跳鼠科	三趾跳鼠	*Dipus sagitta*	+	+	+	+	D				LC		
		三趾心颅跳鼠	*Salpingotus kozlovi*	+				D				LC		
		长耳跳鼠	*Euchoreutes naso*	+	+	+	+	D				LC		
啮齿目	仓鼠科	鼹形田鼠	*Ellobius talpinus*	+		+	+	D				LC		
		根田鼠	*Alexandromys oeconomus*	+				U				LC		
		灰仓鼠	*Cricetulus migratorius*	+	+	+	+	D				LC		
		小毛足鼠	*Phodopus roborovskii*	+	+	+	+	D				LC		
	鼠科	大沙鼠	*Rhombomys opimus*	+	+	+	+	D				LC		
		子午沙鼠	*Meriones meridianus*	+	+	+	+	D				LC		
		柽柳沙鼠	*Meriones tamariscinus*	+	+	+	+	D				LC		
		小家鼠	*Mus musculus*	+	+	+	+	U				LC		
	松鼠科	喜马拉雅旱獭	*Marmota himalayana*	+	+	+	+	P				LC	√	
劳亚食虫目	猬科	大耳猬	*Hemiechinus auritus*	+	+	+	+	D				LC	√	
翼手目	犬吻蝠科	小犬吻蝠	*Chaerephon plicatus*	+				W				LC		
	蝙蝠科	北棕蝠	*Eptesicus nilssonii*	+	+	+	+	U				LC		
		灰长耳蝠	*Plecotus austriacus*				+	H				NT		
鲸偶蹄目	鹿科	白唇鹿	*Przewalskium albirostris*				+	P		Ⅰ		EN		√
	牛科	鹅喉羚	*Gazella subgutturosa*	+	+	+	+	D		Ⅱ		VU		
		北山羊	*Capra sibirica*	+	+	+	+	P		Ⅱ		NT		
		岩羊	*Pseudois nayaur*	+	+	+	+	P		Ⅱ		LC		

续附表 3

目	科	中名	学名	调查年份				分布型	居留型	国家重点保护级别	CITES附录	IUCN等级	国家保护的三有动物	中国特有种
				1988	2002	2012	2022							
鲸偶蹄目	牛科	戈壁盘羊	*Ovis darwini*	+	+	+	+	P		Ⅱ	Ⅱ	CR		
		西藏盘羊	*Ovis hodgsoni*				+	P		Ⅰ	Ⅰ	NT		√
奇蹄目	马科	普氏野马	*Equus ferus*		+	+	+	D		Ⅰ	Ⅰ	EW		
		蒙古野驴	*Equus hemionus*	+	+	+	+	D		Ⅰ	Ⅰ	VU		
食肉目	猫科	野猫	*Felis silvestris*	+				O		Ⅱ	Ⅱ	EN		
		猞猁	*Lynx lynx*	+		+	+	C		Ⅱ	Ⅱ	EN		
		雪豹	*Panthera uncia*	+			+	I		Ⅰ	Ⅰ	EN		
	犬科	赤狐	*Vulpes vulpes*	+		+	+	C		Ⅱ		NT	√	
		沙狐	*Vulpes corsac*				+	D		Ⅱ		NT		
		狼	*Canis lupus*	+		+	+	C		Ⅱ	Ⅱ	NT	√	
		豺	*Cuon alpinus*				+	W		Ⅰ	Ⅱ	EN		
	鼬科	虎鼬	*Vormela peregusna*	+			+	D				EN	√	
		石貂	*Martes foina*				+	U		Ⅱ		EN		
		黄鼬	*Mustela sibirica*				+	U				LC	√	
鸟纲 *Aves*														
鸡形目	雉科	暗腹雪鸡	*Tetraogallus himalayensis*	+	+	+	+	P	R	Ⅱ		LC		
		石鸡	*Alectoris chukar*	+	+	+	+	D	R			LC	√	
		环颈雉	*Phasianus colchicus*	+	+	+	+	O	R			LC	√	
雁形目	鸭科	灰雁	*Anser anser*	+	+	+	+	U	S			LC	√	
		豆雁	*Anser fabalis*	+				U	P			LC	√	
		斑头雁	*Anser indicus*	+	+	+	+	P	S			LC	√	
		大天鹅	*Cygnus cygnus*	+			+	C	W	Ⅱ		NT		
		赤麻鸭	*Tadorna ferruginea*	+	+	+	+	U	S			LC	√	
		翘鼻麻鸭	*Tadorna tadorna*				+	U	P			LC	√	
		赤膀鸭	*Anas strepera*	+			+	U	P			LC	√	

续附表3

目	科	中名	学名	调查年份				分布型	居留型	国家重点保护级别	CITES附录	IUCN等级	国家保护的三有动物	中国特有种
				1988	2002	2012	2022							
雁形目	鸭科	赤颈鸭	*Anas penelope*	+	+	+	+	C	P			LC	√	
		斑嘴鸭	*Anas poecilorhyncha*	+	+	+	+	W	S			LC	√	
		琵嘴鸭	*Anas clypeata*	+	+	+	+	C	P			LC	√	
		白眉鸭	*Spatula querquedula*				+	U	P			LC	√	
		花脸鸭	*Sibirionetta formosa*				+	M	P	Ⅱ	Ⅱ	LC		
		针尾鸭	*Anas acuta*	+	+	+	+	C	P			LC	√	
		绿翅鸭	*Anas crecca*	+	+	+	+	C	P			LC	√	
		绿头鸭	*Anas platyrhynchos*	+	+	+	+	C	S			LC	√	
		凤头潜鸭	*Aythya fuligula*		+	+	+	U	P			LC	√	
		赤嘴潜鸭	*Netta rufina*		+	+	+	O	S			LC	√	
		白眼潜鸭	*Aythya nyroca*			+	+	O	P			NT	√	
		红头潜鸭	*Aythya ferina*	+	+	+	+	C	S			VU	√	
		鹊鸭	*Bucephala clangula*				+	C	P			LC	√	
		普通秋沙鸭	*Mergus merganser*				+	C	P			LC	√	
䴙䴘目	䴙䴘科	小䴙䴘	*Tachybaptus ruficollis*	+	+	+	+	W	S			LC	√	
		凤头䴙䴘	*Podiceps cristatus*	+	+	+	+	U	S			LC	√	
鸽形目	鸠鸽科	原鸽	*Columba livia*	+				O	R			LC	√	
		岩鸽	*Columba rupestris*	+	+	+	+	O	R			LC	√	
		欧斑鸠	*Streptopelia turtur*	+				O	R			VU	√	
		灰斑鸠	*Streptopelia decaocto*		+	+	+	W	R			LC	√	
沙鸡目	沙鸡科	毛腿沙鸡	*Syrrhaptes paradoxus*	+	+	+	+	D	R			LC	√	
夜鹰目	夜鹰科	欧夜鹰	*Caprimulgus europaeus*	+		+	+	O	S			LC	√	
	雨燕科	普通雨燕	*Apus apus*	+	+	+	+	O	S			LC	√	

续附表3

目	科	中名	学名	调查年份				分布型	居留型	国家重点保护级别	CITES附录	IUCN等级	国家保护的三有动物	中国特有种
				1988	2002	2012	2022							
鹃形目	杜鹃科	大杜鹃	*Cuculus canorus*	+	+	+	+	O	S			LC	√	
鹤形目	鹤科	灰鹤	*Grus grus*	+	+	+	+	U	P	Ⅱ	Ⅱ	LC		
		黑颈鹤	*Grus nigricollis*				+	P	S	Ⅰ	Ⅰ	VU		
		蓑羽鹤	*Grus virgo*				+	D	P	Ⅱ	Ⅱ	LC		
	秧鸡科	黑水鸡	*Gallinula chloropus*	+			+	O	S			LC	√	
		白骨顶	*Fulica atra*	+	+	+	+	O	S			LC	√	
		西秧鸡	*Rallus aquaticus*	+				U	S			LC	√	
鸨形目	鸨科	小鸨	*Tetrax tetrax*	+				O	V	Ⅰ	Ⅱ	NT		
鹳形目	鹳科	黑鹳	*Ciconia nigra*	+		+	+	U	S	Ⅰ	Ⅱ	LC		
鹈形目	鹭科	苍鹭	*Ardea cinerea*	+	+	+	+	U	S			LC	√	
		大白鹭	*Ardea alba*	+	+	+	+	O	S			LC	√	
		夜鹭	*Nycticorax nycticorax*				+	O	S			LC	√	
		牛背鹭	*Bubulcus ibis*				+	W	S			NR	√	
		黄斑苇鳽	*Ixobrychus sinensis*		+	+	+	W	S			LC	√	
		大麻鳽	*Botaurus stellaris*	+	+	+	+	U	S			LC	√	
	鹮科	白琵鹭	*Platalea leucorodia*			+	+	O	P	Ⅱ	Ⅱ	LC		
鲣鸟目	鸬鹚科	普通鸬鹚	*Phalacrocorax carbo*		+	+	+	O	S			LC	√	
鸻形目	反嘴鹬科	黑翅长脚鹬	*Himantopus himantopus*	+	+	+	+	O	S			LC	√	
		反嘴鹬	*Recurvirostra avosetta*			+	+	O	P			LC	√	
	鸻科	凤头麦鸡	*Vanellus vanellus*	+	+	+	+	U	S			NT	√	
		金眶鸻	*Charadrius dubius*	+	+	+	+	O	S			LC	√	
		环颈鸻	*Charadrius alexandrinus*	+	+	+	+	O	S			LC	√	
		金鸻	*Pluvialis fulva*	+	+	+	+	C	P			LC	√	

续附表3

目	科	中名	学名	调查年份				分布型	居留型	国家重点保护级别	CITES附录	IUCN等级	国家保护的三有动物	中国特有种
				1988	2002	2012	2022							
鸻形目	鸻科	灰鸻	*Pluvialis squatarola*	+		+		C	P			LC	√	
		蒙古沙鸻	*Charadrius mongolus*	+		+		D	P			LC	√	
	鹬科	丘鹬	*Scolopax rusticola*	+				U	P			LC	√	
		扇尾沙锥	*Gallinago gallinago*	+	+	+	+	U	S			LC	√	
		黑尾塍鹬	*Limosa limosa*			+	+	U	P			NT	√	
		白腰杓鹬	*Numenius arquata*				+	U	P	Ⅱ		NT		
		鹤鹬	*Tringa erythropus*	+				U	P			LC	√	
		白腰草鹬	*Tringa ochropus*		+		+	U	S			LC	√	
	鹬科	林鹬	*Tringa glareola*	+	+			U	P			LC	√	
		矶鹬	*Tringa hypoleucos*	+		+	+	C	S			LC	√	
		红脚鹬	*Tringa totanus*	+	+	+	+	U	S			LC	√	
		青脚鹬	*Tringa nebularia*				+	U	P			LC	√	
		翻石鹬	*Arenaria interpres*	+		+		C	P	Ⅱ		LC		
		大滨鹬	*Calidris tenuirostris*				+	M	P	Ⅱ		EN		
		长趾滨鹬	*Calidris subminuta*				+	M	P			LC	√	
		青脚滨鹬	*Calidris temminckii*				+	U	P			LC	√	
	鸥科	黑尾鸥	*Larus crassirostris*	+				M	V			LC	√	
		红嘴鸥	*Chroicocephalus ridibundus*	+		+	+	U	S			LC	√	
		渔鸥	*Larus ichthyaetus*			+	+	D	S			LC	√	
		普通燕鸥	*Sterna hirundo*	+	+	+	+	C	S			LC	√	
		白翅浮鸥	*Chlidonias leucopterus*				+	U	S			LC	√	
		灰翅浮鸥	*Chlidonias hybrida*			+	+	U	S			LC	√	
鸮形目	鸱鸮科	雕鸮	*Bubo bubo hemachalana*	+	+			U	R	Ⅱ	Ⅱ	LC		
		纵纹腹小鸮	*Athene noctua*	+	+	+	+	U	R	Ⅱ	Ⅱ	LC		

续附表3

目	科	中名	学名	调查年份				分布型	居留型	国家重点保护级别	CITES附录	IUCN等级	国家保护的三有动物	中国特有种
				1988	2002	2012	2022							
鸮形目	鸱鸮科	长耳鸮	*Asio otus*	+	+	+	+	C	R	Ⅱ	Ⅱ	LC		
		短耳鸮	*Asio flammeus*		+	+	+	C	S	Ⅱ	Ⅱ	LC		
鹰形目	鹗科	鹗	*Pandion haliaetus*	+	+	+	+	C	S	Ⅱ	Ⅱ	LC		
	鹰科	胡兀鹫	*Gypaetus barbatus*	+	+	+	+	O	R	Ⅰ	Ⅱ	NT		
		高山兀鹫	*Gyps himalayensis*				+	O	R	Ⅱ	Ⅱ	NT		
		秃鹫	*Aegypius monachus*		+	+	+	O	R	Ⅰ	Ⅱ	NT		
		凤头蜂鹰	*Pernis ptilorhynchus*				+	W	P	Ⅱ	Ⅱ	LC		
		金雕	*Aquila chrysaetos*	+	+	+	+	C	R	Ⅰ	Ⅱ	LC		
		草原雕	*Aquila nipalensis*		+		+	D	S	Ⅰ	Ⅱ	EN		
		雀鹰	*Accipiter nisus*	+				U	R	Ⅱ	Ⅱ	LC		
		苍鹰	*Accipiter gentilis*		+	+	+	C	P	Ⅱ	Ⅱ	LC		
		白尾鹞	*Circus cyaneus*			+	+	C	P	Ⅱ	Ⅱ	LC		
		黑鸢	*Milvus migrans*	+		+		U	P	Ⅱ	Ⅱ	LC		
		白尾海雕	*Haliaeetus albicilla*				+	U	P	Ⅰ	Ⅰ	LC		
		普通鵟	*Buteo japonicus*		+	+	+	U	R	Ⅱ	Ⅱ	LC		
		大鵟	*Buteo hemilasius*	+	+	+	+	D	R	Ⅱ	Ⅱ	LC		
		毛脚鵟	*Buteo lagopus*		+			C	V	Ⅱ	Ⅱ	NT		
		棕尾鵟	*Buteo rufinus*				+	O	R	Ⅱ	Ⅱ	LC		
犀鸟目	戴胜科	戴胜	*Upupa epops*	+	+	+	+	O	S			LC	√	
佛法僧目	翠鸟科	冠鱼狗	*Megaceryle lugubris*		+			O	V			LC	√	
		普通翠鸟	*Alcedo atthis*				+	O	S			LC	√	
啄木鸟目	啄木鸟科	大斑啄木鸟	*Dendrocopos major*				+	U	R			LC	√	
隼形目	隼科	黄爪隼	*Falco naumanni*	+				U	S	Ⅱ	Ⅱ	LC		
		红隼	*Falco tinnunculus*	+	+	+	+	O	R	Ⅱ	Ⅱ	LC		
		燕隼	*Falco subbuteo*	+		+	+	U	S	Ⅱ	Ⅱ	LC		

续附表3

目	科	中名	学名	调查年份				分布型	居留型	国家重点保护级别	CITES附录	IUCN等级	国家保护的三有动物	中国特有种
				1988	2002	2012	2022							
雀形目	黄鹂科	黑枕黄鹂	*Oriolus chinensis*				+	W	V			LC	√	
	伯劳科	红背伯劳	*Lanius collurio*	+	+			U	S			LC	√	
		荒漠伯劳	*Lanius isabellinus*			+	+	D	S			LC	√	
		红尾伯劳	*Lanius cristatus*	+	+	+		X	S			LC	√	
		灰伯劳	*Lanius excubitor*	+	+	+	+	C	P			LC	√	
		楔尾伯劳	*Lanius sphenocercus*		+	+	+	M	P			LC	√	
	鸦科	喜鹊	*Pica pica*	+	+	+	+	C	R			LC	√	
		小嘴乌鸦	*Corvus corone*	+	+	+	+	C	R			LC		
		黑尾地鸦	*Podoces hendersoni*	+	+	+	+	D	R	Ⅱ		LC		
		红嘴山鸦	*Pyrrhocorax pyrrhocorax*	+	+	+	+	O	R			LC	√	
		黄嘴山鸦	*Pyrrhocorax graculus*		+	+	+	O	R			LC	√	
		渡鸦	*Corvus corax*	+			+	C	R			LC	√	
	山雀科	大山雀	*Parus major*				+	O	R			LC	√	
		地山雀	*Pseudopodoces humilis*				+	P	R			LC	√	√
	百灵科	短趾百灵	*Calandrella cheleensis*	+		+		D	P			NR	√	
		凤头百灵	*Galerida cristata*	+	+	+	+	O	R			LC	√	
		角百灵	*Eremophila alpestris*	+	+	+	+	C	R			LC	√	
	文须雀科	文须雀	*Panurus biarmicus*				+	O	W			LC	√	
	苇莺科	东方大苇莺	*Acrocephalus orientalis*	+		+	+	O	S			LC	√	
	蝗莺科	小蝗莺	*Locustella certhiola*	+				M	S			LC	√	
	燕科	崖沙燕	*Riparia riparia*	+	+	+	+	C	S			LC	√	
		岩燕	*Hirundo rupestris*	+	+	+	+	O	S			LC	√	
		家燕	*Hirundo rustica*	+	+	+	+	C	S			LC	√	

续附表3

目	科	中名	学名	调查年份				分布型	居留型	国家重点保护级别	CITES附录	IUCN等级	国家保护的三有动物	中国特有种
				1988	2002	2012	2022							
雀形目	柳莺科	黄腰柳莺	*Phylloscopus proregulus*		+			U	P			LC	√	
	长尾山雀科	花彩雀莺	*Leptopoecile sophiae*				+	P	S			LC	√	
	莺鹛科	横斑林莺	*Sylvia nisoria*		+			O	S			LC	√	
		白喉林莺	*Sylvia curruca*				+	O	S			LC	√	
		漠白喉林莺	*Sylvia minula*	+	+	+	+	O	S			NR	√	
		荒漠林莺	*Sylvia nana*	+	+	+	+	D	S			LC	√	
	䴓科	红翅旋壁雀	*Tichodroma muraria*	+	+	+	+	O	S			LC	√	
	椋鸟科	灰椋鸟	*Sturnus cineraceus*			+		X	W			LC	√	
		粉红椋鸟	*Sturnus roseus*			+	+	O	S			LC	√	
		紫翅椋鸟	*Sturnus vulgaris*	+		+	+	O	W			LC	√	
	鸫科	虎斑地鸫	*Zoothera dauma*		+			U	P			LC	√	
		赤颈鸫	*Turdus ruficollis*	+	+	+	+	O	W			LC	√	
	鹟科	红胁蓝尾鸲	*Tarsiger cyanurus*		+			M	P			LC	√	
		北红尾鸲	*Phoenicurus auroreus*			+		M	S			LC	√	
		红腹红尾鸲	*Phoenicurus erythrogaster*	+	+	+	+	I	W			LC	√	
		赭红尾鸲	*Phoenicurus ochruros*	+	+	+	+	O	S			LC	√	
		欧亚红尾鸲	*Phoenicurus phoenicurus*		+			O	P			LC	√	
		贺兰山红尾鸲	*Phoenicurus alaschanicus*		+	+		D	S	Ⅱ		NT		√
		蓝额红尾鸲	*Phoenicurus frontalis*			+	+	H	S			LC	√	
		穗䳭	*Oenanthe oenanthe*		+			C	S			LC	√	
		漠䳭	*Oenanthe deserti*	+	+	+	+	D	S			LC	√	
		沙䳭	*Oenanthe isabellina*	+	+	+	+	D	S			LC	√	

续附表3

目	科	中名	学名	调查年份				分布型	居留型	国家重点保护级别	CITES附录	IUCN等级	国家保护的三有动物	中国特有种
				1988	2002	2012	2022							
雀形目	鹟科	白顶䳭	*Oenanthe hispanica*	+	+	+	+	D	S			LC	√	
		白背矶鸫	*Monticola saxatilis*	+	+			D	P			LC	√	
	戴菊科	戴菊	*Regulus regulus*	+		+	+	C	W			LC	√	
	太平鸟科	太平鸟	*Bombycilla garrulus*	+		+		C	P			LC	√	
	岩鹨科	褐岩鹨	*Prunella fulvescen*	+	+	+	+	I	S			LC	√	
		鸲岩鹨	*Prunella rubeculoides*			+	+	I	P			LC	√	
	雀科	黑顶麻雀	*Passer ammodendri*	+	+	+	+	D	R			LC	√	
		（树）麻雀	*Passer montanus*	+	+	+	+	U	R			LC	√	
		家麻雀	*Passer domesticus*		+	+	+	O	R			LC	√	
		白斑翅雪雀	*Montifringilla nivalis*			+	+	I	S			LC	√	
	鹡鸰科	山鹡鸰	*Dendronanthus indicus*		+			M	S			LC	√	
		黄鹡鸰	*Motacilla flava*	+		+	+	U	S			LC	√	
		灰鹡鸰	*Motacilla cinerea*	+	+			O	S			LC	√	
		黄头鹡鸰	*Motacilla citreola*	+	+	+	+	U	S			LC	√	
		白鹡鸰	*Motacilla alba*	+	+	+	+	O	S			LC	√	
		田鹨	*Anthus novaeseelandiae*	+	+	+	+	M	S			LC	√	
		布氏鹨	*Anthus godlewskii*				+	D	P			LC	√	
		水鹨	*Anthus spinoletta*				+	C	R			LC	√	
	燕雀科	锡嘴雀	*Coccothraustes coccothraustes*			+		U	V			LC	√	
		蒙古沙雀	*Rhodopechys mongolica*	+	+		+	D	S			LC	√	
		高山岭雀	*Leucosticte brandti*	+				I	S			LC	√	

续附表3

目	科	中名	学名	调查年份				分布型	居留型	国家重点保护级别	CITES附录	IUCN等级	国家保护的三有动物	中国特有种
				1988	2002	2012	2022							
雀形目	燕雀科	沙色朱雀	*Carpodacus stoliczkae*	+				D	S			LC	√	
		大朱雀	*Carpodacus rubicilla*	+		+	+	I	S			NR	√	
		金翅雀	*Chloris sinica*			+	+	M	R			LC	√	
		红额金翅雀	*Carduelis carduelis*	+				O	R			LC	√	
		黄嘴朱顶雀	*Linaria flavirostris*	+	+	+	+	U	R			LC	√	
		白腰朱顶雀	*Acanthis flammea*				+	C	R			LC	√	
	鹀科	小鹀	*Emberiza pusilla*			+	+	U	W			LC	√	
		田鹀	*Emberiza rustica*	+	+			U	P			VU	√	
		灰眉岩鹀	*Emberiza godlewskii*		+	+	+	O	R			LC	√	
		白头鹀	*Emberiza leucocephalos*		+	+		U	P			LC	√	
		栗耳鹀	*Emberiza fucata*		+			M	P			LC	√	
		芦鹀	*Emberiza schoeniclus*				+	U	P			LC	√	
32目	76科	249种		161	134	163	198			54	40		163	11

注：鸟类分类系统依据《中国鸟类分类与分布名录（第四版）》郑光美，2023；

区系：O-东洋界，P-古北界，C-广布种；

分布型：古北型（U），东洋型（W），全北型（C），中亚型（D），高地型（P或I），东北型（M），东北-华北型（X），喜马拉雅-横断山区型（H），华北型（B），季风型（E），南中国型（S），L（局地型），不易归类型（O）；

居留型：R为留鸟，S为夏候鸟，P为旅鸟，V为迷鸟或偶见种；

《国家重点保护野生动物名录》，2021；

《国家保护的有重要生态、科学、社会价值的陆生野生动物名录》，2023；

《濒危野生动植物种国际贸易公约》（CITES附录），2019。

附 图

附图1 保护区位置及功能区划图

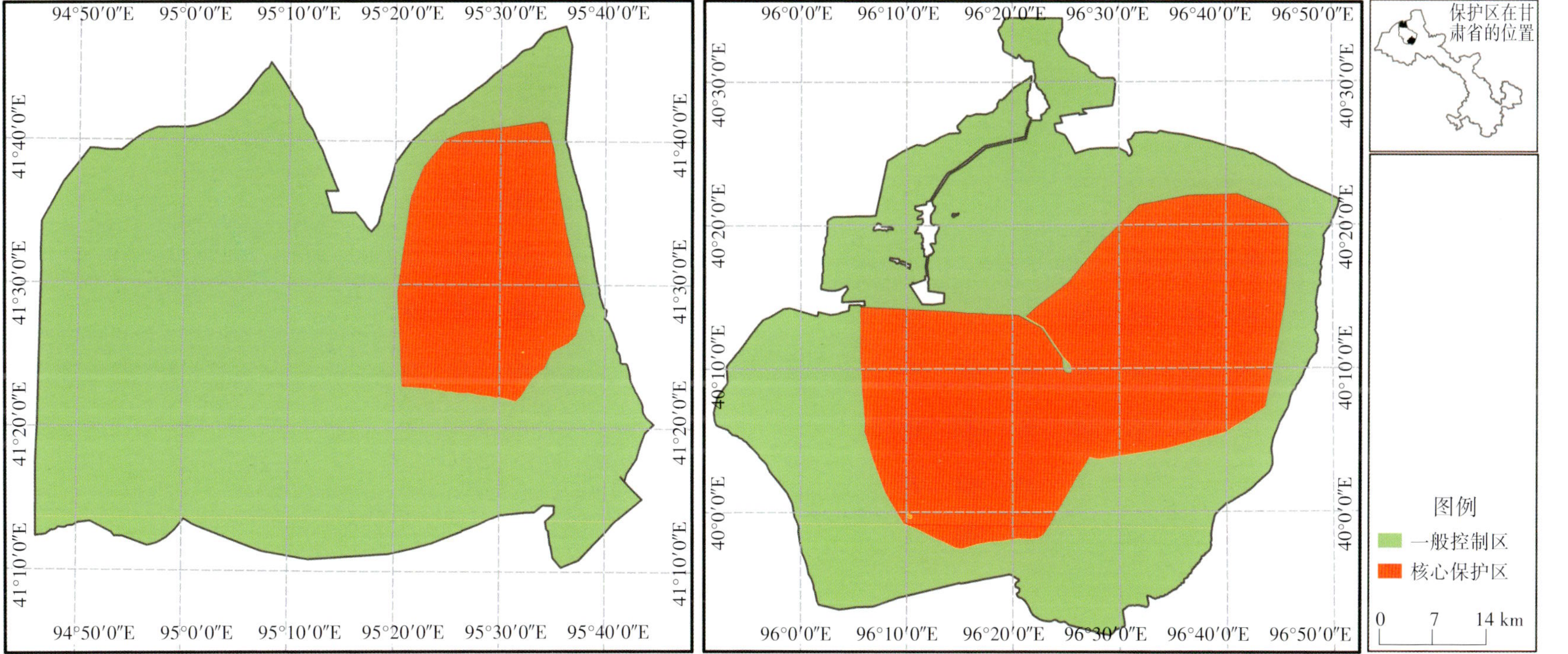

附图2 保护区地形地貌图

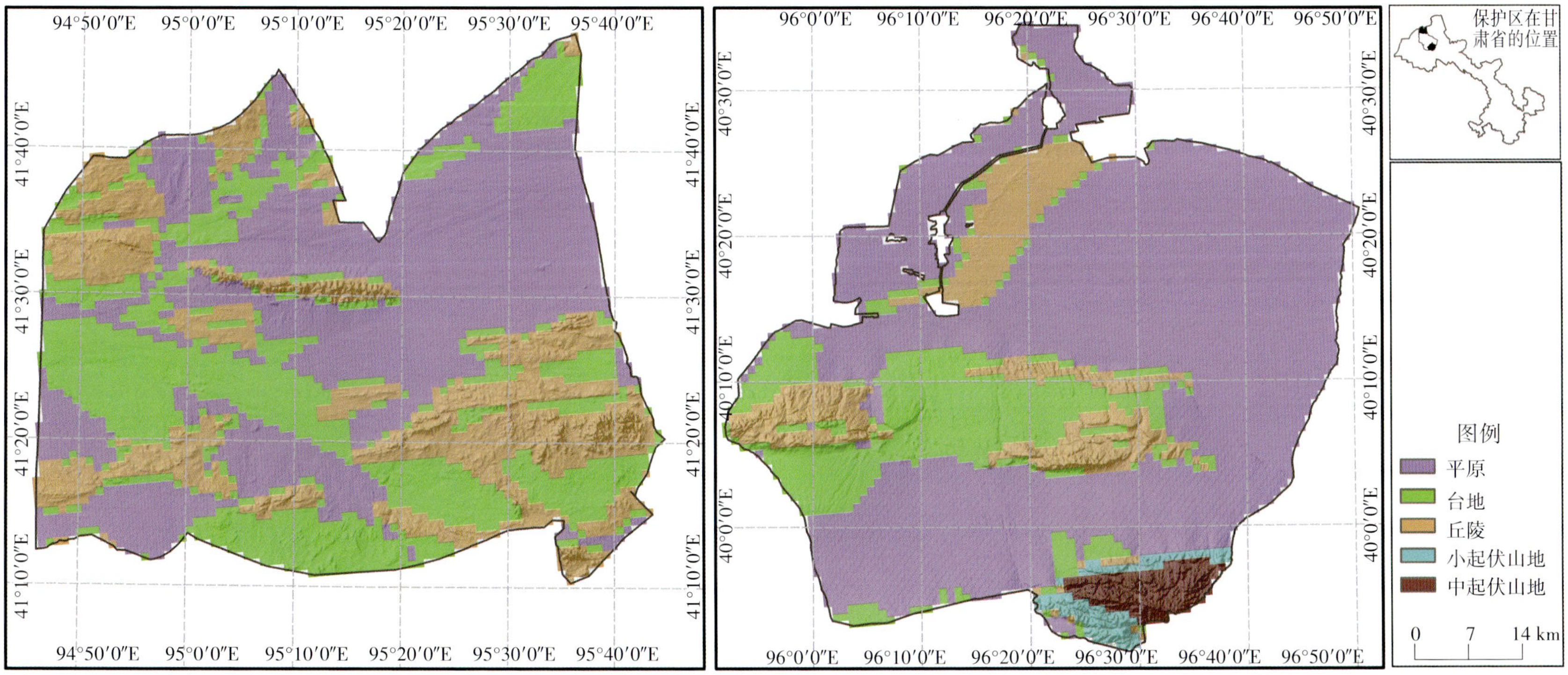

注：数据来源于《中华人民共和国地貌图集（1：100万）》，空间分辨率为1 km×1 km。

附图3　保护区水文水系图

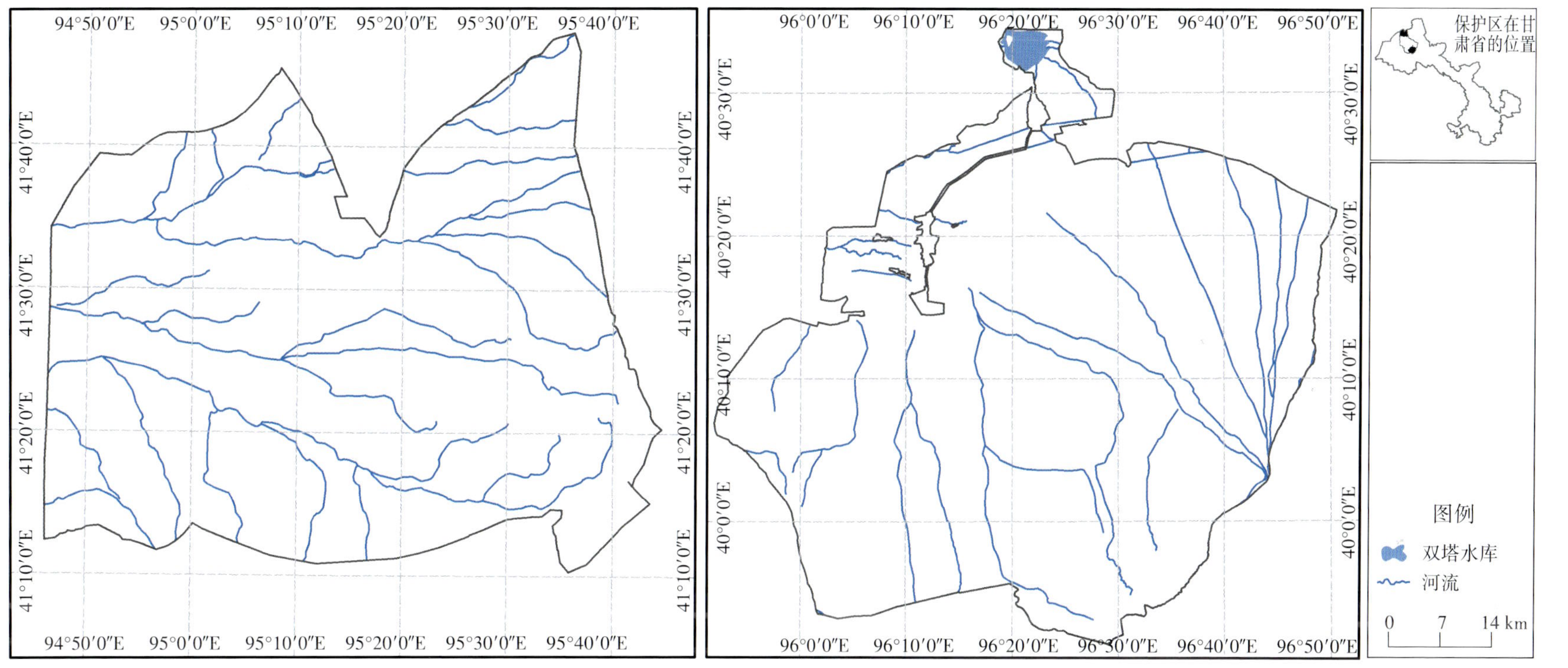

注：数据来源于全国1：100万公众版基础地理信息数据（2021）。

附图4 保护区土地利用现状图

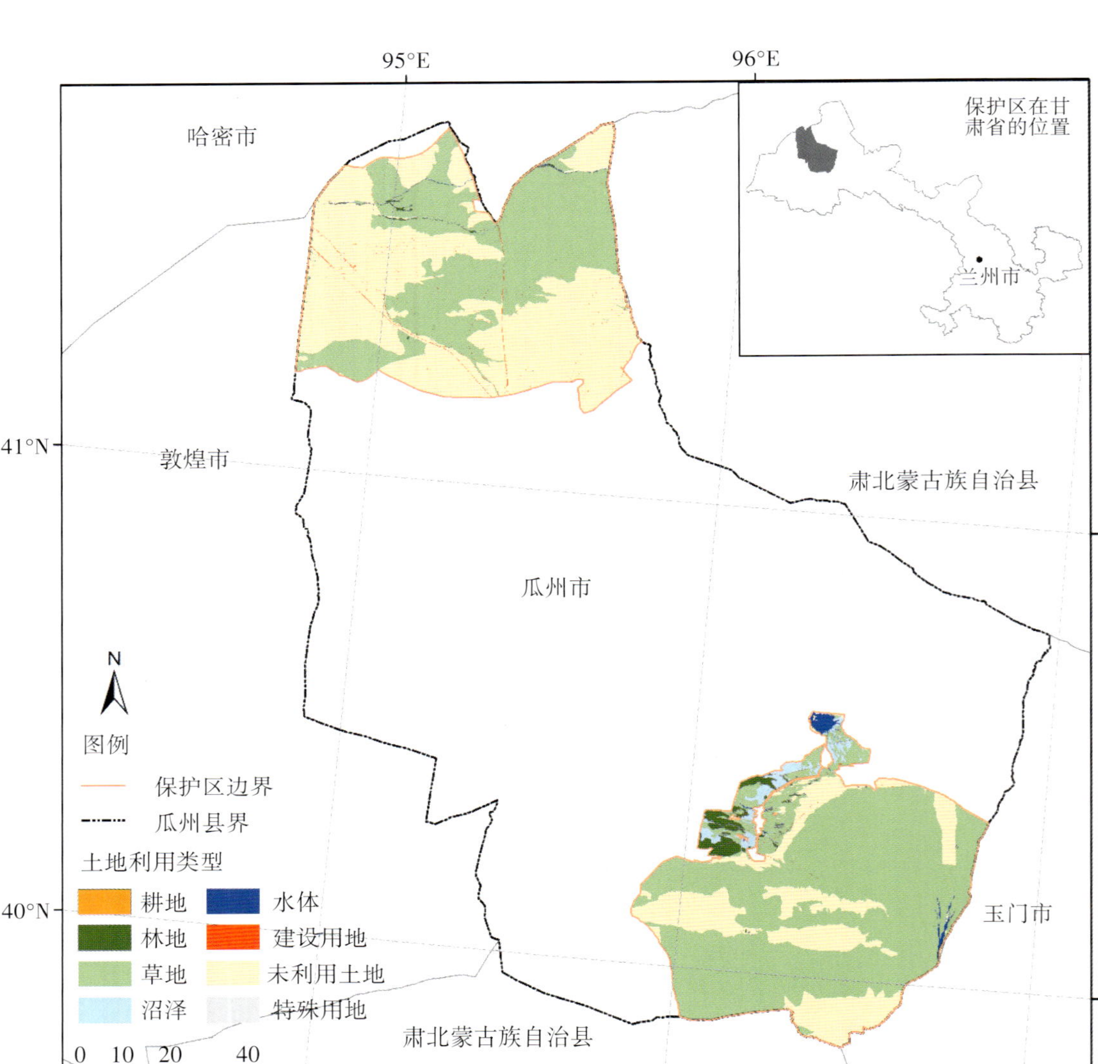

注：数据来源于保护区林草湿数据与国土“三调”数据对接融合成果。

附图5 保护区植被类型分布图

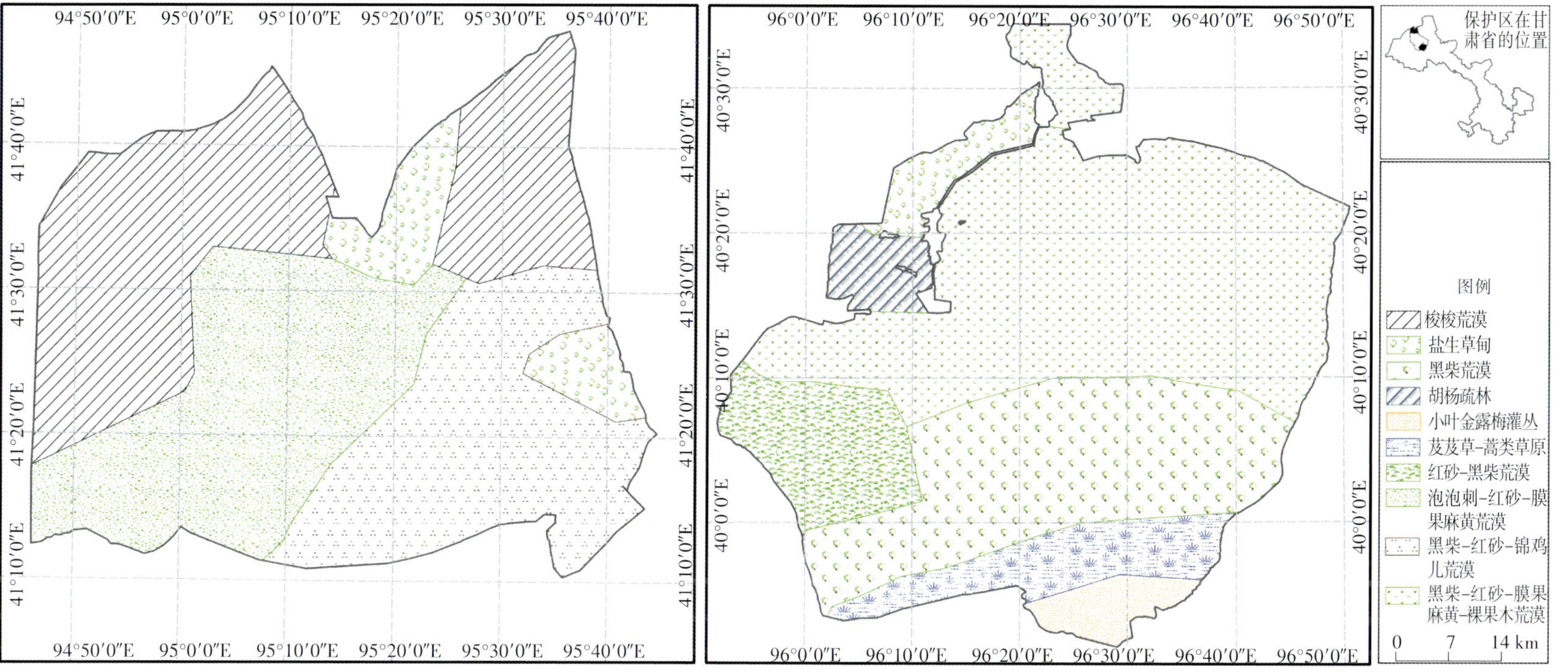

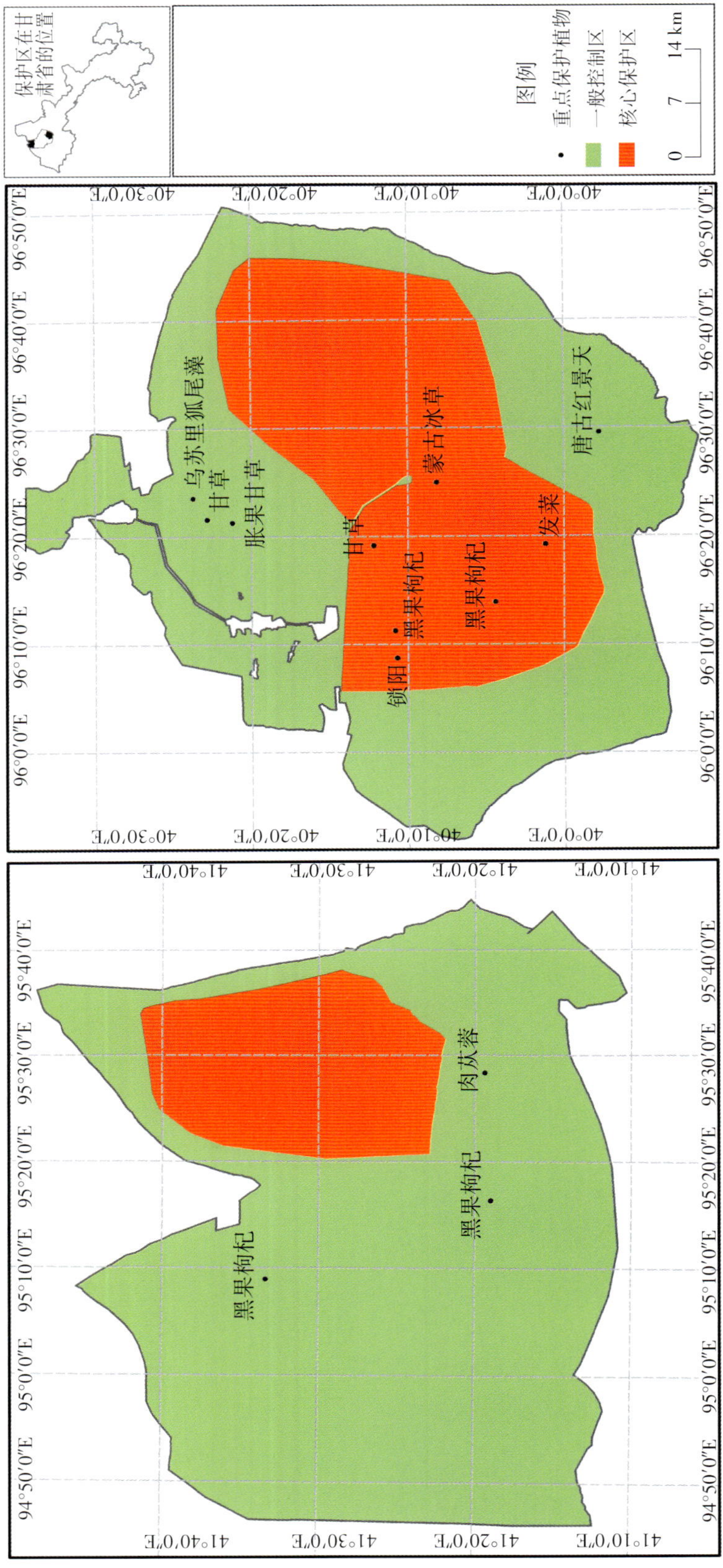

附图6　保护区重点保护植物分布图

附图7 保护区重点保护动物分布图（北片）

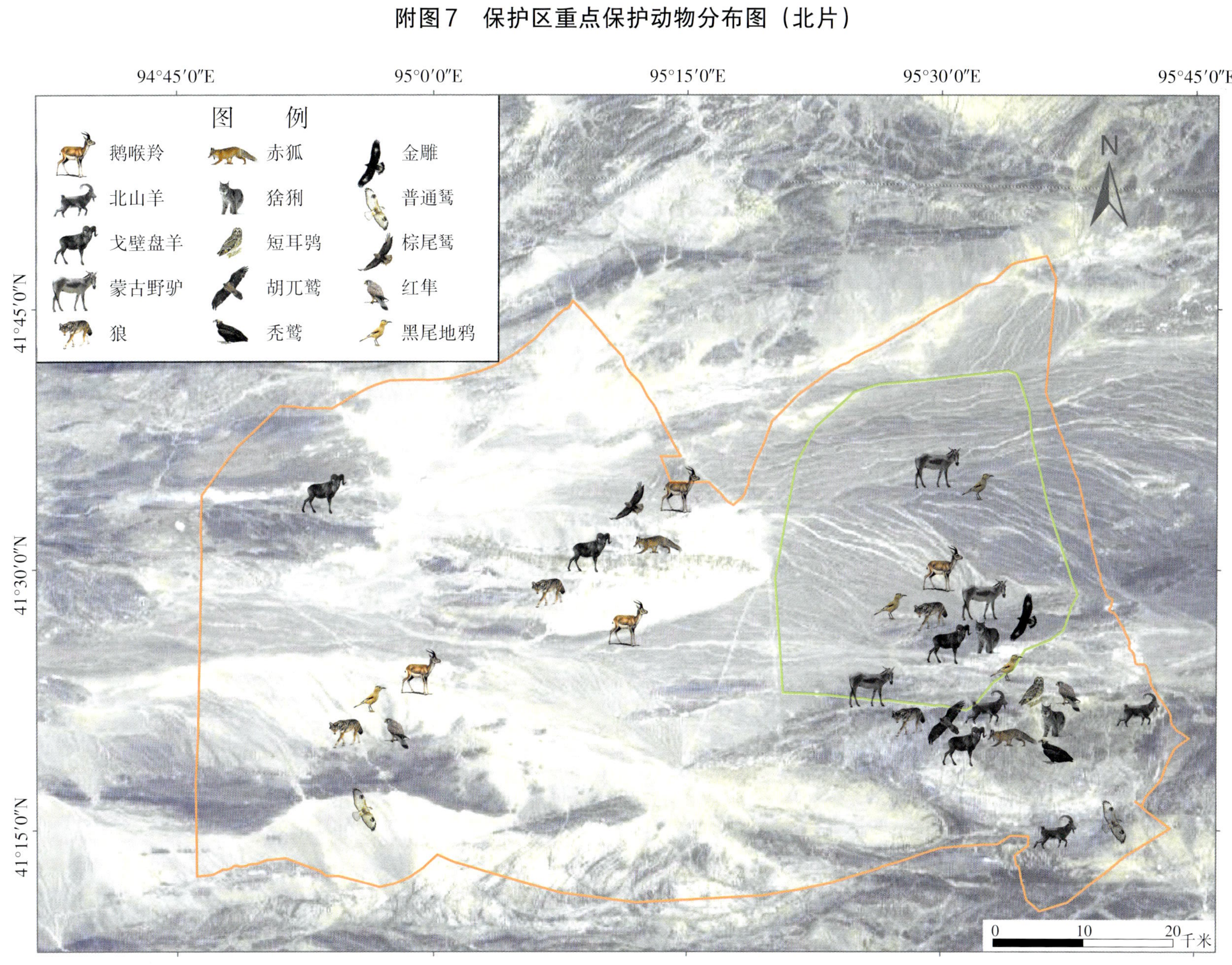

附图8 自然保护区重点保护动物分布图（南片）

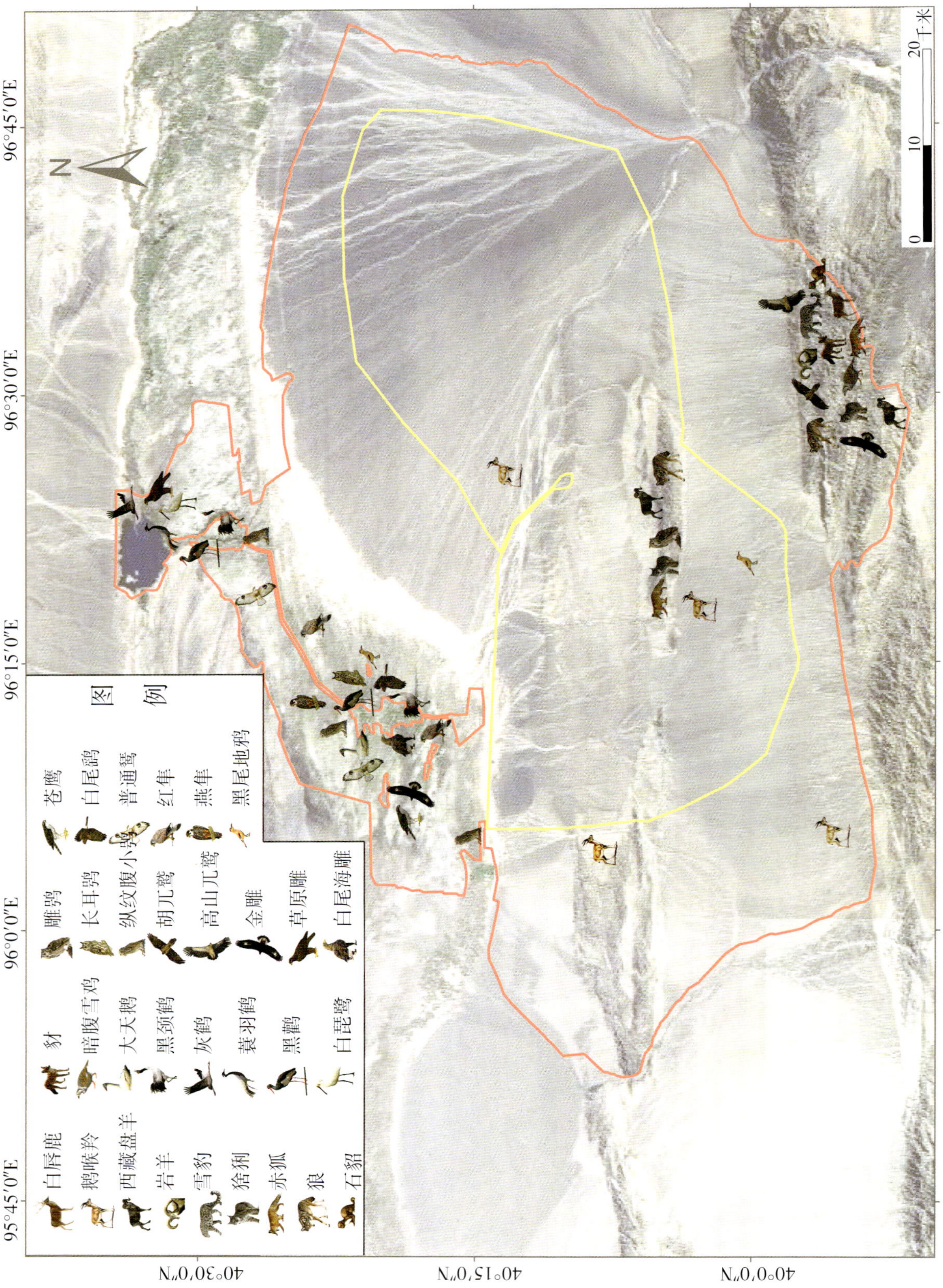